建筑工程项目部高级管理人员岗位丛书

项目总工程师岗位实务知识

建筑工程项目部高级管理人员岗位丛书编委会　组织编写

张荣新　主编

中国建筑工业出版社

图书在版编目(CIP)数据

项目总工程师岗位实务知识/建筑工程项目部高级管理
人员岗位丛书编委会组织编写,张荣新主编. —北京:
中国建筑工业出版社,2008
 (建筑工程项目部高级管理人员岗位丛书)
 ISBN 978-7-112-10415-4

Ⅰ.项…　Ⅱ.①建…②张…　Ⅲ.建筑工程-项目管理
Ⅳ.TU71

中国版本图书馆 CIP 数据核字(2008)第 155799 号

本书是建筑工程项目部高级管理人员岗位丛书之一,是项目部总工程师(亦称主任工程师)的岗位工作指南,主要按照项目总工程师的专业素质要求阐述了应掌握的相关知识和技能,内容包括:施工组织设计,主要分项施工方案的编制,施工试验管理,施工资料管理,项目进度控制,项目质量控制,建设工程职业健康、安全与环境管理等。本书可供项目总工程师岗位培训和学习参考使用,也可作为施工企业技术负责人、工程技术人员、试验人员、管理人员学习参考。

* * *

责任编辑:刘　江　岳建光
责任设计:赵明霞
责任校对:兰曼利　王　爽

建筑工程项目部高级管理人员岗位丛书

项目总工程师岗位实务知识

建筑工程项目部高级管理人员岗位丛书编委会　组织编写
张荣新　主编

*

中国建筑工业出版社出版、发行(北京西郊百万庄)
各地新华书店、建筑书店经销
北 京 天 成 排 版 公 司 制 版
北京市铁成印刷厂印刷

*

开本:787×1092毫米　1/16　印张:23　字数:570千字
2008年12月第一版　　2008年12月第一次印刷
印数:1—3000册　　定价:**48.00**元
ISBN 978-7-112-10415-4
(17339)

《建筑工程项目部高级管理人员岗位丛书》
编写委员会名单

主任： 鹿　山　艾伟杰

编委： 鹿　山　张国昌　彭前立　赵保东

艾伟杰　阚咏梅　张　巍　张荣新

张晓艳　刘善安　张庆丰　李春江

赵王涛　邹德勇　于　锋　尹　鑫

曹安民　李杰魁　程传亮　危　实

吴　博　徐海龙　张萍梅　郭　嵩

出 版 说 明

建筑工程施工项目经理部是一个施工项目的组织管理机构，这个管理机构的组织体系一般包括三个层次，第一层是项目经理，第三层是各个担负具体实施和管理任务的职能部门，如生产部、技术部、安全部、质量部等等，而第二层次则是一般所称的项目副职，或者叫项目班子成员，包括项目现场经理(生产经理)、项目商务经理、项目总工程师(主任工程师)、项目质量总监、项目安全总监，他们的岗位十分重要，各自分管项目中一整块的工作，是项目经理的左膀右臂，是各个职能部门的直接领导，也是项目很多制度的直接制定者、贯彻者和监督者。除了需要有扎实的专业知识外，他们还需要有很强的管理能力、协调能力和领导能力。目前，针对第一层次(项目经理)和第三层次(五大员、十大员等)的图书很多，而专门针对第二层次管理人员的图书基本没有，因此，我们组织中建一局(集团)有限公司精心策划了这套专门写给项目副职的图书《建筑工程项目部高级管理人员岗位丛书》，共5本，包括：

◇ 《项目现场经理岗位实务知识》

◇ 《项目商务经理岗位实务知识》

◇ 《项目总工程师岗位实务知识》

◇ 《项目质量总监岗位实务知识》

◇ 《项目安全总监岗位实务知识》

本套丛书以现行国家规范、标准为依据，以项目高级管理人员的实际工作内容为依托，内容强调实用性、科学性和先进性，可作为项目高级管理人员的岗位指南，也可作为其平时的学习参考用书。希望本套丛书能够帮助广大项目副职人员顺利完成岗位培训，提高岗位业务能力，从容应对各自岗位的管理工作。也真诚地希望各位读者对书中不足之处提出批评指正，以便我们进一步完善和改进。

中国建筑工业出版社

2008 年 10 月

前　言

随着我国建筑企业实行工程项目管理体制的深入，建筑业的生产方式和组织结构发生了很大的变化，以工程项目管理为核心的企业生产经营管理机制已经形成，工程项目管理作为一门应用学科，其理论研究得到了各方面的重视，并在实践中向现代工程项目管理的方向发展。

工程项目技术管理水平和工程技术人员素质的高低，直接影响和反映项目管理的成败，与工程质量有着不可分割的关系，决定着企业经营效果的好坏。进行项目管理人员培训是加强项目班子建设、提高管理人员业务水平的有效途径。

在现场管理工作中，项目总工程师（主任工程师）的责任重大，是项目技术质量的第一负责人，担负着施工组织设计编制、分项工程施工方案编制、施工试验管理、施工技术资料管理、项目质量控制等管理工作，还要解决应对现场的各种有关技术质量的突发事件，同时也是项目进度控制、项目职业健康安全与环境管理的主要领导者和参与者，因此，当好一名现场总工程师，比较难，也尤为重要。

本书主要介绍了施工组织设计的编制、施工方案的编制，施工试验管理、施工资料的管理，以及工程项目进度控制、质量控制、安全管理等内容，注重理论联系实际，强调操作性、通用性、实用性，做到学以致用。可以作为项目总工程师以及建筑企业各级工程技术人员的培训和学习用书。它有助于提高项目总工程师队伍以及企业工程技术人员的整体素质和业务水平。

本书由张荣新主编，赵王涛参编。在编写时参阅了大量相关的资料，在此对编者表示谢意。在编写过程中得到了有关同仁的大力支持、热心指点和帮助。仅向所有给予本书关心和帮助的人们致以衷心的感谢！

由于编者水平有限，本书中不足之处恳请读者批评指正。

目 录

第一章 施工组织设计

第一节 概 述

建筑工程施工组织设计，是建筑企业指导拟建工程施工全过程各项活动编制的技术、经济综合管理文件。

施工企业的现代化管理主要体现在经营管理素质和经营管理水平两个方面。施工企业经营管理素质主要体现在竞争能力、应变能力、盈利水平、技术开发能力和扩大再生产能力等几个方面；施工企业经营管理水平主要体现在计划与决策、组织与指挥、控制与协调、教育与激励等几方面。经营管理素质和水平是企业经营管理的基础，也是实现企业的贡献目标、信誉目标、发展目标和职工福利目标等经营管理目标的保证。同时，经营管理又是发挥企业的经营管理素质和水平的关键过程。对于一个建设工程，施工企业经营管理素质和经营管理水平主要通过施工组织设计的编制、贯彻实施、检查和调整来实现。由此可见，施工企业的经营管理素质和经营管理水平的提高，经营管理目标的实现，都离不开施工组织设计从编制到实施的过程。这充分体现了施工组织设计对施工企业的现代化管理的重要性。

施工组织设计是对施工过程实行科学管理的重要手段，是编制施工预算和施工计划的重要依据，是建筑企业施工管理的重要组成部分。施工组织设计根据建筑产品的生产特点，从人力、资金、材料、机械和施工方法这五个主要因素进行科学合理的安排，使之在一定的时间和空间内，得以实现有组织、有计划、有秩序的施工，以期在整个工程施工中达到相对的最优效果，即时间上耗工少、工期短；质量上精度高、功能好；经济上资金省、成本低。这就是施工组织设计的根本任务。

施工组织设计是在充分研究拟建工程的客观情况和施工特点的基础上编制的，用以部署全部施工生产活动，制定合理的施工方案和技术组织措施。从总的方面看，施工组织设计具有战略部署和战术安排的双重作用。它体现了实现基本建设计划和设计的要求，提供了各阶段的施工准备工作内容(建立施工条件，集结施工力量，解决施工用水、电、交通道路以及其他生产、生活设施，组织资源供应等)；协调施工中各施工单位、各工种之间、资源与时间之间、各项资源之间，在程序、顺序上和现场部署的合理关系。因此施工组织设计是从施工全局出发，按照客观的施工规律，统筹安排施工活动有关的各个方面，是企业部署施工和对每个建筑物施工管理的依据。

一、施工组织设计的编制原则

编制施工组织设计必须考虑以下因素：

1. 认真贯彻工程建设的各项方针政策。

2. 遵循建筑施工工艺及其技术规律，坚持合理的施工程序和施工顺序。

3. 采用流水施工方法、网络计划技术及线性规划法等，组织有节奏、均衡和连续的施工。

4. 科学地安排冬期、雨期施工项目，保证全年生产的均衡性和连续性。

5. 认真执行工厂预制和现场预制相结合的方针，提高建筑工业化程度。

6. 充分利用现有机械设备，扩大机械化施工范围，提高机械化程度；改善劳动条件，提高劳动生产率。

7. 采用国内外先进施工技术，科学地确定施工方案，提高工程质量，确保安全施工；缩短施工工期，降低工程成本。

8. 尽量减少临时设施，合理储存物资，减少运输量；科学地布置施工平面图，减少施工用地。

二、施工组织设计的编制内容

一般来说施工组织设计应包括以下八项内容：

1. 编制依据；

2. 工程概况；

3. 施工部署；

4. 施工准备；

5. 主要分项工程施工方法；

6. 主要管理措施；

7. 技术经济指标；

8. 施工总平面图。

第二节 施工组织设计的编制

一、编制依据

施工组织设计是以施工合同、施工图纸为主要依据；在编制过程中要根据国家、行业、地方的主要规程、规范、主要图集、主要法规和主要标准指导施工，因此，也是施工组织设计编制的主要依据；使用新材料、新工艺等，其编制依据可列在其他栏中，如建设部 10 项新技术、地质勘探报告、公司管理文件等。

编制依据可以列表的形式表达。

1. 合同（表 1-1）

合　　同   表 1-1

合同（或协议）名称	编　　号	签订日期

该项内容应填写合同文本的内容，当工程项目未签订合同，以协议形式出现，亦可填写协议编号和签订日期。

2. 施工图（表1-2）

施 工 图 表1-2

图纸名称	图纸编号	出图日期
总　　图		
结 构 图		
建 筑 图		
给 排 水		
暖　　通		
强　　电		
弱　　电		
天 然 气		

该项要求填写各类图纸的目的是使读者判断图纸是否到齐，编制施工组织的依据是否充分、可靠。

3. 主要规范、规程（表1-3）

主要规范、规程 表1-3

类　别	名　称	编　号
国　家		
行　业		
地　方		

该项内容应包括验收规范和单项材料规范，且应包括水、电及设备专业有关的规程与规范，规范名称与编号应准确无误。

4. 主要标准（表1-4）

主 要 标 准 表1-4

类　别	名　称	编　号
国　家		
行　业		
地　方		

5. 主要法规（表1-5）

主 要 法 规   表 1-5

类　别	名　称	编　号
国　家		
地　方		

　　该项内容包括国家的法规：如建筑法、环境保护法、计量法等。地方法包括近年地方建委颁发的强制执行的技术、管理文件等。

　　6. 其他(表 1-6)

其 他   表 1-6

类　别	名　称	编　号
企　业	质量保证手册	
	标准工作程序	
	岩土工程勘察报告	

二、工程概况

　　在这一章，介绍项目的相关单位、建筑、结构、专业的基本设计情况以及工程的特点。在工程概况中，一般分为总体工程概况、建筑设计概况、结构设计概况、专业设计概况等，采用表格形式列出。

　　1. 工程概况(表 1-7)

工 程 概 况 表   表 1-7

序　号	项　目	内　容
1	工程名称	
2	工程地址	
3	建设单位	
4	勘察单位	
5	设计单位	
6	监理单位	
7	质量监督单位	
8	施工总承包单位	
9	施工主要分包单位	
10	合同承包范围	
11	合同性质	
12	合同工期	
13	合同质量目标	

概要说明工程名称及与本工程相关的各单位、地理位置等情况。

2. 施工现场条件（表1-8）

施工现场条件 表1-8

序 号	项 目	内 容
1	地理位置	
2	环境、地貌	
3	地上情况	
4	地下情况	
5	三通一平情况	
6	施工用水情况	
7	施工供电情况	
8	施工供热情况	
9	需要解决的问题	

3. 建筑设计概况（表1-9）

建筑设计概况 表1-9

序号	项 目	内 容			
1	建筑功能				
2	建筑特点				
3	建筑面积	总建筑面积(m²)		占地面积(m²)	
		地下建筑面积(m²)		地上建筑面积(m²)	
		标准层建筑面积(m²)			
4	建筑层数	地上		地下	
5	建筑层高	地下部分层高			
		地上部分层高			
6	建筑高度	±0.000标高		室内外高差	
		基底标高		最大基坑深度	
		檐口高度		建筑总高	
7	建筑平面	横轴编号		纵轴编号	
		横轴距离(m)		纵轴距离(m)	
8	建筑防火				
9	墙面保温				
10	室外装修	檐口			
		外墙			
		门窗			
		屋面			
		主入口			

序号	项 目	内 容	
11	室内装修	顶棚	
		地面	
		内墙	
		门窗	
		楼梯	
		公用部分	
12	防水工程	地下	
		屋面	
		厕浴间	
		功能房间	

介绍工程的平面尺寸、柱网、层数、层高、总高、建筑面积、门窗用料、外装饰做法、内装饰做法、保温做法等，采用表格、图的形式表达。

4. 结构设计概况(表 1-10)

结 构 设 计 概 况　　　　　　　　　　　　　　　表 1-10

序号	项 目	内 容	
1	结构形式	基础结构形式	
		主体结构形式	
		屋盖结构形式	
2	土质、水位	基底以上土质分层情况	
		地下水位标高	
		地下水质	
3	地基	持力层以下土质类别	
		地基承载力	
4	地下防水	结构自防水	
		材料防水	
		构造防水	
5	混凝土强度等级	基础	
		地下室外墙	
		墙柱	
		梁、板	
		楼梯	
6	抗震等级	工程设防烈度	
		框架抗震等级	
		剪力墙抗震等级	

续表

序号	项 目	内 容	
7	钢筋类别	非预应力筋类别及等级	
		预应力筋类别及张拉方式	
8	钢筋接头形式		
9	结构断面尺寸	基础底板厚度(mm)	
		外墙厚度(mm)	
		内墙厚度(mm)	
		柱断面尺寸(mm)	
		梁断面尺寸(mm)	
		楼板厚度(mm)	
10	楼梯、坡道结构形式	楼梯结构形式	
		坡道结构形式	
11	结构混凝土工程预防碱骨料反应管理类别		
12	建筑沉降观测		

介绍结构形式、基础形式、地基承载力、混凝土强度等级、抗渗等级、抗震设防等级以及主要构件断面尺寸等，采用表格的形式表达。

5.专业设计概况

结合项目特点，简单介绍本项目各专业设计的设计要求、系统做法，以表格的形式表达。专业介绍要全，不要漏项。

6.工程特点、施工难点

结合项目的情况，提出本工程需要重点解决的问题，简要介绍对策。

三、施工部署

施工部署的内容可包含施工组织、任务划分、工程目标、施工部署、施工进度计划、劳动力安排、主要分项工程量等。

1.项目经理部组织机构

应按项目部的实际情况，绘制项目经理部组织机构图框。注意人员分工应明确，并注明人员职务、姓名和职称。

2.任务划分

按照合同要求，以表格的形式给出，见表1-11。

施工任务划分表 表1-11

序 号	项 目	内 容
1	总包	
2	总包自身分包	
3	甲方指定分包	
4	甲方直接分包	
5	主要设备构件采购分包	

3. 施工部署的总原则及总体施工顺序

总原则是指为实现合同质量、工期目标，项目整体施工安排中的空间、时间等要求，以及施工流水、施工组织的总体介绍，它是施工组织设计的核心内容。

总顺序是指各分项、分部工程施工安排之间的逻辑关系，要遵循先地上后地下，先结构后维护，先主体后装修，先土建后专业的一般规律。采用流程图的形式表达。

4. 工程目标

质量方针、质量目标、工期目标、安全目标、消防目标、文明施工目标、科技管理目标。

5. 施工总进度计划

（1）介绍本项目施工总进度计划编制的原则。

（2）提出本工程关键线路、各分部、分项工程的开始、完成时间。对人防、消防、电梯安装等应列出其计划验收时间等。

（3）按照合同要求，结合工程特点和采用的施工方法，编制一级总体施工控制计划，一般应采用网络图表达。同时可以附二级施工计划，可以采用横道图表达。

（4）对主要分项、分部的施工日期进行统计，以表格的形式表达，见表 1-12。

分部、分项工程起止日期计划表　　　　　　　　表 1-12

总　分　配	起止日期	所用天数	净占工期
施工准备			
降水			
护坡			
土方开挖			
底板			
地下结构			
防水			
回填			
地上结构			
屋面			
外装			
内装			
设备			
外管线			
竣工			

6. 各种资源使用量计划

（1）主要劳动力计划

以列表的形式，分专业、工种，按月提出劳动力使用计划，应包括项目总包、分包、业主指定分包的全部作业人员，对于分包、业主指定作业人员要备注清楚，见表 1-13、图 1-1。

劳 动 力 计 划 表　　　　　　　表 1-13

	一月	二月	三月	四月	五月	六月	七月	…
钢筋工								
结构木工								
混凝土工								
结构杂工								
起重工								
维修电工								
装修油工								
装修瓦工								
装修木工								
水暖工								
电工								
汇总								

（2）主要施工机械选用计划

列表表达，见表 1-14。要结合制造成
本的测定需要，标明机械的名称、型号、
供应方式（内部租赁、外部租赁、项目一次
自行购置、扩大劳务）、进场时间、出场时
间、使用绝对天数以及要注明在工程什么

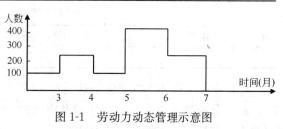

图 1-1　劳动力动态管理示意图

阶段（结构、装修）使用。如果同一机械在不同阶段使用数量不同时，应根据不同时间、不同
使用数量分别列项说明。

主要施工机械使用计划表　　　　　　　表 1-14

序　号	名　　称	型　号	数　量	供应方式	进场时间	出场时间	使用天数	备　注

（3）主要非实体消耗材料计划

列表表达，见表 1-15。要结合制造成本的测定需要，标明各种的名称、单位数量、供
应方式（租赁、购置）、分批进场时间、分批退场时间、使用时间、周转材料周转次数等。
分批进场时间、退场时间标明在备注中。

主要非实体消耗材料计划表　　　　　　　表 1-15

序　号	名　称	单　位	数　量	供应方式	进场时间	退场时间	备　注

（4）其他重要资源、设备的进场计划

如大型构件、设备的进场计划。

7. 项目总体协调管理的原则和流程简介

如何组织日常施工生产，协调各方关系，实现项目管理目标。应突出以监理例会为总协调的方式。

四、施工准备

1. 技术准备

技术准备要介绍图纸供应计划、相应规范(规程、图集、标准)准备计划、仪器设备准备计划、特殊材料(器械)采购计划、施工方案编制计划、试验计划、样板间施工计划、四新技术应用计划、坐标点(水准点)引入计划、培训计划等方面的准备情况。采用文字或图表的形式表达。

(1) 本工程需要的图集、规范、标准、法规是否满足施工使用要求,落实解决时间。

(2) 仪器设备器具配置:

配置计量、测量、检测、试验用的工具、仪表、仪器,配置与工程规模相适应的办公设备。要标明仪器设备的名称、型号、数量、校准周期、鉴定状态、设备来源(公司调配、购置、租赁、队伍自带)、进场时间、退场时间,管理类型。以列表形式表达,见表 1-16。

仪器设备配置计划表   表 1-16

序 号	名 称	型 号	数 量	类 别	来 源	校准周期	鉴定状态	进场时间

(3) 分项工程施工方案编制计划:

制定分项施工方案的编制计划及完成时间。要标明方案名称、编制单位、完成时间、编制人、审核人、审批人。以列表形式表达。

(4) 试验工作计划:

试验工作计划(需明确分层、分段试件组数、见证取样组数)见表 1-17。

试验工作计划表   表 1-17

序号	取样的分层,分段部位	强度等级	取样组数	见证取样组数	养护条件	龄期	同条件组数	同条件龄期	600℃·d 同条件组数	600℃·d 龄期
1										

(5) 样板、样板间计划:见表 1-18。

样板、样板间计划表   表 1-18

序 号	项目及部位	样板部位	负 责 人	时间安排
1				

(6) 新技术推广

制定新技术、新材料、新工艺、新设备等科技成果应用计划。要标明推广项目、数量应用部位、推广负责人、总结成果完成时间等。新技术推广计划首先要针对建设部 10 项新技术提出,10 项新技术不含的项目列在后边。以列表形式表达。

(7) 坐标点和水准点的引入

要附图、表说明坐标点、水准点引入的数据。

轴线控制与标高引测的依据要以测绘院给定的成果为依据。

进场后复核建筑物控制桩，引入高程控制水准点，做好栋号的控制桩和水准点的测设和保护工作。

（8）项目培训计划

结合项目的情况，提出特殊设备安装、特殊工艺、新技术应用等的培训计划。

2. 生产准备

（1）临时供水、供电、供热

介绍临时供水、供电、供热的计算、布置、选用。

临时供水计算生产生活用水量和消防用水量，二者比较选择大者。一般工程生产生活用水量不会超过消防用水量，故按消防用水量布置管线即可。

临时供电根据现场使用的各类机具及生活用电计算用电量，并需单独编临时用电方案，通过计算确定变压器规格、导线截面，并绘制现场用电线路布置图和系统图。

临时供热根据现场的生产、生活设施的面积和形式，确定供热方式和供热量，并配管线设计图。

（2）生产、生活公共卫生临时设施计划

根据工程的规模和施工人数确定并列表注明各类暂设的面积、用途和做法。规划各类构件、机具、材料存放场地的准备和要求，安排各类暂设时要注意与场地平整和开挖的关系。职工食堂、厕所、垃圾堆放场、工人宿舍的卫生、设施标准等。

（3）临时围墙及施工道路计划

根据现场实际情况布置围墙及道路的做法、道路宽度、排水方向。

（4）加工订货计划

列表说明加工订货计划。

五、主要施工方法

应着重确定影响整个工程施工的分部（分项）工程施工方法，对于常规做法和工人熟知的分项工程不予详细拟定，只要提出应注意的一些特殊问题即可。对于施工组织设计与施工方案合编时，应对分项施工方法进行详细策划，重点表达，亦可按照附件的形式，将分项施工方案附在施工组织设计的后边，在施工组织设计中简单表述。分项工程涉及的节点图宜放在施工方案中，不要放在施工组织设计中。

1. 流水段划分

依据工程结构形式、工程量、工期和资源状况，合理划分流水段。说明划分依据、流水方向。要保证均衡流水施工。施工缝的位置要合理并符合规范要求。当地下部分与地上部分流水段不一致时应分开绘制；当水平构件与竖向构件流水段不一致时，亦应注明，并标注所在轴线位置。必须绘制流水段划分平面图。

2. 大型机械选用

是指土方机械、水平与垂直运输机械（塔吊、外用电梯、混凝土泵）、其他大型机械。塔式起重机的选择以起重量 Q、起重高度 H 和回转半径 R 为主要参数，并经吊次、台班费用的计算比较，选择最优方案。

泵送机械的选择主要考虑地面水平输送距离和泵送高度，一般在 $70\sim80m$，高度可根据预拌混凝土搅拌站的设备和经验初选设备型号，然后进行核算即可。泵送高度在 100m 以上时，要在确定一次泵送还是接力泵送的前提下，慎重考虑泵送机型。

外用电梯选用的机械型号、数量、进出场时间要加以说明。

主要施工机械的基础设计图纸。特别是使用固定式混凝土基础时必须根据地质情况进行详细设计。

可按表格所示分阶段加以说明，如表 1-19。

大型机械进出场计划表 表 1-19

项　　目	机械名称	机械型号	数　量	进、退场日期
基础阶段				
结构阶段				
装修阶段				

3. 测量放线

建立平面控制网及高程控制点，轴线控制及标高引测的依据和引至现场的轴线控制点及标高的位置。

说明控制桩的保护要求。

说明本工程测量所采用的主要方法及轴线、标高传递的方法。

4. 降水、排水

明确所采用的降水方法及分包单位，要考虑降水对临近建筑物可能造成的影响及所采取的措施。注意水位要降至基础最深部位以下 50cm，说明降水的时间要求。

排水工程应说明日排水量的估算值及排水管线的设计。

5. 基坑支护

基坑支护类型、基坑的平面尺寸及相对开挖深度和施工要求；临近建筑物、构筑物、树木距基坑的距离，基础形式；埋置深度，结构形式；施工阶段，塔式起重机位置，环形道路与基坑的距离，运输车辆的重量，地面上材料堆放情况；临近地下管线及其他设施情况以及对基坑变形限制要求和变形观测等。

6. 土方工程

选择的土方机械型号、数量、工期，确定挖土方向、坡道的留置位置，每步开挖深度，共分几步开挖，挖土与护壁、锚杆、工程桩等工序如何穿插进行。

现场是否存土，存土数量，外运土方数量，弃土地点与工地的距离。

挖至槽底的施工方法说明。

钎探要求和不进行钎探的建议。

清槽要求。

回填土的时间、密实要求等；采用现场开挖土方回填还是其他来源土方回填。

绘制土方工程的平面图及剖面图。

7. 地下防水

地下防水层：防水层采用的材料、厚度及层数；底板防水层做到什么位置，外墙防水层采用是内贴还是外贴法；外墙防水层施工时间，施工条件；变形缝、后浇缝防水做法，管道穿墙处防水做法。

结构自防水：介绍结构自防水在结构施工中的防水措施(止水带、止水条设置部位)。

8. 钢筋工程

确定各部位钢筋连接方法；锚固、接头及抗震要求；钢筋保护层要求；墙、柱、变截面处钢筋的处理方法；钢筋检验、验收要求。

9. 模板工程

表述地基基础工程及主体结构工程模板及支撑的选用。

主要部位：垫层及底板，地下墙体及顶板，雨罩及阳台，地上非标(标准层)墙体及顶板，柱、梁、板、楼梯、预留洞、门窗洞口，电梯井筒。需要计算的重要部位，其计算书可放在模板施工方案中，以附录形式出现。

应确定模板的安装顺序、模板和支架的拆除顺序和技术要求，后浇带模板的支设要求、拆除时间及技术要求等。

10. 混凝土工程

表述各部位混凝土强度等级，抗渗要求，浇筑方法，拆模强度控制要求，养护方法、混凝土试块留置等。

表明各部位混凝土的供应方式(预拌混凝土、现场搅拌)；应明确混凝土的主要技术参数(原材料、砂率、坍落度、外加剂类型、掺合料的种类及有害物资的技术指标要求)。

11. 钢结构工程

钢结构的制作、运输、堆放、安装、防腐及防火涂料的主要施工方法。

12. 砌筑工程

本工程采用的砌体材料(砖砌块、空心砌块)的种类，使用部位、特殊要求、砂浆强度、砌筑高度、构造柱设置、拉接筋处理、组砌方法及主要施工工艺要求等。

13. 脚手架工程

表述采用内外架子种类、构造要求、拉结方式，马道的支搭方法，装修内外架子的种类、支搭方法等。

要分种类列出各种脚手架的材料投入情况、使用时间。

脚手架工程涉及安全施工，应单独编制施工方案，尤其高层和超高层的外架子应进行计算，并作为施工方案的组成部分。当高层、超高层外架子由专业分包单位分包时，应明确分包的形式和责任，以确保安全施工。

14. 垂直运输与吊装工程

卸料平台的留置位置，固定方法，拉锚方法，构件的吊装顺序、方法，放置位置，临时固定方法，塔式起重机选型等。

15. 屋面工程

屋面使用的材料及作法，施工方法及质量要求、试水要求。

16. 装修装饰工程

(1) 内墙饰面工程

制定施工方法及质量要求，特殊做法应说明(石材墙面卸荷防水处理)。

(2) 外墙饰面工程

外墙饰面材料的使用情况，施工方法，如何控制门口等。特殊做法应特殊说明(外墙外保温，石材墙面的防水处理及固定方法，幕墙工程等)。

外墙饰面板的粘结强度试验，湿作法防止返碱的方法，抗震缝、伸缩缝、沉降缝的做法。

（3）楼地面工程

地面采用几种做法、各部位的施工时间、地面的养护及成品保护方法等，主要的施工方法及技术要点。

（4）吊顶工程内隔墙

做法及施工方法、技术要点及质量要求。

吊顶工程与吊顶内管道和设备安装的工序关系。

（5）内隔墙板安装

隔墙板类型、安装方法及主要工艺要求。

（6）门窗安装

门窗材料情况，有无附框，安装要求及成品保护问题等。

（7）木装修工程

内容及注意事项。

（8）卫生间、厕浴间

墙、地面、棚面做法，工序安排、施工方法、材料的使用要求及质量要求，地面试水要求。

（9）幕墙工程

幕墙的类型，主要施工方法及技术要求。主要原材料的性能检测报告。

（10）涂饰工程

主要施工方法及技术要点，按设计要求和有关规定对室内装修材料进行检测的项目。

（11）细部

窗台板、门窗套、栏杆等的制作与安装要求。

17. 设备安装（水暖、电器、通风、空调、电梯等）

图纸内容和有关专业施工（清洗、防冻、防水、防潮、防火分区）配合的要求及注意事项。

18. 外线、道路、庭院工程

图纸要求、施工时间、主要投入情况。

19. 冬雨期施工

重点说明主要施工措施，材料投入、周转数量要求，租赁材料须列出租赁时间。详细内容可详见季节性施工方案。

六、主要施工管理措施

1. 质量保证措施

项目质量保证体系，质量管理程序，质量控制制度、措施，如质量责任制、三检制、样板制、奖罚制度、质量信息反馈制等。

2. 工期保证措施

建立完善的生产计划保证体系，明确责任与分工。

控制进度计划的分级与编制。

各级生产计划的落实。

组织与协调方式。

缩短工期的技术措施。

3. 技术管理保证措施

建立各种制度，明确职责与分工，如图纸会审、设计交底、施工交底、试验管理及技术资料管理等。

新型模板体系的运用，钢筋连接技术，混凝土及高性能混凝土的应用，大体积混凝土技术，护坡、降水技术，泵送混凝土技术，新材料、新技术的应用，计算机管理等措施、技术管理。

4. 安全及职业卫生与健康保证措施

贯彻国家与地方有关法规，建立项目部安全责任制及相关管理办法。

与分包签订安全责任协议书。

安全生产教育制度及培训制度、检查制度。

对特殊工种的管理。

结合项目特点提出目标、组织保证体系、管理制度、控制重点、针对重点事项的安全技术与管理措施。

5. 消防、保卫措施

现场消防、保卫管理小组，消防、保卫服务范围，消防安全制度，消防安全技术措施，现场保卫措施。

签订总分包消防责任协议书。

其他消防工作的要求，如消火栓设置、暂设宿舍、食堂等消防要求。

6. 文明施工管理措施

文明施工领导小组，文明施工管理措施。

7. 环境保护措施

现场环保领导小组，项目环境保护重点控制因素的措施（建筑施工中防止大气污染、水污染、噪声污染等措施），废弃物的管理，公共卫生管理，协调政府及周边居民关系措施。

对于室内空气质量控制，创建环保健康工程的措施。

8. 降低成本措施

说明材料、工艺、管理等方面降低成本的措施。

七、主要经济技术指标

工期指标。

劳动生产率指标（m^2/工日）。

质量、安全指标。

降低成本指标。

三大材节约百分比。

其他指标（劳动力不均衡系数，临时工程费用比例等）。

八、施工现场总平面图

施工总平面图应按基础、结构、装修三个阶段分别绘制。

应有图框、图签、指北针、图例。

总平面图的内容：

1. 在施工现场范围内拟建建筑物与临近建筑物、构筑物和管线及高压线等的位置关系及拟建建筑物尺寸、层数、±0.000 标高、室外地坪标高。

2. 水源、电源、热源的位置，暂设锅炉位置、供热位置、供热管路、用热位置。

3. 塔吊或起重机轨道和行驶路线，塔轨的中线距建筑物的距离、轨道长度、塔吊型号、立塔高度、回转半径、最大与最小起重量。

4. 材料、加工半成品、构件和机具堆放及垃圾堆放位置。

5. 生产、生活用临时设施用途、面积、位置。

6. 安全、防火设施，消防立管位置。

7. 暂设办公用房，材料堆放场标注 a(长)×b(宽)(单位：m)。

附图(略)。

第三节 施工组织设计编制实例

一、编制依据

1. 合同

合 同 表 1-20

合 同 名 称	合 同 编 号	签 订 日 期
×××大厦工程		

2. 施工图

施 工 图 表 1-21

图 纸 名 称	图 纸 编 号	批 准 日 期
总 图	总施-1～总施-4	2005.06
结 构 图	结施-1～结施-69	2005.05

3. 主要规范、规程

主要规范、规程 表 1-22

类别	名 称	编 号 或 文 号
国家	工程测量规范	GB 50026—2007
国家	屋面工程质量验收规范	GB 50207—2002
国家	民用建筑工程室内环境污染控制规范	GB 50325—2001(2006 年版)
国家	人民防空工程施工及验收规范	GB 50134—2004

类别	名　　称	编号或文号
国家	建筑地基基础工程施工质量验收规范	GB 50202—2002
国家	地下防水工程施工质量验收规范	GB 50208—2002
国家	混凝土结构工程施工质量验收规范	GB 50204—2002
国家	砌体工程施工质量验收规范	GB 50203—2002
国家	建筑装饰装修工程质量验收规范	GB 50210—2001
国家	建筑地面工程施工质量验收规范	GB 50209—2002
国家	建设工程施工现场供用电安全规范	GB 50194—93
国家	建筑电气工程施工质量验收规范	GB 50303—2002
国家	建筑给水排水及采暖工程施工质量验收规范	GB 50242—2002
国家	通风与空调工程施工质量验收规范	GB 50243—2002
行业	建筑木门、木窗	JG/T 122—2000
行业	建筑工程冬期施工规程	JGJ 104—1997
行业	混凝土泵送施工技术规程	JGJ/T 10—1995
行业	钢筋机械连接通用技术规程	JGJ 107—2003
行业	建筑施工扣件式钢管脚手架安全技术规范	JGJ 130—2001
行业	直螺纹钢筋连接接头技术规程	JGJ 163—2004
行业	建筑机械使用安全技术规程	JGJ/T 33—2001
行业	建筑机械安全技术规程	JGJ 33—2001
行业	建筑工程大模板技术规程	JGJ 74—2003
行业	施工现场临时用电安全技术规范	JGJ 46—2005
地方	建筑工程资料管理规程	DBJ 01—51—2003
地方	建筑安装分项工程施工工艺规程	DBJ/T 01—26—2003

4. 主要应用的图集

主要应用的图集　　　　　　　　　　　　表 1-23

类别	名　　称	编　　号
国家	混凝土结构施工图平面整体表示方法制图规则和构造详图	06G101-6
国家	国家建筑标准图集电气专业	—
国家	暖通空调标准图集	—
国家	给排水专业标准图集	—
地方	工程做法	88J1-1
地方	屋面	88J5-X1(99 版)
地方	楼梯	88J7
地方	附属建筑	88J11
地方	地下工程防水	88J6-1
地方	外装修(1)	88J3-1

续表

类别	名 称	编 号
地方	内装修	88J4
地方	框架结构填充空心砌块构造图集	京94SJ19
地方	卫生间、洗池	88J8
地方	木门	88J13-3
地方	华北图集	—

5. 主要标准

主 要 标 准 表 1-24

类别	名 称	编 号 或 文 号
国家	建筑工程施工质量验收统一标准	GB 50300—2001
国家	混凝土强度检验评定标准	(GB 50107—2008)
行业	建筑施工安全检查标准	(JGJ 95—1999)
地方	北京市建筑结构长城杯工程质量评审标准	DBJ/T 01—69—2003
地方	北京市建筑竣工长城杯工程质量评审标准	DBJ/T 01—70—2003

6. 主要法规

主 要 法 规 表 1-25

类别	名 称	编 号
国家	中华人民共和国建筑法	主席令 1997 第 91 号
国家	中华人民共和国环境保护法	主席令 1989 第 22 号
国家	《建设工程安全生产管理条例》	第 393 号
国家	建设工程质量管理条例	国务院令第 279 号
国家	工程建设标准强制性条文(房屋建筑部分)	建设部建〔2002〕85 号
行业	关于建筑业进一步应用推广 10 项新技术的通知	建〔1998〕200 号
地方	关于《北京市建设工程施工试验实行有见证取样和送检制度的暂行规定》的通知	京建法〔1997〕172 号及〔1998〕50 号
地方	关于《预防混凝土工程碱集料反应技术管理规定(试行)》的通知	京建科〔1999〕230 号

7. 其他

其 他 表 1-26

类 别	名 称	编 号
企 业	质量管理体系、程序	
企 业	企业管理手册	
企 业	QHSE 管理手册	
本 工 程	×××地质勘察工程公司提供的岩土工程勘察报告	

二、工程概况

1. 工程概况

工程概况 表 1-27

序 号	项 目	内 容
1	工程名称	×××大厦工程
2	工程地址	北京市××路×号
3	建设单位	×××公司
4	勘察单位	×××地质勘察基础工程公司
5	设计单位	×××建筑研究设计院
6	监理单位	×××监理公司
7	施工总承包单位	×××公司
8	施工主要劳务分包	×××公司
9	合同范围	土方工程、结构工程、室内初装修、水电安装、通风空调设备安装
10	合同性质	总承包合同
11	资金来源及结算方式	自筹资金、概算加增减账
12	合同工期	559 日历天
13	合同质量目标	合格

2. 工程建筑设计概况

工程建筑设计概况 表 1-28

序 号	项 目	内 容		
1	建筑功能	商务写字楼		
2	建筑特点	面积大、外装施工复杂		
3	建筑面积	总建筑面积(m^2)	70100	地上建筑面积(m^2)	49485
				地下建筑面积(m^2)	20615
4	建筑层数	地上 16 层	地下 4 层	
5	建筑层高	地下部分层高	5.4m, 3.6m	
		地上部分层高	4.4m, 3.7m	
6	建筑高度	±0.000 标高	44.70	室内外高差	−0.150
		基底标高	−17.90	最大基坑深度	−19.400
		檐口高度	58.94	建筑总高	63.84m
7	建筑平面	横轴编号	轴 1～轴 17	纵轴编号	轴 A～轴 T
8	建筑防火	一级		
9	墙面保温	100 厚双层石膏板内填聚苯板		
10	室内装修	初装，部分涉及精装修的另见相关设计		
11	室外装修	外墙为复合铝板加中空 low-E 玻璃幕墙体系		

续表

序 号	项 目		内 容
12	防水工程	地下	4＋3SBS 改性沥青防水卷材
		屋面	4＋3 型 SBS 改性沥青防水卷材（聚酯无纺布胎基Ⅱ型）、能抗树根穿透的防水卷材
		厕浴间	1.8 厚聚氨酯涂膜防水

3. 工程结构设计概况

工程结构设计概况 　　　　　　　　　　表 1-29

序 号	项 目		内 容
1	结构形式	基础结构形式	筏形基础
		主体结构形式	框架—剪力墙结构
2	土质、水位	地下水位标高	42.000m
3	地 基	持力层土质类别	黏质粉土
		地基承载力	180kPa
4	地下防水	结构防水	P8 抗渗混凝土
		材料防水	4＋3 厚 SBS 改性沥青卷材
5	混凝土强度等级	基础底板	C40
		14.150m 以下墙、柱	C50
		14.150m 以下梁、板	C45
		14.150～32.65m 墙柱	C45
		17.85～32.65m 梁板	C40
		32.65m 以上墙柱	C35
		33.65m 及以上梁板	C30
		其余构件	C30
		基础垫层	C15
		圈梁、构造柱、现浇过梁	C20
		标准构件	按标准图要求
		后浇带	采用高一级补偿收缩混凝土
6	抗震等级	工程设防烈度	8 度
		框架抗震等级	二级
7	钢筋类别	ϕ6～ϕ10 以下，HPB235 级钢；ϕ10～ϕ32，HRB400 级钢	
8	钢筋接头形式	直径≥20mm 的直螺纹机械连接	直径<20mm 的绑扎连接
9	结构断面尺寸	基础底板厚度(mm)	1200，局部 800；核心筒 1600
		外墙厚度(mm)	400
		内墙厚度(mm)	400、300
		楼板厚度(mm)	400，300，250，150 实心楼板 300，200 空心楼板

续表

序 号	项 目	内 容
10	楼梯结构形式	板式
11	结构混凝土工程预防碱骨料反应管理类别	地下：含碱量小于 $3kg/m^3$ 地上：最大氯离子含量小于 1.0%

4. 专业设计概况

专业设计概况 表 1-30

名 称	系 统 简 介
生活给水系统	给水系统竖向分为三区：一区供水由市政管网直接供给；二、三区供水由地下四层水泵房内之恒压变频供水设备供给。生活水箱中安装水箱自洁清毒器进行二次消毒。最高日用水量 $576m^3/d$
中水系统	中水系统分为三个区：低压供水由市政管网直接供给；中、高区供水由地下四层水泵房供水设备供给，使用中水量为 $102m^3/d$
热水系统	热水系统带淋浴的小卫生间及健身淋浴室设电热水器，分散制备热水
污废水系统	本工程采用污废水合流的排水系统。室内 ±0.00 以上污废水直接排出室外。±0.00 以下污废水汇集到地下集水坑，由潜污泵提升排出室外。每个集水坑设两台潜污泵
雨水系统	屋面雨水系统采用内落水系统。重力排至室外雨水管道
消防系统	本工程设有室内消火栓（40L/s）。火灾延续时间为 3h。室外消火栓系统（30L/s），火灾延续时间为 3h。自动喷洒系统（30L/s），火灾延续时间为 1h。消防水源为市政自来水，从室外管网上引入 2 根给水管在室外成环，并设室外消火栓。地下四层设室内消防储水池 $540m^3$。 自动喷洒灭火系统竖向分高低区，两区共用一组自动喷洒泵，高区由自动喷洒系统直接供水
通风系统	办公层及有空调系统的区域，设置相应的排风系统。卫生间设集中排风系统。车库、机房设置机械排风系统。地下车库通风还兼做火灾时排烟系统。煤气表间设排风系统。 在室外设事故通风按钮，厨房排油烟风机兼做事故排风机。风机开关分别设于厨房和屋面，并与浓度报警联锁
供电系统	本工程安防系统电源，消防设施电源，通信系统、应急照明及计算机系统电源等为一级负荷；生活水泵、普通客梯、排水泵等为二级负荷；其他为三级负荷。本工程共有两路 10kV 电源采用电缆埋地引入本建筑，并送至本工程地下一层电缆分界室
低压配电系统	低压配电系统接地形式采用 TN-S 系统。工作零线（N）和接地保护线（PE）自变配电所低压开关柜开始分开，不再相连
高压配电系统	10kV 高压配电系统均为单母线分段，正常运行时，两路电源同时供电，当任一电源故障或停电时，人工闭合联络开关，每路电源均能承担全部负荷。进线柜与计量柜、进线隔离柜；联络柜与联络隔离柜加电气与机械联锁。高压断路器采用真空断路器，直流操作系统
照明系统	本工程对用电量较大的照明配电系统采用强电竖井内的全封闭式插接铜母线配电给各层照明配电箱。应急照明系统均以双电源树干式配电给各层应急照明箱，并且在最末一级配电箱实现双电源自动切换
防雷系统	本工程防雷等级为二类。在屋顶女儿墙上采用 $\phi10$ 镀锌圆钢做避雷带，引下线利用钢筋混凝土结构中的对角主筋

5. 工程的难点与特点

（1）设计特点

本工程外檐设计富于变化，立面处理错落有致，颜色分差较大，且本工程的结构设计采用了较大跨度的扁梁体系，楼板采用现浇钢筋混凝土空心楼板的新工艺。对现场施工组织及整体安排都提出了更高的要求。

（2）工程重点及难点

本工程地下面积大，地下施工面积达 20615m²，且基础底板属大体积混凝土施工。现场的人力、物力、机械等组织相对困难。

施工场地狭小，施工现场内几乎无可有效利用的物料堆场，施工组织及现场周转非常困难。

本工程 250mm 以上厚度楼板，采用现浇钢筋混凝土空心楼板。此为新技术在施工现场中的利用。对整个混凝土板施工组织、方案编排、现场实施提出了新的要求。重点在于控制楼板内部 BDF 管的上浮及混凝土浇筑密实问题。

本工程梁跨度较大（最大跨度达 16m），钢筋较密，上下层钢筋各三层。应注意钢筋工程的施工。

室内层高较高，局部达 7.4m，楼面错落，给施工测量及柱模施工带来一定的难度。

6. 典型平面图

略。

三、施工部署

1. 项目经理部组织机构

我集团公司组建"××大厦工程项目经理部"，对工程施工实施项目管理。项目经理部在公司总部领导下充分发挥企业的整体优势，按照公司总部协调，各专业公司配合的公司项目管理模式，以 GB/T 19002—ISO 9002 标准模式建立的质量保证体系运作，形成以全面质量管理为中心环节，以专业管理和计算机管理相结合的科学化管理体制，以便出色地实现我公司的质量方针和质量目标，以及对业主的承诺。

总承包管理要对各生产要素和专业配属队伍进行有效协调，为专业配属队伍创造工作条件也是总承包管理的重要环节。

为规范该项目的管理工作，项目经理部执行公司颁布的《企业管理手册》、《质量管理手册》。

工程项目经理部由项目经理、项目书记、执行经理、项目总工、生产经理、商务经理组成领导班子。项目组织机构：略。

2. 项目经理部岗位职责

略。

3. 总分包任务划分（表 1-31）

总分包任务划分　　　　　　　　　　　　　　　　　　　　　　表 1-31

序号	项　目	内　容
1	总包合同范围	土建工程（结构、粗装修）、采暖、通风、给排水、强弱电系统等
2	总包对分包管理范围	防水、防火门、通风系统
3	总包对外分包管理范围	消防、智能化系统、火灾报警设备及安装、电梯等

4.施工部署的总原则

（1）满足业主合同要求的原则

本工程工程量较大，结构质量及装修标准高，总工期仅有559日历天，工期非常紧张。为保证基础、主体、装修均尽可能有相对充裕的时间进行施工作业，保质如期完成施工任务，应充分考虑各方面的因素，充分酝酿施工任务、人力、资源、时间、空间的总体布局。

（2）满足施工工序要求的原则

按照先地下、后地上，先结构、后围护，先主体、后装修，先土建、后专业的总施工顺序原则进行部署。

（3）满足季节性施工的要求

根据总施工进度计划的安排，本工程施工要经历两个冬期施工和两个雨期施工。为保质保量按期完成施工任务，在相应分部分项工程施工前，要制定有效可行的季节性施工指导方案。

（4）分段施工、流水交叉的原则

本工程为单体独栋工程。在结构施工阶段，根据本工程的特点，综合考虑工程工期、质量及劳动力、材料周转、临建设施等资源投入情况，对工程施工采用流水段施工控制。

（5）时间连续、空间占满的原则

为了保证工程按照总控计划完成，对结构工程分段进行验收，使其后的二次结构、粗装修、外檐装修和安装工程提前插入，组织立体交叉施工。

（6）推广应用科技成果的原则

本工程为我公司重点工程，科技含量较高。建设部推广应用的多项科技成果将在本工程施工中广泛应用。

（7）实施经济效益和社会效益相结合的原则

在保证施工质量的前提下，尽力降低工程成本，创造良好经济效益的同时，做到工期短、质量优、无伤亡。树立我公司的工程总承包品牌形象，达到经济效益与社会效益的和谐统一。

5.总体施工顺序和主要工作量

（1）总体施工工艺流程

1）基础部分施工流程

混凝土垫层→防水保护墙砌筑→3＋3厚SBS防水卷材→底板防水保护层→底板、梁钢筋绑扎及专业配管→墙、柱插筋→底板、梁模板→底板混凝土浇筑→混凝土养护→地下四层墙、柱钢筋绑扎→墙柱模板→墙柱混凝土浇筑→地下四层梁板钢筋绑扎及专业配管→地下四层梁、板混凝土浇筑→养护→地下三、二、一层工序同上→基础外墙防水及保护墙砌筑→土方回填。

2）主体结构施工流程

① 框架—剪力墙结构

弹线→柱、墙施工（钢筋、模板、混凝土）→梁、顶板施工（顶板模→顶板钢筋、专业预埋管→混凝土）→楼梯施工（模板→钢筋→混凝土）→隔墙砌筑。

② 室内装修工程

内隔墙安装、砌筑→墙面修理→立门窗口→内墙抹灰→水电安装→地面→墙腻子、吊顶→门窗安装→涂料→油漆、五金→竣工清扫。

③ 室外装修工程

屋面保温层→屋面防水→防水保护层→装修施工→散水→竣工清理。

主体结构施工完毕后，进行人防通道及出口、坡道等附属结构的交叉施工。

(2) 主要工作量

略。

6. 施工总进度计划

根据合同，工程量等投入的资金及劳动力确定本工程的施工进度计划，施工进度计划遵循先地下、后地上，先结构、后围护，先主体、后装修，先土建、后专业的一般规律。工程总工期目标和阶段控制目标如下：

(1) 各阶段目标控制计划

总工期目标：2005 年 6 月 20 日开工，2006 年 12 月 30 日竣工，共 559 日历天数。

阶段目标，见表 1-32。

阶　段　目　标　　　　　　　　　　　表 1-32

总　分　配	起　止　日　期	所　用　天　数
底板防水	2005.7.25～2005.8.8	15 工作日
底　　板	2005.8.4～2005.8.23	20 工作日
地下结构	2005.8.17～2005.10.10	55 工作日
回　　填	2005.10.16～2005.11.5	21 工作日
地上结构	2005.10.6～2006.4.8	153 工作日
屋　　面	2006.4.5～2006.6.15	72 工作日
外　　装	2006.6.26～2006.10.31	128 工作日
内　　装	2006.3.15～2006.10.20	220 工作日
竣　　工	2006.11.15～2006.12.31	46 工作日

其余详见《××大厦工程施工进度计划》。

(2) 计划的编制

1) 为保证各阶段目标的实现，将采取如下施工步骤：

结构施工根据平面布置原则和流水段划分原则，组织各区段内流水段的施工。

2) 计划编制：

为实现各个目标，采取三级计划进行工程进度的安排和控制，除每周与工程相关各方的工作例会外，每日下午 4 点召开各分包的日计划检查和计划安排协调会，以解决当日计划落实过程中存在的矛盾问题并且安排第二日的计划和所调整的计划，以保证周计划的完成，通过周计划的完成保证月计划的完成，通过月计划的控制保证整体进度计划的实现。

① 一级总体控制计划

表述各专业工程的各阶段目标，提供给业主和业主代表、监理、设计和各相关承包商，采用计算机进行计划管理，实现对各专业工程计划实施监控及动态管理。

② 二级进度计划(月计划)

是以一级进度计划为依据，进一步的分解一级进度控制计划进行流水施工和交叉施工的计划安排，一般是以月度的形式提供给业主和业主代表、监理、设计和相关承包商及其基层管理人员，具体控制每一个分项工程在各个流水段的工序工期。二级计划将根据实际进展情况提前一周提供该计划和上月计划情况分析和下月计划安排。

③ 三级进度计划（周、日计划）

是以文本格式和横道图的形式表述作业计划，计划管理人员随工程例会下发，并进行检查、分析和计划安排。通过日计划确保周计划、周计划确保月计划、月计划确保阶段计划、阶段计划确保总体控制计划的控制手段，使阶段目标计划考核分解到每一日、每一周。

所有计划管理均采用计算机进行严格的动态管理，从而不折不扣地实现预期的进度目标，达到控制工程进度的目的。

（3）验收计划（表1-33）

验 收 计 划　　　　　　　　　　表1-33

序 号	结构验收部位	验收时间	资料齐备时间
1	地下结构验收	2005.11.10	2005.10.25
2	F1～F4层结构验收	2005.12.30	2005.12.20
3	F5～F10层结构验收	2006.2.21	2006.1.20
4	F11以上结构验收	2006.5.8	2006.4.25
5	竣工验收	2006.12.21	2006.12.10

7. 劳动力计划

地下室结构施工阶段日高峰期劳动力为1092人。

各工种分配见表1-34。

地下室结构施工阶段各工种分配　　　　　　　表1-34

木　工	100人	钢筋工	600人
架子工	80人	混凝土工	200人
信号工	12人	专业工种	100人

地上主体结构施工阶段日高峰期劳动力为802人。

各工种分配见表1-35。

地上主体结构施工阶段各工种分配　　　　　　表1-35

木　工	220人	钢筋工	230人
架子工	50人	混凝土工	55人
壮　工	45人	维修电工	4人
瓦　工	60人	专业工种	90人
信号工	8人	其　他	40人

二次结构、装修阶段日高峰期劳动力为878人（不含指定分包），各工种分配见表1-36。

二次结构、装修阶段各工程分配 表1-36

木 工	140人	架 子 工	45人
油 工	130人	抹 灰 工	150人
焊 工	15人	壮 工	60人
防 水 工	20人	专 业	260人
维修电工	8人	其 他	50人

机电劳动力计划见表1-37。

机电劳动力计划 表1-37

	施工配合阶段	正常施工阶段	调试阶段
保 温 工	10人	25人	10人
管 工	20人	90人	60人
焊 工	15人	20人	10人
电 工	100人	140人	100人
通 风 工	20人	40人	20人

劳动力状态曲线图见图1-2。

图1-2 劳动力动态曲线图

8. 主要非实体消耗材料计划(表1-38)

非实体消耗材料计划 表1-38

序号	名 称	单位	数量	供应方式	进场起始时间
1	12厚覆模竹胶板	m²	25000	购买	2005.7.30
2	60系列钢模板	m²	7200	租赁	2005.7.15
3	定制钢模	m²	7000	购买	2005.9.1
4	碗扣支撑	个	30000	租赁	2005.7.15
5	钢管脚手架	t	885	租赁	2005.7.15

续表

序号	名　　称		单位	数量	供应方式	进场起始时间
6	跳板及垫板		块	14000	租赁	2005.7.15
7	安全网		m²	41000	租赁	2005.7.15
8	木方	5×10	m³	560	租赁	2005.7.15
		10×10		400	租赁	
9	扣件		个	20000	租赁	2005.7.15

材料使用根据工程施工阶段的需要陆续进场。

9. 主要施工机械选用计划，见表1-39。

主要施工机械选用计划　　　　　　　表 1-39

序号	名　　称	型　　号	数量	供应方式	进出场时间
1	塔吊	H3/36B、F23C	2	租赁	2005.6.20
2	钢筋切断机	QJ40-1	4	租赁	
3	钢筋弯曲机	WJ40-1	3	租赁	
4	钢筋拉直机		2	租赁	
5	水泵（潜水泵）	500W115-1.5	4	租赁	
6	插入式振捣器	ZX50	40	租赁	
7	电刨锯	NIB2-80/1	4	租赁	
8	蛙式打夯机	HW-60	20	租赁	
9	木圆锯	MJ114	4	租赁	
10	汽车泵		2	租赁	
11	外用电梯	SCD200/2	2	租赁	2005.12.10
12	搅拌机	JZC350	4	租赁	
13	砂浆搅拌机	HJ-200	3	租赁	
14	地泵	HBT60	3	租赁	
15	套丝机	TQ100-A	12	租赁	
16	电焊机	BX300	16	租赁	
17	砂轮切割机	φ400	8	租赁	
18	台钻	EQ3025	4	租赁	

10. 施工组织协调

（1）监理例会

定于每周三召开监理例会，由监理方各监理工程师、总包方各职能部门负责人及主要分包方负责人参加，就本周内项目施工生产过程中发生的有关问题进行磋商并组织协调解决。

（2）项目例会制度

每周一安全例会，周二生产协调例会，周四质量例会。

（3）项目内部协调

1）分包招标前，进行招标文件审批和合同评审。

2）分包进场前，进行合同交底。

3）分包正式施工前，进行技术交底。

4）对分包制定每月底进行月联检考核制度。

（4）社会协调

1）积极参加社区活动，配合施工所在地居委会做好周边居民安置和抚慰工作，避免施工扰民。

2）坚决做好施工现场"门前三包"工作，搞好周边的卫生环卫工作。

四、施工准备

1. 技术准备

及时组织有关人员认真学习施工图纸，领会设计意图，组织图纸会审。并针对各分项工程组织经理部相关人员学习有关图集、规范、规程和标准等。

根据施工需要和项目部的资源情况，配备施工测量、计量、检测、试验器具、养护室的各种仪器、仪表等。

（1）仪器设备准备（表 1-40）

仪 器 设 备 准 备　　　　　　表 1-40

序号	名　称	型号	数量	类别	来源	校准周期	鉴定状态	进场时间
1	经纬仪	J2/JDT2E	2	B	租赁	一年	合格	2005.5
2	水准仪	DIS3-1	3	B	租赁	一年	合格	2005.5
3	垂准仪	DIJ3	1	B	租赁	一年	合格	2005.5
4	台秤	500kg	4	C	购买	一年	合格	2005.5
5	混凝土振动台		1		购买	一年	合格	2005.5
6	温湿度自控器		1		购买	一年	合格	2005.5
7	质量检测器		1		购买	一年	合格	2005.5
8	钢卷尺		2		购买	一年	合格	2005.5
9	铝合金塔尺		1		购买	一年	合格	2005.5

（2）分项工程施工方案编制计划（表 1-41）

分项工程施工方案编制计划　　　　　　表 1-41

方案名称	编制单位	完成时间	编制人	审核人	审批人
临水施工方案	设备分公司	2005.07.10	××	项目总工	公司总工
临电施工方案	设备分公司	2005.7.15	××	项目总工	公司总工
测量方案	技术部	2005.6.1	××	项目总工	项目总工
模板方案	技术部	2005.6.25	××	项目总工	公司总工
钢筋方案	技术部	2005.7.1	××	项目总工	公司总工
混凝土方案	技术部	2005.7.15	××	项目总工	公司总工

续表

方案名称	编制单位	完成时间	编制人	审核人	审批人
防水工程施工方案	技术部	2005.6.25	××	项目总工	公司总工
试验方案	技术部	2005.7.30	××	项目总工	项目总工
脚手架施工方案	技术部	2005.8.1	××	项目总工	公司总工
卸料平台施工方案	技术部	2005.8.15	××	项目总工	项目总工
室内装修施工方案	技术部	2005.12.10	××	项目总工	项目总工
外檐装饰施工方案	技术部	2006.1.15	××	项目总工	项目总工
雨期施工方案	技术部	2005.6.5	××	项目总工	项目总工
屋面工程施工方案	技术部	2006.3.15	××	项目总工	公司总工
冬期施工方案	技术部	2005.10.30	××	项目总工	项目总工

（3）试验工作计划

详见《×××大厦工程施工试验方案》。

（4）新技术推广（表1-42）

新技术应用计划表　　　　　　　　表1-42

序号	推广应用内容		使用部位	应用时间	负责人	总结时间
1	深基坑支护技术—土钉墙支护技术		基坑四壁	2005.3	××	2005.6
2	高强高性能混凝土技术	预拌混凝土	底板外全部	2005.7	××	2006.5
		超长混凝土	基础底板			
3	粗直径钢筋连接技术	套筒连接技术	主体结构	2005.8	××	2006.5
		直螺纹连接技术				
4	新型模板及脚手架应用技术	定型大模板	核心筒墙体	2005.9	××	2006.5
5	建筑节能和新型墙体应用技术	混凝土小型空心砌块	地上结构	2005.10	××	2006.5
6	新型防水材料	SBSⅢ+Ⅲ单组分聚氨酯	屋面、地下结构卫生间	2006.4	××	2006.8
7	计算机应用和管理技术	项目管理			××	
8	现浇钢筋混凝土空心楼板		200厚以上楼板	2005.8	××	2006.5

（5）测量准备

项目经理部正式进场施工前，测绘勘察部门已将建筑物的轴线控制桩引入施工现场，并且将城市水准点引入施工现场，标注在现场大门左侧灯柱上，代号BM2，以此水准点为控制工程标高点。

2. 生产准备

（1）临电

用电设备见表1-43。

用电设备一览表   表 1-43

序号	名　　称	型　　号	数量	单位	功率(kW)	合计功率(kW)
1	塔吊	H3/36B、F23C	2	台	165	330
2	钢筋切断机	QJ40-1	4	台	7	28
3	钢筋弯曲机	WJ40-1	3	台	3	9
4	钢筋拉直机		2	台	7.5	15
5	水泵(潜水泵)	500W115-1.5	4	台	1.5	6
6	交流电焊机	BX300-2	6	台	23.4	140.4
7	直流电焊机	AT-300	5	台	10	50
8	插入式振捣器	ZX50	40	台	1.1	44
9	电刨锯	NIB2-80/1	4	台	0.7	2.8
10	蛙式打夯机	HW-60	20	台	3	60
11	木圆锯	MJ114	4	台	3	12
12	外用电梯	SCD200/2	3	台	20	60
13	搅拌机	JZC350	4	台	5.5	22
14	砂浆搅拌机	HJ-200	3	台	3	9
15	地泵	HBT60	3	台	100	300
16	办公、宿舍用电					200
17	合计					1288.2

根据集中用电高峰区总用电量来计算，照明用电按动力用电的 10% 计取。

$$\Sigma P_1 = 1288.2kW \quad \Sigma P_2 = 150kVA$$

$$\Sigma P = \{1.05 \times (1+10\%) \times (K_1 \times \Sigma P_1/\cos\phi + K_2 \times \Sigma P_2)\} \times 0.7$$
$$= \{1.05 \times 1.1 \times (0.6 \times 1288.2/0.75 + 0.45 \times 150)\} \times 0.7$$
$$= 887.6kVA$$

因此，要求业主能提供 900kVA 以上的电源。

(2) 临水

本工程临时施工用水由业主提供 DN100 的上水管水源，用于消防与施工用水，水源入口设水表井。给水管网设环状管网，管径 DN100，由市政直接供水，供临建及施工、消防用水。环状管网施工初期(四层以下)采用市政管网直接供水。施工后期，采用水泵房加压供水。

1) 室外消防给水系统

依据本工程特点室外消防设 4 个 SX1.0-100 室外地下式消火栓，建筑物内各设 1 根临时消防立管和 1 根生产用水立管，消火栓隔层设置 DN65 栓口，生产用水口每层设一个 DN25 闸阀，现场其余用水点引 DN32 水管。

2) 室内消防给水系统

本工程设临时用水泵房，泵房内设消防及生活生产水泵，管网稳压采用定压罐。消防水泵扬程 $H = H_1 + H_2 + H_3 + H_4 = 58.94 + 13.5 + 0.05 \times 225 + 3 = 86.69m$，其中：$H_1$——建筑物檐高 58.94m；$H_2$——消火栓口出口压力取 13.5m；$H_3$——最不利管路水头损失 0.05×管长；$H_4$——消防水龙带水头损失，取 3m。临时水箱容积取 1 小时消防用水量 40m³。

五、主要分部分项工程施工方法及技术措施

1. 流水段的划分

(1) 地下结构施工流水段划分

本工程充分考虑结构特点，基础底板施工预计划分为 5 个施工流水段，底板防水施工分 3 个施工流水段。地下结构施工以结构后浇带为划分依据，最终划分为 5 个施工流水段。详见底板及地下工程施工流水段划分图(略)。

(2) 地上结构流水段划分

考虑到本工程整体工期、施工工序的有关安排，地上结构施工划分为 7 个施工流水段。详见地上结构施工流水段划分图(略)。

2. 大型机械的选用

从本工程的工程量、工期的综合考虑，组织落实大型机械设备的进场条件，按照机械使用要求进行塔式起重机基础和施工电梯基础等施工，在条件具备后组织机械设备进场安装、验收，保证及时投入使用。各种大中型机械定期进行维修保养，用完及时退场。本工程的垂直运输机械配置 2 台塔吊、3 台混凝土输送泵、2 台外用电梯，并配备两台汽车泵辅助施工。

(1) 塔吊选择

在 1 轴北侧、C 轴延长线处选用 H3/36B，起重幅度 60m，臂端起重量为 3.6t，负责北侧大部分结构施工和物料周转；在 L 轴偏东 300mm、10 轴和 11 轴之间立塔 F23C，起重幅度 50m，臂端起重量为 1.6t，负责南侧的结构施工及物料周转。

塔吊详见《××工程塔吊施工方案》。

(2) 混凝土输送泵的选择

HBT-60 型混凝土输送泵的工作性能：最大液压泵压力 9.5MPa，输送能力 60m³/h，垂直输送最大高度 110m，输送水平距离 600m，泵管直径为 φ125。

因此，现场采用三台 HBT-60 型混凝土输送泵能够满足施工垂直运输的要求。

(3) 外用电梯的选择和布置

施工现场共设置 2SCD200/200 型外用双笼电梯。吊笼尺寸为 3.0m×1.3m×2.8m，载重量 2000kg。设在楼的西侧，以满足装修阶段的材料竖向运输。

3. 主要分部分项工程施工方法

(1) 测量放线

1) 建筑物平面控制网测设

平面控制网的布设应遵循先整体、后局部、高精度控制低精度的原则。

地下结构施工平面控制采用外控法，进场并办理控制点确认手续后，首先对场区内平面控制点进行复核。经核对无误后，依据施工图及控制点进行施工主要轴线的测设，并将控制轴线向外偏移 1m，在其延长线上适当位置设立轴线控制桩(轴线控制桩位置不宜离建筑物太近，以防基坑位移造成控制桩位置偏差)，作为地下室施工阶段平面放线的依据。

2) 基础工程施工测量

① 平面测设

a. 轴线投测：每施工流水段控制线投测不少于三条，合格后作为细部放样的依据。

b. 墙、柱拆模后应及时用线坠将轴线引测至墙、柱立面，以供上层梁、柱支模使用。

c. 精度要求见表1-44。

测 量 精 度 要 求   表 1-44

项 目	允许偏差(mm)	项 目	允许偏差(mm)
投点	±3	承重墙、梁、柱边	±3
外廊主轴线长度	$L/6000$	非承重墙边线	±3
细部轴线	±2	门窗洞口线	±3

② 标高测量

a. 标高传递：依据现场水准点采用悬吊钢尺法将标高引测至施测层。所测高差较差小于±3mm时以平均高差作为观测值。

b. 标高抄测：墙、柱拆模后抄测50cm水平控制线和墙、柱钢筋绑扎完成后在竖向主筋上测设标高点，作为支模和混凝土浇筑的标高依据。

3) 主体结构工程施工测量

① 平面测设

本工程各栋在+0.000以上采用内控法，具体方法如下：

内控点布置在外廊轴线、施工流水段分界轴线和电梯间附近，偏离建筑物纵横轴线各1m，且每施工流水段不少于三点；

在首层底板混凝土浇筑时，在内控点布置位置预埋200mm×200mm×10mm的钢板。当混凝土强度达到上人强度时，利用外部轴线控制点测设内控点，投点误差不大于1.5mm，校测合格后，在最终点位处钻孔嵌入φ1mm铜丝作为内控点标志。

② 轴线的竖向投测

为便于校测，每次投点不少于三点，投点结束后使用J2经纬仪和钢卷尺复核其几何关系，合格后作为细部放样的依据。轴线竖向投测允许偏差见表1-45。

轴线竖向投测允许偏差   表 1-45

项 目		允许偏差(mm)
每 层		3
总高 H(m)	$H \leqslant 30$	5
	$30 < H \leqslant 60$	10
	$60 < H \leqslant 90$	15

4) 标高抄测

标高竖向传递：在首层竖向结构拆模后，依据现场水准点引测首层标高控制线（一般为+1000或500mm），其误差不大于±3mm。标高竖向传递允许偏差见表1-46。

标高竖向传递允许偏差   表 1-46

项 目		允许偏差（mm）
每 层		±3
总高 H（m）	$H \leqslant 30$	±5
	$30 < H \leqslant 60$	±10
	$60 < H \leqslant 90$	±15

5）装饰工程施工测量

依据现场水准点复核首层标高基准点，校测合格后沿建筑物四周做出测量标志，作为装饰工程施工水准基本点。然后校测结构全高和楼层标高。装饰工程施工前，应根据校测合格的楼层标高控制点重新抄测楼层水平线。

（2）土方工程

本施工合同从基础垫层开始施工，土方工程只涉及到回填土分项。所有回填土均需外购，回填土工程量约 42000m³。

1）地下室外围上沿 1.0m 范围内，采用黏性土配置的 2：8 灰土分层夯实，其余部位采用素土分层夯实，回填土压实系数 0.93，施工中根据现场情况转换成干密度要求。

2）回填土的含水量应适量，一般以手握成团，落地开花为适宜。当含水率过大，应采取翻松、晾干等措施，当含水率过低，应加适量水润湿。回填土干密度试验应按试验取样平面位置图中要求，分层、分段、分步进行取样、试验。土压实后，采用环刀法取样测定土的干密度。

3）回填土应分层铺填，每层虚铺厚度 300mm。最后一层土夯压密实后，表面应拉线找平并符合设计标高。

4）填土必须分层夯实。取样测定压实后土的干土质量密度，其合格率不应小于 90%；不合格干土质量密度的最低值与设计值的差，不应大于 0.08g/cm³，且不应集中。

土方回填施工详见《××大厦工程回填土施工方案》。

（3）防水工程

1）防水设防体系（表 1-47）

防水设防体系表   表 1-47

序号	设 防 部 位	设 防 体 系	设 防 做 法
1	底板、外墙、外露顶板	三道设防：混凝土自防水＋防水卷材	混凝土自防水：掺加膨胀剂 防水卷材：外贴 4＋3 厚 SBS 防水卷材
2	水池	两道设防：混凝土自防水＋防水卷材	混凝土自防水：掺加膨胀剂 防水卷材：3 厚 SBS 防水卷材
3	屋面	防水卷材	防水卷材：4＋3 厚 SBS 防水卷材
4	厕浴间	防水涂料	防水涂料：聚氨酯防水涂膜
5	底板水平施工缝	两道设防	中埋式钢板止水带，外抹防水砂浆

序号	设 防 部 位	设 防 体 系	设 防 做 法
6	楼板上、下水平施工缝	两道设防	设置膨胀止水条，外抹防水砂浆
7	底板、顶板后浇带	两道设防	设置钢板止水带，外抹防水砂浆
8	墙体后浇带	两道设防	设置中埋式钢板止水带，外抹防水砂浆
9	墙体竖向施工缝	两道设防	设置中埋式钢板止水带，外抹防水砂浆
10	穿墙螺杆	设置阻水措施	在杆件中心部位焊接止水钢片
11	穿墙套管	设置阻水措施	在套管中部焊接止水钢板

混凝土自防水结构抗渗等级为 P8。为保证混凝土自防水质量，仅设置 2 条沉降后浇带。

2）防水材料要求

SBSⅣ＋Ⅲ防水卷材、聚氨酯防水涂膜均要求有产品合格证、材料检验报告。

SBSⅣ＋Ⅲ防水卷材、聚氨酯防水涂膜进场后，首先进行材料复试，复试合格后方可使用。

3）防水工程施工工艺流程

底板和侧边采用内贴法施工，外墙和外露顶板采用外贴法施工。

① 底板防水

100 厚 C15 垫层混凝土施工→基层清理→涂刷基层处理剂→基层弹线→阴阳角部位附加层施工→铺贴双层 SBS 防水卷材→搭接缝密封处理→50 厚细石混凝土保护层施工。

② 地下室外墙立面防水

外墙混凝土浇筑→基层处理→涂刷基层处理剂→基层弹线→阴阳角部位附加层施工→铺贴双层 SBS 防水卷材→封口部位处理→50 厚聚乙烯泡沫塑料片材→素土或 2：8 灰土分层夯实。

③ 屋面防水

20 厚 1：3 水泥砂浆找平层→两层 4＋3 厚 SBS 改性沥青防水卷材→60 厚 FM250 型挤塑聚苯板→40 厚 C20 细石混凝土，双向 $\phi 4@250$。

④ 楼地面防水

施工准备→基层清理→涂刷基层处理剂→防水涂膜附加层施工→防水涂膜施工→防水蓄水试验→防水保护层施工→防水蓄水试验。

4）SBS 改性沥青防水卷材施工要点

① 基层处理：基层应平整、干净、干燥、含水率＜9％，阴阳角做成 $r=50mm$ 圆弧。用 2m 直尺检查，平整度偏差不超过 5mm，用 1m² 橡胶板覆盖在基层上 2～3h，基层及橡胶表面均应无水印。

② 在基层上涂刷一道基层处理剂，处理剂涂刷应均匀一致，无漏涂，不可反复涂刷。

③ 防水卷材铺贴前，应进行基层弹线，以保证卷材搭接宽度和铺贴顺直。

④ 基层处理剂干燥后，在砖模与垫层交接处，砖模转角处及基底深坑阴阳角部位做

附加层，附加层宽度 500mm。

⑤ 附加层施工完毕后开始大面积卷材的铺贴，铺贴采用满粘热熔法。施工时用热融喷枪烘烤卷材的底面和基层，边烘烤边滚动卷材，随后用压辊滚压，使卷材与基层粘结牢固。热融喷枪的喷嘴距卷材面的距离应适中，幅宽内加热应均匀，以卷材表面熔融至光亮黑色为度，不得过分加热或烧穿卷材。卷材滚铺时应排除卷材下面的空气，使之平展，不得有皱折。

⑥ 搭接处理：

本工程防水卷材搭接宽度：长、短边 10cm，搭接缝处要挤出沥青条。

相邻两幅卷材铺贴时，短边搭接缝应错开 1500mm 以上。

平面与立面卷材搭接接头距转角处 600mm，立面与立面转角处卷材搭接接头距转角 1/3 幅宽。

卷材铺贴完毕后，在搭接部位、端头及卷材收头部位，应嵌涂密封材料，进行密封处理。

铺贴完的防水层应粘结牢固紧密，接逢封严，无损伤空鼓等缺陷。

5）聚氨酯涂膜防水施工要点

① 本工程采用单组分聚氨酯防水涂料，要储存在室内通风干燥处，动用后剩余的材料，应将其容器的封盖盖紧，防止失效。

② 防水涂料进场后，厂方应提供产品使用说明书、出厂质量证明书、防伪标志、材料抽样检验报告、厂家资质证明。

③ 防水涂料进场后，按不大于 5t/批抽样检验其不透水性、耐热度、拉伸强度、低温柔性、断裂伸长率，各项技术性能合格后方可使用。

④ 防水施工队伍在施工前应提供营业执照、资质等级证明、安全资格审查认可证及防水施工作业人员上岗证复印件。

⑤ 基层处理：清扫基层尘土及管件油污、铁锈，对阴阳角、管根部及地漏等部位加强清理，阴阳角作成弧形，防水层施工前，基层应平整、干燥、干净。

⑥ 涂布底胶：首先涂刷阴阳角、管根部等关键部位，再大面积涂刷。底胶必须涂布均匀，固化后方可进行涂膜施工。

⑦ 涂料配置、细作附加层：管件、地漏、阴阳角等部位做附加防水层，实干后，进行大面积涂膜施工。

⑧ 涂膜施工：每一道涂膜都应涂布均匀，第一道涂膜实干后，方可进行第二道涂膜施工，两道涂膜涂刷方向互相垂直。管件等收头部位用嵌缝膏嵌填密实。

⑨ 蓄水试验：防水层施工完毕及面层装修施工完毕，必须分别进行第一次及第二次 24h 蓄水试验，蓄水深度 5cm。

6）后浇带防水措施

① 增强措施：后浇带部位增设一道 3 厚 SBS 改性沥青卷材，两边伸出后浇带 250mm，采用点粘法，以抵抗该部位两侧结构沉降不均匀产生的拉力。为确保底板后浇带处防水层的抗浮，在后浇带防水保护层上部做 50 厚 C20 细石混凝土保护层，内配钢筋 $\phi12@200$ 双排双向。

② 为保证外墙防水的整体性，在抗压板后浇带处铺设 150 厚混凝土预制板，在外墙后浇带外侧用膨胀螺栓固定 5mm 厚钢板，墙内埋设钢板止水带，在其上进行外墙防水的施工，并及时回填基槽土。

防水施工具体做法详见《××大厦地下工程防水方案》及相应的分部工程防水施工措施。

(4) 钢筋工程

1) 概述

① 本工程采用的钢筋级别：$\phi6\sim\phi10$ 以下为Ⅰ级钢（HPB235）、$\phi10\sim\phi32$ 为Ⅲ级钢（HRB400）。

② 在机械连接中墩粗直螺纹和滚压直螺纹连接等技术均已成熟并广泛使用，本工程拟采用直螺纹套管连接。直径 22mm（含）以上的钢筋采用 A 级的直螺纹套管机械接头，直径 22mm 以下的钢筋采用搭接接头。

③ 钢筋调直、除锈、断料、成型等均在现场加工。

④ 箍筋弯钩角度为 135°，平直段长度不小于 $10d$。

⑤ 基础底板及楼板短跨方向上部主筋放置于长跨方向主筋之上，短跨方向下部主筋置于长跨方向下部主筋之上；次梁上下主筋置于主梁上下主筋之上；当梁与柱或墙侧平时，梁该侧主筋置于柱或墙竖向纵筋之内。

2) 钢筋的检验

所有钢筋必须具有质量证明书，且必须进行复试（包括见证取样试验）合格后方可配料。钢筋复试按照每次进场钢筋中的同一牌号、同一规格、同一交货状态、重量不大于 60t 为一批进行取样，每批试件包括拉伸和弯曲试验各 2 组。

3) 钢筋保护层厚度及垫块

① 钢筋保护层厚度要求不应小于钢筋直径，并应满足表 1-48 要求。

钢筋保护层要求表　　　　　　　　　　　　表 1-48

部　　　位	保护层厚度（单位 mm）
底板下部钢筋、基础梁	40
底板上部钢筋	25
地下室外墙外侧钢筋	40
地下室外墙内侧钢筋	15
首层板、车库顶板与土或水相接一侧	35
梁	25
普通实心板	15
现浇空心板	下部 20，上部 15
柱	30
抗震墙	15
露天阳台、楼梯、现场预制楼板	25

② 钢筋保护层垫块均采用砂浆垫块，配合比为同部位的减石子混凝土。

4) 钢筋的连接

受力接头的位置应错开，在任一机械连接接头中心至长度为 35 倍钢筋直径且不小于 500mm 区段范围内，和任一绑扎接头中心至搭接长度 L_{lE} 的 1.3 倍区段范围内，有接头的受力钢筋截面面积占受力钢筋总截面面积的百分率，直螺纹机械连接接头受拉区受力钢筋不超过 50%；绑扎搭接接头受拉区不超过 25%，受压区不超过 50%；见表 1-49。

钢筋接头位置要求表 表1-49

接 头 形 式	受 拉 区	受 压 区
绑扎搭接接头	25%	50%
机械连接接头或焊接接头	50%	不限制

① 底板：上下网钢筋在任意接头位置的接头百分率为50%。

② 楼板：接头位置宜设置在受力较小处，梁板下部受力钢筋在靠近支座1/3跨范围内接长，上部钢筋在跨中1/3跨长范围内接长。

③ 柱：柱竖向钢筋接头要相互错开50%，柱接头距地≥500mm，且≥柱截面的长边尺寸和本层净高的1/6；剪力墙钢筋每层接头距地≥钢筋搭接长度要求。

5) 钢筋的锚固及搭接长度

① 钢筋锚固长度

a. 本工程抗震等级为二级，钢筋搭接长度、锚固长度(l_{ae})见表1-50。

钢筋搭接长度、锚固长度要求表 表1-50

钢筋种类	混凝土强度等级 抗震等级		C20 二级	C20 三级	C25 二级	C25 三级	C30 二级	C30 三级	C35 二级	C35 三级	≥C40 二级	≥C40 三级
HPB235	普通钢筋	$d≤25$	$36d$	$33d$	$31d$	$28d$	$27d$	$25d$	$25d$	$23d$	$23d$	$21d$
HRB400	普通钢筋	$d≤25$	$53d$	$49d$	$46d$	$42d$	$41d$	$37d$	$37d$	$34d$	$34d$	$31d$
		$d>25$	$58d$	$53d$	$51d$	$46d$	$45d$	$41d$	$41d$	$38d$	$38d$	$34d$

b. 当弯锚时，有些部位的锚固长度为$≥0.4l_{ae}+15d$，见各类构件的标准构造详图。

c. 在任何情况下，锚固长度不得小于250mm。

② 钢筋搭接长度：

钢筋搭接长度(l_{le})为：$l_{le}=\xi l_{ae}$

ξ为纵向受拉钢筋搭接长度修正系数，取值按表1-51取。

受拉钢筋搭接长度修正系数 表1-51

纵向受拉钢筋搭接长度修正系数 ξ			
纵向钢筋搭接接头面积百分率(%)	≤25	50	100
ξ	1.2	1.4	1.6

6) 钢筋安装绑扎允许偏差(表1-52)

钢筋安装允许偏差表 表1-52

项次	项 目		允许偏差(mm) 结构长城杯标准	检查方法
1	绑扎骨架	宽、高	±5	尺 量
		长	±10	
2	受力主筋	间距	±5	尺 量
		排距	±3	
		弯起点位置	±15	

续表

项次	项　　目		允许偏差（mm）结构长城杯标准	检查方法
3	箍筋、横向筋焊接网片	间距	±10	尺量连续 5 个间距
		网格尺寸	±10	
4	保护层厚度	基础	±5	尺　量
		柱、梁	±3	
		板、墙、壳	±3	
5	钢筋电弧焊连接焊缝	宽度≥0.7d	+0.1d，−0	量规或尺量
		厚度≥0.3d	+0.2d，−0	
		长度	+5，−0	
6	电渣压力焊焊包凸出钢筋表面		≥4	尺　量
7	不等强锥螺纹接头外露丝扣	锥筒外露整扣	≤1 个	目　测
		锥筒外露半扣	≤3 个	
8	梁、板受力钢筋搭接锚固长度	入支座、节点搭接	+10，−5	尺　量
		入支座、节点锚固	±5	
		垂直度	2	

7）钢筋工程技术质量控制措施

① 严把钢筋进场关。凡是进场的钢筋均按试验规定（见证）抽样进行复试，复试结果必须经总包、监理、甲方审查批准后，方准投入工程使用。

② 严把审图关。专派有经验的技术人员进行审图和钢筋翻样工作。若钢筋过密绑扎困难或影响混凝土浇筑一定要提前放样，提前采取措施解决。

③ 锚固、接头长度要用尺检验，满足设计及规范要求。

④ 坚持两次放线。在梁、板模板支完后进行一次放线，根据放线调整竖向钢筋位置，梁、板钢筋绑扎完成后再进行第二次放线，进一步核正竖向钢筋位置，准确无误后方可浇筑梁板混凝土。

⑤ 在柱、墙模板上口加贴模定位定距箍，该箍要有足够的刚度，以保证构件截面钢筋位置准确，混凝土保护层均匀。

⑥ 基础底板和各层顶板用钢筋马凳支撑，钢筋马凳放在下层钢筋上。

⑦ 混凝土浇筑完毕后，派专人负责及时调整钢筋的位置，纠正浇筑混凝土时所产生的钢筋位移，及时清理粘在钢筋上的砂浆。

⑧ 控制钢筋下料成型。为保证下料和成型尺寸准确，现场技术人员要进行专项交底，并在加工场地派驻专人，对钢筋加工成型质量进行监督和检查。同时加工好的钢筋运至现场后，还要再次严选，有效控制下料成型质量。

（5）模板工程

为保证混凝土成型后的质量，减少装修材料的浪费，必须以模板体系的选型为重点，加强对梁墙节点、梁柱节点、梁板节点、阴阳角、模板接缝、楼梯间模板设计、加工、拼装。

1）模板选型（表 1-53）

模 板 选 型 表　　　　　　　　　表 1-53

序　　号	结 构 部 分	模 板 选 型	配置方式
1	底板侧壁	砖胎膜	砖砌
2	地下室墙体	60 系列钢模板	项目租赁
3	地上柱	定制钢模	项目自购
4	梁、板	覆膜竹胶板碗口钢管支撑	项目自购配制
5	女儿墙	木模板	项目自配

2）模板及支撑的周转使用

根据施工流水段的划分及拆模时间配置模板的用量。

3）基础底板模板

① 基础底板侧面以 240 厚砖墙为模板。砖模砌筑采用 MU7.5 实心砖，M5 水泥砂浆，砌筑高度超过基础底板顶面 3 皮砖。

② 砌筑在基础垫层上，基础垫层超出基础底板抗压板侧边 30cm。为保证底版侧帮钢筋保护层的厚度，砌筑砖胎模前，在底板垫层上弹出砖胎模的位置线，位置线预留出砖胎膜的抹灰层和防水卷材的厚度。

4）墙体模板

① 地下室采用 60 系列小钢模，穿墙螺栓采用 φ16 的穿墙螺栓，竖向间距为 600mm，横向间距为 700mm。

② 模板拼缝处加海绵条，防止出现漏浆现象。

③ 支撑体系采用 φ48×3.5mm 钢管做背楞支撑沿竖向设置，墙高方向设三道支撑，在楼板上预埋地锚，地锚采用 φ25 的短钢筋，用以固定支撑。

5）梁板模板

① 梁板模板采用 12mm 厚覆膜竹胶板作模板，100mm×100mm 木方作主肋，50mm×100mm 木方作次肋，碗口脚手架加 U 型托作支撑的模板支撑体系（根据梁板计算书确定支撑）。梁板模板及支撑配置见表 1-54。

梁板模板及支撑配置表（mm）　　　　　表 1-54

项目	梁 板 位 置	支撑次龙骨 50×100	支撑主龙骨 100×100	扣件支撑
间距	地下室楼板	300	900	900×900
	地上楼板	300	900	900×1800

② 根据梁截面和房间净尺寸确定顶板的拼板尺寸，进行编号，对号使用。

③ 梁板支撑选用可调支托，水平横杆选用 1200mm 和 900mm 的标准横杆，共搭设三道水平横杆。

④ 对于跨度等于或大于 4000mm 的梁板，模板应起拱，起拱高度为全跨长度的 1.5/1000，具体做法为用钢管上部可调 U 型托支撑调整高度，模板做辅助，以满足起拱要求。起拱线要顺直，不得有折线。

楼板、墙体截面施工缝模板支设示意图见图1-3。

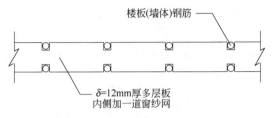

图 1-3 楼板、墙体施工缝模板支设示意图

6）柱模板

地下柱采用木模板，用 50mm×100mm 木方作次背楞、钢管做主背楞，槽钢及对拉螺栓紧箍支撑体系。异型柱头设置定型模板，配合钢管及钢丝索、地锚进行支撑。

地上柱全部使用定制钢模板。

7）预留洞口模板

地下部分采用木模板组拼，地上部分大于 400mm 的洞口均采用定型钢模板拼装。

8）外墙及楼梯间导模：

地下部分采用小钢模；地上部分楼梯间墙采用定型钢制导模，阳台模板采用定型钢制模板。

9）楼梯模板

① 平台梁和平台板模板的配置方法和构造与梁板模板基本相同。

② 梯段板底模采用 12mm 厚竹胶板、木方做背楞，梯段侧模地下采用 12mm 厚竹胶板、木方，标准层采用钢制定型模板。

③ 板底采用扣件式脚手架体系支撑。

10）后浇带模板

① 基础底板后浇带处采用覆面胶合板模板施工，后浇带侧面按照设计要求做成企口形式，模板上穿钢筋的部位，要求使用海绵条和三合板封闭，防止从该处漏浆。模板底部要粘贴海绵条，防止混凝土浆从底部漏出。

② 新旧混凝土交接时，将松动石子表面浮浆剔除，形成规则的企口形状，缝口两侧用清水冲洗干净，再浇筑混凝土。

11）模板工程技术质量控制措施

① 楼板模板采用 12mm 厚竹胶板，用 50mm×100mm 和 100mm×100mm 木方做背楞。模板加工时，竖肋与模板及背楞接触面应刨平刨直，保证竖肋之间、竖肋与模板之间接缝严密。模板与模板、模板与墙体之间采用硬接缝。为防止漏浆，面板接缝设在次龙骨部位，墙体与模板接缝处周圈布设次龙骨。模板拼缝遵循"大块放四边，小块放中央"的原则。

② 洞口模板采用双层角钢制作护角，配以多层板侧模，木方做龙骨，用脚手管加 U 型托做支撑，模板侧面应加粘海绵条，防止漏浆。

③ 模板配置尽量采用标准板，不能采用标准板时另行配置异形板，同时注意减少模板种类。

④ 模板上对拉螺栓孔的位置、钉眼位置、竖肋上连接孔的位置应弹线固定。

模板按模板配置图顺序组装，竖向模板根据墙柱位置线一次拼装到位，并利用线坠吊测模板垂直度，利用模板控制线（墙边 50 线）控制模板的位置偏差；用临时支撑撑住，拧紧对拉螺栓。水平模板要用 2m 靠尺进行找平，并利用楼板标高线控制模板的标高。作到模板位置准确、接缝严密，安设牢固。

⑤ 模板拆除的时间以混凝土同条件抗压试块的强度值作为依据，墙体常温达到1.2MPa。拆除模板的顺序与安装顺序相反，先支设的模板后拆，后支设的模板先拆，拆模时先试拆一块模板，观察混凝土屋问题后再拆下一块模板。如模板与墙面吸附不能离开时，应轻轻撬动模板，不得用大锤硬砸硬撬，并注意对阴阳角部的混凝土棱角进行保护。梁、板模板拆除要求见表1-55。

梁、板模板拆除要求表　　　　　　　　　　表 1-55

梁板现浇结构拆模时所需混凝土强度		
结构类型	结构跨度(m)	按设计的混凝土强度标准值百分率计(%)
楼板	≤2	≥50
	>2, ≤8	≥75
	>8	≥100
梁、拱、壳	≤8	≥75
	>8	≥100
悬臂构件	≤2	≥75
	>2	≥100

⑥ 模板拆除后，应对其进行认真清理，用刨刀清除板面上的杂物，模板板面破损处用水泥腻子修补，并涂刷脱模剂，以利拆模和保证混凝土外观。

⑦ 已拆除模板及其支架的结构，在混凝土强度达到设计混凝土强度等级后，方可承受全部使用荷载；当施工荷载产生的效应比使用荷载产生的效应更为不利时，必须经过计算，加设临时支撑。

⑧ 模板安装允许偏差(mm)见表1-56。

模板安装允许偏差表　　　　　　　　　　表 1-56

项次	项　　目		允许偏差(mm) 结构长城杯标准	检 查 方 法
1	轴 线 位 移	柱、墙、梁	3	尺 量
2	底模上表面标高		±3	水准仪或拉线尺量
3	截面模内尺寸	基　础	±5	尺 量
		柱、墙、梁	±3	
4	层高垂直度	层高不大于5m	3	经纬仪或吊线、尺量
		大于5m	5	
5	相邻两板表面高低差		2	尺 量
6	表面平整度		2	靠尺、塞尺
7	阴 阳 角	方　正	2	方尺、塞尺
		顺　直	2	线 尺
8	预埋铁件中心线位移		2	拉线、尺量
9	预埋管、螺栓	中心线位移	2	拉线、尺量
		螺栓外露长度	5，—0	

项次	项 目		允许偏差(mm)	检查方法
			结构长城杯标准	
10	预留孔洞	中心线位移	5	拉线、尺量
		尺 寸	+5，0	
11	门窗洞口	中心线位移	3	拉线、尺量
		宽、高	±5	
		对角线	6	
12	插 筋	中心线位移	5	尺 量
		外露长度	+10，0	

具体施工方法详见《××大厦工程模板施工方案》。

（6）混凝土工程

本工程全部采用低碱商品混凝土（采用低碱类水泥、外加剂及其他低碱活性骨料，混凝土的碱含量不得超过 $3kg/m^3$ ），罐车运输，地泵浇筑。

1）混凝土设计强度等级，见表 1-57。

混凝土设计强度等级   表 1-57

项目名称	构件部位	混凝土强度等级	备 注
××大厦工程	基础底板	C40	0.8MPa 级抗渗混凝土
	14.150m 以下墙、柱	C50	
	14.150m 以下梁、板	C45	
	14.150～32.65m 墙柱	C45	
	17.85～32.65m 梁板	C40	
	32.65m 以上墙柱	C35	地下室外墙及坡道顶板为抗渗混凝土
	33.65m 及以上梁板	C30	
	其余构件	C30	
	基础垫层	C15	
	圈梁、构造柱、现浇过梁	C20	
	标准构件	按标准图要求	
	后浇带	采用高一级补偿收缩混凝土	

2）搅拌站选择

选择的商品混凝土搅拌站必须有具备相应的企业等级和资质，必须能够保证混凝土的连续供应和混凝土的质量。搅拌站应能满足工地技术部门提出的各种混凝土技术要求，按施工需要及时供给。

① 原材料选用

a. 搅拌站必须使用质量稳定的原材料。原材料使用前，必须经过试验、符合国家现行标准，并有可塑性的试验报告。

b. 水泥宜采用普通硅酸盐水泥。

c. 地下室混凝土最大碱含量应小于 $3kg/m^3$，最大氯离子含量应小于 0.2%，最小水泥用量 $275kg/m^3$，最大水灰比 0.55；地上工程混凝土最大氯离子含量应小于 1.0%，最小水泥用量 $225kg/m^3$，最大水灰比 0.65。

② 外加剂选用

外加剂的质量应符合现行国家标准的要求。并报监理工程师认可后方准许使用。混凝土外加剂既要有外加剂厂家的出厂合格证（质量报告），又要有混凝土搅拌站的检验报告。外加剂应采用绿色环保产品，无污染，不含有尿素（氨），并提供外加剂不含尿素（氨）的检测合格报告。

③ 混凝土碱含量控制

商品混凝土含碱量应符合北京市"预防混凝土工程碱集料反应技术管理规定"，要求总含碱量限值为 $3kg/m^3$，搅拌站须提供外加剂碱含量和混凝土碱总含量符合现行标准要求的检测合格报告。

④ 混凝土供应和运输方式

a. 本工程混凝土运输采用混凝土罐车、浇筑采用泵送（3 台 HBT60 拖式混凝土柴油泵），并用 2 台布料机进行楼层混凝土水平运输。

b. 混凝土在运输过程中遇到风雨或暴热天气时，罐车上应加遮盖，以防进水或水分蒸发。

c. 混凝土运输、浇筑和间歇总时间不得超过混凝土初凝时间。

3）商品混凝土小票管理

每车混凝土到场后，将商品混凝土小票交给收料员，由收料员认真纪录四个时刻（出站时间、到站时间、浇筑时间和浇完时间），检查到场混凝土的基本情况，并通知试验员测试混凝土坍落度，按要求留置标养试块和同条件试块，及时分析本次混凝土浇筑质量情况及预拌混凝土供应情况，便于下次混凝土浇筑过程及混凝土质量的控制。

4）泵管架设

① 要考虑混凝土的输送压力，以及便于装拆维修、排除故障和清洗，混凝土泵管在室外地坪以下用搭设灯笼架架设，在室外地坪以上沿建筑物预留洞向上延伸，到浇筑平面与混凝土布料机连接或接橡皮软管。从地泵上引出的泵管在通往浇筑地点时，应保持垂直，并有可靠固定。

② 尽量缩短管线长度，减少压力损失，少用弯管和软管。

③ 管线布置要横平竖直，同一管线中采用相同管径的混凝土输送管。

④ 混凝土输送管水平管每隔 1500mm 用架管马凳固定，不得直接将泵管放置在楼板钢筋上。

5）混凝土施工

① 本工程底板分为 800mm、1200mm，核心筒局部达到 1600mm。一次性浇筑完成。

② 本工程存在大体积混凝土施工，强度等级 C40P8。大体积混凝土施工一直是建筑工程结构施工的关键工序，主要控制大体积混凝土水化热及其可能造成的混凝土温度裂缝，本工程大体积混凝土施工拟采用"双控理论"进行施工。

本工程的基础底板施工在 7～8 月份。防止底板混凝土裂缝的主要措施：在混凝土面上覆盖一层塑料薄膜，在塑料薄膜上再加上一层湿润的麻袋布。然后再用塑料薄膜把混凝土全部严密地覆盖起来确保混凝土内部和混凝土表面，混凝土表面和大气温度之差均不超过 25℃。采用斜面分层法浇筑混凝土，分层振捣密实，使水化热尽快散失。

③ 现浇钢筋混凝土空心楼板的施工

规范要求，应采取有效的技术措施保证内模安装位置准确和整体顺直。施工过程中应防止内模损坏。对单个内模和楼板底模均应采取抗浮技术措施。且在内模安装和混凝土浇筑前，应铺设架空马道，严禁将施工机具直接放置在内模上，施工操作人员不得直接踩踏内模。要求，混凝土采用泵送施工且一次浇筑成型。混凝土的拌合物的坍落度不宜小于160mm。振捣器应避免碰触内模和定位马凳。

在浇筑混凝土前，应对内模安装按表 1-58 的规定进行检查验收。

内模安装检查验收　　　　　　　　　　　表 1-58

序号	检查项目	质量要求	检查数量	检查方法
1	内模规格、数量	应符合设计要求	全数检查	观察、辅以钢尺量测
2	安装位置和定位措施	位置应符合设计要求，间距、肋宽、板顶厚度、板底厚度允许偏差±10mm；内模底部和肋部定位措施符合要求	在同一检验批内，内模位置抽查 5%且不少于 5 个；定位措施全数检查	对照施工技术方案，观察和钢尺测量
3	内模更换或封堵	应防止内模损坏；出现破损时应及时更换或封堵	全数检查	观察检查
4	抗浮技术措施	抗浮技术措施合理，方法正确	全数检查	对照施工技术方案，观察检查
5	区格板中内模的整体顺直度	允许偏差 3/1000，且不应大于 15mm	在同一检验批内，抽查内模总列数的 5%且不少于 5 列	拉线和钢尺量测
6	区格板周边和柱周围混凝土实心部分的尺寸	应符合设计要求。允许偏差±10mm	在同一检验批内，抽查区格板总数的 10%且不少于 3 个	钢尺量测

④ 伸缩缝、施工缝的留设及处置

基础底板沉降后浇带在主体结构完工后补浇，采用比相应结构部位混凝土高一强度等级的补偿收缩混凝土，浇筑时间须根据沉降观测记录，经设计同意后方可浇筑。

施工缝应设置在结构受力最小处，梁、板留在跨中 1/3 范围内。

施工缝处混凝土留直槎，不得留斜坡。

施工缝在浇筑下次混凝土之前，已浇混凝土强度不低于 1.2N/mm²，已硬化的混凝土表面，应清除松散的石子和水泥浆，并用水充分湿润。在浇筑混凝土前，宜先在施工缝处铺一层与混凝土成分相同的减石子水泥砂浆。

6) 混凝土试块的留置

① 每 100 盘且不超过 100m³ 的、每一工作班拌制的同一配比的混凝土取样不少于一次。

② 当连续浇筑超过 1000m³ 时；统一配比每 200m³ 取样不少于一次。

③ 每次取样至少留置一组标准养护试件，需按实际情况留置如各时段拆模强度的同条件养护试块；

④ 留置混凝土结构实体检测试件，混凝土强度等级相同，原材料、配合比、养护条件基本一致，且龄期相近的同类结构或构件，抽样数量不得少于同批构件总数的 30% 且构件数量不得少于 10 件。

7) 混凝土养护

① 对于底板和楼板，在混凝土终凝前应进行二次抹面，终凝后立即覆盖，并浇水养护，保水时间为掺抗裂防渗材料的混凝土不少于 14d，其余不少于 7d。

② 混凝土墙面淋水进行养护，浇水次数应能保持墙面呈湿润状态。

③ 在已浇筑的混凝土强度未达到 1.2MPa 以前，不得在其上面踩踏或安装模板、支架等。

8) 混凝土允许偏差项目见表 1-59。

混凝土工程安装允许偏差及检查方法　　　　　表 1-59

项次	项　目		允许偏差(mm) 结构长城杯标准	检查方法
1	轴线位置	基础	10	尺　量
		独立基础	10	
		墙、柱、梁	5	
2	垂直度	层高≤5m	5	经纬仪或吊线、尺量
		层高>5m	8	
		全高(H)	$H/1000$，且≤30	
3	标　高	层高	±5	尺　量
		全高	±30	
4	截面尺寸	基础宽、高	±5	尺　量
		柱、墙、梁宽、高	±3	
5	表面平整度		3	2m靠尺、塞尺
6	角、线顺直度		8	拉线、尺量
7	保护层厚度	基础	±5	尺　量
		柱、墙、梁、板	+5，−3	
8	楼梯踏步板宽度、高度		±5	尺　量
9	电梯井筒	长、宽对定位中心线	+20，−0	经纬仪尺量
		筒全高(H)垂直度	$H/1000$，且≤30	
10	阳台、雨罩位移		±5	吊线、尺量
11	预留孔、洞中心线位置		10	尺　量
12	预埋螺栓	螺栓位置	3	尺　量
		螺栓外露长度	+5，−0	
		外露预应力筋	≮20	
		易腐蚀环境外露预应力筋	≮50	

9）混凝土工程技术质量控制措施

① 预拌混凝土的性能必须要满足国家和地方规范规定要求，并满足工地技术部门提出的《关于商品混凝土的技术要求》。

② 为了避免发生离析现象，当混凝土自高处倾落时其自由倾落高度超过 1.5m、在竖向结构中浇筑高度超过 3m 时，采用导管下料，并注意对底部混凝土的振捣。

③ 混凝土浇筑时的振捣要按要求均匀振捣，避免过振和漏振。插入式振捣器振捣间距宜为 400～500mm，分层浇筑的每层厚度宜为 400mm，振捣时振捣器要插入下层混凝土 50mm，振捣时间以石子下沉、表面出现浮浆为宜。门窗洞口的侧面混凝土振捣时，要从两侧同时振捣，下灰高度也应大致相同，避免单侧振捣混凝土侧压力使门窗洞口发生移位。

④ 浇筑过程中，振捣器要尽量避免与钢筋、模板、预埋件等发生碰撞，各专业须派专人负责各项目的质量保证，经常观察模板、钢筋、预埋件和预埋洞的稳定情况。当发现有变形、移位时，应立即采取措施在已浇混凝土初凝前修正完好，特别是钢筋要设有专人扶筋，将移位的钢筋在混凝土初凝前扶正。

⑤ 为防止顶板混凝土产生收缩裂缝，在混凝土初凝前用 2m 刮杠刮平，终凝前用木抹子搓平，用铁抹子压实 2～3 遍，以减小混凝土面层的收缩量，并保证混凝土平整。用刮杠刮平时，刮杠要从房间四面向中间刮平，并在房间四面和对角的墙体钢筋上拉线控制标高，严格控制顶板标高，误差控制在 3mm。刮杠与建筑阴角相平行，保证混凝土的平整度，特别是墙角 30cm 处的平整，使下道工序支设墙体大模板时，在大模板根部减小缝隙（控制在 2mm 之内），浇筑墙体混凝土时避免漏浆。

⑥ 施工缝处混凝土浇筑前要清除已浇筑的混凝土松动的石子和浮浆，以及软弱混凝土层，并凿毛之后加以充分湿润和冲洗干净，不得积水，在浇筑前宜在施工缝处铺一层水泥浆或与混凝土成分相同的水泥砂浆。混凝土振捣时应细致均匀，使新老混凝土紧密结合。

⑦ 混凝土养护应及时到位，洒水养护时间满足要求。

⑧ 混凝土拆模后的成品保护，在楼梯踏步、易磕碰的门窗洞口阳角、内墙大阳角等部位，用多层板和成型塑料护角进行防护。

⑨ 当顶板混凝土强度达到 1.2MPa 时，方可进行下道工序，防止加荷、上人过早产生裂缝。

（7）砌筑工程

本工程局部防火墙、机房、库房、楼梯间；管道竖井隔墙；卫生间隔墙采用陶粒混凝土空心砌块墙，厚度分为 200mm、150mm、100mm。

1）陶粒混凝土空心砌块采用 M7.5 混合砂浆砌筑。在与混凝土墙的交接的部位，在混凝土墙中预埋拉接筋，有利于混凝土墙与后砌的陶粒砌块的连接，在砌块墙的顶部斜砌一皮实心砖与楼顶板顶实。上下皮竖向灰缝相互错开 1/2 砌块长，搭接长度不小于 120mm，且在每道隔墙的门窗过梁下、无洞口时设置在每层的 2100m 高处设置一道配筋带。陶粒空心砌块墙的水平灰缝为 15mm、竖向灰缝一般为 20mm。

2）当墙长大于 5.6m 时在墙的中间及在门洞的两侧的墙体设置构造柱，截面 200×墙厚，设置 4ϕ12。

3）砌块填充墙的拉结采用预埋拉结钢筋的方法。填充墙交接处拉结筋为2φ6，沿墙高间距600mm配置。十字相交处拉结配筋，交错砌于上下两皮砖缝内。填充墙交接处拉结筋伸入墙内长度最小不少于1000mm，φ6拉结筋搭接长度不小于300mm。

4）填充墙构造柱顶端与楼板相连处，应按建筑图中构造柱的位置在板内预留插筋。

（8）脚手架工程

1）地下室结构施工采用扣件式双排脚手架。

2）地上结构施工用架子：

因本工程室内外标高差较小，仅为0.15m。固在结构施工到地上二层时，采用挑架。外檐高度为58.94m，外围挑架搭设64m高。

详见《××大厦工程双排脚手架施工方案》。

（9）吊装工程

采用整体式钢制卸料平台

1）卸料平台构造：尺寸为3m×5m，利用穿墙螺栓孔进行拉结。钢丝绳拉结角度不小于45°。必须设置保险绳。

2）卸料平台须经过计算确定上料荷载，严禁超载。

（10）屋面工程

1）工艺流程

屋-1（铺地砖上人屋面）：钢筋混凝土屋面板→找坡层→20厚1∶3水泥砂浆找平层→两层4＋3厚SBS改性沥青防水卷材→60厚FM250型挤塑聚苯板→40厚C20细石混凝土双向φ4@250→6厚防滑地砖，5厚聚合物砂浆铺卧。

屋-2（铺花岗石面层上人屋面）：钢筋混凝土屋面板→找坡层→20厚1∶3水泥砂浆找平层→两层4＋3厚SBS改性沥青防水卷材→60厚FM250型挤塑聚苯板→40厚C20细石混凝土双向φ4@250→30厚1∶3干硬性水泥砂浆粘结层→撒素水泥面→铺20厚600×600花岗石板。

屋-3（卵石保护层不上人屋面）：钢筋混凝土屋面板→找坡层→20厚1∶3水泥砂浆找平层→两层4＋3厚SBS改性沥青防水卷材→60厚FM250型挤塑聚苯板→无纺布一道→20厚卵石保护层。

屋-4（种植土上人屋面）：钢筋混凝土屋面板→找坡层→20厚1∶3水泥砂浆找平层→两层4＋3厚SBS改性沥青防水卷材→50厚FM250型挤塑聚苯板→40厚C20细石混凝土，随打随用1∶1水泥砂子抹平→能抗树根穿透的防水卷材→20高塑料凸片排水层→聚酯无纺布滤水层，四周上翻100高，端部通常用胶粘剂粘50高→600厚种植土。

2）操作要点

① 保温基层表面要平整，保温材料可采用点粘法铺贴，与基层粘贴牢固。

② 找坡层施工：根据坡度要求弹线找坡，将线弹在四周的墙壁上，排水坡度为2％。

③ 分隔缝设置：设置找平层分格缝，宽度为20mm，分格缝最大间距为6m。

④ 防水层施工：

a. 在女儿墙、水落口、管根、檐口、阴阳角等细部先做附加层。檐口、泛水和立面卷材的收头的端部裁齐，塞入预留凹槽内，用金属压条钉压固定，最大钉距不应大于300mm，并用密封材料嵌填封严。

b. 水落口周围直径 500mm 范围内坡度不小于 5%。

c. 伸出屋面的管道周围的找平层做成圆弧型，管道与找平层留 20mm×20mm 凹槽，并嵌填密封材料，防水层收头处用金属箍箍紧，并用密封材料封严。

d. 屋面试水：做淋水试验，连续淋水 2h，无渗漏现象为合格。

（11）装饰装修工程

1）内墙饰面工程

本工程内墙饰面设计有乳胶漆墙面，耐水腻子墙面、水泥砂浆墙面、锦砖墙面。

① 乳胶漆墙面

A. 施工工艺流程：

清理墙面→修补墙面→刮腻子三遍成活→刷第一遍乳胶漆→细砂纸打磨→刷第二遍乳胶漆。

B. 施工要点：

a. 门窗安装和地面施工完毕，墙面含水率小于 10% 时，开始插入乳胶漆施工。

b. 施工前将不进行喷涂的门窗和墙面保护遮挡好。

c. 应先做样板间，经甲方、监理认可后再进行大面积喷涂作业。

d. 基层上的杂物和油污清理干净。当基层为混凝土墙时，表面刷掺胶素水泥浆一道；当基层为砌块墙时，提前一天洒水湿润。

e. 刷第一遍乳胶漆时，先将墙面清扫干净，涂刷油漆时，由上到下，从一头刷向另一头，要互相衔接。

f. 乳胶漆使用前应搅拌均匀，头一遍漆应适当加水稀释，防止头遍漆刷不开。

g. 乳胶漆膜干燥较快，应连续操作，间隔时间不宜过长。避免出现透底、明显接槎、明显刷纹等质量问题。

② 锦砖墙面

A. 施工工艺流程：

基层处理→贴饼标筋→铺结合层砂浆→弹线→铺砖→压平拔缝→嵌缝→养护。

B. 施工要点：

a. 基层处理：检查并砌好脚手眼，检查墙面凹凸情况，对凸出墙面的砖或混凝土剔平，并将基层墙面残余的砂浆、灰尘、污垢、油渍清除干净，并提前一天浇水湿润。

b. 贴饼标筋：根据墙面水平基准线弹出地面标高，然后在房间的四周拉通线，做灰饼冲筋。

c. 抹底灰：先浇水湿润，然后分层分遍抹 1:3 水泥砂浆底灰，厚 12mm，底灰要扫毛或划出纹道，24h 后浇水养护。

d. 按照排版大样图，每隔 3~5 块砖，弹纵横控制线。

e. 铺砖前应挑出规格一致的面砖，放入净水中浸泡 2h 以上。铺贴时要按从下到上，从阳角到阴角，由里向外的顺序向门口倒退着施工。遇有窗户等洞口时，要从洞的中心向四周分贴。阳角和上口镶贴与其配套的配件砖。

f. 铺完釉面砖 2d 以后，将缝口清理干净，刷水湿润用 1:1 白水泥砂浆刮缝，做到平整密实光滑，在水泥砂浆终凝前，彻底清除灰浆。

2）外墙饰面工程

本工程外檐装修设计为复合铝板加中空 low-E 玻璃幕墙体系。由业主指定的专业施工企业进行二次深化设计和施工。我企业作为总包将作好管理和配合工作。

① 结构施工期间要将外装修安装所需的预埋铁件直接埋入到混凝土结构中。安装要求预埋件的空间位置十分准确，因此施工时需采取可靠的措施予以保证。预埋件设专人进行，同时，专业分包商需派人现场配合、指导、检查，使所有质量问题都在预埋过程中解决，为以后外装修安装顺利安装创造条件。

② 施工现场质量管理和实施控制：采取科学合理的施工工艺，严格执行质量管理和控制的各种制度和措施，对外精装修专业承包商进行有效的组织、管理、协调和控制。实现"过程精品"达到质量目标。

③ 对外墙实物模拟试验进行中间检查：

由于模拟试验是检验外墙先进性、安全性和功能性的重要手段，对保证外墙品质和质量非常关键，因此外墙实物模拟试验方案必须经过业主和设计方认可后实施。

④ 成品保护：

a. 防电焊火花烧伤玻璃、铝板、铝框：

由于施工工期紧张，外墙装饰施工在结构施工期间插入，随结构分层验收后，由下而上的跟进施工，然后在自上向下进行完善，不可避免各工种立体交叉作业。因此，当下层或相邻的装饰板、铝框、铝板、玻璃安装完成后，上层或相邻的电焊作业火花要采取遮挡措施：可用铁皮制成挡火花板并设专人扶挡，防止把已经做好的幕墙面层破坏。

b. 铝框架的保护：

出厂时包裹的保护膜严禁撕掉，损坏的应立即补贴。当铝框开始安装时，在顶层四周设水平封闭式平台，用木龙骨上铺胶合板封闭，防止上层水泥浆、垃圾及其他有害物质的坠落伤及铝框。

3）楼地面工程

本工程空调机房等为水泥楼面，卫生间、开水间等房间为铺锦砖楼面，电梯厅为铺花岗岩楼面，部分走廊、垃圾存放间等为防滑地砖楼面，配电室夹层等为细石混凝土楼面。

① 地砖楼地面

A. 施工工艺流程：

基层处理→刷 1：0.4 素水泥浆结合层→铺 1：4 干硬性水泥砂浆结合层→找规矩、弹线→撒素水泥面（洒适量清水）→铺砖→干水泥擦缝。

B. 施工操作要点：

a. 地砖表面应洁净、色泽、外形尺寸一致、技术等级和外观质量要求符合现行国家建材标准，地砖预先湿润后晾干待用。

b. 基层处理：将混凝土基层上的杂物清理干净，并将砂浆落地灰剔除干净，用钢丝刷刷净至浮浆层。如基层有油污时，应用 10% 火碱水刷净，并用清水及时将其上的碱液冲净。

c. 标高弹线：根据墙柱上的 +50cm 水平标高线，往下测量出面层标高，并弹在墙上。

d. 预先根据设计要求、房间形式和地砖规格，对各部位的地面排版进行详细设计，将非整砖排在边角和靠墙位置。

e. 铺砖：为了找好位置和标高，铺砖从门口开始，纵向先铺 2～3 行砖，以此为标筋拉纵横水平标高线，铺砖时从里向外退着操作，每块砖应跟线。

f. 面砖表面应紧密，面砖缝隙宽度约 2mm，施工时应严格控制面层的标高。

g. 铺完面砖后，常温下 48h 放锯末浇水养护。

② 水泥砂浆楼地面

A. 施工工艺流程：

清理基层→洒水湿润→刷 1：0.5 素水泥浆结合层→冲筋贴灰饼→铺水泥砂浆→铁抹子分三遍抹压→养护。

B. 施工操作要点：

a. 基层应干净、湿润、无积水。

b. 水泥砂浆的拌制采用原 32.5 级硅酸盐水泥或普通硅酸盐水泥，水泥砂浆体积比为 1：2.5，其稠度应小于 35cm。

c. 水泥砂浆的第二遍抹压工作应在水泥初凝前完成，第三遍压光工作应在水泥终凝前完成。要求表面洁净，无裂纹、脱皮、麻面、起砂等现象。

d. 地面压光交活后 24h，铺锯末撒水养护并保持湿润。养护期间不允许压重物或碰撞。

③ 花岗石地面

A. 施工工艺流程：

弹线、试排→基层处理→洒水湿润→刷素水泥浆→铺干硬性水泥砂浆→铺花岗石→擦缝→踢脚板施工→养护→打蜡。

B. 施工操作要点：

a. 花岗石的存放不得雨淋、水泡、长期日晒，板块立放，光面相对，地面垫木方。花岗石应预先浸湿阴干后备用。

b. 先铺 30 厚 1：3 干硬性水泥砂浆结合层，素水泥浆后即可安放花岗石。花岗石四角应同时下落，用橡皮锤从中心向四周轻轻敲击，根据水平线用铁水平尺找平找正。发现局部空鼓后应起开重做。安装完后，用棉丝团蘸原稀水泥浆擦缝，将地面擦平。

c. 铺砌花岗石过程中，操作人员应随铺设随擦净面层。

d. 打蜡在各工序完工后不上人时进行。

e. 地面施工完后，房间应封闭或覆盖保护。

4）顶棚工程

本工程顶棚装修主要为涂料饰面。质量要点：腻子层应洁净、表面平整，无凹凸、漏刮、错台等缺陷，颜色一致，手感细腻光滑。

5）门窗工程

本工程地下室窗为普通中空铝合金推拉窗；采用 5mm 厚的白玻璃。防火门为钢制防火门；人防门采用钢筋混凝土防护密闭门、密闭门，地下车库有钢制防护密闭门。

除地下室铝合金窗外，其余铝合金门窗均采用钢副框，断面为 20×40 的方钢（方钢内侧必须满灌防锈漆）。

① 铝合金门窗工程施工工艺流程

弹线找规矩→门窗洞口处理→安装钢副框或铝合金门窗框→就位和临时固定→门窗安装→门窗口四周堵缝、密封嵌缝→清理→安装五金配件→安装门窗纱扇、密封条→质量检验。

② 铝合金门窗施工要点

A. 铝合金门窗应按图纸要求核对型号，检查外观质量和表面的平整度，不得有劈楞、窜角和翘曲不平、严重超标、严重损伤、外观色差等缺陷。

B. 弹线找规矩：在顶层找出门窗口边线，用大线坠将门窗口边线下引，并在每层门窗口处画线标记，对个别不直的口边应进行处理。门窗口的水平位置应以楼层＋50cm 水平线为准，往上返，量出窗下皮标高，弹线找直。

C. 门窗框的固定及边缝处理：

有钢副框的，门窗框与副框之间采用自攻螺钉连接，副框与墙体间用水泥砂浆收口找平。门窗框安装完成后，用密封胶填缝严密、平直。

无副框的，窗框通过固定铁件与墙体连接，窗框与墙体之间缝隙用保温材料填塞门窗框与墙体之间的缝隙，外表面留 5~8mm 深槽口填嵌嵌缝膏，严禁用水泥砂浆填塞。

6）厕浴间施工

① 工艺流程

a. 楼地面施工：基层清理→30 厚（最薄处）C15 细石混凝土从门口处向地漏找 1％坡随打随抹平→涂刷基层处理剂→防水涂膜附加层施工→1.5 厚聚氨酯防水涂膜施工，沿墙面四周翻起 300 高→20 厚 1：2.5 水泥砂浆防水保护层施工→防水蓄水试验。

b. 墙面：清水混凝土墙面。

c. 顶棚：素水泥浆甩毛→5 厚水泥砂浆打底扫毛→3 厚水泥砂浆找平。

② 施工要点

a. 卫生间的隔墙下部均须做 150mm 高 C15 细石混凝土基座。

b. 淋浴墙面涂抹防水需做至 1800mm 高。

c. 蓄水试验：防水层施工完毕及面层装修施工完毕，必须分别进行第一次及第二次 24h 蓄水试验，蓄水深度 2cm。

（12）设备安装工程

详见《设备安装工程施工组织设计》。

（13）冬雨期施工措施

根据本工程的工程特点和进度计划，在工程施工期间将遇到两个冬期和两个雨期，各季节预计的施工部位如下：

2005 年雨期：主体结构工程、管线预埋，2006 年雨期：主体结构工程。

2005 年冬期：主体结构施工；2006 年冬期：装修施工、机电安装工程。

1）雨期施工措施

① 概述

施工现场成立以项目经理为第一责任人的雨施防汛领导小组和抗洪抢险队，将方案编制、措施落实、人员教育、料具供应、应急抢险等具体职责落实到主控及相关部门，并明确责任人。

组织编制雨期施工措施，报请业主和监理单位审批，审批合格后，及时落实方案内容。所需材料在雨期施工前准备齐全。

项目夜间均设专门的值班人员，保证昼夜有人值班并作好雨期值班记录，同时派专人收听和发布天气情况，以及时采取措施，保证工程施工顺利。

做好施工人员的雨期施工培训工作，组织相关人员对施工现场的准备工作进行一次全面的检查，包括临时设施、临水、临电、机械设备等各项工作。

对施工现场的运输道路采用混凝土进行硬化处理。雨期施工前，检查运输道路的完整情况，对破损处进行修复，做到雨后现场不积水、不存泥。

现场沿建筑基坑四周设300宽排水沟。排水沟要定期检查，保持通畅。

现场设置沉淀池，废水经沉淀后方可排入市政管道或回收用于洒水降尘。

设专人随时维护供电系统，保证雨期正常运行。

大型高耸机械及设施（如塔式起重机、电梯等）要提前做好防雷接地工作，摇测电阻值，阻值及接地方法等应符合相关安全技术操作规程及规定。

室外露天的中、小型机械必须按安全规定加设防雨罩和搭设防雨棚；电闸箱防雨、漏电接地保护装置要灵敏有效，定期检查线路的绝缘情况。

6级以上大风（包括6级）、雷雨、大雾天气停止使用塔式起重机等机械。大风、大雨之后，要对所有大型高耸设备设施重新检查。

材料堆放场地和库房，屋顶要做好防雨，四周有排水措施，有防潮要求的库房还要做好防潮工作。

检查塔吊和搅拌站基础是否牢固。塔基四周设置排水沟，保证排水良好，雨后用潜水泵将积水及时抽走，避免浸泡。

水泥全部存入仓库，保证不漏、不潮，下面应架空通风，四周设排水沟，避免积水。

砂、石料有足够的储备，保证工程顺利施工。场地四周要有良好的排水出路，防止淤泥渗入。

基坑内设临时积水坑，降雨过后用潜水泵将积水及时抽走，防止雨水泡槽。

② 物资的储存和堆放

水泥全部存入仓库，没有仓库的应搭设专门的棚子，保证不漏、不潮，下面应架空通风，四周设排水沟，避免积水。现场可充分利用结构首层堆放材料。

砂石料一定要有足够的储备，以保证工程的顺利进行，场地四周要有排水出路，防止淤泥渗入。

空心砌块应在底部用木方垫起，上部用防雨材料覆盖。

模板堆放场地应碾压密实，防止因地面下沉造成倒塌事故。

雨期所需材料、设备和其他用品，如水泵、抽水软管、草袋、塑料布等由材料部门提前准备，及时组织进行。水泵等设备应提前检修。

雨期前对现场配电箱、闸箱、电缆临时支架等仔细检查，需加固的及时加固，确保用电安全。

地下室人防出入口，窗井等处加以封闭。

加强天气预报工作，防止暴雨突然袭击，合理安排每日工作。

现场临时排水管道均要提前疏通，并定期清理。

晴天派专人进行开窗通风换气，以防室内潮气过大。

③ 防护、维护

雨期前对所有脚手架进行全面检查，防护脚手架立杆底座必须牢固，并加扫地杆，同时做好防风工作。

④ 结构施工

现场钢筋堆放应垫高，以防钢筋泡水锈蚀。雨后钢筋视情况进行防锈处理，不得把锈蚀的钢筋用于结构上。

下雨天禁止焊接施工。

为保护管道井、后浇带处钢筋，在管道井四周砌一道120mm宽、200mm高的砖墙，上部用多层板封盖。

雨施期间，由商品混凝土搅拌站及时调整混凝土配合比，严格控制水灰比。并根据实际情况适当调整混凝土坍落度。

混凝土施工应尽量避免在雨天进行。如在混凝土浇筑过程中突遇大雨，要及时停止作业，及时处理好留槎，并对已施工完毕的部位及时铺盖塑料布进行覆盖保护。

多层竹胶板模板拆下后应放平，以免变形。并及时清理，刷脱模剂，大雨过后应重新涂刷一遍。

模板安装后尽快浇筑混凝土，防止模板遇雨变形；否则，应在混凝土浇筑前重新检查，加固模板和支撑。

雨施前对所有脚手架进行全面检查，脚手架立杆底座必须牢固，并加扫地杆，外用脚手架要与结构有可靠拉结。脚手架基础应随时检查，如有下陷或变形，应立即处理。脚手架立杆底脚必须设置垫木，并加设扫地杆，同时保证排水良好，避免积水浸泡。

⑤ 装修施工

雨期装修施工应精心组织，合理安排雨期装修施工工序。外装修作业前要收听天气预报，确认无雨后方可进行施工，雨天不得进行外装修作业。雨天室内工作时，应避免操作人员将泥水带入室内造成污染。一旦污染楼地面应及时清理。

室内木活、油漆在雨期施工时，其室外门窗采取封闭，防止作业面淋湿浸泡。

内装修应先安好门窗或采取遮挡措施。结构封顶前的电梯井、楼梯口、通风口及所有洞口在雨天用塑料布及多层板封堵。

每天下班前关好门窗，以防雨水损坏室内装修。

各种惧雨防潮装修材料应按物质保管规定，入库和覆盖防潮布存放，防止变质失效，如门窗、白灰等易受潮的材料应放于室内，垫高并覆盖塑料布。

2) 冬期施工措施

① 冬施前认真组织有关人员分析冬施生产计划，根据冬施项目编制冬期施工措施，所需材料要在冬施前准备好。

② 做好施工人员的冬施培训工作，组织相关人员进行一次全面检查，施工现场的过冬准备工作，包括临时设施、机械设备及保温等项工作。

③ 大型机械要做好冬期施工所需油料的储备和工程机械润滑油的更换补充以及其他检修保养工作，以便在冬施期间运转正常。

④ 冬施中要加强天气预报工作，防止寒流突然袭击，合理安排每日的工作，同时加强防寒、保温、防火、防煤气中毒等项工作。

⑤ 现场临时管道均采取保温处理，以防冻裂。

⑥ 提前将冬施所需材料进行准备，以防寒流突然袭击。

⑦ 现场要做到雪停即扫，及时清扫道路和操作面上的冰雪。

六、施工管理措施

1. 保证工期措施

（1）严守工期，确保按合同工期竣工。

（2）编制总体施工网络计划和阶段性进度计划，明确各阶段工期控制点，以总进度为基础，总计划为龙头，实行长计划，短安排，通过月、周计划的布置和实施，加强调度职能，全面展开流水施工。

（3）由生产经理组织工程部、技术部、物资部和施工班组落实网络施工进度，强化施工管理，抓住主导工序，并强化各工序的跟踪检查，确保各段水平流水、立体交叉施工。

（4）每天召开生产例会，落实第二天施工所需的劳动力、材料和机械设备，保证物资材料供应及时，满足施工进度目标的实现。

（5）协调好土建专业与水、电、暖、通、风专业的交叉施工，各专业工种力求配合默契，衔接及时。

（6）大力推行"四新"技术，加快施工进度。

（7）经理部与相关人员及各专业施工队签订工期奖罚合同，严格履行合同条款。

2. 质量保证措施

（1）质量目标

确保"北京市建筑结构长城杯"，争创"北京市建筑竣工长城杯"。

（2）质量保证体系

我公司已经通过国际标准 ISO 9002 质量体系认证，严格按照 ISO 9002 质量标准进行全面质量管理，建立项目经理领导，主任工程师组织实施的质量保证体系，执行经理进行中间控制，生产经理组织工长（责任工程师）、质量检查员检查的质量管理系统，确保工程质量目标的实现，实现对业主的承诺。

1）管理职责

明确各级人员的岗位职责，按照质量体系要素进行严格分工，各部门人员各司其职，使质量体系有效运行。在公司质量体系控制下规定了项目部各部门单位（项目经理、执行经理、主任工程师、生产经理、办公室、技术部、工程部、经营部、物资部）的管理职责。

2）质量体系

围绕质量目标制定质量预控，开展质量策划，保证质量体系有效运行。

3）文件和资料控制

对与质量体系有关的文件和资料进行控制，使质量体系运行的各个场所都能使用有效版本的文件。

① 施工规范

工程施工前，技术部会同项目部人员认真学习图纸，根据该工程施工组织设计、方案及工程进度计划，由技术部按照有效规范清单，准备能覆盖工程施工全过程的有效版本规范，按计划和工程实际需要提前将规范发至各有关人员手中。

施工常用规范，由公司科技部采购、下发，当工程用规范数量不满足时，项目提出申请，由公司科技部负责续购、登记、发放，以保证工程使用的均为有效规范。

② 设计变更、洽商

a. 凡设计单位提出的变更，设计单位签字后的原件由项目技术部负责接收；由施工单位提出的变更，须经设计和建设单位审核同意签字后下发实施。

b. 洽商记录：关于设计变更的洽商，应由设计单位、施工单位和建设单位三方签字；关于经济洽商，可由施工单位和建设单位签证。分包工程的变更、洽商均由总包单位统一办理。

c. 凡签证完毕可以实施的变更、洽商均应在签证之日，将原件存档，将其复制件下发至各有关人员、部门。如遇特殊情况，可于次日下发。

③ 施工图纸

施工图纸由项目部技术部负责接收，并与建设单位办理发放、接收登记手续。按照公司程序文件规定进行受控登记、编号、发放至各有关人员、部门。当所接收的施工图纸数量不能满足要求，需复制时，须报主任工程师审批后方可复制，并办理受控发放手续。

4）采购

在公司多年的合作中，公司精选合格分包商，并经审批，建立名录，工程施工中，我公司将事先根据业主要求、施工进度要求，编制分包商选择计划，并提出合格分包商建议，分包商资质、业绩等相关资料供业主、监理审核，以保证合格的施工队伍进驻本工程施工。

5）过程控制

① 施工准备阶段

工程施工前，在全面、详细学习图纸、规范，领会设计师意图，并对现场周围环境、地下、地上障碍情况，进行调查了解，由总工程师、项目经理组织，生产、技术、质量、安全及相关部门参加，进行施工组织设计讨论，编制满足工程施工要求的施工组织设计，经批准后执行。经批准的施工组织设计，要向施工工长、班组进行交底，使施工人员了解并能有效地遵照执行。

② 组织施工阶段

对工程图纸进行认真分析后，制定各关键工序、特殊工序作业指导书。

专业人员、操作工人持证上岗，持证人员包括：测量工、验线人员、试验工、质检员、电焊工、防水工、计量员等。公司选派有丰富经验的、经专门、培训的各类专业人员从事工程施工。

机械、设备进场前需经鉴定，检查其设备完好性，合格并具备保证能力方可进场。机械设备能力应满足要求，现场设备选择必须严格执行施工组织设计要求，具备保证工程施工的性能和完好条件，进场后，制定专门的维护、保养计划，由专业人员进行维护、保养。

材料由合格的分包供应商提供，进场后由专门人员进行外观检验，对需复试的材料，由有资质的试验人员取样送试验室复试，合格后方准使用。

关键过程、特殊过程的控制方法实行"样板制"，并实行工种自检、工序交接检和质检员专检制度，保证过程能力。

6）检验和试验

进场后，经认真审查图纸，由项目技术部根据规范、规程及上级有关文件，制定检验和试验计划。检验计划包括：检验试验项目名称、应检项目、取样要求、取样数量、验收批数量，报公司审批后，下达到有物资收料人员及资质的试验员，并明确检验信息传递渠道，按要求取样、送试及试验结果反馈。

7）检验和试验设备

公司具有检验、测量和试验设备，由公司技术部受控、管理、登记设备台账，按设备、器具检定周期制定检定计划，提前通知送检，保留检定证书并进行检测设备的标识。

分包单位的检验、测量和试验设备，由分包单位在进场施工前，按检测设备配备率配备齐全向项目技术部提供设备清单，进场后项目技术部计量员按检测设备清单负责检查，审核分包设备的配备情况，计量检定状态，并登记台账，在设备周检期前，督促分包单位检定仪器、设备并核查用于替代的检测设备的校准状态，保证满足要求。设备周检后，检查其检定证书，保存证书复印件。已通过 GB/T—19002 质量体系的分包方，可按其内部制度进行设备标识，未通过认证的分包方，由项目部计量员对其检测，设备按公司程序文件进行标识。

凡属于比对校验的检测设备，通过 GB/T—19002 质量体系认证的分包方可按其内部制度进行检验，项目计量员检查其校验记录；未通过 GB/T—19002 质量体系认证的分包方应将比对检验设备交项目计量员送分公司检验，并标识。

分包单位检测设备清单中的设备，封存或变更需向项目计量员登记、备案，以便项目计量员检查，控制。

为便于追溯，分包单位应留下检测设备使用部位的书面记录（如在测量定位记录中注明仪器号码），当发现仪器偏离校准状态时，必须由项目技术负责人组织追溯，对其有效性进行评定，并采取必要措施。

8）不合格品的控制

① 不合格物资控制

物资进场按要求进行外观检查和取样复试检查，当发现不合格品时，由检查员标识，并进行隔离，同时通知项目主任工程师，由项目主任工程师组织专门人员鉴定，并作出处置意见。如处置意见为"降级使用或让步接交"时，必须通知业主、设计师及监理，同意后方可执行。

② 不合格工序

工序成品验收由质量员负责，出现不合格工序必须予以整改达到合格，否则不许进行下道工序施工。不合格工序由项目主任工程师组织评审，确定处置意见。其处置意见需经业主、设计师、监理认可，方准执行。

9）纠正和预防措施

① 纠正措施

项目纠正措施的制定均围绕项目工程质量目标进行。施工前，结合公司施工实力将质量目标分解为各阶段、各工序质量预控，质量员按月对所发生项目进行检查、汇总，当与预控的目标不符合，即达不到目标时，应将项目列出，由项目经理组织有关人员进行讨论，分析达不到质量预控的原因及应采取的措施，由技术部整理汇总，编制纠正措施，并监督措施实施，使质量保持在较高水平。

② 预防措施

开工前，由公司组织项目经理部及公司机关部门参加，分析以往类似工程施工情况，对可能发生的问题，事先制定预防措施，并组织实施，避免质量问题的发生。

10）搬运贮存、包装、防护和交付

对有特殊搬运要求的物资，项目物资部应向物资管理人员交底，搬运前写出作业指导书，审核其符合性，并在实施时予以检查，保证被搬运物资的质量。

物资贮存必须保证物资性质不受损坏，为保证现场管理，亦应按平面图的要求堆放，将施工现场库房进行分类、标识。保证各种物资的贮存条件，物资部对重点物资及在冬、雨期施工时进行抽查。

项目部技术负责人根据工程特点制定《成品质量保护措施》后，受控发至有关人员，并报公司工程部备案，由工程部监督、指导、检查《成品质量保护措施》的执行情况，填写检查记录表，如有问题及时发出整改通知书。

各分包之间的成品保护工作由项目部工程部负责。重点、易损部位应组织办理成品交接检，明确各方责任。

11）质量控制要点

本工程结构中关键过程为：钢筋、模板、混凝土；装修工程中关键过程为：屋面防水、室内地面、外墙玻璃幕墙；本工程特殊过程为：地下室防水。

关键过程质量控制点：

① 钢筋：位置、搭接长度、锚固长度、保护层厚度。

② 模板：尺寸、位置、表面平整洁净、加固支撑牢固。

③ 混凝土：振捣、养护。

④ 防水：基层含水率、卷材搭接、卷起高度。

特殊过程质量控制点：地下室防水基层含水率、卷材搭接、边角及管根部的处理，防水收头处理。

12）质量记录的控制

施工过程中形成的各类质量记录，均以《建筑工程资料管理规程》DBJ 01—51—2003为标准，进行收集、整理、交工、归档。凡交工归档的资料均由技术部负责收集、整理，由公司技术部审核把关，并协助项目部进行资料整改，以确保资料形成与工程同步，确保资料的齐全、完整、准确、真实、可靠。

工程竣工后，由项目技术部将成套技术资料交公司技术部，由公司技术部进行再审核，确认无误后，进行整理、装订成册，并按要求将其移交建设单位及公司档案室。

3. 技术管理措施

质量控制和保证措施在各专项施工中已有具体描述，以下对相关的技术管理和控制措施进行简单阐述。

在开工前，项目经理组织经理部有关管理人员进行图纸会审，领会设计意图，编制施工组织设计，并对其进行针对性的交底。

在施工组织设计的基础上，编制详细的施工方案、作业指导书及分项、分部工程技术交底，尤其对关键过程中的控制点应详细描述以指导施工。

总包单位应在合同中向分包单位提出工期配合、技术质量管理等方面的要求。

编制试验计划，配备专职试验员，按照试验计划做好原材料及施工试验的取样试验工作。

按照有关文件规定，技术收集整理质量保证资料。

所有施工图纸、技术洽商、规范标准、作业指导书等技术文件都必须及时发给有关管理人员、施工人员，保证在质量体系运行的各个重要场合，都能使用相应文件有效版本，使整个工程质量处于受控状态。

主要分项工程控制措施如下。

（1）钢筋工程

控制目标：提高机械化程度，加强钢筋成型精确度，细化绑扎工艺，重点控制审图把关、锚固长度、搭接长度、钢筋间距、保护层厚度，克服钢筋移位的通病，确保钢筋一次验收合格。

主要控制点：

1）钢筋工程是结构工程质量的关键，我们要求进场材料必须有合格分供方提供，并经过具有相应资质的试验室试验合格后方可使用。在施工过程中我们对钢筋的绑扎、定位、清理等工序采用规矩化、工具化、系统化控制，近几年我公司又探索出了多种定位措施和方法，基本杜绝了钢筋工程的各项隐患。

2）认真审核图纸，领会设计意图，进行钢筋翻样。

3）为保证钢筋与混凝土的有效结合，防止钢筋污染，在混凝土浇筑后均要求工人立即清理钢筋上的混凝土浆，避免其凝固后难以清除。

4）为有效控制钢筋的绑扎间距，在绑扎板、墙筋时均要求操作工人先划线后绑扎。

5）工人在浇筑墙体混凝土前安放固定钢筋，确保浇筑混凝土后钢筋不偏位。

6）在钢筋工程中，我们总结和研究制定了一整套钢筋定位措施，能根治钢筋偏位这一建筑顽症。

7）通过垫块保证钢筋保护厚度；钢筋卡具控制钢筋排距和纵、横间距。

8）钢筋绑扎后，只有土建和安装质量检查员均确定合格后，经监理验收合格后方可进行下道工序的施工。

9）钢筋通病的防治：

钢筋锈蚀与污染：要妥善保管露天存放的钢筋，严重锈蚀的，经鉴定后方可使用。刷脱模剂时，防止污染钢筋。及时清除钢筋上的混凝土和油污。

加工成型差：认真审图，精确下料。对钢筋密集、复杂节点进行放样，以保证混凝土得以均匀浇筑。箍筋加工时，做好定尺，使弯钩的平直长度和弯钩角度准确。在堆放和运输过程中造成钢筋弯折和变形的要加以修正。

不符合图纸或规范构造规定：认真学习规范，审核图纸，核对清楚主梁与次梁受力钢筋的上下关系、梁柱相交受力钢筋的里外关系。注意门窗洞口加强筋的设置。

接头及锚固错误：采用正确的钢筋接头形式。认真下料，以保证钢筋的搭接长度和锚固长度。梁柱节点处进行箍筋加密，要保证箍筋间距。

（2）模板工程

控制目标：实现模板工程的定型化、工具化、整体化及可变化，提高柱、墙、顶板的平整度，控制阴阳角、断面尺寸，消除模板胀模及模板接缝不严密导致混凝土漏浆的通病。

主要控制点：

1）模板设计和交底：模板设计要有稳定性和牢固性的计算，施工前编制详细的《模板施工方案》。在模板设计过程中，设计人员与其他分项工程管理人员进行技术交流；施工前，要进行技术交底，从而确保模板施工与其他各项施工紧密结合，使模板施工有序地进行。

2）模板体系的选择在很大程度上决定着混凝土最终观感质量，我公司对模板工程进行了大量的研究和试验，对模板体系的选择、拼装、加工等方面都已趋于完善、系统，能够较好地控制了模板的膨胀、漏浆、变形、错台等质量通病。地下室墙柱采用组合小钢模，标准层墙选用定型大钢模，顶板采用多层板。

3）为保证模板最终支设效果，模板支设前均要求测量定位，确定好每块模板的位置。

4）通过完善的模板体系和先进的拼装技术保证模板工程的质量。

在结构施工中普遍采用钢板厚度为6mm厚的大钢模，避免模板变形，在保证混凝土内实外美的同时提高了施工速度。

顶板模板选用多层板，这种模板具有易拼装、易拆卸、接缝严密、浇筑后混凝土表面光滑等优点。

5）模板通病的防治：

强度、刚度、稳定性差：施工前，编写模板施工方案，进行精确的模板计算，严格按照方案操作，验收合格后，方可进行下道工序施工。

接缝不严：缩短模板的加工制作、安装周期，防止造成干缩缝过大。浇筑混凝土将模板浇水湿润胀开。采取胶条、海绵条等恰当的堵缝措施，保证接缝严密。

拆模不当导致混凝土受损：留置不同的拆模强度混凝土试块，以防止拆模过早或过晚，造成混凝土缺棱掉角。

（3）混凝土工程

控制目标：保证强度质量，提高机械化程度，实现高强度混凝土的商品化、普通混凝土的泵送化。重点控制门窗洞口、梁柱节点、楼面标高及混凝土接槎，消除漏筋、漏振现象、克服混凝土蜂窝、麻面、烂根的通病。

主要控制点：

1）为保证工程质量，我们选用有信誉、质量有保障的商品混凝土供应商，提供优质的商品混凝土，在施工中采用流程化管理，严格控制混凝土各项指标，浇筑后成品保护措施严密，每个过程都存有完整记录，责任划分细致，配合模板体系后，保证了混凝土工程内坚外美的效果。

2）混凝土每一台班必须至少检测坍落度两次，并做好记录。

3）浇筑混凝土时为保证混凝土分层厚度，制作有刻度的尺杆。当晚间施工时还配备足够照明，以便给操作者全面的质量控制工具。

4）混凝土浇筑后作出明显的标识，以避免同强度上升期间的损坏。

5）为保证混凝土拆模强度，从下料口取混凝土制作同条件试块，并用钢筋笼保护好，与该处混凝土等条件进行养护，拆模前先试验同条件试块强度，如达到拆模强度方可拆模。

6）合理安排布料杆的位置，以保证混凝土均匀输送到各个部位，不出现施工缝。混凝土按预先的浇筑顺序进行，防止漏振；振捣到表面泛浆不再冒气泡为止，防止过振；振捣棒插入下层混凝土深度不小于 50mm，以消除两层混凝土间的接缝；振捣时避免碰撞钢筋、模板以及预埋件等。

7）混凝土浇筑完毕后，在 12h 内及时加以覆盖和浇水养护，保证混凝土有足够的湿润状态，养护期不少于 7 昼夜。

8）混凝土质量通病的防治：

蜂窝：加强配合比，认真配合比中的砂石级配。施工前配备足够的振捣器，并对操作工人进行交底，以防止振捣不够或过振。明确分层浇筑厚度。

麻面：合模前，将模板清理干净，脱膜剂涂刷均匀、不漏刷。根据同条件试块的强度决定是否拆模，防止拆模过早，出现粘连。保证充分的振捣时间，把气泡排除。

孔洞：进行钢筋翻样，防止钢筋过密难以浇筑混凝土。模板设置排气孔，不让混凝土内有气囊。

烂根：支模前，将模板根部找平，缝隙堵塞严密，防止漏浆。浇筑前，先下同混凝土配合比的砂浆 30～50mm。加强试配，保证混凝土的和易性，防止水灰比过大而产生离析现象。

（4）砌筑工程

1）测量放出主轴线，砌筑施工人员弹好墙线、边线及门窗洞口的位置。

2）墙体砌筑时应双面挂线，每层砌筑时应穿线看平，墙面应随时用靠尺校正平整度、垂直度。

3）墙体每天砌筑高度不宜超过 1.8m。

4）注意配合墙内线管安装。

5）墙体拉结筋按照图纸施工。

6）横平竖直，砂浆饱满，错缝搭接，接槎可靠。

（5）防水工程

1）参与施工的管理人员及施工操作人员均持上证岗，并具有多年的施工操作经验。

2）必须对防水主材及其辅材的优选，保证其完全满足该工程使用功能和设计及其规范的要求；对确定的防水材料，除必须具有认证资料外，还必须对进场的材料复试。满足要求后方可进行施工。对粘结材料同样要做粘结试验，对其粘结强度等进行试验合格后方可使用。

防水工程施工时严格按照操作工艺进行施工，施工完成后必须进行蓄水和淋水试验，合格后及时做好防水保护层的施工，以防止防水卷材被人为地破坏，造成渗漏。

防水做法及防水节点设计必须科学合理，对防水施工的质量必须进行严格管理和控制。

对防水层的保护措施和防水层的施工要确保防水的安全可靠性。

对结构后浇带、施工缝、结构断面变化的地方以及阴阳角等特殊必须采取最为安全稳妥的防水做法。

对室内功能性房间和机电设备房间的防水必须通过严格的程序和过程控制，以确保防水施工质量。

地下室、屋面防水重点要处理好屋面接缝处、阴阳角处、机电管道和防雷接地等薄弱部位处的防水节点和防水层施工的质量控制。

（6）楼地面工程

1）花岗石

石材表面应洁净，图案清晰、光亮、光滑，色泽一致，接缝均匀，周边顺直，板块无裂纹、掉角和缺棱等现象。

宜采用低碱水泥，并在板材内侧采用防水封闭做法，防止由于泛浆现象造成的颜色不一致。

在地面上行走时，找平层砂浆抗压强度不低于1.2MPa。

2）地砖

各种板块面层的表面应洁净，图案清晰、光亮、光滑，色泽一致，接缝均匀，周边顺直，板块无裂纹、掉角和缺棱等现象。

地漏等有坡度要求的地面，坡度应符合设计要求，不倒泛水，无积水，与地漏（管道）结合处严密牢固，无渗漏。

踢脚板表面洁净，接缝平整均匀，高度一致，结合牢固，出墙适宜，基本一致。

4. 安全保证措施

（1）安全施工目标

创北京市安全文明样板工地，杜绝死亡事故、火灾事故和人员中毒事件的发生，轻伤频率控制在6‰以内。

（2）安全生产管理措施

1）认真贯彻执行"安全第一，预防为主"的指导方针，建立健全各管理层次、各分包单位的安全保证体系，实现安全教育制度化，安全目标标准化，安全检查日常化，安全验收规范化，安全技术交底齐全化。

2）坚持认真贯彻执行安全检查，安全隐患消项整改，安全验收，安全技术交底等各项安全管理制度。

3）作好特殊工种作业人员的教育培训工作，特殊工种作业要有专项的安全操作、安全技术交底。作业人员持证上岗，作到人证相符。

4）所有的操作平台、临时架子、安全防护等设施的搭设和拆除一定要按要求进行验收，批准后方可实施作业。严禁私自拆除任何安全装置和设施。

5）加强对高处作业的管理。施工前要对各类防护设施、安全技术措施、防护劳保用品进行检查，达到安全标准后方可作业。

6）现场施工用高低压设备及线路，严格按《临电施工组织设计》设置，非电工不得乱拉接线。严禁使用破损或绝缘性能不良的电线，严禁电线随地走。所有电闸箱应有门有锁，有防漏雨盖板，有危险标志。夜间施工照明要充足，设电工值班。

7）现场所有机械设备，设专人操作、维修、保管，他人不得随意操作。

8）详图、有说明、有审批。

9）严格实行逐级安全技术交底制度。项目技术负责人向施工负责人及工长交底，工长向各施工单位、施工队组进行交底。各级书面的交底要有交底时间、内容、交接人的签字并进行归档。

（3）安全生产技术措施

1) 槽、坑、沟边 2m 以内不得堆土、堆料、停置大型机具。槽、坑、沟边与建筑物、构筑物的距离不得小于 1.5m，特殊情况必须采用有效技术措施。

2) 基坑周边设防护栏杆，行人坡道设扶手及防滑措施。

3) 脚手架的操作面必须满铺脚手板，离墙面不得大于 20cm，不得有空隙和探头板、飞跳板。施工层脚手板下一步架处兜设水平安全网。操作面外侧应设有两道护身栏杆和一道挡脚板，立面挂安全网。下口封严，防护高度应为 1.2m。

4) 结构内 1.5m×1.5m 以下的孔洞，应预埋通长钢筋网或加固定盖板。1.5m×1.5m 以上的孔洞，四周必须设两道护身栏杆，中间支挂水平安全网。

建筑物楼层临边的四周，无维护结构时，必须设两道防护栏杆或一道防护栏杆并立挂安全网封闭。

建筑物的出入口处应搭设长 3~6m，宽于出入通道两侧各 1m 的防护棚，棚顶应满铺不小于 5cm 厚的脚手板，非出入口和通道两侧必须封闭严密。

安全网绳不得破损并生根牢固，绷紧、圈牢，拼接严密。网杆采用钢管。

5. 消防保卫措施

施工单位必须对所属施工人员进行消防、保卫、交通社会治安的教育，贯彻执行北京市有关部门的法令、法规、制度。

单位要逐级建立健全治安、消防、保卫、交通、组织等方面的规章制度，落实具体责任人。

施工现场设明显的防火标志，消防栓周围和消防道路不得埋压、堆物。

从事易燃易爆作业，必须有方案和审批，并符合相关安全操作规程和消防要求。明火作业必须持证上岗和办理动火证。

施工现场沿坑边四周设 $\phi 100$ 管径的消防干管，均匀布置 3 个消防栓。5~6m 宽消防通道及配备足够的消防工具。钢筋加工及堆放场地、木工棚、模板堆放场地、材料仓库、办公区及现场作业区等重点防火部位要配置足够的干粉灭火器。

施工现场建立门卫和巡逻制度，出口设警卫室，昼夜有值班人，作好值班记录。

加强施工队伍的管理，掌握人员底数，签订治安和消防协议。

6. 环境保护措施及文明施工管理

(1) 环境保护措施

1) 现场文明施工管理根据现场状况设置一定数量的废污水沉淀池，并经常清理，防止污水流溢。现场厕所采用水冲洗法，设一个化粪池。

2) 设垃圾分拣点，洒水湿润并及时清运。楼内垃圾用小推车及容器吊运，或用封闭式临时垃圾道清运，严禁凌空抛洒。

3) 外运垃圾车辆、装载粉尘或易飞扬材料的车辆必须保证封闭严密。施工现场及道路安排专人清扫、洒水湿润。

4) 严格控制非正常施工作业的噪声污染，如野蛮装卸、搬运料具、大声喧哗等。

(2) 文明施工管理

1) 各施工单位在施工全过程中必须认真执行有关建设工程文明安全施工的各种规定。

2) 经理部每月组织一次文明安全施工检查，并进行评议和执行奖罚制度。

3) 各施工队伍负责人要对所属队伍施工区域、生活区域的安全、环保、消防保卫、机械、机具、临电、料具、卫生等文明安全施工负管理、组织、落实责任。服从经理部的统一管理，不得各行其是。

4）强化对机械作业管理人员和操作人员的环保意识。施工机械位置相对固定，搭设隔挡棚，做好隔离措施。

5）生活用火一律用液化气。冬季取暖采用电加热器。饮水用电热水器加热。

6）尽量减少夜间施工，如施工先报建委和环保部门审批。

7. 降低成本措施

我公司在该工程的成本管理中，将通过科学管理手段，先进施工技术以及合理的劳动力安排等施工措施来降低工程造价。具体体现在以下几方面：

合理安排劳动力，适当提前施工工期，以节约现场经费。

采取先做塔吊基础，土方开挖完毕后立塔的施工方法保证了塔吊这一重要大型施工机械的合理利用。

采用流水段施工技术，施工方便，节约了劳动力，缩短了工期。

采取流水段施工技术，保证了人力、机械、物资的合理优化组合和利用，可大幅度降低工程造价。

墙体采用工业化大模板，楼板采用15mm厚多层板、钢管支撑体系，混凝土达到清水混凝土质量，减少了抹灰湿作业，在节省水泥、砂浆材料、劳动力的同时又为业主增加了居住使用面积，这种节约潜在着巨大的收益。

混凝土采用部分添加剂替代水泥和采用高效泵送剂，可保证混凝土施工质量，节约成本。

组织阶段性验收，保证工期和人力资源的合理优化利用。

8. 成品保护措施

项目经理部根据施工组织设计、设计图纸编制成品保护方案；以合同、协议等形式明确各分包对成品的交接和保护责任，确定主要分包单位为主要的成品保护责任单位，项目经理部在各分包单位保护成品工作方面起协调监督作用。

（1）现场材料保护责任

由我单位统一供应的材料、半成品、成品、设备进场后，由材料部门负责保管，项目经理部现场执行经理和工程部负责进行协助管理，由项目经理部发送到分包单位的材料及设备，各分包单位自行保管、使用。

（2）结构施工阶段的成品保护责任

结构工程劳务分包队伍为主要成品保护责任人，水电配合施工等专业队伍要有保护对结构的保护措施后方可施工，在专业施工完成并进行必要成品保护后，向土建单位交接。对关键工序，各专业要有专人看护及维修。

（3）装修、安装施工阶段的成品保护责任及管理措施

装修、安装阶段特别是收尾、竣工阶段的成品保护工作尤为重要，这一阶段重点是土建的防水、室内装饰、外檐喷涂与水电专业交叉施工中的成品保护及设备的成品保护。土建和水电施工必须按照成品保护方案按要求进行作业。

在工程收尾阶段，土建按分层、分区设置专职成品保护员，其他专业分包队伍要执项目经理部的"入户作业申请单"，经批准后方可进入作业。施工完成后经成品保护人员检

查确认没有损坏成品，签字后方可离开作业区域。

上道工序与下道工序要办理交接手续，项目经理部起协调监督作用。

接受作业的人员，必须严格遵守现场各项管理制度，如须动火，必须取得用火证后方可进行施工。

项目经理部对所有的入场分包单位都要定期进行成品保护意识教育。

七、主要经济技术指标

1. 工期目标

总工期 559 日历天。

2. 质量目标

分部分项工程一次交验合格率 100％；

确保北京市"结构长城杯"及"竣工长城杯"。

3. 职业健康安全管理目标

确保无重大工伤事故，杜绝死亡事故。

4. 消防目标

消除现场消防隐患。

5. 环保目标

降尘、降噪控制达到国家相关标准，夜间施工不扰民。达到 ISO 14001 国际环保认证的要求。创建花园式的施工花园，营造绿色建筑。

6. 文明施工目标

争创北京市"文明施工工地"称号。

7. 成本管理

规范管理，精心施工，实现"双赢"战略，使业主、承包商的成本都有大幅度降低。

八、施工现场平面图

1. 施工现场布置原则

本工程施工现场位于××院内，东侧为××住宅楼，北侧紧邻××，南侧只有 10m 宽临时道路，仅有拟建工程周边的部分狭窄区域能够作现场材料堆放及加工场地。

（1）施工道路布置

现场共设二个大门，在现场北侧、西南角各开设一个大门，门宽 6m，在大门处设置警卫岗亭。结合现场情况，由西大门向东及基坑周围设混凝土施工道路，主路宽 4.0m。其余场地用碎石铺垫，用 15 厚 C20 混凝土硬化。

（2）机械、设备的布置

1）设置两台塔吊解决钢筋、模板的垂直运输。

2）设置三台混凝土地泵及两台汽车泵，解决混凝土的垂直及水平运输。

3）装修阶段设置两台外用电梯解决垂直运输问题。

4）在二次结构及装修阶段，设置三台 JZC350 混凝土搅拌机，以满足现场零星混凝土、墙体砌筑及抹灰砂浆的需求，同时设置三台砂浆搅拌机。

5）钢筋加工场地设置调直机、弯曲机、切断机、直螺纹套丝机等。

6）木工加工场地设置电刨锯、木圆锯等。

（3）临建暂设布置

1）办公区：在施工现场设两层成品盒子房作为办公用房。

2）生活区：在施工现场外搭设 3000m² 的简易房，可容纳 1200 人左右，作为工人生活、住宿用房。

3）生产加工区：在现场内设置木工加工区、大模板堆放区、机电加工棚、钢筋堆放加工区、周转材料以及砌筑、装修材料堆放场地等。

4）围墙：采用钢制围墙和标准大门，并加以装饰。

2. 各施工阶段现场平面布置图

略。

第二章 主要分项施工方案编制

第一节 模板工程施工方案的编制

一、编制依据

编制依据见表 2-1。

编制依据表 表 2-1

序号	名 称	编 号
1	图纸	
2	施工组织设计	
3	有关规程、规范	
4	有关标准	
5	有关法规	
6	有关图集	
7	其他	

二、工程概况

1. 设计概况，见表 2-2。

设计概况表 表 2-2

1	建筑面积（m²）	总建筑面积		地上	
		占地面积		地下	
2	层 数	地下		地上	
3	层 高	B1		B2	
		非标层		标准层	
4	结构形式	基础类型			
		结构类型			
5	地下防水	结构自防水			
		材料防水			
		构造防水			

续表

6	结构断面尺寸 （mm）	基础底板厚度	
		外墙厚度	
		内墙厚度	
		梁断面	
		柱断面	
		楼板	
7	水电设备情况		
8	其　　他		

2. 现场情况。

3. 工程难点。

三、施工安排

1. 施工部位及工期要求。

2. 劳动力组织及职责分工：

(1) 管理层负责人；

(2) 劳务层负责人；

(3) 工人数量及分工。

四、施工准备

1. 技术准备：

(1) 熟悉审查图纸、学习有关规范、规程。

(2) 拟采用的新型模板体系的资料收集。

2. 机具准备：

列表说明现场施工使用机具的型号、数量、功率和进场时间。

3. 材料准备：

列表说明需要材料的名称、规格、数量、使用部位和进场时间。

五、主要施工方法及措施

1. 流水段的划分：

±0.000 以下，水平构件与竖向构件分段不一致时应分别表示。

±0.000 以上，水平构件与竖向构件分段不一致时应分别表示。

2. 楼板模板及支撑配置层数。

3. 隔离剂的选用及使用注意事项。

4. 模板设计：

(1) ±0.000 以下模板设计：

底板模板设计：类型、方法、节点图。

墙体模板设计：类型、方法、配板图、重要节点图。

柱子模板设计：类型、方法、节点图、安装图。

梁、板模板设计：类型、方法、节点图、安装图。

模板设计计算书(作附录)。

(2) ±0.000 以上模板设计：

墙体模板设计：类型、方法、主要参数、配板图、重要节点图。

柱子模板设计：类型、方法、节点图、安装图。

梁、板模板设计：类型、方法、节点图、安装图。

门窗洞口模板设计：类型、方法、节点图。

模板设计计算书(作附录)。

(3) 楼梯模板设计：类型、方法、节点图。

(4) 阳台及栏板模板设计：类型、方法、节点图。

(5) 特殊部位的模板设计：特殊造型、转换层等。

5. 模板的制作与加工：

对制作与加工的要求：主要技术参数及质量标准。

对制作与加工的管理和验收的具体要求。

6. 模板的存放：

存放的位置及场地地面的要求。

一般技术与管理的注意事项。

7. 模板的安装：

(1) 一般要求。

(2) 模板的安装顺序及技术要点。

8. 模板的拆除：

(1) 拆除的顺序。

(2) 侧模拆除的要求。

(3) 底模拆除的要求。

(4) 当施工荷载所产生的效应比使用荷载更为不利时，所采取的措施。

(5) 后浇带模板的拆除时间及要求。

(6) 预应力构件模板的拆除时间及要求。

9. 各类模板的维护与修理：

(1) 各类模板在使用过程中注意事项。

(2) 多层板、竹胶板的维修。

(3) 大钢模及其角模的维修。

10. 质量要求：

允许偏差、检查方法、验收方法。

11. 安全注意事项。

第二节　钢筋工程施工方案的编制

一、编制依据

编制依据见表2-3。

编制依据表　　　　　　　　　　　　　　　　　表2-3

序号	名　称	编　号
1	图纸	
2	施工组织设计	
3	有关规程、规范	
4	有关标准	
5	有关图集	
6	有关法规	
7	其他	

二、工程概况

1. 设计概况：见表2-4。

设　计　概　况　　　　　　　　　　　　　　表2-4

1	建筑面积(m²)	总建筑面积		地下每层面积	
		占地面积		标准层面积	
2	层数	地下		地上	
3	层高(m)	B1		B2	
		标准层		非标层	
4	结构形式	基础类型			
		结构类型			
5	结构断面尺寸(mm)	基础底板厚度			
		外墙厚度			
		内墙厚度			
		柱断面			
		梁断面			
		楼板厚度			
6	楼梯结构形式				
7	转换层位置	梁断面			
		柱断面			
8	混凝土强度等级				

9	抗震等级	
10	钢筋	
11	钢筋接头形式	
12	钢筋规格	
13	其他	

2. 设计图：

标准层结构平面。

三、施工安排

1. 施工部位及工期要求，见表 2-5。

施工部分及工期要求　　　　　　　　　　　　表 2-5

	开始时间	结束时间	备　注
基础底板			
±0.000 以下			
±0.000 以上			
顶层及出屋面部分			

2. 劳动力组织及责任分工：

(1) 管理层(工长)负责人。

(2) 劳务层负责人。

(3) 工人数量及分工。

四、施工准备

1. 技术准备

(1) 熟悉审查图纸，学习有关规范、规程。

(2) 拟采用新工艺、新材料的资料收集。

2. 机具准备：

现场加工设备的型号、数量、功率和进场日期列表说明。

3. 材料准备：

列表说明需要的材料名称、规格、数量和进场时间。

五、主要施工方法及措施

1. 流水段的划分：

±0.000 以下：水平与竖向构件分段不一致时应分别表示。

±0.000 以上：水平与竖向构件分段不一致时应分别表示。

2. 钢筋加工：绘制加工场地平面布置详图。

（1）钢筋除锈的方法及设备（冷拉调直、电动除锈机、手工等）。

（2）钢筋调直的方法及设备（调直机、数控调直机、卷扬机）。

（3）钢筋切断的方法及设备。

（4）钢筋弯曲成型的方法及设备（箍筋135°弯曲成型的方式及技术要求）。

3. 钢筋焊接：

（1）一般要求。

（2）闪光对焊的技术要求。

（3）电弧焊的技术要求。

（4）电渣压力焊（气压焊）。

（5）机械连接。

设备选型、主要焊接参数的确定、质量检验：取样数量、外观检查内容、拉伸试验的要求、焊接缺陷及预防措施等。

4. 钢筋绑扎：

（1）一般要求。

（2）绑扎接头的技术要求。

（3）保证保护层厚度的具体措施：

1）保证底板保护层厚度的具体措施。

2）保证墙、柱保护层厚度的具体措施。

3）保证梁、板保护层厚度的具体措施。

4）保证施工缝保护层厚度的具体措施。

（4）节点构造和抗震做法。

5. 预应力钢筋（详见专项方案）：

（1）预应力筋制作的一般要求。

（2）预应力锚具的类型。

（3）张拉控制应力的确定。

（4）先张法（后张法）的一般要求。

（5）无粘结预应力。

六、质量要求

1. 允许偏差和检查方法。

2. 验收方法。

七、注意事项

1. 成品保护措施。

2. 保证安全措施。

第三节 施工方案编制实例

一、钢筋工程施工方案编制实例

1. 编制依据(表 2-6)

编 制 依 据 表 2-6

序号	名 称	编 号
1	××工程施工图纸	
2	××工程《施工组织设计》	
3	混凝土结构工程施工质量验收规范	GB 50204—2002
4	混凝土结构设计规范	GB 50010—2002
5	建筑抗震设计规范	GB 50011—2001
6	钢筋机械连接通用技术规程	JGJ 107—2003
7	建筑机械使用安全技术规程	JGJ 33—2001
8	滚轧直螺纹钢筋连接接头	JG 163—2004
9	钢筋混凝土用钢第2部分:热扎带肋钢筋	GB 1499.2—2007
10	北京市建筑工程施工安全操作规程	DBJ 01—62—2002
11	建筑工程资料管理规程	DBJ 01—51—2003
12	建筑工程施工质量验收统一标准	GB 50300—2001
13	建筑结构长城杯工程质量评审标准	DBJ/T 01—69—2003
14	建筑长城杯工程质量评审标准	DBJ/T 01—70—2003
15	混凝土结构施工图平面整体表示方法制图规则和构造详图	06G101—6
16	建筑物抗震构造详图	03G329—1

2. 工程概况

(1) 设计概况(表 2-7)

设 计 概 况 表 2-7

1	建筑面积(m²)	总建筑面积	70100	地下建筑面积	20615
		占地面积	10996.672	地上建筑面积	49485
2	层数	地下	四层,局部设有夹层	地上	十五层
3	层高(m)	地下一层	5.4m	地下二、三、四层	3.6m
		地下局部夹层	3.2m	地下局部夹层	3.6m
		一层	5.4m	二层、三层	4.4m
		十五层	4.15m	四层至十四层	3.7m

续表

		设计标高±0.000 相当于绝对标高 44.700m		
4	建筑标高	基底标高	−18.050m，−17.650m	
		室内外高差	0.150m	
		建筑总高	60m	
5	结构形式	基础类型	整体现浇钢筋混凝土筏形基础	
		结构类型	框架—剪力墙体系	
6	建筑平面	横轴编号	1～17	纵轴编号 A～T
		横轴距离	101.1m	纵轴距离 57.3m
7	结构断面尺寸（mm）	基础底板厚度	800mm、1200mm、1600mm	
		外墙厚度	400mm、500mm	
		内墙厚度	200mm、300mm、400mm	
		柱断面尺寸	600mm×600mm～1200mm×600mm	
		梁断面尺寸	400mm×600mm～1000mm×500mm	
		楼板厚度	120mm、150mm、200mm、250mm、300mm、400mm	
8	楼梯坡道结构形式	楼梯结构形式	钢筋混凝土板式楼梯	
		坡道结构形式	汽车坡道采用钢筋混凝土墙、板	
9	混凝土强度等级	基础底板	C40/P8	
		14.150m 以下墙、柱	C50	
		14.150m 以下梁、板	C45	
		14.150～32.65m 墙柱	C45	
		17.85～32.65m 梁板	C40	
		32.65m 以上墙柱	C35	
		33.65m 及以上梁板	C30	
		其余构件	C30	
		基础垫层	C15	
		地下室外墙及坡道顶板为抗渗混凝土		
		后浇带	采用高一级补偿收缩混凝土	
		圈梁、构造柱、现浇过梁	C20	
10	抗震等级	工程设防烈度	8 度	
		框架抗震等级	框架为二级	
		墙抗震等级	墙为一级	
11	钢筋类别	钢筋直径<12	一级钢——HPB235	
		钢筋直径≥10	三级钢——HRB400	

续表

12	钢筋连接形式	钢筋直径≥18	滚轧直螺纹连接
		钢筋直径<18	绑扎搭接
13	钢筋规格	HPB235	6～12
		HRB400	10～32

（2）设计图：

标准层结构平面图（略）。

3. 施工安排

（1）施工部位及工期要求（表2-8）

施工部位及工期要求　　　　　　　　　　表2-8

时间部位	开始时间			结束时间			备注
	年	月	日	年	月	日	
基础底板	2005	08	1	2005	08	25	
±0.000以下	2005	08	11	2005	10	22	
±0.000以上	2005	10	22	2006	04	20	

（2）劳动组织及责任分工

1）管理层负责人

现场施工总负责人：××

总工程师：××

现场责任工程师：××，××

2）劳务层负责人

施工队总负责人：××

施工队现场负责人：××

施工队技术负责人：××

各区内的劳务负责人负责本区内钢筋施工和本队内各工种之间的安排与协调。

3）工人数量以及分工

① 劳动力计划（表2-9）

劳动力计划表　　　　　　　　　　表2-9

钢筋加工组		现场施工组	
组　长	2人	组　长	6人
自检员	2人	自检员	6人
钢筋工	56人	钢筋工	280人
共　计	60人	共　计	292人

② 劳务层职责

a. 按照总包方所提供的技术交底进行钢筋的加工、绑扎。

b. 积极配合总包单位试验人员进行钢筋原材、钢筋接头的现场取样。

c. 进行钢筋绑扎、钢筋接头的自检和交接检工作。

③ 现场所有钢筋机械连接及加工人员必须进行技术培训，经考核合格后方可执证上岗。未经培训的人员严禁操作设备。

4. 施工准备

（1）测量准备

根据平面控制网线，在防水保护层上放出轴线和基础梁、墙、柱位置线；底板上层钢筋绑扎完成后工地测量人员必须组织测放墙、柱插筋位置线（每跨至少两点用红油漆标注）。

板混凝土浇筑完成，在板上放出该层平面控制轴线。待竖向钢筋绑扎完成后，在每层竖向钢筋上部标出标高控制点（用红油漆作标记）。

（2）技术准备

1）认真领会设计意图，编制施工方案并进行逐级技术交底。实行三级交底制，即：技术部对项目部有关人员、分包技术人员进行方案交底；工程部对分包工长、班组长进行交底；分包工长对班组进行技术交底。

2）组织操作人员熟悉图纸，了解工程特点和工艺要求，进行岗前技术培训。

3）复杂部位的钢筋需放样施工，并应建立样板制施工。钢筋放样人员必须熟读06G101图集和抗震构造图集03G329—1，放样要优化设计，避免浪费材料。

4）了解和掌握新工艺、新的施工方法及施工规范，尤其在直螺纹的加工及材质上要严格把关。有关人员必须持证上岗。

（3）机具准备

见表2-10。

机具设备一览表   表2-10

序号	机械名称	类型型号	需要量		进场时间
			数量	单位	
1	钢筋切断机	GQ40D	4	台	2005.7
2	钢筋弯曲机	GW40D	3	台	2005.7
3	钢筋套丝机	GGZ40 型	18	台	2005.7
4	钢筋调直机	GT6/12	2	台	2005.7
5	无 齿 锯		8	台	2005.7

（4）材料准备

1）根据图纸进行钢筋配料，提前20天向物资部提出钢筋需要量计划。钢筋进场时应严把钢筋进场关。钢筋材质证明随钢筋进场而进场，材质证明上必须注明钢筋进场时间、进场数量、炉批号、原材编号、经办人。无钢筋材质证明，物资部门有权拒收。按责任工程师所提钢筋计划提前七天组织钢筋进场。

2）施工前，根据施工进度计划合理配备材料，并运到现场进行加工。钢材管理应有入库、出库台账。钢筋进场后，要严格按进场批的级别、品种、直径、外形分垛堆放，妥善保管，为防止钢筋锈蚀，设置放钢筋地垄墙或枕垫，并挂标识牌，注明产地、规格、品种、数量、复试报告单编号和质量状态等，凡遇有中途停工或其他原因较长时间裸露在外钢筋应加防锈蚀保护。

3）加强钢筋的进场控制，时间上既要满足施工需要，又要考虑场地的限制。所有钢筋材料(含钢筋直螺纹连接套筒)，必须有出厂合格证、试验报告和复试报告(包括三方见证取样试验)，合格后方可配料。

4）进行机械连接的接头在施工前要进行工艺检验，操作人员均需有上岗证。

5）材料用量见表2-11、表2-12。

钢筋用量表　　　　　　　　　　　　　　　　表2-11

钢筋规格(mm)	钢筋用量(t)	进场时间
6.5	0.04	根据现场实际分批进场
8	60.55	根据现场实际分批进场
10	112.93	根据现场实际分批进场
10	415.81	根据现场实际分批进场
12	1677.76	根据现场实际分批进场
14	500.35	根据现场实际分批进场
16	478.9	根据现场实际分批进场
18	101.71	根据现场实际分批进场
20	91.22	根据现场实际分批进场
22	296.44	根据现场实际分批进场
25	2126.44	根据现场实际分批进场
28	689.76	根据现场实际分批进场
32	546.52	根据现场实际分批进场

直螺纹钢筋套筒用量表　　　　　　　　　　　　　　　　表2-12

套筒规格		套筒用量(个)	进场时间
18	正扣	349	根据现场实际分批进场
	反扣	349	根据现场实际分批进场
20	正扣	5064	根据现场实际分批进场
	反扣	336	根据现场实际分批进场
22	正扣	4243	根据现场实际分批进场
	反扣	2447	根据现场实际分批进场
25	正扣	43813	根据现场实际分批进场
	反扣	9066	根据现场实际分批进场
28	正扣	22121	根据现场实际分批进场
	反扣	1056	根据现场实际分批进场

套筒规格		套筒用量(个)	进场时间
32	正扣	6016	根据现场实际分批进场
	反扣	1546	根据现场实际分批进场
28/25	变径	4168	根据现场实际分批进场
28/20	变径	232	根据现场实际分批进场
25/22	变径	3300	根据现场实际分批进场
25/20	变径	995	根据现场实际分批进场
25/22	正反扣变径	1727	根据现场实际分批进场

5. 主要施工方法及措施

(1) 流水段的划分

根据结构施工图纸,将整个地下施工阶段分为6个流水段;主体流水施工将主体结构施工阶段划分6个流水段。具体的分段的位置见施工流水段划分图(略)。

(2) 钢筋放样

钢筋加工前,由配筋人员依据结构施工图、规范要求、施工方案及有关变更、洽商对各种构件的每种规格钢筋放样并填写《钢筋配料单》。《钢筋配料单》经项目总工审核签字认可后,开始加工。

1) 钢筋放样原则

① 钢筋按以下接头形式放样:钢筋直径大于等于18mm的采用滚轧直螺纹连接,接头采用Ⅰ级接头,同一截面接头数量不大于50%,接头位置宜设置在受力较小处,不宜设在框架的梁端、柱端的箍筋加密区;小于18mm(除暗柱)的钢筋采用搭接连接。

② 本工程钢筋考虑12m原料为翻样基准。翻样时在保证符合图纸及规范要求的前提下尽可能兼顾原料长度,减少加工使用中的浪费。

③ 钢筋配料时,首先要熟悉图纸中有关钢筋保护层、钢筋弯曲、弯钩等的规定,要计入钢筋弯曲及弯钩的长度,根据图中尺寸计算其下料长度。钢筋配料时,还要考虑附加钢筋,如基础双层钢筋网中采用的钢筋马凳,墙、板双层钢筋网中采用的钢筋撑铁,钢筋骨架中用于临时加固的斜撑等。

④ 钢筋放样时,根据构件配筋图及钢筋定尺先绘出各种形状和规格的单根钢筋简图并加以编号,然后分别计算下料长度和根数,填写《钢筋配料单》。

2) 钢筋下料长度计算

① 直钢筋下料长度=构件长度+锚固长度(搭接长度)+弯钩增加长度-保护层厚度-弯曲调整长度。

② 弯起钢筋下料长度=直段长度+斜段长度-弯曲调整长度+弯钩增加长度。

③ 箍筋下料长度=箍筋周长-弯曲调整长度+弯钩增加长度。

其中,钢筋弯钩增加长度:对半圆弯钩为6.25d,对直弯钩为3.5d,对斜弯钩为4.9d。钢筋弯曲调整值见表2-13。

钢筋弯曲调整值 表 2-13

钢筋弯曲角度	30°	45°	60°	90°	135°
钢筋弯曲调整值	0.35d	0.5d	0.85d	2d	2.5d

(3) 钢筋加工

1) 钢筋加工准备

① 钢筋加工棚及钢筋堆放区地下施工时布置在现场西北角，地上施工时布置在各楼座附近(见现场平面布置图)。电源从临近配电箱引出。钢筋加工场地包括：钢筋加工棚，主要进行钢筋的成型加工；钢筋拉直区，进行盘条钢筋拉直；成品堆放区；下脚料堆放区。钢筋加工场地的钢筋机械要标明其操作规程和钢筋加工质量标准。

② 钢筋下部要垫木方，钢筋距两端 1/6 长度处用通长 100mm×100mm 木方垫起(雨天用塑料布遮盖)，防止锈蚀。

③ 设专人负责钢筋堆放和标识工作，堆放应分规格、分类型集中堆放。钢筋堆放要进行挂牌，标明使用的部位、规格、数量及安全质量等注意事项，并标明其所处的状态(如已检、待检)。

④ 钢筋的调直、平直、冷拉、切断、弯曲、焊接等半成品加工质量，应符合规范、规程、标准和设计要求，经检验合格的半成品，应按工程使用部位和规格、形状分类堆放。有标识牌，注明钢筋编号、规格、尺寸和使用部位。

2) 钢筋除锈的方法及设备

① 钢筋表面应洁净。油渍、漆污和用锤敲击时能剥落的浮皮、铁锈等应在使用前清除干净。

② 本工程采用在钢筋冷拉或钢筋调直过程中除锈，配合手工除锈(用钢丝刷)。

③ 在除锈过程中发现钢筋表面的氧化铁皮鳞落现象严重并已损伤钢筋截面，或在除锈后钢筋表面有严重的麻坑、斑点伤蚀截面时，应降级使用或剔除不用。

3) 钢筋调直的方法及设备

① 由于现场场地狭窄，采用调直机进行冷拉调直。

② 钢筋拉直时，Ⅰ级钢筋冷拉率不大于 4%，一般至少要拉到钢筋表面脱落为止。钢筋调直后应平直、无局部弯曲。

③ 控制方法为：在零点位置和拉伸 4% 位置各画一条红线，每根红线两侧各画三条白线(间距 10cm)，控制伸长值。

4) 钢筋切断的方法及设备

① 钢筋切断配料，应以钢筋配料单提供的钢筋级别、直径、外形和下料长度为依据。钢筋表面应洁净，不得有颗粒状、片状锈蚀和飞边、翘皮、裂纹损伤及水泥浆等污染。

② 钢筋采用钢筋切断机进行切断加工，定位筋与需套丝的钢筋必须用无齿锯切割，保证钢筋端面平直且与钢筋轴线垂直。

③ 钢筋的断口不得有马蹄形或起弯等现象。在切断过程中，如发现钢筋有劈裂、缩头或严重的弯头，必须切除。

④ 钢筋的长度应准确，其允许偏差 ±10mm。

5) 钢筋弯曲成型的方法及设备

① 钢筋的弯曲成型采用弯曲机,应按划线→试弯→弯曲成型的顺序进行。钢筋成型后,要求其形状正确,平面上没有翘曲不平现象,弯曲点处不得有裂缝。

② Ⅰ级钢筋末端需作 180°弯钩,其圆弧弯曲直径 D 不应小于钢筋直径 d 的 2.5 倍,平直部分长度不小于钢筋直径的 3 倍。

③ 当钢筋末端需作 135°弯钩时,Ⅱ级、Ⅲ级钢筋的弯曲直径 D 不小于钢筋直径 d 的 4 倍,弯钩的弯后平直部分长度应符合设计要求。

④ 钢筋作不大于 90°弯折时,弯折处的弯曲直径 D 不应小于钢筋直径 d 的 5 倍。

⑤ 弯起钢筋中间部位弯折处的弯曲直径 D,不应小于钢筋直径 d 的 5 倍。

⑥ 弯钩的弯后平直长度为钢筋直径的 10 倍,见图 2-1。

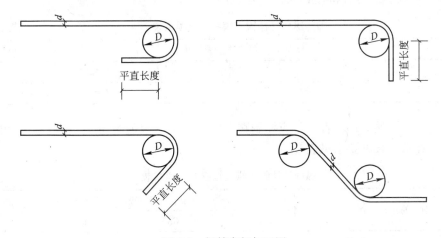

图 2-1　钢筋弯折加工图

⑦ 箍筋:箍筋平面无翘曲、扭曲变形,弯钩两端平直部分长度相等,弯钩平整不扭翘。内净尺寸应确保主筋绑扎就位和保护层厚度。末端弯钩应保证 135°,其弯钩平直部分长度不小于箍筋直径 d 的 10 倍(不宜大于 $10d+10$mm,避免浪费),且两个弯钩平直段相互平行(见图 2-2)。

6)钢筋加工的允许偏差,见表 2-14。

图 2-2　箍筋弯钩加工图

钢筋加工的允许偏差表	表 2-14
项　　目	允许偏差(mm)
受力钢筋顺长度方向全长的净尺寸	±10
弯起钢筋的弯折位置	±20
弯起点高度	±5
箍筋内径尺寸	±5

(4)钢筋锚固和搭接要求

1)钢筋最小锚固长度和抗震设计锚固长度

见表 2-15。

纵向受拉钢筋抗震锚固长度 l_{ae}（一、二级抗震）　　　　　表 2-15

钢筋类别		混凝土强度等级		
		C30	C35	≥C40
HPB235	抗震	27d	25d	23d
HRB400	$d \leqslant 25$	41d	37d	34d
	$d > 25$	45d	41d	38d

注：任何情况锚固长度不得小于 250mm；HPB235 钢筋两端必须加弯钩。

2）钢筋连接的规定

① 纵向受拉钢筋绑扎搭接要求，见表 2-16。

纵向受拉钢筋绑扎搭接要求表　　　　　表 2-16

纵向受拉钢筋绑扎搭接长度 l_{le}、l_l	
抗　震	非抗震
$l_{le} = \zeta l_{ae}$	$l_l = \zeta l_a$

纵向受力钢筋接头面积百分率应控制在 50% 以内，ζ 取值为 1.4，所以本工程的纵向受拉钢筋绑扎搭接长度要求见表 2-17。

纵向受拉钢筋绑扎搭接长度要求表　　　　　表 2-17

钢　筋　类　型			混凝土强度等级（钢筋直径≤20）			
			C25	C30	C35	≥C40
HPB235 级	非抗震		38d	34d	31d	28d
	抗震	一级抗震	44d	38d	35d	33d
		三级抗震	40d	35d	33d	30d
HRB400 级	非抗震		56d	51d	47d	42d
	抗震	一级抗震	65d	58d	52d	48d
		三级抗震	59d	52d	48d	44d

注：受拉钢筋的搭接长度不应小于 300mm；两根直径不同钢筋的搭接长度，以较细钢筋的直径计算。

② 纵向受力钢筋接头面积百分率应控制在 50% 以内。纵向受力钢筋的绑扎接头连接区段的长度为 1.3 倍的搭接长度；纵向受力钢筋机械连接接头连接区段的长度为 35 倍 d（d 为纵向受力钢筋的较大直径）且不小于 500mm。该连接区段内有接头的纵向受力钢筋截面面积百分率应符合设计要求，见表 2-18。

有接头的纵向受力钢筋截面面积百分率要求　　　　　表 2-18

	受拉区	受压区
机械连接	50%	不限
绑扎连接	25%	50%

（5）钢筋的绑扎

1）施工准备

① 施工机具：钢筋钩子、撬棍、扳子、绑扎架、钢丝刷子、手推车、粉笔、尺子等。

② 核对成品钢筋的级别、型号、形状、尺寸和数量是否与设计图纸及加工配料单相符。如有错漏，应纠正增补。

③ 钢筋绑扎用的铁丝，采用 20、22 号铁丝（火烧丝），其中 22 号铁丝只用于绑扎直径 12mm 以下的钢筋。

④ 准备控制混凝土保护层用的水泥砂浆垫块。水泥砂浆垫块的厚度，应等于保护层厚度。垫块的平面尺寸：当保护层厚度等于或小于 20mm 时为 30mm×30mm，大于 20mm 时为 50mm×50mm，对于垂直方向使用的垫块，制作时在其中埋入 20 号铁丝。

⑤ 划出钢筋位置线。平板和墙板钢筋，在模板上划线；柱箍筋，在两根对角线主筋上划点；梁箍筋，在架立筋上划点，基础钢筋，在两向各取一根钢筋划点或在垫层上划线。

⑥ 绑扎形式复杂的结构部位时，应先研究逐根钢筋穿插就位的顺序，并与模板工联系讨论支模和绑扎钢筋的先后次序，以减少绑扎困难。

2）钢筋绑扎接头的一般要求

① 钢筋绑扎接头宜设置在受力较小处。同一纵向受力钢筋不宜设置两个或两个以上接头。接头末端至钢筋弯起点的距离不应小于钢筋直径的 10 倍。板上筋宜设置跨中 1/3 处，下筋宜过柱梁中轴线加锚固长度。

② 同一构件中相邻纵向受力钢筋的绑扎搭接接头宜相互错开，错开距离为绑扎接头中心至中心 1.3 倍搭接长度。绑扎接头范围内应保证三个绑扣和三根钢筋通过。绑扎搭接接头中钢筋的横向净距不应小于钢筋直径，且不应小于 25mm。同一连接区段内纵向受拉钢筋绑扎搭接接头面积百分率：对于梁板类及墙类构件，不宜大于 25%；对于柱类构件，不宜大于 50%；当工程中确有必要增大接头面积百分率时，对梁类构件不应大于 50%，对于其他构件，可根据实际情况放宽。

③ 箍筋直径不应小于搭接钢筋较大直径的 0.25 倍；受拉搭接区段的箍筋间距不应大于搭接钢筋较小直径的 5 倍，且不应大于 100mm；受压搭接区段的箍筋间距不应大于搭接钢筋较小直径的 10 倍，且不应大于 200mm；当柱中纵向受力钢筋直径大于 25mm 时，应在搭接接头两个端面外 100mm 范围内各设置两个箍筋，其间距宜为 50mm。

④ 绑扎柱、墙箍筋或水平钢筋时应局部加密错开套筒位置，如果错不开时应将箍筋或水平筋直径变小一个规格（局部加密，但总断面不能减小）进行代换，以保证此处保护层厚度。框架结构四个角柱箍筋应全数加密。箍筋加密取值见表 2-19。

箍筋加密取值表　　　　　　　　　　　　　　　　　　表 2-19

抗震等级	类别	加密区长度(mm)取最大值	箍筋最大间距(mm)取最小值	箍筋最小直径(mm)
一	梁	$2.0h$，500	$h/4$，$6d$，100	10
	柱	两端、设计	$6d$，100	10
二	梁	$1.5h$，500	$h/4$，$8d$，100	8
	柱	两端、设计	$8d$，100	8

注：d 为纵向钢筋直径，h 为梁截面高度；柱加密区可采用：矩形截面长边尺寸，层间净高的 1/6 和 500mm 三者中的最大值。

3）筏板基础的钢筋绑扎

① 工艺流程：放线→验线→画分档线→绑集水坑等钢筋→绑底板下网钢筋 →绑底板上网钢筋→插墙柱钢筋(满足图纸设计的锚固长度)→检查验收。

② 在垫层上弹出轴线及墙、柱基础位置线，并用红油漆标明柱钢筋的位置和钢筋的根数，根据钢筋的间距弹线(注意钢筋绑在弹线的同一侧)，以保证钢筋位置和间距的正确。

③ 钢筋绑扎时，所有钢筋交错点均绑扎，且必须牢固。同一水平直线上相邻绑扣呈八字形，朝向混凝土体内部，同一直线上相邻绑扣露头部分朝向正反交错。

④ 底板钢筋下铁先放短向钢筋后放长向钢筋，上铁先放长向钢筋后放短向钢筋。在整个底板钢筋施工中，钢筋的接头均采用剥肋滚压直螺纹，底板钢筋直螺纹接头区域长度 35d 范围内，有接头的受力钢筋截面面积占受力钢筋总截面面积百分率为：不得超过 25%。

图 2-3　马凳示意图

⑤ 为保证钢筋位置正确，双层钢筋网中间设置钢筋马凳(间距 1.5m)，之后即可绑扎上层钢筋，绑扎方法同下铁，下铁钢筋弯钩朝上，不得倒向一边。马凳见图 2-3。

⑥ 下铁钢筋保护层采用 80mm×80mm×40mm 的花岗岩石材垫块，间距 1000mm 梅花形布置。

⑦ 墙柱插筋下端弯钩 90°与基础钢筋进行绑扎，上端用临时箍筋绑扎固定，同时在墙柱四周设置墙柱位置定位控制线(用红油漆标记)，插筋与底板筋交接处增设定位箍筋，并与底板钢筋绑扎牢固，插筋与底板网片筋之间，增设拉接筋或插筋与底板面筋固定确保插筋不移位。插筋的锚固和预留长度应符合规范和设计要求。墙及柱筋插完后，除检查其位置外，用线坠(2kg)检查其垂直度，并拉通线校正，确保竖向筋在同一直线上，防止倾斜、扭转、偏位。距地面 50mm 处绑扎第一道水平筋，距柱边 50mm 处绑扎第一道竖向钢筋。

4）框架柱的钢筋绑扎

① 工艺流程：搭设柱筋支撑脚手架→套柱箍筋→连接竖向受力筋→画箍筋间距线→绑扎箍筋。

② 按图纸要求间距，计算好每根柱箍筋数量，先将箍筋套在下层伸出的钢筋上，然后立纵向钢筋。

③ 受力钢筋位置控制：内控措施采用 φ12 钢筋焊接定位框；外控措施采用在模板上口钉同保护层厚度的多层板条进行控制。

④ 框架柱钢筋接长后，在立好的柱竖向钢筋上，按图纸要求划出箍筋间距线，第一根箍筋距楼面不大于 50mm。然后将已套好的箍筋往上移动，由上往下采用缠扣绑扎。箍筋不得绑在直螺纹接头上，直螺纹接头部位箍筋可适当加密进行调整，见图 2-4。

⑤ 箍筋与主筋要垂直，箍筋转角与主筋交点均要绑扎，箍筋的弯钩叠合处应沿柱子竖筋交错布置。箍

柱竖筋

箍筋

图 2-4　柱箍筋

筋如设拉筋应将箍筋钩住，墙体如设置拉筋应将水平筋钩住，见图2-5。

⑥ 柱上、下两端箍筋应加密，加密区长度应≥柱长边尺寸；≥$H_n/6$，H_n为所在楼层的柱净高；≥500mm，取其最大者。箍筋的间距为100mm。

⑦ 根据柱边线检查预留钢筋的位置是否正确，柱上下层变截面时，必须在绑扎梁钢筋之前将下层柱筋露出的搭接部分按1：6比例在梁高内进行调整，见图2-6。

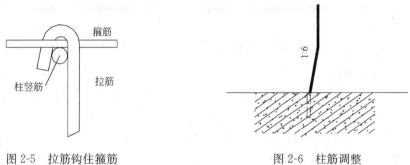

图 2-5 拉筋钩住箍筋　　　　　　　　图 2-6 柱筋调整

⑧ 为了保证柱筋的保护层厚度，采用在柱纵筋外侧绑上砂浆垫块，间距600mm。

5）框架梁的钢筋绑扎

① 工艺流程：在梁底模上画主、次梁箍筋间距→放主、次梁箍筋→穿主梁下铁纵筋并与箍筋固定→穿次梁下部纵筋并与箍筋固定→穿主梁上铁架立筋及弯起钢筋→按箍筋间距绑扎牢→穿次梁上铁纵向筋→按箍筋间距绑牢。

② 梁、柱交接处核心区箍筋绑扎前，应先熟悉图纸，在绑梁钢筋前先将柱箍筋套在纵筋上，穿完梁钢筋后再绑扎。

③ 绑梁上部纵向筋的箍筋宜用套扣法绑扎；梁箍筋应与受力钢筋垂直绑牢，每个箍筋弯钩的叠合处，应沿受力钢筋方向相互间隔错开设置。

④ 梁柱交接处梁箍筋加密，加密区长度为2倍梁高，且必须大于500mm。主次梁相交处在主梁上每侧各设三道箍筋。箍筋的第一道距柱边50mm，次梁两端箍筋距主梁50mm，附加箍筋规格按图纸要求确定。当梁柱同宽时，框架梁主筋应放在柱主筋内侧。

⑤ 梁的上铁纵向钢筋接头应设在梁中部三分之一跨度范围内，梁的下铁纵向钢筋接头应设在梁支座两侧三分之一跨度范围或直接锚入支座。悬臂梁的上部纵向钢筋不应设接头。

⑥ 在主、次梁受力筋下均应垫砂浆垫块，间距800mm，双排布置，以保证保护层的厚度。纵向受力筋为多层和多排时，层间的排间垫以短钢筋（规格为Φ25）保证其间距。

⑦ 过梁箍筋应有一根在暗柱内，且距暗柱边50mm。

⑧ 钢筋节点处理：框架结构梁柱节点钢筋较多，钢筋布置原则：对上部钢筋从上到下钢筋的顺序依次为板的上筋，次梁的上筋，最下为主梁的上筋；对下部钢筋则为主梁的下筋在次梁的下筋之下，即优先保证主梁的钢筋保护层，见图2-7；框架节点处钢筋穿插十分稠密时，应注意梁顶面主筋间的净距要大于或等于30mm，以利混凝土浇筑。

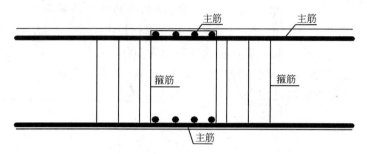

图 2-7　井字梁钢筋交汇点大样图

6）楼板的钢筋绑扎

① 工艺流程：清理模板→模板上画线→绑板下层钢筋→BDF 管安装→绑上层钢筋→放垫块→调整钢筋→放板筋支撑→卡顶板施工缝→隐检→进行下道工序。

② 清扫模板上刨花、碎木、电线管头等杂物。放出轴线及上部结构定位边线。在模板上划好主筋，分布筋间距，依线绑筋。

③ 按弹出的间距线，先摆受力主筋，后放分布筋。预埋件、电线管、预留孔等及时配合安装。

④ 板内的通长钢筋，其板底钢筋应伸至梁中，板上部钢筋应在 1/3 范围的跨中搭接。板中受力钢筋从距墙或梁边 50mm 开始配置；板的底部钢筋伸入支座不小于 $5d$，支座为梁时伸至梁中心线处，且不小于 120mm；板的中间支座上部钢筋（板负筋）两端设直钩，施工时顶至模板；板的负筋锚入边支座应满足受拉钢筋的最小锚固长度，当水平段已满足时，此端同另一端直钩。当板上部筋为负弯矩筋，绑扎时在负弯矩筋端部拉通长小白线就位绑扎，保证钢筋在同一条直线上，端部平齐，外观美观。

⑤ 绑扎板筋时一般用顺扣或八字扣，每个相交点均要绑扎。板钢筋为双层双向筋，为确保上部钢筋的位置，在两层钢筋间加设钢筋马凳，见图 2-8。

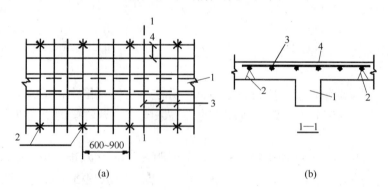

图 2-8　楼板钢筋绑扎示意图
1—梁；2—钢筋马凳；3—短向钢筋；4—长向钢筋

⑥ 每根钢筋在搭接长度内必须绑扎三扣。用双丝绑扎搭接钢筋两端头 30mm 处，中间绑扎一道。

⑦ 板筋保护层垫块梅花形布置，间距 1000mm，保证保护层的厚度。

⑧ 板上洞口应预留，一般结构平面图中只示出洞口尺寸大于300mm之孔洞，施工时各工种必须根据各专业图纸配合土建预留全部孔洞。当孔洞尺寸≤300mm时，洞边不再另加钢筋，板内钢筋由洞边绕过，不得截断。当洞口尺寸＞300mm时，应设洞边加筋，按平面图示的要求施工。预留洞口部位加强钢筋按照设计图纸施工。

7）楼梯的钢筋绑扎

① 工艺流程：在楼梯底模画位置线→绑平台梁主筋→绑踏步板及平台板主筋→绑分布筋绑踏步筋→安装踏步板侧模→验收→浇筑混凝土。

② 在楼梯段底模上画主筋和分布筋的位置线。

③ 楼梯为板式楼梯。楼梯钢筋绑扎与楼梯间剪力墙钢筋绑扎同时进行。

④ 先绑扎主筋后绑扎分布筋，每个交点均应绑扎，板筋要锚固到梁内。

⑤ 底板筋绑完，待踏步模板吊绑支好后，再绑扎踏步钢筋。所有钢筋交叉点全部绑扎牢固，下铁弯钩朝上，上铁钢筋弯钩朝下，底铁下面用15mm厚砂浆垫块@600mm，成梅花形布置。

⑥ 有负弯矩筋处要垫马凳，间距800mm。

8）混凝土墙的钢筋绑扎

① 工艺流程：修整墙、暗柱、连墙柱预留钢筋→放置暗柱、连墙柱钢筋定位筋→暗柱、连墙柱钢筋套筒接长→画暗柱、连墙柱箍筋间距线→套箍筋→绑扎箍筋→放置墙体水平梯子筋→墙体竖向筋接长→立竖向梯子钢筋→放置墙体水平梯子筋→绑上、中、下三根水平钢筋→划分横、纵向钢筋间距分格线→绑扎横、纵向钢筋。

② 依据墙柱位置线对钢筋预留插筋进行检查，对移位的钢筋按1:6的坡度上弯调整，并把钢筋上的水泥浆用钢丝刷、棉丝清理干净，钢筋绑扎前搭好操作架。

③ 所有墙体钢筋均为竖筋在内，水平筋在外。墙体水平筋放置在墙体暗柱主筋外，墙体连梁放置在墙体主筋内。钢筋的弯钩朝向混凝土内。

④ 墙体的水平和竖向钢筋错开连接，钢筋的相交点全部绑扎，钢筋搭接处，在中心和两端用铁丝扎牢。

⑤ 竖筋与伸出搭接筋的搭接长度内需绑扎3根水平筋，其搭接长度及位置均应符合规范对抗震节点的构造要求，如图2-9所示。

⑥ 墙水平钢筋的两端头、转角、十字节点等部位的锚固长度及洞口周围加固筋均应符合设计图纸要求。

⑦ 纵向第一根钢筋距暗柱外皮或门口边50mm，水平第一根钢筋或暗柱箍筋距楼板上皮30~50mm。墙体第一根水平筋与暗柱第一个箍筋发生冲突时，可将暗柱第一个箍筋放在距楼地面30mm的部位，暗柱箍筋与墙体水平筋交错放置。

⑧ 较长墙体采用梯子筋控制墙筋位置，短墙为施工方便采用"F型"卡具控制墙筋位置。

⑨ 墙体双层钢筋之间设φ8@600的拉钩，梅花型布置。拉钩应绑扎到位，弯钩处贴紧主筋，绑好后用扳手

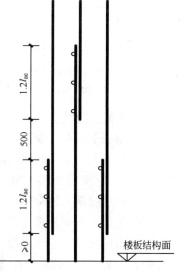

图2-9 墙体钢筋搭接构造示意图

把直钩端扳向墙内成 45°，见图 2-10、图 2-11。

图 2-10　加工形状　　　　　　　　　图 2-11　绑扎完毕形状

⑩用砂浆垫块控制保护层厚度。将砂浆垫块绑在墙横筋上，间距 600mm，梅花型布置，有定位梯的部位可以不放置，由顶模钢筋棍代替保护层垫块。在模板上口钉与保护层同厚的多层板条进行外控。

(6) 钢筋滚轧直螺纹技术措施

本工程钢筋直径大于等于 18mm 的梁柱钢筋接头，采用Ⅰ级滚轧直螺纹接头形式，直径小于 18mm 的钢筋及墙筋采用搭接。受力钢筋的接头位置应设在受力较小处，接头应相互错开。

1) 工艺流程：钢筋原材送检→钢筋下料→直螺纹接头工艺检验→钢筋套丝并逐个自检→拧好保护帽及套筒→质检人员抽检丝头质量→钢筋直螺纹连接→连接质量检查→施工现场的检验与验收。

2) 直螺纹连接套

① 操作人员必须经过培训考试合格，并有岗位证书。

② 每批连接套筒进场时必须进行接头工艺检验。连接套筒两端头的孔，必须用塑料盖封上，以保持内部洁净，干燥防锈。

③ 连接套筒表面无裂纹，螺牙饱满，无其他缺陷。

④ 用螺纹通规从连接套两端应能顺利旋入螺孔并达到旋合长度；而止规只允许螺纹部分旋入，旋入长度不应超过 3 倍螺距。

⑤ 滚轧直螺纹接头用连接套筒的规格与尺寸应符合表 2-20 的规定。

标准型套筒的几何尺寸　　　　　　　　　　　　　表 2-20

规　格	套筒外径	套筒长度	规　格	套筒外径	套筒长度
18	29	50	25	39	64
20	31	54	28	44	70
22	33	60	32	49	82

3) 滚轧直螺纹加工

① 钢筋下料时，应采用无齿锯切割，其端头截面应与钢筋轴线垂直，并不得翘曲。

② 加工钢筋端头的螺纹时，应采用水溶性润滑液，不得使用油性润滑液。当气温低于 0℃时，应掺入 15%～20%亚硝酸钠，严禁用机油作切削液或不加切削液加工丝头。

③ 直螺纹端头的检验：

a. 用肉眼进行外观检验：牙形饱满，秃牙部分累计弧长不应超过一扣螺纹周长。

b. 用螺纹通、止环规检查螺纹的中径尺寸和钢筋端头螺纹有效长度：通环规应能顺利地旋入螺纹并达到旋合长度，且通环规端外露丝扣不应多于一扣，而止环规只允许部分旋入，旋入长度不应超过 3 倍螺距。

c. 丝头加工尺寸(mm)，见表 2-21。

滚轧直螺纹丝头加工尺寸表 表 2-21

规　　格	剥肋直径	螺纹尺寸	丝头长度	完整丝扣圈数
18	16.9±0.2	M19×2.5	25	10
20	18.8±0.2	M21×2.5	27	11
22	20.8±0.2	M23×2.5	30	12
25	23.7±0.2	M26×3	32	11
28	26.6±0.2	M29×3	35	12
32	30.5±0.2	M33×3	41	14

d. 经自检合格的钢筋丝头，由质检员按上述检验方法对每种规格加工批量随机抽检 10%，且不少于 10 个，如有一个丝头不合格，即应对该加工批全数检查，不合格丝头应重新加工经再次检验合格方可使用。

e. 已检验合格的丝头应加以保护，钢筋一端丝头应戴上保护帽，另一端拧上连接套，并按规格分类堆放整齐待用。

4）直螺纹连接

① 本工程柱和梁钢筋均采用直螺纹连接，柱第一个接头位置宜设置在柱根上 ≥600mm，连续梁上筋宜设置跨中 1/3 处，下筋宜过柱梁中轴线加锚固长度。

② 连接钢筋时，钢筋的规格和套筒的规格必须一致，并确保钢筋螺纹和套筒的丝扣完好无损，钢筋螺纹丝头上如发现杂物或锈蚀，可用钢丝刷清除。

③ 连接钢筋时应对正轴线将钢筋拧入连接套，然后用力矩扳手拧紧，连接即告完成，随后立即画上记号，防止漏拧。接头拧紧后检查两端外露丝扣均不应多于一扣。力矩扳手的精度为±5%。直螺纹接头接头拧紧力矩值见表 2-22。

接头拧紧力矩值 表 2-22

钢筋直径(mm)	18~20	22~25	28~32
拧紧力矩值(N·m)	160	230	300

④ 对于标准型和异径型接头连接：首先用扳手将连接套与一端的钢筋拧到位，然后再将另一端的钢筋拧到位；对于活连接型接头连接：先对两端钢筋向连接套方向加力，使连接套与两端钢筋丝头挂上扣，然后用扳手旋转连接套，并拧紧到位，在水平钢筋连接时，一定要将钢筋托平对正后，再用扳手拧紧。两钢筋端面应处于连接套的中间位置，偏差不大于一个螺距，并用扳手拧紧，使两端面顶紧。

⑤ 钢筋连接套筒的混凝土保护层厚度不得小于 15mm。连接件之间的横向净距不宜小于 25mm。

（7）钢筋的定位和间距控制措施

1）钢筋间距控制

① 钢筋绑扎前，均应在模板上或定位筋上画出位置线和分档标志，绑扎时严格按画线位置进行。

② 框架柱的纵向钢筋采用Φ12的废钢筋加工制作的钢筋定位框来控制(如图2-12所示)。方柱定位框放置在模板上口200mm处。绑扎完后，柱中的定位筋不取出，柱顶定位筋清理后可循环使用。

③ 混凝土墙体钢筋，墙体采用梯子筋定位。

梯子筋应用比相应墙体钢筋大一个直径的钢筋加工制作。水平梯子筋放置在模板上口200mm处；竖向梯子筋根据墙长及竖筋间距，1.5m左右设置一道。绑扎完后，竖向梯子筋不取出，水平梯子筋清理后可循环使用。

绑扎剪力墙拉筋时，应先采用工具式卡具卡住后再弯，以保证钢筋排距不变。

④ 定位筋和梯子筋加工尺寸必须准确，定位筋和梯子筋拆除后要立即清理干净，校正尺寸，偏差较大的严禁使用。

⑤ 预埋盒的埋设。

各种机电预埋管和线盒在埋设时为了防止位置偏移，在预埋管和线盒用4根附加钢筋箍起来，再与主筋绑扎牢固。限位筋紧贴线盒。附加钢筋与主筋用粗铁丝绑扎，不允许点焊主筋，见图2-13。

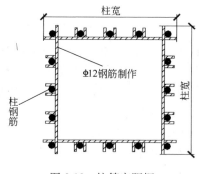

图2-12　柱筋定距框

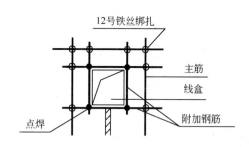

图2-13　线盒定位示意图

⑥ 钢筋马凳。

为控制板双层钢筋的间距，在板双层钢筋之间设置钢筋马凳，以确保上部钢筋的位置。制作马凳的钢筋应根据板钢筋的直径确定其规格，钢筋马凳每隔1.5m设置一道，见图2-14、图2-15。

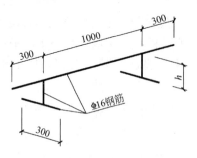

图2-14　钢筋马凳(一)

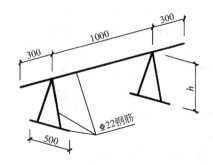

图2-15　钢筋马凳(二)

马凳高度根据上下铁钢筋直径和马凳位置确定，一般在一个方向 $h=$ 板厚－2个保护层厚度－下铁双层钢筋直径－扣铁钢筋直径；在另一个方向 $h=$ 板厚－2个保护层厚度－

下铁单层钢筋直径－扣铁钢筋直径；在顶板角部 h＝板厚－2 个保护层厚度－下铁双层钢筋直径－扣铁双层钢筋直径。

⑦ 洞口构造加筋、预埋件、电气线管、线盒等，位置准确，绑扎牢固，需焊接固定部位，不准咬伤受力钢筋。本工程中有较大量的三级钢筋，由于其淬硬性较强，应尽量避免在其上施焊；如不可避免，则应选用 E50 型焊条焊接。

⑧ 凡有透过混凝土面层的钢筋支撑端头或马凳支撑点，其端头应预先磨齐涂两道防锈漆或加塑料套垫。

2）钢筋保护层控制

受力钢筋的混凝土保护层厚度及垫块形式见表 2-23。

钢筋保护层及垫块形式表　　　　　　　　　　表 2-23

序号	部　位		厚度	垫块形式
1	基础底板	下部	40mm	花岗石垫块
		上部	25mm	—
2	地下室外墙	外侧	40mm	砂浆垫块
		内侧	15mm	
3	框架梁		25mm	砂浆垫块
4	柱		30mm	砂浆垫块
5	抗震墙		25mm	定位梯/"F 型"卡具砂浆垫块
6	实心板		15mm	砂浆垫块
	空心板		上部 20mm	
			下部 15mm	
7	首层板、车库顶板上侧		40mm	
8	水池内池壁		40mm	

注：受力钢筋的混凝土保护层厚度不应小于受力钢筋的直径。

6. 质量要求

（1）钢筋原材的检查与验收

进场钢筋应按照炉罐（批）号及直径分批检验，检验内容包括查对标志、外观检查，并按照现行国家标准的规定抽取试样做力学性能试验，合格后方可使用。

1）检查

进场钢筋应有出厂质量证明书（试验报告单）及材质证明，每捆（盘）钢筋均有标牌，验收人员应把标志牌上的钢筋炉罐（批）号标在出厂质量证明书或试验报告上，并检查其含碳、锰量是否符合规定。

2）钢筋外观检查

钢筋应平直、无损伤，表面不得有油污、颗粒状或片状老锈。

从每批钢筋中抽取 5％进行外观检查。钢筋表面不得有裂纹、结疤和折叠。钢筋表面允许有凸块，但不得超过横肋的高度，钢筋表面上其他缺陷的深度和高度不得大于所在部位尺寸的允许偏差。钢筋每 1m 弯曲度不应大于 4mm。

现场钢筋按实际重量交货，应随机抽取 10 根（6m 长）钢筋称重，如重量大于允许偏差，则应与生产厂家交涉，以免损害我方利益。

3）钢筋原材力学试验

① 组批

钢筋进场时应按批进行检查和验收。同一厂别、同一炉罐号、同一牌号、同一交货状态、同一规格钢筋≤60t 作为一验收批；同一牌号、同一规格、同冶炼方法而不同炉号组成混合批的钢筋≤30t 作为一批，但每批≤6 个炉号，每炉号含碳量之差≤0.02％、含锰量之差≤0.15％。

② 力学性能试验

每批进场钢筋按现行国家规范规定抽取试件作力学性能试验。热扎钢筋的检验执行国家现行标准。

对一、二级抗震等级，钢筋抗拉强度实测值与屈服强度实测值的比值不应小于 1.25；钢筋屈服强度实测值与强度标准值的比值不应大于 1.3。

a. 钢筋的抽样：从每批钢筋任意选出两根（或两盘）钢筋，每根取两个试件分别进行拉伸试验（包括屈服点、抗拉强度和伸长率）和冷弯试验。

b. 取样方法：试件在切取时，应在钢筋或盘条的任意一端截去 500mm 后切取。

c. 试样标准：

钢筋冷弯试件尺寸≥5*d*＋200mm；

钢筋拉伸试件尺寸≥5*d*＋150mm。

d. 试验结果：

钢筋的屈服强度、抗拉强度、伸长率、弯曲试验均应符合现行国家规范的要求。

钢筋的抗拉强度实测值与屈服强度的实测值的比值不应小于 1.25。

钢筋屈服强度的实测值与强度标准值的比值不应大于 1.3。

如有一项试验结果不符合要求，则从同一批中另取双倍数量的试件重作各项试验。如仍有一个试样不合格，则该批钢筋为不合格品。

（2）滚轧直螺纹机械连接接头检验

1）工艺检验

工程中应用钢筋直螺纹接头时，该技术提供单位应提供有效的型式检验报告；连接钢筋时，应检查连接套出厂合格证、直螺纹加工检验记录。钢筋连接工程开始前及施工过程中，应对每批进场钢筋进行接头工艺检验：

① 每种规格钢筋接头的试件数量不应少于 3 根。

② 钢筋母材抗拉强度试件不应少于 3 根，且应取自接头试件的同一根钢筋。

③ 3 根接头试件的抗拉强度均应符合下列规定：

a. 接头试件实际抗拉强度大于等于接头试件中钢筋抗拉强度实测值，或大于等于 1.10 倍的钢筋抗拉强度标准值。

b. Ⅰ级接头试件抗拉强度尚应大于等于钢筋抗拉强度实测值的 0.95 倍。

2）现场检验

① 接头等级应达到Ⅰ级，对接头的现场检验按验收批进行，同一施工条件下，采用同一批材料的同等级、同形式、同规格的接头，以 500 个为 1 个验收批进行检验与验收，不足 500 个的也作为 1 个验收批。

② 每一验收批，必须在工程结构中随机截取 3 个试件作抗拉强度试验，按设计要求的接头等级进行评定。当 3 个试件单向拉伸试验结果符合接头性能指标时，则判定该验收批为合格。

③ 如有 1 个试件的强度不符合要求，应再取 6 个试件进行复检。复检中仍有 1 个试件检验结果不符合要求，则判定该验收批为不合格品。

④ 在现场连续检验 10 个验收批抽样试件抗拉强度试验 1 次合格率为 100％时，验收批接头数量可扩大 1 倍。

3）外观检验

① 接头部位钢筋轴线的相对偏移量应小于钢筋直径的 0.10 倍，且最大不得超过 4mm（用凹型尺检验）。

② 接头要均匀，不应有环向裂纹，无明显凹凸和下垂。

③ 套丝区表面不得严重损伤。

④ 操作工人应按丝头加工尺寸表的要求检查丝头的加工质量，每加工 10 个丝头用通、止环规检查一次，并剔除不合格丝头。丝头质量检验表，见表 2-24。

丝头质量检验表　　　　　　　　　　表 2-24

序号	检验项目	量具名称	检验要求
1	螺纹圈数	目测	牙型饱满，丝扣数满足要求
2	丝头长度	卡尺或专用量规	满足要求
3	螺纹直径	通端螺纹环规	能顺利旋入螺纹
		止端螺纹环规	允许环规与端部螺纹部分旋合，旋入量不超过 3 个螺距

⑤ 经自检合格的丝头，应由质检员随机抽样进行检验，以一个工作班内生产的丝头为 1 个验收批，随机抽检 10％，且不得少于 10 个，并按附录 D 填写钢筋丝头检验记录表。当合格率小于 95％时，应加倍抽检，复检中合格率仍小于 95％时，应对全部钢筋丝头逐个进行检验，并切去不合格丝头，查明原因并解决后重新加工螺纹。

⑥ 检验合格的丝头应加以保护，在其端头加带保护帽或用套筒拧紧，按规格分类堆放整齐。

（3）钢筋绑扎工程质量标准

1）主控项目

钢筋的品种和质量，必须符合设计要求和有关标准规定。钢筋表面必须清洁，带有颗粒状或片状老锈，经除锈后仍有麻点的钢筋，严禁按原规格使用；钢筋的规格、形状、尺寸、数量、间距、锚固长度、接头设置，必须符合设计要求和施工规范的规定。

2）一般项目

① 钢筋绑扎不得有缺扣、松扣的情况。

② 钢筋弯钩的朝向应正确，绑扎接头位置及搭接长度应符合施工规范规定、搭接长度均不小于规定值。

③ 定位钢筋要定位标准、到位，外露部位要打磨平，且端头须刷防锈漆。

④ 钢筋绑扎时,不准用一顺扣,并注意绑扎扣端头要朝向构件内,以防今后在混凝土面产生锈蚀。

⑤ 混凝土接茬处钢筋及绑扎钢筋应洁净、无油渍、水泥浆等污物。

3) 允许偏差,见表 2-25。

钢筋工程安装允许偏差及检查方法　　　　　表 2-25

项　目		允许偏差值(mm)	检　查　方　法
绑扎钢筋网	长、宽	±10	钢尺检查
	网眼尺寸	±10	钢尺量连续 5 个间距,取最大值
绑扎钢筋骨架	宽、高	±5	钢尺检查
	长	±10	
受力主筋	间距	±10	钢尺两端、中间各一点,取最大值
	排距	±5	
	弯起点位置	±15	钢尺检查
绑扎箍筋、横向钢筋焊接网片	间距	±10	钢尺量连续 5 个间距,取最大值
	网格尺寸	±10	
保护层厚度	基础	±5	钢尺检查
	柱、梁	±3	
	板、墙、壳	±3	
梁、板受力钢筋搭接锚固长度	入支座、节点搭接	+10、-5	钢尺检查
	入支座、节点锚固	±5	
预埋件	中心线位置	5	钢尺检查
	水平高差	+3, 0	钢尺和塞尺检查

4) 钢筋工程质量程序控制

钢筋工程质量程序控制见图 2-16。

(4) 钢筋滚压直螺纹连接质量标准

1) 主控项目

钢筋的品种和质量必须符合设计要求和有关标准的规定;连接套的规格和质量必须符合要求;接头的强度检验必须合格。钢筋丝头加工现场检验钢筋的规格、接头的位置、同一区段内有接头钢筋面积的百分比,必须符合设计要求和施工规范的规定。

2) 一般项目

在钢筋连接生产中,操作人员应认真逐个检查接头的外观质量,然后由质量检查员随机抽取接头进行外观质量检查,抽检数量为:梁、柱构件按接头数的 10%,且每个构件的接头抽检数不得少于 1 个接头;基础、墙构件每 100 个接头作为 1 个验收批,不足 100 个也作为 1 个验收批,每批抽检 3 个接头。抽检的接头应全部满足钢筋与连接套的规格一致,外露丝扣不超过 1 完整扣,并填写检查记录;如有 1 个接头不合格,则该验收批接头应逐个检查并拧紧。

3) 滚轧直螺纹连接允许偏差项目,见表 2-26。

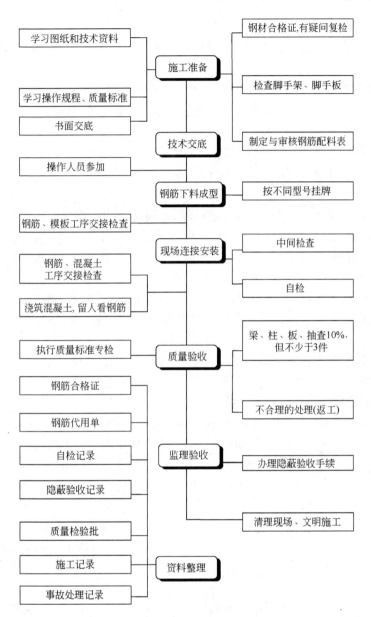

图 2-16 钢筋工程质量程序控制图

滚轧直螺纹连接允许偏差表 表 2-26

项次	项 目	允许偏差(mm)	检验方法
1	同直径钢筋两轴线偏心量	$<0.1d$ 且<4mm	尺量检查
2	不同直径钢筋两轴线偏心量：较小钢筋外表面不得错出大钢筋同侧		目测
3	两钢筋轴线弯折角	$<4°$	凹型尺检查
4	滚轧直螺纹连接套筒外露整扣	$\geqslant 1$个	
5	滚轧直螺纹连接套筒外露半扣	$\geqslant 3$个	

（5）质量保证措施

1）严格按照施工工艺标准施工。严格工序管理，坚持自检、互检、交接检，作好隐蔽、预检工作。

2）严格作业指导书制度。为了确保工程质量，在每道工序进行之前均要由工长制定作业指导书，明确作业条件、操作工艺、质量标准和成品保护措施等内容并对施工班组进行交底。

3）工人必须持证上岗，对机械连接接头必须逐一进行外观检查。

4）本工程框架节点处钢筋较密，施工时各节点部位钢筋如发生矛盾不得随意切断或减少钢筋，应按设计及规范要求施工。

5）材料、设备按图纸要求及规范标准采购，同时必须提交材质证明和试验报告，到现场由材料部门委托试验员复检，合格后方可入库保管和发放使用，施工前应编制检验试验方案。所有原材料、半成品、成品必须有合格证或检验报告，需送检的原材料按标准程序的规定严格执行，坚决杜绝使用不合格的产品。

6）各分项工程必须严格按照施工方案要求进行施工，不得偷工减料，弄虚作假。

7）建立质量保证体系，在质量责任制的基础上，明确各岗位的质量职能、责任、权限、隶属关系及联络方法与程序，做到工作协调有序。

8）图纸、标准图集、变更通知单、技术规范和有关文件正确建档、查询、保管和分发到有关部门和人员。监督、检查现场使用的技术文件的有效性和执行情况。完整、准确、及时地收集整理工程施工技术资料，分类分册归档。

9）对形成建筑产品所需的材料、半成品以及施工工艺监控，使其技术状态满足施工规范、规程的质量要求，达到预定的质量目标。施工每一道工序须按《北京市建筑安装分项工程施工工艺规程》操作，完成后经监控人员和监理认可，方可进行下道工序施工，每项活动须在受控下完成，特殊工种操作应预先培训合格后持证上岗。

10）加强施工全过程的质量预控，从"三工序"、"三检制"入手，把好六关（施工方案关、技术交底关、材料进场关、检测计量关、工序交接关、质量验收关）。坚持"五不准"（无施工方案不准施工、不合格的材料不准使用、无安全技术交底不准施工、计量数据有怀疑不准施工、上道工序质量不符合标准下道工序不准施工），确保全过程处于受控状态。

11）一般分项工程在自检基础上由质检人员、监理共同检查验收，重要分部、分项工程还须有设计单位、业主参加验收。

12）在钢筋施工中制定了"七不准"和"五不验"制度，在工程中推广实施。

"七不准"：

① 已浇筑混凝土浮浆未清除干净不准绑钢筋；

② 钢筋污染清除不干净不准绑钢筋；

③ 控制线未弹好不准绑钢筋；

④ 钢筋偏位未检查、校正合格不准绑钢筋；

⑤ 钢筋接头本身质量未检查合格不准绑钢筋；

⑥ 技术交底未到位不准绑钢筋；

⑦ 钢筋加工未通过车间验收不准绑钢筋。

"五不验":

① 钢筋未完成不验收;

② 钢筋定位措施不到位不验收;

③ 钢筋保护层垫块不合格、达不到要求不验收;

④ 钢筋纠偏不合格不验收;

⑤ 钢筋绑扎未严格按技术交底施工不验收。

7. 注意事项

(1) 成品保护措施

1) 保护钢筋、模板的位置正确,搭设施工马道,不得踩踏钢筋和更改模板。钢筋绑好后不得随意拆解绑扎扣和敲打搬动钢筋。

2) 安装电线管、暖卫管线或其他设施时不得任意切断和移动钢筋。如有相碰,则与土建技术人员现场协商解决。

3) 在混凝土浇筑过程中,派专人负责看护钢筋,尤其插筋和楼板上层钢筋应重点看护,发现问题随时修整;浇筑时混凝土出料口不得直接对着插筋。

4) 钢筋工施工时注意对其他工种的成品保护,如底板钢筋绑扎时应小心不要用钢筋碰撞防水保护层,以免钢筋穿破防水保护层损坏防水层;混凝土浇筑后强度未达到1.2MPa以前不得调整变形钢筋,施工缝处钢筋调整时,在钢筋根部应设扳手固定,以免损坏钢筋根部的混凝土。

5) 在浇筑平台混凝土前应用塑料布将墙柱钢筋包裹 300~500mm,避免浇筑混凝土时污染钢筋,混凝土浇筑完毕后应及时清理。

6) 后浇带部位的外露钢筋,应在混凝土浇筑完毕后用铁刷清理干净,再盖上盖板,以防止污染。

7) 绑扎空心板上层钢筋时,钢筋要轻拿轻放,以及走动时要注意,防止碰坏或踩坏BDF 空心管。

(2) 安全保证措施

1) 钢筋吊运的安全要求

① 吊运钢筋前要检查附近有无障碍物、架空电线和其他临时电气设备,防止钢筋在回转时碰撞电线或发生触电事故。

② 起吊钢筋骨架,下方禁止站人,必须待骨架降到距操作面1m以下才准靠近,就位支撑好,方可摘物。

③ 起吊钢筋时,规格必须统一,不许长短参差不一,不准一点起吊;起吊时必须将两根钢丝绳吊索在钢筋材料上缠绕两圈,钢筋缠绕必须紧密,两个吊点必须均匀;短小材料必须用容器进行吊运,严禁挂在长料上。

④ 钢筋吊运由持证起重工指挥,不得无人指挥或乱指挥。

⑤ 成批量的钢筋严禁集中堆放在非承重的操作架上,只允许吊运到安全可靠处后进行传递倒运。

⑥ 现场抬运钢筋时,注意钢筋两端不要碰伤来往人员,放筋时统一口令一起放下。

2) 钢筋绑扎的安全要求

① 在进行钢筋绑扎时,如需搭设脚手架,脚手架每步高度不大于1.8m,且加斜撑,

上铺脚手板；操作架上严禁出现单板、探头和飞跳板；操作工人要系好安全带。

② 脚手架搭设完毕后，必须经过安全员验收合格后方可使用。

③ 操作架上严禁超量堆放钢筋材料。

3）钢筋加工机械作业的安全要求

① 钢筋断料、配料、弯折等作业应在地面进行，不准在高空操作。

② 钢筋调直采用调直机，固定机身必须设牢固地锚，传动部位必须安装防护罩，冷拉线两端必须装置防护设施。冷拉时严禁在冷拉线两端站人或跨越，或触动正在冷拉的钢筋。操作人员离开卷扬机或作业中停电时，应切断电源，将吊笼降至地面。作业中，严禁跨越钢丝绳，操作人严禁离岗。

③ 钢筋切断机切断短料时，手和刀之间必须保持 30cm 以上。

④ 滚轧直螺纹时，操作人员要防止衣物等被套丝机卷入，发生伤亡。

⑤ 套丝机如缺切削液要及时补充。连续不间断生产时，可能出现切削液温度升高，超过正常使用温度，导致设备故障。因此油温过高时，应停机，待油温恢复正常后再继续使用。

⑥ 在钢筋加工场设立钢筋加工操作规程标牌，设专人负责，严格遵守操作规程。

⑦ 各种机械使用前，须检查运转是否正常，是否漏电，电源线须保证二级漏电开关。

4）其他安全措施

① 施工人员均需经过三级安全教育，进入现场必须戴好安全帽。

② 所有临时用电必须由电工接至作业面，其他人员禁止乱接电线。

③ 机电设备操作人员应持证上岗，并按规定使用好个人防护用品，其他非操作人员禁止操纵机电设备。

④ 当临电线路需要通过墙体钢筋进行架设时，必须采用加塑料绝缘套的"S"钩挂设在墙体钢筋上，严禁直接挂设在钢筋上。

⑤ 电气控制箱，电缆，插头连接处要注意防潮防水，雨天要遮盖。

⑥ 注意设备电器、系统任何异常情况，及时通告有关人员处理。

⑦ 安全员及时检查，及时制止违章作业，消除隐患。

⑧ 施工现场应配备消防灭火器。

⑨ 合理调配好劳动力，防止操作人员疲劳作业，严禁酒后操作，以防发生事故。

⑩ 在恶劣的气候条件下（六级以上强风、大雨）禁止从事露天高空作业。夜间施工必须设置足够的照明，危险区段必须设红灯示警。

⑪ 施工用马道采取必要的防滑措施。

⑫ 未尽事宜参见相关规范及法规。

（3）文明施工与环境保护措施

1）制定文明施工制度，划分环卫包干区，做到责任到人。

2）班组长对班组作业区的文明现场负责。坚持谁施工，谁清理，做到工完场清。

3）小型工具、用具不得乱丢乱放，用后及时送交仓库保管。

4）不得将钢筋放置在脚手架、临边、洞口上，对用剩的钢筋要及时清理、吊运走，绑扎丝不乱丢乱放。

5）钢筋加工后剩余的边角废料，应选择合理的堆放区进行集中堆放，由项目部统一处理。

6）钢筋加工机械在使用过程中，应注意防止漏油，并设置接油槽，防止油污渗入地下，造成污染。

7）现场在进行钢筋加工及成型时，要控制各种机械的噪声；将机械安放在平整度较高的平台上，下垫木板。并定期检查各种零部件，如发现零部件有松动、磨损，要及时紧固或更换，以降低噪声。浇筑混凝土时不要振动钢筋，降低噪声排放强度。

8）钢筋原材、加工后的产品或半产品堆放时要注意遮盖（用苫布或塑料），防止因雨雪造成钢筋的锈蚀。如果钢筋已生片状老锈，钢筋在使用前必须用铁丝刷进行除锈。为了减少除锈时灰尘飞扬，现场要设置苫布遮挡，并及时将锈屑清理。

二、模板工程施工方案编制实例

1. 编制依据（表2-27）

编 制 依 据　　　　　　　　　　　　　　表 2-27

序号	名　称	编　号
1	××工程图纸	
2	××工程施工组织设计	
3	混凝土结构工程施工质量验收规范	GB 50204—2002
4	建筑工程施工质量验收统一标准	GB 50300—2001
5	建筑结构荷载规范	GB 50009—2001
6	北京市建筑工程施工安全操作规程	DBJ 01—62—2002
7	组合钢模板技术规范	GB 50214—2001
8	北京市结构长城杯工程质量评审标准	DBJ/T—01—69—2003

2. 工程概况

（1）工程设计概况（表2-28）

工程设计概况　　　　　　　　　　　　　　表 2-28

序号	项　目	内　　容			
1	建筑功能	商务写字楼			
2	建筑特点	面积大、造型现代、外装施工复杂、有两块局部倾斜的幕墙结构			
3	建筑面积（m²）	总建筑面积（m²）	70100	地上建筑面积（m²）	49485
		占地面积（m²）	10997	地下建筑面积（m²）	20615
4	建筑层数（m）	地下	4层	地上	15层
5	建筑层高	地下部分层高	5.4m，3.6m		
		地上部分层高	4.4m，3.7m		
6	建筑高度（m）	±0.000 标高	44.70	室内外高差	−0.150
		基底标高	−17.90	最大基坑深度	−19.400
		檐口高度	59.85	建筑总高	63.84m

续表

序号	项　目	内　容	
7	结构形式	基础结构形式	筏形基础
		主体结构形式	框架—剪力墙结构
8	土质、水位	地下水位标高	42.000m
9	地基	持力层土质类别	黏质粉土
		地基承载力	180kPa
10	地下防水	结构自防水	P8 抗渗混凝土
		材料防水	4+3 厚 SBS 改性沥青卷材
11	混凝土强度等级	基础底板	C40(0.8MP 为抗渗)
		14.15m 以下墙、柱	C50(地下外墙为抗渗)
		14.15m 以下梁、板	C45
		14.15～32.65m 墙柱	C45
		17.85～32.65m 梁板	C40
		32.65m 以上墙柱	C35
		33.65m 及以上梁板	C30
		其余构件	C30
		基础垫层	C15
		圈梁、构造柱、现浇过梁	C20
		标准构件	按标准图要求
		后浇带	采用高一级补偿收缩混凝土
12	抗震等级	工程设防烈度	8 度
		框架抗震等级	二级
13	钢筋类型	非预应力	$\phi6$～$\phi10$ 以下，HPB235；10～32，HRB400
14	钢筋接头形式	直径≥18mm 的直螺纹机械连接	直径<18mm 的绑扎连接
15	结构断面尺寸(mm)	基础底板厚度(mm)	1200，局部 800；核心筒 1600
		外墙厚度(mm)	400
		内墙厚度(mm)	400、300
		楼板厚度(mm)	400，300，250，150 实心楼板 300，250 空心楼板
16	楼梯结构形式	板式	
	坡道结构形式	板式	
17	结构混凝土工程预防碱骨料反应管理类别	地下：含碱量小于 3kg/m³，最大氯离子含量小于 0.2% 地上：最大氯离子含量小于 1.0%	

（2）设计图

略。

（3）工程难点

1）管理方面难点：

现场四周空间狭小，模板的存放管理存在着一定难度。

2）技术方面难点：

汽车坡道标高、弧度及垂直度控制；电梯井道垂直度控制。

3. 施工安排

（1）施工部位及工期要求，见表 2-29。

施工部位及工期要求表

表 2-29

时间 部位	开始时间			结束时间		
	年	月	日	年	月	日
基础底板防水	2005	08	01	2005	08	28
基础底板	2005	08	11	2005	09	05
±0.000 以下	2005	08	14	2005	10	26
地下工程防水及回填土	2005	10	16	2005	11	05
±0.000 以上	2005	10	22	2006	05	15

（2）劳动组织及职责分工：

1）管理层

项目经理：××

生产经理：××

项目总工：××

技术员：××，××

区域责任工程师：××，××

质检员：××，××

材料员：××，××

安全员：××，××

管理层职责：

生产经理负责全面管理工作，负责现场具体安排和组织管理，指挥现场模板支设、材料进场等。技术部门和质量部门负责控制模板工程的质量监督检查及操作方法。材料部门负责材料供应及材料验收，入库保管，现场码放等。确保每道工序皆符合方案和规范的要求，建立有效的质量管理体系和监督机制，保证模板工程质量达到预期的目标。

2）劳务层

总负责人：××

生产负责人：××

技术负责人：××

模板主管：××，××

质检员：××，××

作业层职责：

严格执行项目管理人员的指挥和安排，认真将施工方案及技术交底的具体内容落实到现场实际施工中，使模板工程的主要工序流程，落实到具体施工操作中，从而保证模板施工的质量。

　　3）工人数量及分工

　　地下部分——300人：根据现场情况，分南北两个区，6个流水段。南北区每区设责任工程师1人，质检1人，两个班组，每班组柱支模15人，墙支模60人。

　　地上部分——320人：根据现场情况，分南北两个区，5个流水段。南北区每区设责任工程师1人，质检1人，两个班组，每班组墙柱16人，顶板支模64人。

　　4. 施工准备

　　（1）技术准备

　　1）施工技术人员认真熟悉审查图纸，学习有关规范、规程。

　　2）应提前进行模板体系的初步设计及资料搜集及厂家考察。

　　3）根据施工组织设计并综合考虑结构形式、工期、质量等方面的因素确定模板的选型。浇筑部位钢筋已按设计图纸及施工规范要求绑扎施工完毕，办理完隐、预工程验收手续，并且由项目技术负责人签署混凝土灌注申请单，上报监理部门同意。

　　4）技术交底：在施工前都要组织工人进行技术讨论，以求得既保证质量，又便于施工的最佳方案。工长要交底到施工班组长，班组长要贯彻到每个工人。做到操作步骤明确，质量目标鲜明，奖惩制度完善。交底要有签字记录。

　　（2）机具准备

　　加工木模用的电锯、压刨、平刨等机械就位固定试运转完好；电钻、扳手、锤子、铲刀、滚刷、线坠、水平尺及拆模用的撬杠等小型工具应配备齐全；见表2-30。

机具计划表　　　　　　　　　　　　　　表2-30

机械名称	数　量	机械名称	数　量
砂轮机	2	电　钻	4
圆盘锯	2	交流电焊机	2
压刨床	2	螺丝杆机	2

　　（3）施工材料准备，见表2-31。

材料需用量计划表　　　　　　　　　　　表2-31

序　号	名　称	规　格	单　位	数　量	供应方式	进场起始时间
1	覆膜竹胶板	12mm厚	m²	25000	购　买	2005.7.30
2	60系列钢模板		m²	7200	租　赁	2005.7.15
3	定制大钢模		m²	1150	购　买	2005.9.1
4	碗扣支撑		个	30000	租　赁	2005.7.15
5	钢管脚手架		t	885	租　赁	2005.7.15
6	跳板及垫板		块	14000	租　赁	2005.7.15
7	安全网		m²	41000	租　赁	2005.7.15
8	木方	100×100	m	960	购　买	2005.7.15
9	扣件		个	200000	租　赁	2005.7.15

（4）模板支设前期准备

1）在板、梁混凝土浇筑时预埋地锚。墙柱绑扎钢筋之前，墙柱位置边线内楼板混凝土表面必须进行凿毛，将混凝土表面浮浆、软弱混凝土层剔除至密实混凝土；顶板浇筑混凝土时，墙柱根部 150mm 范围内用铁抹子压光，平整度在 3mm 以内，模板安装就位前，模板下口加垫海绵条，如果平整度较差用水泥砂浆找平，以防模板下口跑浆。

2）浇筑混凝土前吹净杂物、用水充分冲洗润湿凿毛处。在顶板浇筑时，墙根处应有 200mm 宽用铁抹子压光。

3）楼板支模前须在墙、柱四周粘贴海绵条防止漏浆。

4）模板表面用铲刀、棉丝清理干净，均匀涂刷水性脱模剂，墙两侧搭设 1200 宽双排钢管脚手架，柱周围搭设操作架，以利于施工。

5．主要施工方法及措施

（1）流水段的划分

××工程基础底板部分为 5 个流水段，地下部分分为 6 个流水段，地上部分分为 6 个流水段。

（2）楼板模板及支撑配置层数

依照流水段进行模板的配置并合理的周转。

顶板模板配三层，墙体小钢模配两段，柱模配 20 根，进行周转使用。

（3）脱模剂的使用

本模板工程选用水性脱模剂。

搅拌均匀后涂刷，涂层要均匀，不得有漏刷。

（4）模板设计原则

根据本工程结构形式和特点及现场施工条件，对模板进行总体设计，确定模板平面布置，纵横龙骨规格、数量、排列尺寸，柱箍选用的形式及间距，梁板支撑间距，模板组装形式（就位组装或预制组装），连接节点大样。验算模板支撑的强度、刚度及稳定性。绘制全套模板设计图（模板平面图、组装图、节点大样图、零件加工图）模板数量应在模板设计时按流水段划分，进行综合研究，确定模板的合理配制数量。本工程地下结构板、梁、楼梯模板及柱尺寸在 1.3m 以上的采用 12mm 厚竹胶板配装，核心筒及地下室外墙采用组合小钢模；地上核心筒墙体、尺寸在 1.3m 以下的柱体采用定制大钢模。还需配置少量其他连接角模板和阴阳角模板。

1）模板总设计原则

① 模板应满足流水的需要，保证各工序合理衔接，并能有效周转。

② 本工程结构质量要求高，质量目标为结构长城杯，因此要达到清水混凝土要求，模板接缝严密，不得漏浆、错台，保证构件的形状尺寸和相互位置的正确，模板构造合理，便于支拆，在支设过程中，达到牢固、不变形、不破坏、不倒塌。加强对阴阳角、模板接缝、梁墙节点、梁柱节点、梁板节点、楼梯间模板设计、加工、拼装。

③ 合理配备模板，减少一次性投入，增加模板周转次数，减少支拆用工，实施文明施工。

④ 要使模板具有足够的强度、刚度和稳定性，能可靠的承受新浇混凝土的重量和侧压力，以及在施工过程中所产生的荷载。

⑤ 力求构造简单合理、装拆方便，在施工过程中，不变形，不破坏，不倒塌。并便于钢筋的绑扎和安装，符合混凝土的浇筑及养护等工艺要求。

⑥ 模板配置尽量采用标准板，不能采用标准板时另行配置异形板，同时注意减少模板种类。

⑦ 支撑系统根据模板的荷载和部件的刚度进行布置。

⑧ 本工程要求清水混凝土应达到如下观感：

墙面无错台、墙面无挂浆、漏浆，无粘模。

结构尺寸准确；线、角、面顺平顺直。

穿墙螺栓孔边角整齐、美观；外墙门窗洞口、穿墙螺栓孔等水平纵向位置无明显错位。

成品保护好，无碰撞缺陷、无缺棱掉角；墙面手感好，有光泽。

2）具体模板设计

① 底板侧模板及导墙模板施工

本工程基础底板施工时外侧同时浇筑 200mm 高的外墙导墙。导墙模板采用 15mm 多层板，支撑采用 φ14 钢筋制成的三角形卡具焊于绑扎在底板主筋的附加筋上。底板侧模为砖模，砖模高为底板厚 1200/800mm，考虑混凝土浇筑时侧压力较大，砖胎模外侧必须在混凝土浇筑前将回填土施工完毕。具体见图 2-17。

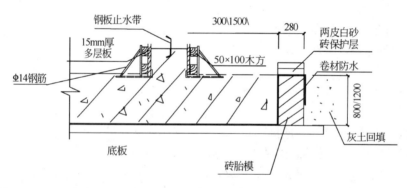

图 2-17　基础底部模板图

② ±0.000 以下模板的支设

A. 墙模的支设

a. 安装工艺流程为：放墙位置线及模板控制线→根部施工缝处理→安装洞口模板→吊装墙模板→调整就位→调整对拉螺栓及钢管斜撑或可调支腿。

b. 保证剪力墙侧模的平面位置，采用如下方法进行模板定位：在下层顶板（或底板）混凝土浇筑时需在墙体两侧埋设钢筋头，将模板用斜撑顶住钢筋头，保证斜撑不移位。预埋钢筋间距同斜撑间距。

c. 模板斜支撑由钢管、扣件及可调托扣接而成，与模板后钢管背楞固定，间距 1500mm 一榀。斜支撑与扫地支撑均与地面上预埋的钢筋头的水平扫地钢管进行扣件连接。同一道墙体的几榀斜支撑之间拉设两道水平连杆，保证整体性，具体支撑、配板形式见图 2-18。

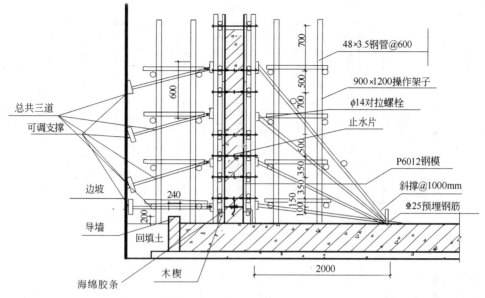

图 2-18 地下墙体模板支撑图

d. 按位置线安装门洞模板，下预埋件和木砖；组拼模板，安装支固套管和穿墙螺栓；清扫墙内杂物，在安装另一面模板后，调整斜撑使模板垂直后，拧紧穿墙螺栓。

B. 注意事项

a. 单块就位组装时，应从角模开始，向互相垂直的两个方向组拼。墙模板采用 P6015、P6012 等组合小钢模。次龙骨为两根水平 $\phi48$ 的钢管肋、间距为 600mm；模板的主龙骨为两根 $\phi48$ 竖向钢管背楞、间距 700mm；背楞与模板用 3 型扣件以及钩头螺栓连接；墙模的两面用 $\phi14$ 的工具式对拉螺杆拉固，外墙的对拉螺杆不得抽出，必须加有止水片，止水片大小为 80mm×80mm×5mm 钢板，止水片位于螺杆中间，与螺杆满焊。内墙的墙体模板中采用两端涂有防锈漆的 $\Phi16$ 梯子筋作为撑筋以控制墙体的厚度及钢筋位置，其长度比墙体厚度小 2mm，对拉螺杆同样采用 $\phi14$ 的工具式对拉螺杆拉固，并且加有 PVC 套管，方便混凝土硬化后取出周转使用。

b. 组装模板时，要使两侧穿孔的模板对称放置，以使穿墙螺栓与墙模保持垂直。

c. 留门窗洞口的模板要固定牢靠，保证不变形、便于拆除。

d. 3 型扣件以及钩头螺栓、U 形卡：模板与钢管背肋间采用钩头螺栓、对拉螺杆和 3 型扣件进行连接固定，每只钩头螺钩(或对拉螺杆)上的 3 型扣件不得超过两只。模板边肋用 U 型卡连接的间距，不得大于 300mm。

e. 墙模拼缝：墙体组合小钢模模板在拼模时必须在水平方向错缝不小于 300mm，具体墙体模板错缝拼接布置见图 2-19。墙体长度不符合模数时，用与小钢模同厚度的木模拼接。所有模板缝采用自粘海绵条粘贴以防漏浆。

C. 顶板及梁模板的支设

因本工程地下梁板模板支设采用与地上的相同体系，故该处详见地上模板设计的相关章节。

③ ±0.000 以上模板的支设

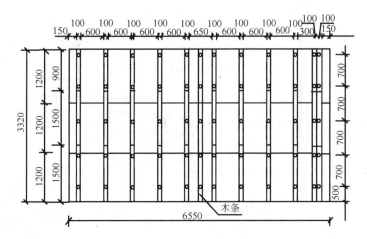

图 2-19 墙体小钢模拼装示意图

地上梁板及截面尺寸大于 1.3m 的柱模板依然采用 12mm 厚竹胶板支设。核心筒及截面尺寸小于 1.3m 的柱采用大钢模，其中柱采用 L 型定制大钢模。

a. 模板设计原则

根据本工程结构状况和墙、板施工流水段的划分，地上墙体模板设计 3~7 轴为 Q1 段和 12~16 轴为 Q2 段，不考虑流水施工，模板满配。设计大模板时充分考虑到墙、板施工缝的留设位置。

地上墙体模板按标准层进行设计，采用 86 系列，设计分内模和外模。内模高 3620mm，外模高 3750mm。与内模相比，上口与内模上口平齐，上包顶板 50mm；在浇筑墙体混凝土时形成上导墙，使楼层之间只留下一道施工缝，使拆模后的墙体表面洁净，有利于提高外立面混凝土表面观感质量。

穿墙螺栓为锥形螺栓，除配备紧固件外，还专门配有防漏浆橡胶套。

阴角模在压槽和钩栓的拉压作用下，其面板和大模板面板始终保持在同一平面上；阳角模、异型角模和模板接缝处采用专用连接器，它具有紧固压平限位多重作用，使接缝两侧模板面板始终保持平齐。

楼梯间内墙体模板也按外模设计，结构层上的休息平台结构标高高于候梯厅楼板结构标高时，楼梯间内模板下口开豁，使楼层之间只留下一道施工缝，利于提高墙体混凝土表面观感质量。

电梯井内配置散板，上包顶板 50mm，高度为 3750mm。

连系梁（LLn）按墙体设计模板，其钢筋、混凝土和墙体同时施工，穿墙螺栓位置躲开暗柱（AZn）、连系梁主筋和洞口模板；框架梁（KLn）和悬挑梁（XLn）支座处墙体模板上口开豁，满足其钢筋的锚固长度，其钢筋和墙体钢筋同时绑扎，混凝土和顶板混凝土同时浇筑；单梁（Ln）和楼梯梁（TLn）支座处墙体模板上口不开豁，施工现场在浇筑墙体混凝土时，设置木盒预留梁豁口，其钢筋和顶板钢筋同时绑扎，混凝土也和顶板混凝土同时浇筑。

卫、浴间楼板标高低于楼层结构板标高处，施工现场垫平。

本工程部分结构施工为冬期施工，大模板保温采用在背肋内填 50 厚聚苯板保温。

b. 保证混凝土浇筑质量的措施

保证混凝土墙面平整度的措施：在保证模板加工质量的前提下，要保证支模的施工质量。相邻两块模板间除螺栓连接外，还使用模板连接器调整、校平。结构阴角处使用阴角连接器拉结于大模板，能防止阴角模向墙内倾斜，影响混凝土墙面的整体观感；结构阳角处单独设计大阳角模，能保证结构棱角分明、线条顺直，为防止阳角胀模，产生"鼓肚"现象，在阳角外设直角龙骨进行加固，简称"直角背楞"。

防止内模整体移位的措施：为防止内模整体移位，合模前，需焊定位筋。要求定位筋距模板根部 30mm，其水平间距为 1500mm 左右，长度＝墙厚－1cm。要求定位筋竖筋为预埋钢筋头，横筋两头刷防锈漆。

控制钢筋保护层的措施：模板上口焊接 $6 \times 60 \times L$ 的钢筋保护层限位钢板，来控制钢筋保护层的厚度，外墙和内墙分别根据设计要求设置限位钢板伸出宽度。

c. 大模板施工前的准备工作

模板进场后，应按照《模板分项工程设计方案》中的附表检查进场模板编号、规格、数量及零配件的规格、数量、尺寸是否相符，并用排笔在模板背面醒目地标明模板编号，以便查找和吊装。

现场使用工具有：扳手、撬棍、手锤、铁丝、扎丝（火烧丝）、盒尺、双十字靠尺等。模板班组应组织操作人员安装模板支腿及操作平台挑架；支腿位置应根据模板平面图布排，避免相邻模板支腿相撞，避免重复拆装的麻烦，支腿地脚丝杠应涂润滑油；大模板支腿安装位置应在模板主背楞上，且距纵向模板边 900～1500mm 范围内。操作平台挑架安装位置依据模板长度确定，间距不宜大于 1800mm，且安装在距模板边 600～1200mm 范围内的模板纵向主肋上。脚手板铺设要牢固平稳，必要时用铁丝把木板绑扎在挑架上，不得有缝隙，外侧设 200mm 高踢脚板。操作平台的挑架数量依照排板图单面安装牢靠，避免松动、脱落。立模时应先在地坪上铺设木板，其数量和位置与模板支腿对应，模板存放应面对面放置，中间留出通道，间距约 600mm。支腿调整至倾角 75°～80°。

对模板表面进行清理，擦除浮锈，均匀刷界面剂，脱模剂不得影响结构和装饰工作质量。首次使用的新模板应在面板正面喷涂一薄层油膜（配合比为新柴油：新机油＝7∶3），待油膜风干后，擦拭干净灰垢，再均匀涂刷水质脱模剂。被雨水冲刷后应及时补刷。

绑扎钢筋前弹出墙体边线和模板就位安装控制线（500mm）。放线必须精准，墙体轴线位移偏差应控制在规范允许偏差范围内。合模前必须通过隐蔽工程验收。并对门窗洞口模板及预埋件进行加固，尺寸、位置进行验收，以免混凝土浇筑时发生位移；将墙体内杂物清理干净，吹（吸）干净灰尘，清理粘在钢筋上的干硬砂浆、松软混凝土块和其他污染物，安装墙体主筋保护层垫块（砂浆垫块或 PVC 垫块），防止拆模后露筋。控制保护层厚度的各种垫块、卡具、支架规格、尺寸应准确，具有相应的抗压、耐碰撞的强度，摆放或吊挂的位置、间距应与钢筋直径大小相匹配。可采用专制的水泥砂浆、塑料垫块。确保浇筑、振捣混凝土时不移位、不脱落，凡有透过混凝土面层的钢筋支撑端头，其端头应预先涂抹防锈漆或加塑料套垫。不得使用灰浆皮、钢筋头、石子、碎砖、木片等杂物充当垫块。柱、墙板等竖向结构钢筋骨架控制侧向保护层，采用水泥砂浆吊挂垫块（垫块上带有铁丝或穿丝孔）。阴角模安装处借助暗柱主筋，水平方向每边焊 2 个定位筋，分上、中、下三处，定位筋长度和切口应保证墙体厚度，防止阴角模因压接不牢，浇筑混凝土时产生扭转，造成墙角扭曲、墙面不平。悬挑结构和板类的双层钢筋骨架，应增设铁马凳支架。做好找平层，以保证模板下口高度一致。门窗洞口模周边以及导墙部位均应粘贴海绵条，以确保浇筑混凝土时不漏浆，保持墙面洁净。

　　d. 柱子模板

　　模板安装工艺流程为：放柱位置线及模板控制线→根部施工缝处理→安装模板→调整就位→调整对拉柱箍及钢管支撑。

　　柱子采用 L 型大钢柱模，见图 2-20。

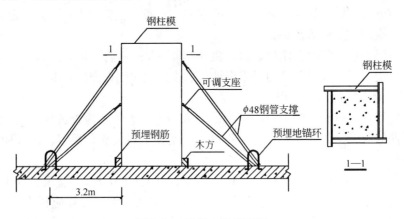

图 2-20　柱模支设示意图

注意事项：

　　柱模拼装时，要保证拼封严密，以防浇筑混凝土时漏浆。

　　一段柱模板支设完毕后，上口拉纵横通线检查柱子模板的平面位置，柱模平面位置调整完毕后通线暂不拆除，待混凝土浇筑完毕柱模拆除后，再次按原通线进行检查。

　　e. 顶板模板

　　顶板采用 12mm 厚竹胶板，次龙骨及主龙骨都使用 100mm×100mm 木方。支撑采用碗扣式钢管脚手架支撑体系，脚手架立杆上设有可调顶托。顶板模板次龙骨间距 200mm；主龙骨间距为 900mm；碗扣式钢管脚手架支撑间距：考虑本工程的顶板为无梁板且跨度较大，故支撑间距地下部分设为 900mm×900mm，地上部分设为 1200mm×1200mm，见图2-21。水平钢管连杆在垂直方向每 1200mm 各一道。梁、板跨度≥4m 时，模板应起拱，起拱高度为全跨长度的 2/1000，起拱位置为沿梁边四周开始起拱，上、下层竖向支撑的支撑头要对准，并加 50mm×100mm 垫板，见图 2-22。

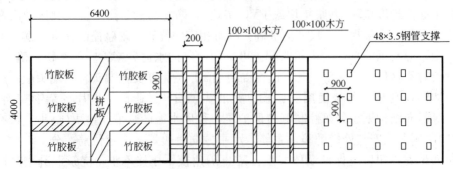

图 2-21　顶板支撑图

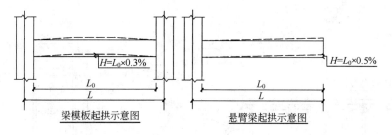

图 2-22 梁模板起拱示意图

梁板模板支设见图 2-23。

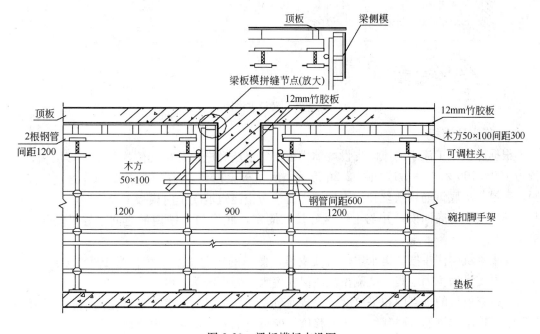

图 2-23 梁板模板支设图

墙(梁)板节点模板支设见图 2-24。

f. 楼梯模板的支设

楼梯模板底模采用 12mm 厚竹胶板，侧模采用 5cm 厚木板，踏步立模采用 18mm 厚多层板，施工前应放样，先安装休息平台梁模板，再安装楼梯模板斜楞，然后，铺设楼梯底模，安装外帮侧模和踏步板。安装模板时要特别注意斜向支柱(斜撑)的固定，防止浇筑混凝土时模板移动。

支模时要求注意考虑到装修厚度的要求，使上下跑之间的梯阶线在装修后对齐，确保梯阶尺寸一致，具体形式见图 2-25。

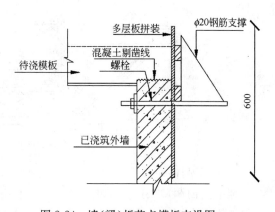

图 2-24 墙(梁)板节点模板支设图

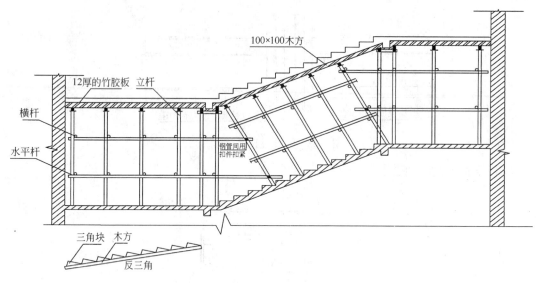

图 2-25　楼梯支撑图

g. 集水坑模板

根据底板施工流水的流向支设坑体模板。集水坑和电梯井坑的侧模板采用多层板，龙骨为 100×100 木方，做成如图 2-26 形式，底模板上留 2 个 $\phi100$ 的洞口以作振捣与出气用，底模与坑底钢筋用铁丝和钢管拉结绑扎，防止浇筑混凝土时模板上浮。

铺设集水坑底面模板并与上铁做好拉结固定，底模与上铁钢筋之间垫好钢筋保护层垫块。

将集水坑的侧模按照集水坑位置线支设，侧模的次龙骨及主龙骨为 100×100 木方做龙骨，再支设横撑固定集水坑侧模，并保证集水坑侧模的垂直度。

为检查模板的垂直度和平整度，安装前事先在坑侧竖向主筋上捆绑附加钢筋，在附加钢筋上焊接限位钢筋以限制坑侧模的移位。模板与钢筋间垫保护层垫块。

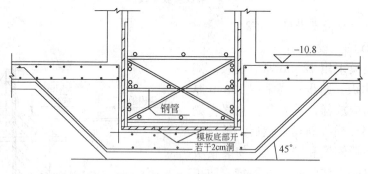

图 2-26　集水坑模板示意图

h. 门窗洞口模板

地下门窗洞口采用多层板和 $50\text{mm}\times100\text{mm}$ 木方。在洞口四周的墙筋上增设附加筋，在附加筋上点焊钢筋支撑，用钢筋支撑顶住洞口模板，并且洞口模板设置斜撑，以防止洞口模板的偏移与变形，见图 2-27。

i. 电梯模板的支设

预留孔的留设：在一层电梯筒已浇筑完墙体最上排螺栓孔处预留穿墙孔洞 $R=50\text{mm}$。在预留孔位置穿 $\phi48$ 钢管，钢管内穿 $\phi28$ 的钢筋，见图 2-28，确保各个孔不堵塞，偏差控制在 5mm 以内。

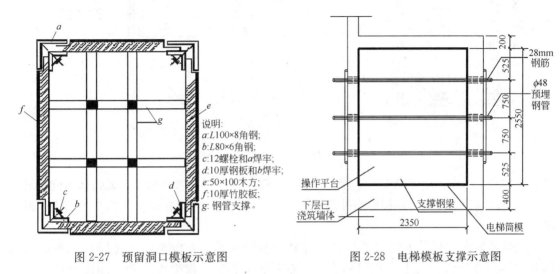

说明：
a:L100×8角钢；
b:L80×6角钢；
c:12螺栓和a焊牢；
d:10厚钢板和b焊牢；
e:50×100木方；
f:10厚竹胶板；
g:钢管支撑。

图 2-27 预留洞口模板示意图

图 2-28 电梯模板支撑示意图

电梯模板支设顺序为：将钢管由预留孔穿入→穿入 $\phi28$ 钢筋→在墙体外侧用扣件将穿墙钢管可靠固定→用塔吊吊起大模板，将其平稳立放于支撑架上→调整其位置以纠正偏差→撑紧大模板支撑→张挂安全网。

要求：各穿墙钢管伸出扣件的探头尺寸不得小于 100mm，以保证连接牢靠。

j. 特殊节点处理

梁窝的处理：当梁、墙体垂直相交，梁与墙筋不能同时绑扎时，在墙上留梁窝。梁窝的留设尺寸高宽上均比梁的标准尺寸小 20mm，以便拆除后对其进行调整，和保证梁与墙接槎部位的角线水平或垂直、接槎部位的干净与平整。梁窝在进行混凝土浇筑时下木盒，混凝土浇筑成型且强度达到要求后拆除。

施工缝留置：地下结构部分施工流水分段处的外墙施工缝采用两道防水措施：一道钢板止水带、一道橡胶止水条。所有内外墙体交接处的施工缝留置在内墙外侧。墙体竖向施工缝留设采用木板与细目钢丝网进行拦设。顶板施工缝位置宜留置于板跨中的 1/3 范围内。施工缝的表面应与板面垂直，不得留斜槎。梁施工缝位置宜留置于板跨中的 1/3 范围内。施工缝的表面应与板面垂直，不得留斜槎。

墙体预留洞口模板：方洞口模板做成木盒状，墙体钢筋绑扎完毕后放入预设洞口，在墙体钢筋上绑扎附加钢筋，在附加钢筋上焊接模板撑筋，固定模板位置(经校核位置正确后焊接撑筋)以防模板位移。平台圆洞口采用钢套管，其固定方法同方洞口。洞口模板须待混凝土到达一定强度后方可拆除，以免过早拆除导致混凝土破坏。较大的方洞口模板施工方法同窗洞模板。见图 2-29。

楼梯梁板节点：本工程楼梯均为有梁的板式楼梯。在墙体模板施工时，于楼梯休息平台梁的位置、标高留设楼梯窝，梁窝的留设采用洞口模板的形式，梁窝模板的尺寸为梁的

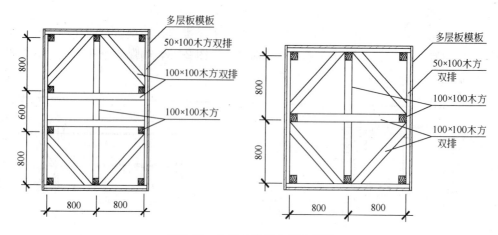

图 2-29　大洞口模板支撑示意图

高、宽各减去 2cm，墙体模板拆除后、拆下梁窝模板并用人工切修至楼梯梁的标准位置与尺寸。支设楼梯平台梁，顶板标高处楼梯休息的施工缝平台留设在楼梯休息平台的 1/3 板跨中。

　　顶板预留洞模板：方洞口模板做成盒状，钢筋绑扎前，放至图纸位置，顶板钢筋绑扎完毕后在顶板钢筋上绑扎附加钢筋，在附加钢筋上焊接模板撑筋，固定模板位置（经校核位置正确后焊接撑筋）以防模板位移。顶板圆洞口采用钢套管，其固定方法同方洞口。洞口模板须待混凝土到达一定强度后方可拆除，以免过早拆除导致混凝土破坏。

　　外挑板节点处理：外挑板同结构顶板一同支设，见图 2-30。

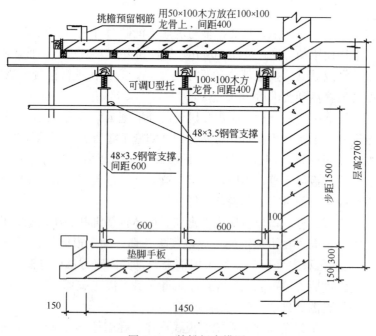

图 2-30　外挑板支模图

地下室外墙墙体浇筑时做好墙体与顶板、顶板和墙体间的施工缝的处理，顶板浇筑时用小钢模做侧模，利用外侧双排架子固定，内墙导模具体形式见图2-31。

墙面上下层接槎：对于外墙、电梯井、楼梯间内模等无顶板处的结构，二次支模前，可在模板下端粘海绵条，以避免漏浆。

内墙与顶模接槎处，可预先在浇筑墙体时，将内墙墙体高度控制至高出顶板底20mm，待浇筑顶板混凝土时，先剃除墙体顶端约10mm的松散混凝土，这样在支顶模时就使顶模和内墙顶端（10mm）形成直角，施工时能有效的避免漏浆。见图2-32。

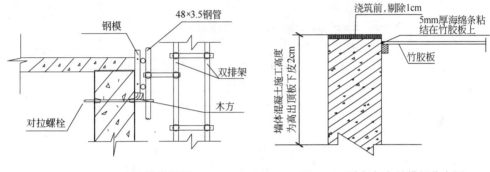

图 2-31 地下室外墙导模   图 2-32 墙板相交处模板节点图

后浇带部位模板：因为本工程地下防水为一级防水，采用两道橡胶止水条，在制作后浇带模板时，留置两条50mm×100mm的凹槽，具体形式见图2-33。

分两次浇筑的混凝土墙体模板：本工程标准层层高3.7m，部分层层高4.4m、5.4m、7.4m，为减少模板投入量，有效降低工程成本，部分超高层墙体模板采用二次支设，墙体混凝土两次浇筑完成，并与其上的顶板一同浇筑。见图2-34。

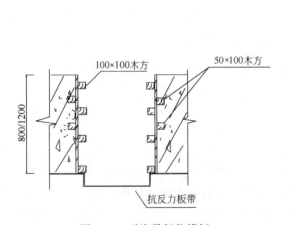
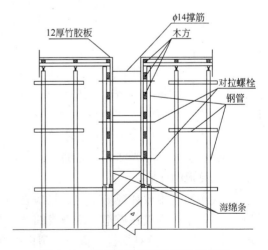

图 2-33 后浇带部位模板   图 2-34 分两次浇筑墙体模板节点图

变截面柱模板支设：本工程设置了结构转换层，在14.15（部分在17.85）结构标高处，框架柱进行变截面，形成柱帽。其模板如图2-35所示支设。

框架梁、柱相交处模板处理：如图2-36所示。

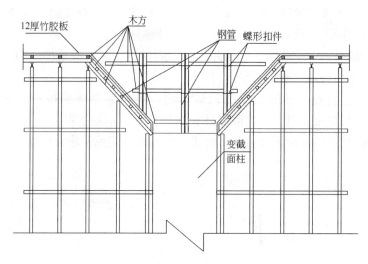

图 2-35　变截面柱模板节点图

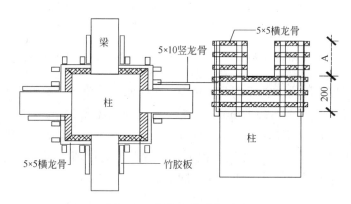

图 2-36　梁柱头竹胶板示意

（5）模板的制作与加工

大模板外委加工制作，应保证规格尺寸准确，棱角平直光洁，面层平整，拼缝严密，不大于 2mm，不应有不平、翘曲现象。大模板在单件模板检查的基础上，还要在工程上进行单元组合质量验收。

梁板模板板面应光洁平整、不掉皮。

小钢模应平整、光洁、不翘曲、不变形。

（6）模板的存放

大模板现场堆放在现场东侧，且应在塔吊的工作半径之内，堆放场地必须坚实平整，排水通畅，不得堆放在松土、冻土或凹凸不平的场地上；有支腿的大模板必须满足自稳角（75°～80°）要求，没有支腿的模板、角模应存放在事先搭好的插管架内，防止模板下脚滑移倾倒；大模板在地面上存放时，应采取面对面的方法，模板中间留置 600mm 左右的间距；长期堆放时，应将模板连成整体。

小钢模存放在现场东侧，应分规格码放整齐。

（7）模板的安装

1）检查墙、柱模板安装的边线与控制线。

2）按位置线拼装一侧墙、柱模板，固定斜撑。

3）安装穿墙螺栓或对拉螺栓和穿塑料套管（非临空墙的内墙）。使螺栓杆端向上，套管套于螺杆上，清扫模内杂物。

4）以同样方法就位另一侧墙模板，使穿墙螺栓穿过模板并在螺栓杆端套上螺母，然后调整两块模板的位置和垂直，与此同时调整斜撑角度，合格后固定斜撑，紧固全部穿墙螺栓的螺母，在模板底面粘海绵条，以防止漏浆。如果模板支设好，已校正了垂直度和平整度后，在模板下口处仍存在缝隙，需用 1：2.5 水泥砂浆座浆将缝隙封死。

5）大模板的安装

① 按照《墙体模板平法施工图》，先吊入阴角模，用铁丝或火烧丝将阴角模和墙角暗柱主筋牢固地连接在一起，然后摘钩，防止倾倒。后吊入大模板，摘钩前，迅速旋转大模板支腿丝杠，使模板基本处于竖直状态，然后摘钩。大模板应先入内模，后入外模，按施工流水段要求，分房间进行，直至模板全部吊装就位；在合完墙体一侧模板合另一侧模板前，一定要把固定门窗洞口模板的扎丝拆除，以防止洞口模板边沿漏浆。大模板支腿支点应设在坚固可靠处，杜绝模板发生位移。在起吊大模板时应注意，大模板与阴角模连接边安装有托角，采用企口连接方式，大模板板面与阴角模板面保持平齐，且留有 2mm 安装间隙。

② 吊入阳角模，阳角模边框与大模板边框用连接器连接，并用三对阳角背楞进行加固，穿墙栓压紧。大模板与阳角模相接边不安装托角。

③ 校正模板与安装穿墙螺栓同步进行。墙的宽度尺寸偏差控制在－2mm。每层模板立面垂直度偏差控制在 3mm 范围内。穿墙螺栓的卡头应竖直安装，不得呈现水平或倾斜状态，防止脱落；穿墙螺栓安装必须紧固牢靠，用力得当，防止出现松动而造成涨模，不得使模板表面产生局部变形，不得漏安穿墙螺栓。模板合模时，丁字墙处如有 600～900mm 单元板时，必须用小背楞分上、中、下三道加固，穿墙栓压紧；模板与模板拼缝处除采用专用连接器连接外，对单块模板穿墙螺栓起孔距离超过 300mm 时，还采用 400mm 小背楞分上、中、下三道加固，穿墙栓压紧。

6）模板安装完毕后，全面检查螺栓、斜撑是否紧固、稳定，模板的拼缝及下口是否严密。

7）模板间的连接处、墙柱体的转角处等必须严密、牢固、可靠，防止出现混凝土表面错台和漏浆、烂根现象。模板底部的缝隙，用海绵条等堵严。

8）混凝土浇筑过程中，留有木工人员进行监视，发现问题及时解决。

9）合模完成后，质检员应依照规范规定和有关分项工程标准进行认真检查，合格后填写《模板工程预检记录》，经业主驻工地代表或监理人员验收后，方可进行下道工序。

（8）模板的拆除

1）墙模板拆除时，混凝土强度应达到能保证其表面及棱角不因拆除模板而受损时，才可以拆除模板。

2）定型钢模板拆模的流向为先浇先拆，后浇后拆，与施工流水方向一致，拆除模板的顺序与安装模板正好相反。先拆纵墙模板，后拆横墙模板。先松开 3 形扣件与钩头螺栓，取下钢管背肋，再松开并拆下穿墙螺杆、松动支撑调整螺杆，使模板完全脱离混凝土墙面，当局部有吸附或粘结时，可用撬棍松动，但不得在墙上口晃动或用锤砸模板。拆下的穿墙螺杆、3形扣件、U形卡与钩头螺栓等应清点后，放入工具箱内，以备周转使用。

3）阴角模拆除：角模的两侧都是混凝土墙面，吸附力较大，加之施工中模板封闭不严，或者角模位移，被混凝土握裹，因此拆除比较困难。可先将模板外表的混凝土剔除，然后用撬棍从下部撬动，将角模脱出，千万不可因拆除困难，用锤砸角模，造成破坏，影响后序施工。角模拆除后，发现混凝土凸出、凹进或掉角等缺陷，按照监理部门审批过的处理方案进行修补。

4）顶板模板的拆除

现浇结构拆模时所需混凝土强度见表2-32。

现浇结构拆模时所需混凝土强度表　　　　　　　表 2-32

结构类型	结构跨度（m）	同条件试块达到混凝土设计强度标准值的百分率（%）
板	≤2	≥50
	>2，≤8	≥75
	>8	≥100
梁	≤8	≥75
	>8	≥100
悬臂构件	≤2	≥100
	>2	≥100

5）大模板的拆除

拆模顺序为：先拆除安装配件，后松动、拆除穿墙螺栓；拆除穿墙螺栓时，先松动管母，取下垫片，利用卡头拆卸器拆去穿墙螺栓卡头，再轻击小端，螺栓退出混凝土。旋转支腿，使大模板和墙体脱离，如有吸附，可在模板下口进行撬动，拆下并吊走大模板，然后拆除阴角模。模板起吊前应检查穿墙螺栓、安装配件是否全部拆除完毕，模板上的杂物是否清理干净，而后方可起吊。拆下的模板必须一次放稳在木板上，存放时倾斜角度应满足75°~80°自稳角，如不能满足应搭设架子，以确保安全。及时安排人员对模板表面进行清理，刷界面剂。模板拆除后应及时对结构棱角部位进行成品保护。

6）模板脱模后，应趁板面潮湿容易清理时，用扁铲或用铲刀、钢丝刷、砂纸等工具；消除粘附的砂浆和隔离剂残渣，再用棉丝擦净，然后涂刷新的隔离剂。

7）模板应随时检查板面的平整度；模板与吊环、支腿的连接是否牢固。保证安全与质量。

6. 质量保证体系与措施

（1）质量保证体系

为确保工程质量目标，项目经理部建立由项目经理领导，生产经理、总工程师策划，质量总监、专业工长中间控制班组自检的三级工程质量保证体系，落实质量工作责任制，编制质量计划，明确工程质量目标。

（2）质量保证措施

1）建立岗位责任制及质量监督制度，明确分工、职责，落实施工质量控制责任。

2）严格按工序质量程序进行施工，确保施工质量。

3）全面推行样板制度。对分项样板施工进行专项控制，监督施工全过程。分项样板施工完后，组织业主（监理）进行检查，认可后方可大面积施工。

4）施工过程中，建立有效的质量信息反馈及定期质量检查制度。项目经理部对于施工中出现的质量问题，以整改单形式下发至班组，同时报项目总工程师、生产经理、工程部、技术部、质检部备案，并对质量问题整改单上的问题进行跟踪、复检。

5）建立完善的组织机构、质量职责，明确各级岗位职责与分工。

6）做好工程质量计划、措施的制定与实施工作，确定技术交底中质量标准。

7）组织班组人员的技术培训和岗位教育，开展 QC 小组活动和技术革新。

8）贯彻执行自检、互检、交接检制度，及时提出存在的质量问题和工序改进建议，对交付检验的工程质量负责。

9）加强施工图纸和变更洽商的使用和管理，施工技术人员要认真理解设计意图，对变更要及时通知有关人员。

10）给现场管理人员和施工人员配备齐各类施工规范、规程、标准图集等指导性文件，建立借阅手续，为正确施工提供必要的技术保证。定期召开管理人员碰头会，及时解决、协调质量问题。

11）各类模板制作应严格要求，经项目部技术、质量监督部验收合格后方可投入使用。模板支设完后进行自检，其允许偏差必须符合要求。凡不符合要求的应及时返工调整，合格后方可报验。

（3）质量标准

1）保证项目：

模板及其支架必须具有足够的强度、刚度和稳定性；其支架的支撑部分必须有足够的支撑面积。板与板之间的接缝宽度不大于 2mm。

2）允许偏差及检查方法：

① 模板安装允许偏差及检查方法，见表 2-33。

模板安装允许偏差及检查方法表　　　　　　　　　　　　表 2-33

项次	项　目		结构长城杯标准允许偏差（mm）	检验方法
1	轴线位移	墙、柱、梁	3	尺量检查
2	底模上表面标高		±3	用水准仪或拉线和尺量检查
3	截面模内尺寸	基础	±5	尺量检查
		墙、柱、梁	±3	
4	层高垂直度	层高不大于 5m	3	经纬仪或吊线、尺量
		大于 5m	5	
5	相邻两板表面高低差		2	尺量检查

续表

项次	项　目		结构长城杯标准允许偏差(mm)	检验方法
6	表面平整度		2	用靠尺和楔型塞尺检查
7	阴阳角	方正	2	方尺、楔型塞尺
		顺直	2	
8	预埋钢板中心线位移		2	拉线、尺量
9	预埋管、螺栓	螺栓外露长度	5、-0	拉线、尺量
10	预留孔洞	中心线位移尺寸	5	拉线、尺量
			+5、-0	
11	门窗洞口	中心线位移	3	
		宽、高	±5	
		对角线	6	
12	插筋	中心线位移外露长度	5	尺量
			+0、0	

② 模板工程的质量管理控制点，见表 2-34。

模板工程质量控制点 表 2-34

序号	质量关键点	责任人
1	中型小钢模的拼缝错缝、海绵条的嵌缝、对拉螺杆的螺帽的收紧	××
2	墙体模板的垂直、平整度	××
3	地下部分施工缝止水条、止水钢板	××
4	门窗洞口模板的位置、垂直度、平整度以及模板的拼装质量	××
5	顶板模板支撑系统间距、排距；以及木方龙骨的间距、质量	××
6	施工缝的清理与接槎处理	××
7	大模板的拼装以及表面平整度、垂直度、大模板的拼缝处理的合理性、梁豁口的留设方法	××
8	外墙导墙的留设方法与质量	××

7. 安全与文明施工措施

（1）建立安全保证体系，落实安全施工岗位责任制。

（2）建立健全安全生产责任制，签订安全生产责任书。

（3）队伍进场后，所有人员经过项目安全监督部的三级安全教育考试合格后，方可进入施工现场。

（4）施工前，专业责任师必须对工人有安全交底；进入施工现场人员必须戴好安全帽，高空作业必须用安全带，并要系牢。做好结构的临边防护及安全网的设置。不适合高空作业者不得进行高空作业。特殊工种人员必须持证上岗。

（5）强化安全法制观念，各项工序施工前必须进行书面交底，交底双方签字齐全后交项目安全部门检查、存档。

（6）现场临电设施定期检查，保证临电接地、漏电保护器、开关齐备有效。夜间施工，施工现场及道路上必须有足够的照明，现场必须设置专职电工24小时值班。

（7）落实"安全第一，预防为主"的方针，现场内各种安全标牌齐全、醒目，严禁违章作业及指挥。现场危险地区悬挂"危险"或"禁止通行"的明显标志，夜间设红灯警示。

（8）施工现场不准吸烟。模板堆放区、木工房、木料堆放区应有完善的防火、灭火措施。

（9）要严格按照有关施工安全操作程序和模板施工说明中的规定执行，电梯井门在每层施工完后，要安装封堵防护门，不得在井筒内操作。电梯井内每层都要设立一道安全网。

（10）模板支撑，对拉螺栓要设专人检查是否支稳，是否拧紧牢固，不得有漏支，漏拧现象发生，以免发生胀模。

（11）大模板就位要有缆绳纤拉，防止模板旋转，碰撞伤人；人工组装柱模板应协调一致，防止砸倒伤人；装拆模板时，必须搭设脚手架，施工时除工作人员外下面不得站人。当大模板就位或落地时，要防止摇晃碰人或碰坏墙体。

（12）浇筑混凝土时随时观察墙板及柱模的挠度、稳定性和倾斜度。

（13）模板支设做到工完场清，现场模板架料堆放整齐，有明显标识；现场模板架料和废料及时清理，并将裸露的钉子拔掉或打弯。

（14）施工中的楼梯口、预留洞口、出入口应做好有效防护。

（15）拆模板时应相互配合，协同工作。传递工具时不得抛掷。拆顶板模板时不允许将整块模板撬落。拆模时应注意人员行走，有警示标识。

（16）模板起吊前，应复查对拉螺栓是否已拆除干净，确无遗漏且模板与墙体完全脱离吊钩挂好后方准起吊，吊钩应垂直模板，不得斜吊，防止碰撞相邻模板和墙体，摘钩时手不离钩，待吊钩超过头部方可松手，超过障碍物以上的允许高度时，塔吊才能行车或转臂。

（17）在支拆模板时，必须轻拿轻放。上下左右有人传递。模板在拆除和修理时禁止使用大锤以降低噪声。

（18）模板拆除后，清除模板上的粘结物如混凝土等，现场要及时清理收集，堆放在固定场地。

（19）大模板存放应随时将自稳角调好，面对面放置，防止倾倒，大模板存放在施工楼层上，必须有可靠的安全措施。没有斜撑的模板应在现场搭设钢管堆放架，堆放架应设剪力撑和双向斜支撑。

（20）大模板的配件必须齐全，不得随意改变或拆卸。

（21）模板及其支撑系统在安装过程中，设置临时固定设施，严防倾覆。

（22）五级及以上大风、大雨天停止施工。

8.成品保护

（1）上操作面前，模板上的脱模剂不得有流坠，以防污染结构成品。

（2）不得用重物冲击已支好的模板、支撑；不准在模板上任意拖拉钢筋；在支好的顶板板模上对专业预埋管进行打弯走线时，不得直接以模板为支点，须用木方作垫进行。

（3）为保证墙面质量，模板面要随时清灰。

（4）拆下的模板，如发现板面不平或肋边损坏变形应及时修理。吊运就位时，要稳起稳落，就位准确，严禁大幅度摆动。严禁将几块模板同时吊装，以防止相互碰撞，损坏模板。

（5）搞好模板的日常保养工作和维修工作。

附录：模板工程计算书及特殊部位处理

1. 地下墙体小钢模结构计算书

已知：小钢模采用 60cm 系列，取 3.70mm 层高，600mm×1200mm 板计算，横楞及竖楞均采用 $\phi48×3.5$ 钢管，横楞间距 600mm，竖楞间距 700mm，对拉螺栓纵横间距 600mm×700mm。

（1）荷载设计值

1）混凝土侧压力：

温度为 4℃，$\beta_1=1.2$，$\beta_2=1.15$，$V=2$m/s，则：

混凝土侧压力标准值为：

$$F_1=0.22\gamma_c t_0\beta_1\beta_2 \sqrt{V}=41.2\text{kN/m}^2$$
$$F_2=\gamma_c H=24×3=72\text{kN/m}^2$$

取两者中小值，即：$F_1=41.2$kN/m²

则荷载设计值为：$F=F_1×1.2×0.85=42.02$kN/m²

2）倾倒混凝土时产生的水平荷载为 2kN/m²。

3）进行荷载组合：

$$F'=0.85×(1.2×F_1+1.4×2)=44.4\text{kN/m}^2$$

其中，0.85 为折减系数。

（2）钢模板验算

1）荷载计算：

取 P6012 钢模板（$\delta=2.5$mm），截面特征：

$$I=26.97×10^4\text{mm}^4 \quad W=5.94×10^3\text{mm}^3$$

折算线均布荷载：

$q_1=F'×0.3/1000=44.4×0.3/1000=13.2$N/mm（用于计算承力力）

$q_1=F×0.3/1000=42.02×0.3/1000=12.61$N/mm（用于计算挠度）

2）抗弯强度验算：

$$M=0.5q_1m^2=0.5×13.32×300^2=59.94×10^4\text{N·mm}$$

$$\sigma=\frac{M}{W}=\frac{59.94×10^4}{5.94×10^3}=101\text{N/mm}^2<f_m=215\text{N/mm}^2$$

因此，抗弯强度满足要求。

3）挠度验算：

$$\omega=\frac{q_2m(-l^3+6m^2l+3m^3)}{24EI}$$

$$=\frac{12.61×300×(-600^3+6×300^2×600+3×300^3)}{24×2.06×10^5×26.97×10^4}=1.03\text{mm}<[\omega]=1.5\text{mm}$$

因此，挠度满足要求。

（3）内钢楞验算

1）荷载计算：

双根 $\phi48\times3.5$ 的截面特征：
$$I=2\times12.19\times10^4\,\mathrm{mm}^4 \qquad W=2\times5.08\times10^3\,\mathrm{mm}^3$$

折算线均布荷载：
$$q_1=F'\times0.6/1000=44.4\times0.6/1000=26.64\mathrm{N/mm}（用于计算承载力）$$
$$q_1=F\times0.6/1000=42.02\times0.6/1000=25.21\mathrm{N/mm}（用于计算挠度）$$

2）抗弯强度验算：

控制端头长度，使伸臂端头挠度比基本跨度挠度小，可按近似三跨连续梁计算。
$$M=0.1q_1l^2=0.1\times26.64\times700^2=130.54\times10^4\mathrm{N\cdot mm}$$
$$\sigma=\frac{M}{W}=\frac{130.54\times10^4}{2\times5.08\times10^3}=129\mathrm{N/mm}^2<f_\mathrm{m}=215\mathrm{N/mm}^2$$

因此，承载力满足要求。

3）挠度验算：
$$\omega=\frac{0.677q_2l^4}{100EI}=\frac{0.677\times25.21\times700^4}{100\times2.06\times10^5\times2\times12.19\times10^4}=0.82\mathrm{mm}<[\omega]=3\mathrm{mm}$$

因此，挠度满足要求。

（4）对拉螺栓验算

采用 M16 对拉螺栓，挤压套丝最小丝处直径大于 12mm。

1）对拉螺栓的拉力：
$$N=F'\times内楞间距\times外楞间距=44.4\times0.6\times0.7=18.65\mathrm{kN}$$

2）对拉螺栓验算：
$$\sigma=\frac{N}{A}=\frac{18650}{6\times6\times3.14}=165\mathrm{N/mm}<[\sigma]=170\mathrm{N/mm}$$

因此，对拉螺栓满足要求。

2. 顶板模板计算

查《建筑施工手册》（第四版）"2 施工常用结构计算"得红松设计强度和弹性模量如下：
$$f_\mathrm{c}=10\mathrm{N/mm}^2（顺纹抗压）$$
$$f_\mathrm{v}=1.4\mathrm{N/mm}^2（顺纹抗压）$$
$$f_\mathrm{m}=13\mathrm{N/mm}^2（顺纹抗压）$$
$$E=9000\mathrm{N/mm}^2（弹性模量）$$

假设木方、模板的重力密度为 $8.4\mathrm{kN/m}^3$，10mm 厚多层板弹性模量为 $10400\mathrm{N/mm}^2$。

（1）顶板模板验算

1）抗弯强度验算

荷载：

底模自重	$8.4\times0.012\times1\times1.2=0.12\mathrm{kN/m}$
混凝土自重	$24\times0.18\times1\times1.2=5.18\mathrm{kN/m}$
钢筋荷重	$1.1\times0.18\times1\times1.2=0.24\mathrm{kN/m}$
施工人员设备荷载	$2.5\times1\times1.4=3.5\mathrm{kN/m}$
合计	$q_1=9.04\mathrm{kN/m}$

考虑木材含水率小于 25%，乘以折减系数 0.9 得　$q=q_1\times0.9=8.13\text{kN/m}$

抗弯承载力计算：底模下的小楞间距为 0.2m，是一个等跨多跨连续梁，考虑胶合板长度有限，故按四等跨计算。

按最不利荷载布置查表（《建筑施工手册》第四版 "2 施工常用结构计算"）得：

$$K_M=-0.107$$
$$K_V=-0.464$$
$$K_W=0.632$$

则：$M=K_M\cdot ql^2=-0.107\times8.13\times0.2^2=-0.03\times10^6\text{N}\cdot\text{mm}$

$$\sigma=\frac{M}{W}=\frac{0.03\times10^6}{\dfrac{bh^2}{6}}=\frac{0.03\times10^6\times6}{1000\times12^2}=1.25\text{N/mm}^2<f_m=13\text{N/mm}^2（可）$$

2）抗剪强度验算：

$$V=Kv\cdot ql=-0.464\times8.13\times0.2=-0.75\text{N/mm}^2$$

剪应力 $\tau=\dfrac{3V}{2bh}=\dfrac{3\times0.75\times10^3}{2\times1000\times12}=0.09\text{N/mm}^2<f_v=1.4\text{N/mm}^2（可）$

3）挠度验算：

不包括施工人员、机械荷载，则

$$q_1=9.04-3.5=5.54\text{kN/m}\qquad q=q_1\times0.9=4.99\text{kN/m}$$

$$w=K_W\cdot\frac{ql^4}{100EI}=0.632\times\frac{4.99\times200^4}{100\times10.4\times10^3\times\dfrac{1}{12}\times1000\times12^3}=0.05\text{mm}$$

$$w=0.05\text{mm}<[w]\frac{l}{400}=\frac{200}{400}=0.5\text{mm}（可）$$

（2）顶板小楞计算

1）抗弯强度验算

荷载：

小楞自重　　　　$8.4\times0.1\times0.1\times1\times1.2=0.1\text{kN/m}$

底模自重　　　　$8.4\times0.012\times0.4\times1\times1.2=0.05\text{kN/m}$

混凝土自重　　　$24\times0.18\times0.4\times1\times1.2=5.18\text{kN/m}$

钢筋荷重　　　　$1.1\times0.18\times0.4\times1\times1.2=0.24\text{kN/m}$

施工人员设备荷载　　$2.5\times0.4\times1.4=1.4\text{kN/m}$
_____

合计　　　　　　　　$q_1=6.97\text{kN/m}$

考虑木材含水率小于 25%，乘以折减系数 0.9 得　$q=q_1\times0.9=6.27\text{kN/m}$

抗弯承载力计算：小楞下的大楞间距为 0.9m，是一个等跨多跨连续梁，考虑木方长度有限，故按四等跨计算。

按最不利荷载布置查表（《建筑施工手册》第四版 "2 施工常用结构计算"）得：

$$K_M=-0.107$$
$$K_V=-0.464$$
$$K_W=0.632$$

则：$M=K_M\cdot ql^2=-0.107\times6.27\times0.9^2=-0.6\times10^6\text{N}\cdot\text{mm}$

$$\sigma = \frac{M}{W} = \frac{0.6 \times 10^6}{\frac{bh^2}{6}} = \frac{0.6 \times 10^6 \times 6}{100 \times 100^2} = 3.62\text{N/mm}^2 < f_\text{m} = 13\text{N/mm}^2（可）$$

2）抗剪强度验算：

$$V = Kv \cdot ql = -0.464 \times 6.27 \times 0.9 = -2.62\text{N/mm}^2$$

剪应力 $\tau = \dfrac{3V}{2bh} = \dfrac{3 \times 2.62 \times 10^3}{2 \times 100 \times 100} = 0.39\text{N/mm}^2 < f_\text{v} = 1.4\text{N/mm}^2（可）$

3）挠度验算：

不包括施工人员、机械荷载，则

$$q_1 = 6.97 - 1.4 = 5.57\text{kN/m} \quad q = q_1 \times 0.9 = 5.01\text{kN/m}$$

$$w = K_\text{W} \cdot \frac{ql^4}{100EI} = 0.632 \times \frac{5.01 \times 900^4}{100 \times 9 \times 10^3 \times \frac{1}{12} \times 100 \times 100^3} = 0.28\text{mm}$$

$$w = 0.28\text{mm} < [w]\frac{l}{400} = \frac{900}{400} = 2.25\text{mm}（可）$$

（3）顶板大楞计算

➢ 抗弯强度验算：

荷载：取 1 跨，主梁自重均布荷载近似为跨中集中荷载。

大楞自重	$8.4 \times 0.1 \times 0.1 \times 0.4 \times 1.2 = 0.04\text{kN/m}$
小楞自重	$8.4 \times 0.1 \times 0.1 \times 0.9 \times 1.2 = 0.09\text{kN/m}$
底模自重	$8.4 \times 0.012 \times 0.9 \times 0.4 \times 1.2 = 0.04\text{kN/m}$
混凝土自重	$24 \times 0.18 \times 0.9 \times 0.4 \times 1.2 = 1.87\text{kN/m}$
钢筋荷重	$1.1 \times 0.18 \times 0.9 \times 0.4 \times 1.2 = 0.09\text{kN/m}$
施工人员设备荷载	$2.5 \times 0.9 \times 0.4 \times 1.4 = 1.26\text{kN/m}$

合计　　　　　　　$q_1 = 3.39\text{kN/m}$

考虑木材含水率小于 25%，乘以折减系数 0.9 得　　$q = q_1 \times 0.9 = 3.05\text{kN/m}$

抗弯承载力计算：大楞下的脚手管间距为 0.80m，是一个等跨多跨连续梁，考虑木方长度有限，故按四等跨计算。

按最不利荷载布置查表（《建筑施工手册》第四版"2 施工常用结构计算"）得：

$$K_\text{M} = 0.169$$
$$K_\text{V} = -0.661$$
$$K_\text{W} = 1.079$$

则：$M = K_\text{M} \cdot ql^2 = 0.169 \times 3.05 \times 0.8^2 = 0.33 \times 10^6\text{N} \cdot \text{mm}$

$$\sigma = \frac{M}{W} = \frac{0.33 \times 10^6}{\frac{bh^2}{6}} = \frac{0.33 \times 10^6 \times 6}{100 \times 100^2} = 1.98\text{N/mm}^2 < f_\text{m} = 13\text{N/mm}^2（可）$$

➢ 抗剪强度验算：

$$V = Kv \cdot ql = -0.661 \times 3.05 \times 0.8 = -1.61\text{N/mm}^2$$

剪应力 $\tau = \dfrac{3V}{2bh} = \dfrac{3 \times 1.61 \times 10^3}{2 \times 100 \times 100} = 0.24\text{N/mm}^2 < f_\text{v} = 1.4\text{N/mm}^2（可）$

➢ 挠度验算：

不包括施工人员、机械荷载，则

$$q_1=3.39-1.26=2.13\text{kN/m} \quad q=q_1\times0.9=1.92\text{kN/m}$$

$$w=K_\text{w}\cdot\frac{ql^4}{100EI}=1.079\times\frac{1.92\times800^4}{100\times9\times10^3\times\frac{1}{12}\times100\times100^3}=0.11\text{mm}$$

$$w=0.11\text{mm}<[w]\frac{l}{400}=\frac{800}{400}=2\text{mm（可）}$$

3. 柱模板计算

取最不利条件 700×1250 柱子验算。

长边方向、短边方向各加一道穿墙螺栓增加模板刚度，验算与墙体大模板同。

荷载：

混凝土侧压力设计值：

$$F_2=F_1\times分项系数\times折减系数\times1.2\times0.85=35.36\text{kN/m}^2$$

倾倒混凝土时产生的水平荷载：

$$2\times1.4\times0.85=2.38\text{kN/m}^2$$

荷载组合 $F'=35.36+2.38=37.74\text{kN/m}^2$

$$q=F'\times0.7\times1.25=33.02\text{kN/m}$$

抗弯承载力计算：长边方向对拉螺栓间距为 0.417m，按三等跨计算，短边方向对拉螺栓间距为 0.35m，按两等跨计算。

按最不利荷载布置查表（《建筑施工手册》第四版"2 施工常用结构计算"）得：

$$K_\text{M}=0.10$$
$$K_\text{V}=0.6$$
$$K_\text{w}=0.677$$

（1）长边方向：

则：$M=K_\text{M}\cdot ql^2=0.1\times30.02\times4^2$

$$\sigma=\frac{M}{W}=\frac{0.1\times30.02\times417^2}{5.08\times10^3\times2}=51.38\text{N/mm}^2<f_\text{m}=215\text{N/mm}^2（可）$$

挠度验算：

$$q=F_2\times0.7\times0.417=10.32\text{kN/m}$$

$$w=K_\text{w}\cdot\frac{ql^4}{100EI}=0.677\times\frac{10.32\times417^4}{100\times2.06\times10^5\times2\times12.19\times10^3}=0.42\text{mm}$$

$$w=0.42\text{mm}<3\text{mm（可）}$$

对拉螺栓验算：

$$N=F'\times0.417\times0.85=37.74\times0.417\times0.7=11.02\text{kN}$$

$$\sigma=\frac{N}{A}=\frac{11020}{144}=76.53\text{N/mm}^2<245\text{N/mm}^2（可）$$

（2）短边方向

$$K_\text{M}=0.10$$
$$K_\text{V}=0.6$$

$$K_{\text{w}} = 0.677$$

则：$M = K_{\text{M}} \cdot ql^2 = 0.169 \times 30.02 \times 350^2$

$$\sigma = \frac{M}{W} = \frac{0.1 \times 30.02 \times 350^2}{5.08 \times 10^3 \times 2} = 36.2\text{N/mm}^2 < f_{\text{m}} = 215\text{N/mm}^2 (可)$$

挠度验算：

$$q = F_2 \times 0.7 \times 0.35 = 8.66\text{kN/m}$$

$$w = K_{\text{w}} \cdot \frac{ql^4}{100EI} = 0.677 \times \frac{8.66 \times 350^4}{100 \times 2.06 \times 10^5 \times 2 \times 12.19 \times 10^3} = 0.18\text{mm}$$

$$w = 0.18\text{mm} < 3\text{mm}(可)$$

对拉螺栓验算：

$$N = F' \times 0.35 \times 0.85 = 37.74 \times 0.35 \times 0.7 = 9.16$$

$$\sigma = \frac{N}{A} = \frac{9160}{144} = 63.61\text{N/mm}^2 < 245\text{N/mm}^2 (可)$$

4. 模板钢管支撑架的设计计算

因本工程框架跨度不尽相同，荷载也不尽相同，故选择跨度较大，净高较高，板厚较厚的部位分别进行支撑架设计和验算。

本工程均选用钢管碗扣模板支撑架。

(1)【8~9/E~J 标高-16.700~-9.950】消防水池顶板支撑架设计验算

1) 构造要求：

支架的步距 h 应不大于 1.8m，立杆的纵距 l_a 和横距 l_b 应不大于 1.5m，且 h/l_a 和 h/l_b 必须大于 1.0。

支架立杆在顶层横杆之上的伸出长度 $a \leqslant 0.5(\mu_{1\text{w}} - 1)h$。

多排（3 排以上）支架的四周外侧面均应设置不少于占其 1/3 框格的节点斜杆。

各层横杆和扫地杆必须双向铺设。

2) 设计计算要点和初步设计：

3 排以上碗扣式钢管支撑架按"2 步 3 跨"连墙计算。

碗扣式钢管支撑架稳定性验算中立杆计算长度系数 $\mu_{1\text{w}}$ 按照《建筑施工手册》（第四册缩印本）P199 表 5-22 查出并按以下情况乘以相应的调整系数后使用。多排支架，当支架高度 $\leqslant 4$m 时，取调整系数为 0.85；当支架高度 > 4m 时，取调整系数为 0.9。

此部位净高为 16.7-9.950-0.3=6.45m

此跨尺寸为 8350mm×5500mm。

考虑净高以及跨度，初步选用 2 根 LG-180 的立杆、1 根 DG-90 的顶杆、1 根 DG-150 的顶杆（充当底杆）；HG-120 的横杆；立杆纵距 l_a 横距 l_b 均为 1.2m；步距为 1.2m。

3) 设计验算：

① 粗算立杆轴力的设计值 N'：

不组合风荷载 $N' = 1.2(N'_{\text{G1K}} + N_{\text{G2K}} + 1.4N_{\text{QK}})$

粗算模板支架自重标准值在立杆中产生的轴力(kN)，取 $N'_{\text{G1K}} = 0.038nH_0$

因为 $h = 1$，故横杆和斜杆设置系数 $n = 3.5$。

搭设高度 $H_0 = 6.45\mathrm{m}$。

$$N'_{G1K} = 0.038 \times 3.5 \times 6.45 = 0.8579\mathrm{kN}。$$

因为荷载在中杆中产生的轴力最大，故选用中杆进行计算。

竹胶板密度为 $0.91\mathrm{g/cm^3}$，故其自重(恒载)标准值在立杆中产生的轴力

$$N_1 = 0.91 \times 10^3 \times 10 \times 10^{-3} \times 1.2 \times 1.2 \times 0.012 = 0.157\mathrm{kN}$$

木龙骨自重为 $5\mathrm{kN/m^3}$，故其自重(恒载)标准值在立杆中产生的轴力

$$N_2 = 〖0.1 \times 0.1 \times 1.2 + 0.1 \times 0.1 \times 1.2 \times (3 + 1/2 + 1/2)〗 \times 5 = 0.3\mathrm{kN}$$

钢筋混凝土自重为 $25\mathrm{kN/m^3}$，该楼板为 300 厚空心板，考虑 30% 的空心率，故其自重(恒载)标准值在立杆中产生的轴力 $N_3 = 1.2 \times 1.2 \times 0.3 \times 25 \times 70\% = 7.56\mathrm{kN}$。

$$N_{G2K} = N_1 + N_2 + N_3 = 8.017\mathrm{kN}。$$

人和机械设备荷载为 $1\mathrm{kN/m^2}$。

振捣混凝土荷载为 $2\mathrm{kN/m^2}$。

施工荷载(活载)标准值在立杆中产生的轴力 $N_{QK} = 1.2 \times 1.2 \times (1 + 3) = 4.32\mathrm{kN}$

因为要考虑本层及以上两层的恒荷载，故恒载前应乘上增大系数 1.75。

$$\begin{aligned}
N' &= 1.2(1.75N'_{G1K} + 1.75N_{G2K} + 1.4N_{QK}) \\
&= 1.2 \times (1.75 \times 0.8579 + 1.75 \times 8.017 + 1.4 \times 4.32) \\
&= 25.89\mathrm{kN}
\end{aligned}$$

② 确定支架立杆计算长度系数 $\mu'_{1w} = 0.90\mu_{1w} = 0.9 \times 1.622 = 1.4598$(中杆)

从《建筑施工手册》(第四版缩印本)P241 表 5-89 查得 $R_d \geqslant 1.2N'$ 的 $\mu'_{1w}h$ 值为 1.987，故 $h \leqslant 1.36$，取 $h = 1.2$。

③ 验算：

查《建筑施工手册》(第四版缩印本)P222 表 5-61 得 LG-180 立杆单重为 $10.53\mathrm{kg}$；DG-90 顶杆单重为 $5.30\mathrm{kg}$；DG-150 顶杆单重为 $8.62\mathrm{kg}$；HG-120 横杆单重为 $5.12\mathrm{kg}$；立杆可调托座 KTF-60 的单重为 $8.49\mathrm{kg}$。

模板支架自重标准值在立杆(中杆)中产生的轴力 $N_{G1K} = (10.53 \times 2 + 5.30 + 8.62 + 5.12 \times 12 + 8.49) \times 10^{-2} = 1.0491\mathrm{kN}$

荷载标准值在立杆(中杆)中产生的轴力：

$$\begin{aligned}
N &= 1.2(1.75N_{G1K} + 1.75N_{G2K} + 1.4N_{QK}) \\
&= 1.2 \times (1.75 \times 1.0491 + 1.75 \times 8.017 + 1.4 \times 4.32) \\
&= 26.30\mathrm{kN}
\end{aligned}$$

立杆为 $\phi 48 \times 3.5$ 普通钢管，其 $A = 489\mathrm{mm^2}$，$f = 205\mathrm{N/mm^2}$

从《建筑施工手册》(第四版缩印本)P198 表 5-20 查得碗扣式钢管脚手架稳定性计算长度系数 $\mu = 1.43$，从《建筑施工手册》(第四版缩印本)P240 表 5-86 及表 5-87 查得模板支架立杆计算长度调整系数 $k_1 = 1.185$，$k_2 = 1.008$。

长细比 $\lambda = k_1 k_2 \mu h / i = 1.185 \times 1.008 \times 1.43 \times 1.2 / 0.0158 = 129.73$

从《建筑施工手册》(第四版缩印本)P197 表 5-18 查得得稳定系数 $\psi = 0.401$。

支架立杆稳定承载能力 $R_d = \psi A f = 0.401 \times 489 \times 205 \times 10^{-3} = 40.198\mathrm{kN}$

满足 $N \leqslant R_d = \psi A f$，

又取 $a = 0.300 \leqslant 0.5(\mu_{1w} - 1)h = 0.5 \times (1.622 - 1) \times 1.2 = 0.373$，此支撑架满足要求，验算合格。

(2)【9~11/B~C 标高+12.000~+5.400】的部位支撑架设计验算：

1) 构造要求：

支架的步距 h 应不大于 1.8m，立杆的纵距 l_a 和横距 l_b 应不大于 1.5m，且 h/l_a 和 h/l_b 必须大于 1.0。

支架立杆在顶层横杆之上的伸出长度 $a \leqslant 0.5(\mu_{1w} - 1)h$。

多排(3 排以上)支架的四周外侧面均应设置不少于占其 1/3 框格的节点斜杆。

各层横杆和扫地杆必须双向铺设。

2) 设计计算要点和初步设计：

3 排以上碗扣式钢管支撑架按"2 步 3 跨"连墙计算。

碗扣式钢管支撑架稳定性验算中立杆计算长度系数 μ_{1w} 按照《建筑施工手册》(第四版缩印本)P199 表 5-22 查出并按以下情况乘以相应的调整系数后使用。多排支架，当支架高度≤4m 时，取调整系数为 0.85；当支架高度>4m 时，取调整系数为 0.9。

此部位净高为 $12 - 5.4 - 0.3 = 6.3m$。

此跨尺寸为 16000mm×8800mm。

考虑净高以及跨度，初步选用 3 根 LG-180 的立杆、1 根 DG-90 的顶杆；HG-120 的横杆；立杆纵距 l_a 横距 l_b 均为 1.2m；步距为 1.2m。

3) 设计验算：

① 粗算立杆轴力的设计值 N'：

不组合风荷载 $N' = 1.2(N'_{G1K} + N_{G2K} + 1.4N_{QK})$

粗算模板支架自重标准值在立杆中产生的轴力(kN)，取 $N'_{G1K} = 0.038nH_0$

因为 $h = 1$，故横杆和斜杆设置系数 $n = 3.5$。

搭设高度 $H_0 = 6.3m$。

$$N'_{G1K} = 0.038 \times 3.5 \times 6.3 = 0.8379kN。$$

因为荷载在中杆中产生的轴力最大，故选用中杆进行计算。

竹胶板密度为 $0.91g/cm^3$，故其自重(恒载)标准值在立杆中产生的轴力

$$N_1 = 0.91 \times 10^3 \times 10 \times 10^{-3} \times 1.2 \times 1.2 \times 0.012 = 0.157kN$$

木龙骨自重为 $5kN/m^3$，故其自重(恒载)标准值在立杆中产生的轴力

$$N_2 = [0.1 \times 0.1 \times 1.2 + 0.1 \times 0.1 \times 1.2 \times (3 + 1/2 + 1/2)] \times 5 = 0.3kN$$

钢筋混凝土自重为 $25kN/m^3$，该楼板为 300 厚空心板，考虑 30% 的空心率，故其自重(恒载)标准值在立杆中产生的轴力 $N_3 = 1.2 \times 1.2 \times 0.3 \times 25 \times 70\% = 7.56kN$

$$N_{G2K} = N_1 + N_2 + N_3 = 8.017kN$$

人和机械设备荷载为 $1kN/m^2$。

振捣混凝土荷载为 $2kN/m^2$。

施工荷载(活载)标准值在立杆中产生的轴力 $N_{QK} = 1.2 \times 1.2 \times (1 + 3) = 4.32kN$

因为要考虑本层及以上两层的恒荷载，故恒载前应乘上增大系数1.75。

$$N' = 1.2(1.75N'_{G1K} + 1.75N_{G2K} + 1.4N_{QK})$$
$$= 1.2 \times (1.75 \times 0.8379 + 1.75 \times 8.017 + 1.4 \times 4.32)$$
$$= 25.85\text{kN}$$

② 确定支架立杆计算长度系数 $\mu'_{1w} = 0.90\mu_{1w} = 0.9 \times 1.622 = 1.4598$（中杆）

从《建筑施工手册》（第四版缩印本）P241 表 5-89 查得 $R_d \geqslant 1.2N'$ 的 $\mu'_{1w}h$ 值为 1.92，故 $h \leqslant 1.3$，取 $h = 1.2$。

③ 验算：

查《建筑施工手册》（第四版缩印本）P222 表 5-61 得 LG-180 立杆单重为 10.53kg；DG-90 顶杆单重为 5.30kg；HG-120 横杆单重为 5.12kg；立杆可调托座 KTF-60 的单重为 8.49kg。

模板支架自重标准值在立杆（中杆）中产生的轴力 $N_{G1K} = (10.53 \times 3 + 5.30 + 5.12 \times 12 + 8.49) \times 10^{-2} = 1.0682\text{kN}$。

荷载标准值在立杆（中杆）中产生的轴力：

$$N = 1.2(1.75N_{G1K} + 1.75N_{G2K} + 1.4N_{QK})$$
$$= 1.2 \times (1.75 \times 1.0682 + 1.75 \times 8.017 + 1.4 \times 4.32)$$
$$= 26.34\text{kN}$$

立杆为 $\phi48 \times 3.5$ 普通钢管，其 $A = 489\text{mm}^2$，$f = 205\text{N/mm}^2$

从《建筑施工手册》（第四版缩印本）P198 表 5-20 查得碗扣式钢管脚手架稳定性计算长度系数 $\mu = 1.43$，从《建筑施工手册》（第四版缩印本）P240 表 5-86 及表 5-87 查得模板支架立杆计算长度调整系数 $k_1 = 1.185$，$k_2 = 1.008$。

长细比 $\lambda = k_1 k_2 \mu h / i = 1.185 \times 1.008 \times 1.43 \times 1.2 / 0.0158 = 129.73$。

从《建筑施工手册》（第四版缩印本）P197 表 5-18 查得稳定系数 $\psi = 0.401$。

支架立杆稳定承载能力 $R_d = \psi A f = 0.401 \times 489 \times 205 \times 10^{-3} = 40.198\text{kN}$

满足 $N \leqslant R_d = \psi A f$

又取 $a = 0.300 \leqslant 0.5(\mu_{1w} - 1)h = 0.5 \times (1.622 - 1) \times 1.2 = 0.373$，此支撑架满足要求，验算合格。

三、混凝土工程施工方案编制实例

1. 编制依据（表 2-35）

表 2-35

编 制 依 据

序号	名　称		编　号	备　注
1	××工程施工图纸	建施××至建施××	工程号：	××设计院
		结施××至建施××		
2	××工程施工组织设计			

序号	名 称	编 号	备 注
3	规范规程	混凝土结构工程施工质量验收规范	GB 50204—2002	
		混凝土外加剂技术规程	DBJ 01—26—2002	
		商品混凝土质量管理规程	DBJ 01—6—1990	
		混凝土泵送施工技术规程	JGJ/T 10—1995	
		建筑工程冬期施工规程	JGJ 104—1997	
		混凝土外加剂应用技术规范	GB 50119—2003	
		预拌混凝土	GB 14902—2003	
		普通混凝土配合比设计规程	JGJ/T 55—2000	
		回弹法检测混凝土抗压强度技术规程	JGJ/T 23—2001	
		建筑工程资料管理规程	DBJ 01—51—2003	
4	有关标准	普通混凝土用砂、石质量及检验方法标准	JGJ 52—2006	
		混凝土用水标准	JGJ 63—2006	
		混凝土强度检验评定标准	GBJ 107—1987	
		建筑结构长城杯工程质量评审标准	DBJ/T 01—69—2003	
		建筑长城杯工程质量评审标准	DBJ/T 01—70—2003	

2. 工程概况

（1）设计概况（表2-36）

设 计 概 况 　　　　　　　　表 2-36

序号	项目	内 容			
1	建筑面积（m²）	总建筑面积	19724	地上面积	15382
		占地面积	3226	地下室面积	4342
2	层数	地上	8 层	地下	1 层
3	层高（m）	地下一层	5.5	首层	5.5
				二层	4.5
				三～五层	4.8
				六～七层	4.2
				八层	4.57
4	高度（m）	基底标高	−6.05～−6.9	基坑深度	−5.9
		檐口高度	38.8～43.4	建筑总高	46.66
5	结构形式	基础结构形式	钢筋混凝土筏形基础和独立柱基础		
		墙体结构形式	全现浇钢筋混凝土框架—剪力墙结构		
		楼板结构形式	普通现浇钢筋混凝土楼盖		
6	抗震等级	抗震设防烈度	8 度		
		抗震等级	剪力墙部分一级		
			框架部分二级		

续表

序 号	项目		内　　容
7	混凝土强度等级	C15	基础垫层
		C40	基础底板、地下室外墙及会议厅、消防通道框架柱
		C45	B01~F02 内墙、框架柱
		C40	F03~F06 内墙、框架柱
		C35	F07~电梯机房层、框架柱
		C30	B01~电梯机房层顶板、梁
8	地下防水	结构防水	基础底板、墙体采用 C40P8 抗渗防水混凝土，车库顶板为 C30P6
		材料防水	三元乙丙防水卷材 1.5+1.2 两层
		构造防水	钢板止水带、橡胶止水带、橡胶止水条
9	主要结构尺寸	外墙墙厚度	400mm、350mm
		内墙厚度	300mm、200mm
		柱断面(mm)	800×800、500×500、D600、600×800、600×600、350×350、300×300
		梁断面(mm)	250×500、250×450、350×750、350×700、400×700、600×900
		楼板厚度	200mm、100mm
10	楼梯、坡道结构形式	楼梯结构形式	钢筋混凝土板式楼梯
		坡道结构形式	汽车坡道采用钢筋混凝土墙、底板
11	变形缝位置	地下后浇带	地下室底板、顶板设三条后浇带，宽度为 1m；地下室外墙设四后浇带，宽度为 1m
		地上后浇带	地上部分梁、板设三条后浇带
12	钢筋类别	非预应力钢筋类别及等级	Ⅰ级钢　　φ8、φ10、φ12
			Ⅱ级钢　　φ12、φ14、φ16、φ18、φ20、φ22、φ25、φ28
13	预防碱骨料反应		地下工程属于Ⅱ类工程，骨料选用 B 种低碱活性骨料，其混凝土含碱量不超过 3kg/m³

（2）设计图纸

±0.000 以下结构平面图(略)。

±0.000 以上结构平面图(略)。

3. 施工安排

（1）施工部位及工期要求，见表 2-37。

施工部位及工期要求　　　　　　　　　　　表 2-37

部　　位	开始时间	结束时间	备　　注
基础底板	2004 年 09 月 23 日	2004 年 11 月 03 日	
±0.000 以下部分	2004 年 10 月 29 日	2004 年 11 月 26 日	
±0.000 以上部分	2004 年 11 月 23 日	2005 年 04 月 27 日	
顶层以及机房	2005 年 03 月 24 日	2005 年 04 月 07 日	

(2) 混凝土供应方式

1) 现场全部采用预拌混凝土,本工程选择有一级资质、社会信誉好、拥有较强的混凝土供应能力的商品混凝土供应商,根据对周围搅拌站具体情况的考察,选择中建一局二公司混凝土搅拌站为混凝土主要供应商,大成混凝土搅拌站作为备用应急供应商。

2) 在商品混凝土的供货合同之中对于混凝土的质量必须要提出相应的规定和检验方法,以保证混凝土的质量。其中主要的要求如下。

① 对于原材料的要求:

a. 商品混凝土必须满足预防混凝土工程碱骨料反应的规定,对于 Ⅱ 类工程,使用 B 类低碱活性骨料配制混凝土,混凝土含碱量不超过 $3kg/m^3$。

b. 水泥:主要采用普通硅酸盐水泥(低水化热),强度等级大于等于原 32.5 级,混凝土的水泥用量不得少于 300kg。

c. 骨料:石子:应用 5~20mm 连续级配碎石,针片状颗粒含量≤8%,含泥量小于 1%,泥块含量小于 0.5%;砂:应采用中砂,含泥量小于 2%,泥块含量小于 1%,通过 0.315 筛孔的砂不小于 15%。

d. 搅拌用水:达到饮用水标准。

② 外加剂的类型以及要求:

女儿墙混凝土中掺入 UEA 混凝土膨胀剂,其限制膨胀率不小于 3×10^{-4}。后浇带混凝土为防水混凝土,强度比两侧提高一级,内掺 UEA-H 膨胀剂,其限制膨胀率 3×10^{-4}。不得使用含有氯盐的外加剂。混凝土初凝时间为 3~4h,基础底板防水混凝土中加入缓凝剂,初凝时间应为 7~8h。

③ 掺合料要求:粉煤灰采用二级以上,掺量不得大于 20%,并要符合粉煤灰混凝土规范的要求。

④ 配合比的主要参数要求:

a. 预拌混凝土的坍落度要求:地下室底板、剪力墙抗渗混凝土为 140~160mm;楼板为 160~180mm,有特殊要求的根据现场书面手续进行调整,误差不超过 10mm。在满足强度要求条件下尽量降低水灰比。到达现场的混凝土坍落度如果达不到混凝土浇灌申请上的要求,在经过施工单位的同意之后可以适当加减水剂。

b. 水灰比要求:混凝土水灰比不得大于 0.55。

c. 砂率要求:宜为 38%~40%。

(3) 劳动力组织

1) 管理层负责人:

组长:××

副组长:××,××,××

成员:××,××,××,××

职责划分:

××:全面负责现场混凝土工程管理工作。

××:全面负责混凝土工程技术管理工作及方案、相应纠正措施的审批。

××:全面负责混凝土工程施工中安全监督管理。

××:负责整个工程混凝土工程的组织、协调、检查、监督管理工作。

××：全面负责混凝土工程现场调配工作。

××：全面负责混凝土工程质量监督管理。

××：负责编制混凝土工程施工方案和相应纠正措施。

××：经理部专职测温员。

注：检查、监督内容为混凝土工程施工方案的落实情况、技术交底是否到位、混凝土或砂浆是否符合混凝土配比及浇筑要求等。

2) 劳务队伍负责人：

施工队总负责人：××

施工队现场负责人：××

施工队技术负责人：××

施工队混凝土施工负责人：××

各区内的劳务负责人负责本区内混凝土施工和本队内各工种之间的安排与协调。

3) 工人数量以及分工：

根据施工现场条件，施工工作量，工期及质量要求，施工现场配备混凝土工与瓦工组合的混合浇筑作业组，劳动力配备 50 人。配备的人员如表 2-38。

工人数量及分工表 2-38

序　号	工　种	人　数	序　号	工　种	人　数
1	混凝土工	20	4	木 工	4
2	钢筋工	8	5	辅助工种	8
3	抹灰工	10			

施工中必须要保证有两班施工人员轮流操作，特别是在进行大方量的混凝土浇筑时。施工过程中木工主要负责看模板，一旦发现模板有漏浆、跑模等现象要及时进行修理，钢筋工主要负责修补施工过程中造成的钢筋偏位。抹灰工主要是在混凝土初凝之后进行面层的搓毛和压光处理。混凝土工主要负责混凝土地泵的支设和混凝土浇筑。同时要求浇筑大方量混凝土时搅拌站派人到现场协助指挥，控制好混凝土的浇筑质量。

4. 施工准备

(1) 技术准备

1) 根据现场的条件，在场地的东北侧生活区设置一个 $50m^2$ 的标养室作为混凝土试块养护的场所。养护室采用温控仪和湿度表调整标养室的温度和湿度，使养护室的温度达到 $20\pm2℃$，湿度达到 95％以上。同时配备足够的试模。

2) 提前签订商品混凝土供货合同，签订时由技术部门提供具体供应时间、强度等级、所需车辆及其间隔时间，特殊要求如抗渗、防冻剂、入模温度、坍落度、水泥及预防碱骨料反应所需提供的资料等，由商品混凝土搅拌站实验室确定配合比及外加剂用量。

3) 混凝土浇筑前组织施工人员进行方案学习，由技术部门讲述施工方案，对重点部位单独交底，设专人负责，做到心中有数。

4) 钢筋、模板的隐、预检工作已完成，并已核实预埋件、线管，孔洞的位置、数量及固定情况无误。浇筑前要搭设好浇筑混凝土所使用的架子、走道及工作平台，并认真清理泵管内的残留物，保证泵管的通畅，泵管的支撑稳固、安全。

（2）机具准备

见表 2-39。

机具设备需用计划表　　　表 2-39

序号	设备名称	型　号	单　位	数　量	性　能
1	固定式塔吊	F023B	台	1	
2	混凝土地泵	HBT-80	台	1 台	
3	混凝土振动棒	$\phi50$、$\phi30$	只	15	2.2kW
4	HGY13 布料杆	旋转半径 12m	台	1	
5	泵管	管径 125	m	200	
6	抹子	铁、木抹子	个	若干	
7	刮杠	1.5～3m	个	若干	
8	铁锹		把	10	
9	下料标杆尺	3m	个	5	
10	手把灯		支	20	带防振网

（3）施工材料的准备

要提前一天与搅拌站订购本次浇筑所需的混凝土强度等级、方量、坍落度要求、是否需要泵车等；浇筑前 5～6h 通知搅拌站准备浇筑混凝土，有外加剂要求时另外通知。

混凝土养护的材料、防雨设备、冬期施工的保温材料等已经准备完毕，并且对于需要检验的材料已经检验完毕并且合格。

混凝土到达现场后检查商品混凝土的开盘鉴定、混凝土运输小票，并现场检测混凝土坍落度，对于不合格的混凝土坚决要求退场。

5. 主要施工方法及措施

（1）流水段的划分

见表 2-40。

流水段划分表　　　表 2-40

名　称	资料填写名称	备　注
底板结构施工流水段划分		
Ⅰ段	3～8 轴后浇带，B～Q 轴	
Ⅱ段	8 轴后浇带～15 轴后浇带，B～Q 轴	
Ⅲ段	15 轴后浇带～20 轴后浇带，A～Q 轴	
Ⅳ段	20 轴后浇带～24 轴，A～Q 轴	
地下一层结构施工流水段划分		
Ⅰ段	3～8 轴后浇带，B～Q 轴	
Ⅱ段	8 轴后浇带～15 轴后浇带，B～Q 轴	
Ⅲ段	15 轴后浇带～20 轴后浇带，A～Q 轴	

续表

地下一层结构施工流水段划分		
名　称	资料填写名称	备　注
Ⅳ段	20轴后浇带～24轴，A～Q轴	
首层结构施工流水段划分		
Ⅰ段	3～8轴后浇带，B～Q轴	
Ⅱ段	8轴后浇带～15轴后浇带，B～Q轴	
Ⅲ段	15轴后浇带～19轴后浇带，E～Q轴	
二层以上结构施工流水段划分		
Ⅰ段	11轴～14轴左侧施工缝，E～Q轴	
Ⅱ段	14轴左侧施工缝～17轴左侧施工缝，E～Q轴	
Ⅲ段	17轴左侧施工缝～19轴，E～Q轴	

（2）混凝土的运输

商品混凝土采用混凝土罐车运至施工现场，罐车间隔时间宜为5～10min。冬期混凝土运输时需要做好保温设施，保证出罐的温度在10℃以上。

1）商品混凝土运输车辆台数选定：

混凝土泵的实际平均输出量为：

$$Q_1 = Q_{max} \times \gamma_1 \times \eta_1 = 80 \times 0.7 \times 0.9$$
$$= 50.4 m^3$$

混凝土泵连续浇筑时，混凝土泵所需配备的罐车总数量 N_1

$$N_1 = \frac{Q_1}{60V_1}\left(\frac{60L}{S_0} + T_1\right) = \frac{50.4}{60 \times 6}\left(\frac{60 \times 35}{40} + 30\right) = 13 \text{ 台}$$

考虑混凝土运输过程中不利因素，在上述公式计算的数量上再增加2台车，混凝土泵所需配备的罐车数量 $N = 15$ 台车。同时现场应与搅拌站密切联络，加强车辆调度，保证现场混凝土的供应。

混凝土从发料到收料的时间不得超过1.5h。

2）现场混凝土的运输：

现场混凝土主要使用地泵浇筑，基础部分不能使用地泵浇筑的部位和地泵损坏不能及时修复时采用汽车泵。在浇筑混凝土柱时用塔吊吊灰斗浇筑。剪力墙、顶板主要采用地泵接布料杆浇筑。

（3）现场混凝土泵送

1）泵送混凝土要求：

① 泵送时，地泵的支腿应完全伸出，并插好安全销。

② 混凝土泵启动后，先泵送适量水以湿润料斗、网片以及输送管的内壁等直接接触混凝土的部位。

③ 混凝土的供应应能够满足混凝土连续浇筑的要求。

④ 输送管线直、转弯缓，接头严密。

⑤ 泵送混凝土前先泵送同配比的水泥砂浆润泵。

⑥ 开始泵送时，地泵处于慢速、匀速、可反转的状态。泵送的速度先慢后快，逐步加速。同时观察地泵压力和各系统的工作情况，待各系统运转顺利后，方可正常速度泵送。

⑦ 泵送混凝土时活塞保持最大的行程运转。混凝土泵送过程中，不得把拆下的运送管内的混凝土洒落到未浇筑混凝土的模板上。

⑧ 当输送管被堵塞时，采用以下的方法排除：

a. 重复进行正泵和反泵，逐步收出混凝土到料斗中，重新搅拌后泵送。

b. 用木槌敲击管路的方法，找出堵塞管段，将混凝土击碎后，重复进行正泵和反泵，排除堵塞。

c. 上面方法无效时，在混凝土卸压后，拆除堵塞部位的输送管，排除混凝土堵塞物后方可接管，重新泵送前先排除管内的空气后，方可拧紧接头。

⑨ 泵送过程中，废弃的和泵送终止时多余的混凝土，按照预先确定的处理方法和场所，及时进行妥善的处理。

⑩ 泵送完毕时将泵送管道清理干净。

a. 排除堵塞，重新泵送或清洗混凝土泵时，布料设备的出口朝向安全的方向，以防堵塞废物或废浆高速飞出伤人。

b. 泵送过程中，受料斗内具有足够的混凝土，以防吸入空气产生阻塞。

2) 地泵管的搭设要求：

泵管采用双排脚手架进行支撑、固定，立管穿楼板的预留管道，并用木楔子固定。泵管布置时水平管和立管之比要满足规范要求，混凝土的水平管的布设长度不少于总高度的四分之一，且不小于 15m。配管不得直接支承在钢筋、模板及预埋件上。且水平管每隔 3m 用支架固定，以便于排除堵管、装拆和清洗管道。并且泵管要在以下部位进行加固：

① 泵管与输送泵接口部位附近——该处受到的冲击力最大，采用双排脚手架固定牢固。

② 泵管在首层由水平管变成立管处进行固定——通过架子钢管借助上下楼板将泵管固定，见图 2-37。

③ 垂直管在每层楼板(洞口)进行固定——垂直泵管通过架子管将泵管固定在楼层上(楼层上采用木楔将钢管夹紧)。

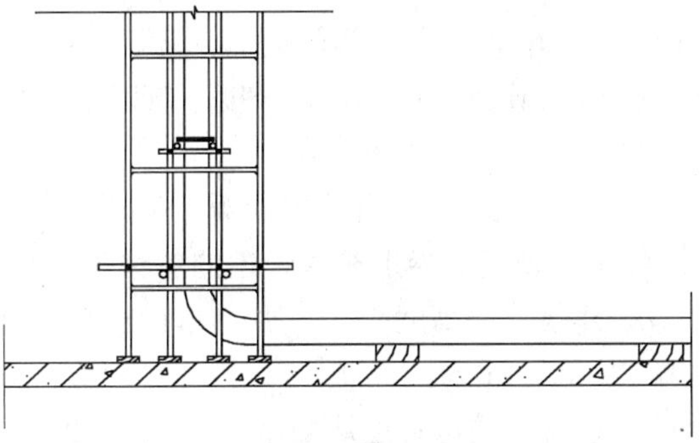

固定方式见图 2-37。

图 2-37　一层转角处做法图

压送过程中，料斗内的混凝土保持不低于料斗上口 200mm，如遇吸入空气，立即反泵，将混凝土吸入料斗，除气后，再进行压送。

压送中断时间超过 30min 或遇见压送发生困难时，混凝土泵要做间隔推动，每 4～5min 进行四个进程的正反转，防止混凝土离析或堵塞。

为防止堵管，喂料斗上设专人将大石块及杂物及时捡出。

3) 混凝土泵车选择

地下室选用地泵配一台汽车泵，一层以上部分选用地泵配布料杆(R＝12m)。

① 地下室混凝土泵送

混凝土输送泵的选择：

a. 要求最低输出量计算：

在地下结构混凝土浇筑过程中，分四个流水段，其中底板厚度分别为 1000mm、250mm 和部分墙下条基、独立柱基础，主楼基础底板厚度最大，取其作为计算依据。浇筑底板混凝土时分两层进行浇筑，分层厚度为 0.5m，下层混凝土初凝前浇筑完上层混凝土。

浇筑时首先浇筑 Ⅱ 段底板混凝土，混凝土方量约为 1000m³，浇筑分层时均分为两层，每层浇筑混凝土量为 1000/2＝500m³。采用商品混凝土进行浇筑，混凝土初凝时间按 8h 考虑，则要求最低排量为：500/8＝62.5m³/h。

b. 计算泵的实际排量：

型号为 NR5262TBC 混凝土汽车泵和 HBT-80 混凝土地泵理论最大输出量为 130m³，由于工程实际情况，如：混凝土和易性、坍落度、及天气、现场道路等对混凝土输送泵的实际输出量有很大影响，可按下式计算出现场实际输出量：

$$Q_1＝Q_{max}×α_1×η$$

式中 Q_1——实际平均排出量；

Q_{max}——最大理论排出量(m³/h)；

$α_1$——混凝土输送泵作业效率系数，一般为 0.5～0.7；

$η$——配管条件系数，可取 0.8～0.9。

$$Q_1 ＝Q_{max}×α_1×η$$
$$＝130×0.65×0.9$$
$$＝76.05m³＞62.5m³$$

故选择 NR5262TBC 混凝土输送泵和 HBT-80 混凝土地泵能满足施工要求。由于泵车泵管长度有限，在个别部位会有达不到的情况，故在每次浇筑之前及时通知搅拌站携带 3m 或 5m 长软管一根，泵管长度不够时及时接软管。

② 地上结构混凝土泵送

A. 混凝土输送泵管管路换算：

将施工现场混凝土输送管道的各种工作状态全部换算为水平输送长度。

a. 建筑物总高度 47m，加上布料杆高度 5.0m，垂直高度为 52m，换算成水平管泵送距离 52×3＝156m。

b. 混凝土输送管道地面水平最大长度：40m。

c. 工作面水平输送管管道最大长度：25m。

d. 弯管：90°弯管共使用 6 个，其中 $R＝0.5m$ 的 90°弯管 5 个，$R＝1m$ 的 90°弯管 1 个，换算成水平距离：

$$9×1＋5×12＝69m$$

e. 软管：在实际使用时，当软管长度不够时需接 3m 长软管，故按 6m 考虑，换算为水平泵送距离：4×6＝24m。

综上，管路计算长度：156＋40＋25＋69＋24＝314m

B. 要求最低输出量计算：

在地上结构浇筑混凝土过程中，分三个流水段，以 I 段混凝土施工量最大，取 I 段作为计算依据。

浇筑混凝土是根据振捣棒的直径进行分层，分层厚度按 50 振捣棒确定，50 振捣棒有效长度为 35cm，分层厚度为：$1.25 \times 35 = 43.75$cm，下层混凝土初凝之前必须浇筑上层混凝土，按两层计算，混凝土浇筑厚度为 0.875m。

在浇筑时，按二层 I 段墙体混凝土方量为：

$$17.54 \times 0.87 = 15.26 \text{m}^3$$

混凝土初凝时间按最短时间为 2h 考虑，则要求最低输出量为：

$$15.26 \div 2 = 7.6 \text{m}^3/\text{h}$$

混凝土输送泵 HBT-80 的主要技术参数如下：

理论最大输送量：80m³；

理论垂直高度：150m；

理论水平距离：1200m。

根据 HBT-80 混凝土输送泵的技术参数，其理论水平距离 1200m，大于 314m，满足施工要求。

C. 计算混凝土输送泵的实际输出量：

由于工程的实际情况，如混凝土的和易性、坍落度及天气等对混凝土输送泵的实际输出量有很大影响，可按下式计算出现场实际输出量：

$$Q_1 = Q_{max} \times \alpha_1 \times \eta$$

式中　Q_1——实际平均排出量；

Q_{max}——最大理论排出量（m³/h）；

α_1——混凝土输送泵作业效率系数，一般为 0.5～0.7；

η——配管条件系数，可取 0.8～0.9。

$$\begin{aligned} Q_1 &= Q_{max} \times \alpha_1 \times \eta \\ &= 50 \times 0.6 \times 0.85 \\ &= 25.5 \text{m}^3 > 7.6 \text{m}^3 \end{aligned}$$

选择 HBT-80 型拖式混凝土输送泵满足施工要求。

(4) 混凝土的浇筑

1) 混凝土浇筑的一般要求

① 检查验收、清理：浇筑混凝土前，按照设计及施工规范要求的模板标高、位置、尺寸进行验收，检查支架是否稳定，支撑和模板是否固定可靠，模板拼缝是否严密。对钢筋进行隐检，核实预埋件、线管、孔洞的位置、数量及固定情况是否无误，验收合格后报监理单位检查验收，监理单位验收合格签认后进行清理工作，浇筑之前使用空压机将模板内杂物清理干净。

② 混凝土浇筑和振捣的一般要求：

a. 本工程混凝土浇筑划分流水段施工，每一流水段内混凝土连续浇筑，如有间歇，间歇时间尽量缩短，应在下层混凝土初凝前将上层混凝土浇筑完毕，避免形成施工冷缝。

b. 浇筑混凝土时为防止混凝土分层离析，混凝土自由浇筑高度不得超过 2m，由于本工程层高较高，现场准备若干斜槽，混凝土经斜槽后落入模板内，混凝土浇筑时不得冲击模板。

c. 浇筑墙、柱等竖向结构混凝土前，底部应先填 30～50cm 厚同配比去石子砂浆。

d. 浇筑混凝土设专人看模，经常观察模板、支架、钢筋、预埋件和预留孔洞情况，当发生模板变形位移时应立即停止浇筑，并在已浇筑混凝土初凝前修正完好。

e. 使用 30 或 50 插入式振捣棒要快插慢拔，插点呈梅花形布置，按照顺序进行，不得遗漏。移动间距不大于振捣棒作用半径的 1.5 倍(50 棒为 50cm，30 棒为 40cm)。振捣上一层时应插入下一层混凝土 5cm，以消除两层间接缝。

f. 混凝土浇筑完毕及浇筑过程中设专人清理落地灰及沾污在成品上的混凝土。混凝土浇筑完毕后凝固前及时用湿抹布将局部漏浆、掉(漏)渣擦去(备一装水工具桶，用抹布在桶里蘸水擦洗)；用同样方法及时将粘在钢筋上的混凝土浆清除。浇筑完毕后的浮浆应在混凝土没有凝固前刮去(小块铁皮)。冬期施工时用塑料套管套在成品钢筋(柱、墙)上，以防浇筑板、梁混凝土时污染钢筋。

2) 施工缝的做法

① 施工缝的留置：

a. 竖向施工缝：

底板、基础梁、地下室外墙竖向施工缝：留置在现场设置的后浇带处，后浇带位置与尺寸见流水段划分。

梁板施工缝留置在后浇带、流水段分界处，用小木条分隔。

楼梯施工缝：楼梯施工缝留在本层楼梯踏步板的上三跑处，钢筋按规范要求进行甩筋，混凝土接槎处留成直槎。

竖直施工缝应留成垂直的，不得留成斜槎。

b. 水平施工缝：

地下室外墙、消防水池施工缝：留置两道，第一道留在基础底板顶面以上 500mm 的位置采用钢板止水带防水。第二道在地下室顶板底向上 1cm 的位置，对于有梁的部位预留梁豁，在梁豁的部位使用膨胀止水条防水。

地上的剪力墙施工缝：留置在楼板的下表面向上 1cm 处。

柱水平施工缝：留置在主梁底面下向上 1cm 处及楼板上两道。

② 施工缝的处理：

施工缝部位要剔凿表面的浮浆露出石子并清理干净，施工缝处钢筋上的浮浆要使用钢丝刷清理干净。各部位施工缝剔凿要求如下：

墙体、柱顶部水平施工缝处理：墙体、柱混凝土浇筑时要高于顶板底或梁底 30mm。墙或柱模板拆除后，弹出高于顶板底或梁底标高 10mm 的墨线，用云石机沿墨线切割一道 5mm 的水平直缝，将直缝以上的浮浆剔除，露出石子，并清理干净。

墙、柱底部施工缝的处理：沿墙、柱外尺寸线向内 5mm 用无齿锯切割机切一道 5mm 深的缝，用凿子剔除缝以内的表面的浮浆并露出石子，然后冲洗干净，且不得积水，保证混凝土接缝处的质量。

顶板、梁施工缝的处理：剔凿掉表层的浆皮并清理干净。

施工缝浮浆层剔除后混凝土浇水润湿，施工缝处理必须待混凝土强度达到 1.2MPa 后进行。

3) 主要混凝土的施工

① 基础垫层混凝土浇筑

在基底上聚苯板铺设完毕并验收合格后，钉 8m×8m 控制桩，用汽车泵进行混凝土浇筑，混凝土振捣采用平板式振动器，混凝土振捣密实后，以钢筋棍上标高及水平标高小棉线为标准检查表面平整度，用水平刮杠刮平，表面用木抹子搓平，最后用铁抹子压光。养护方法为浇水后盖塑料布。

② 基础底板浇筑的方法

a. 独立柱基础底板浇筑

独立柱基础底板混凝土采用汽车泵浇筑，输送混凝土泵管采用 $\phi100$ 无缝直管，为保证基础底板的整体性，按后浇带分格，每段独立柱基础、地梁、底板、地下室外墙导墙一次浇筑成型，不留垂直施工缝。

底板商品混凝土强度等级为 C40P8，坍落度 160～180mm，尽量降低混凝土配合比中的用水量和水泥用量，保证混凝土施工质量。

b. 基础底板大体积混凝土浇筑

底板大体积混凝土建议组分选择如下：采用矿渣水泥(42.5 级)，Ⅱ区级配中砂(细度模数：2.3～3.0；粒径 0.35～0.5mm)，连续级配石子(粒径 5～25mm)，防水剂为 UEA 混凝土膨胀剂 8%。混凝土中掺适量Ⅱ级粉煤灰(13%)、JF-9 泵送剂(1.7%)，初凝时间约为 7～8h。

基础底板每段混凝土量都约为 1000m³，商品混凝土站必须保证的每小时混凝土最小供应量为：$1000÷14=71.4(m^3/h)$。

(*a*) 浇筑条件：

泵管、溜槽的搭设已经完成，但溜槽下口距浇筑平面高度必须≤2m。底板下防水保护层、底板导墙砌筑的验收签认工作已经完成。浇筑底板大体积混凝土需准备的劳动力及机械设备已经安排就位。

(*b*) 浇筑方法：

浇筑时采用分段、分层浇筑法，自上而下均分为两层(每层厚度为 500mm)。

(*c*) 分层厚度的验算：

主楼混凝土总方量均为 1000m³，浇筑分层时都是均分两层，每层浇筑混凝土量为 $1000/2=500m^3$，每层浇筑时间为 $500÷70=7.14h≤$初凝时间 8h。每层混凝土必须在 7h 完成。

(*d*) 泌水处理：

在底板四周外模上留设泄水孔，浇筑时清理畅通，以使层间混凝土表面泌水排出。当每层混凝土浇筑接近尾声时，将泌水排集到模板边，缩小为水潭，然后用软轴泵将水抽出。

c. 大体积混凝土养护

养护时间：养护的起始时间：混凝土浇筑完毕后要及时进行养护(1.2MPa)；养护的结束时间：保温养护不少于 14d。

养护方法：设专人负责混凝土的养护工作，采用覆盖塑料薄膜和草帘被进行养护。

d. 大体积混凝土测温

(*a*) 混凝土温度控制标准(通过混凝土测温来控制)：

前期混凝土水化温升值≤5℃/h，浇筑温度≤28℃。

混凝土内外温差不大于 25℃。

降温速度不大于 1.75±2.5℃/d。

(b) 大体积混凝土测温方法：

测温孔的制作和平面布置图(略)。

测温时间：每日 2：00、6：00、14：00、20：00 分别对每一个孔各测温一次，并填写测温记录表；测温结束时间：达到标准后即可停止测温。如测温结果与标准偏差较大，应继续测温监控。

(c) 测温操作要求：

温度计放入测温孔后至少 3min 才能测温。在测温过程中，读数要快，眼睛必须与温度计的液体柱顶面相平；光源要平照读数(深孔测温采用电子测温计，浅孔采用普通温度计)。

(d) 加强测温工作的管理：

测温记录表由配属队伍现场专职测温员填写。

测温记录必须真实、准确、完整，字迹工整，不得涂改。

专职测温员必须经过培训，了解混凝土的性质、测温要求，对现场覆盖不严、温差过大、混凝土温度过高或过低等不正常现象要有很灵敏的反应，并及时向经理部有关人员和配属队伍技术负责人反映实际情况。

每次测完温，要立即把签字完整的测温记录表报配属队伍技术负责人和项目工程部审核后在技术部归档(逢夜间交经理部值班人员)。

e. 大体积混凝土抗裂安全度计算

根据商品混凝土搅拌站提供的配合比通知单，大体积混凝土各组分含量见表 2-41。

大体积混凝土各组分含量 　　　　　　　表 2-41

材料种类及掺量	单方用量	材料种类及掺量	单方用量
P.S42.5 水泥	321kg/m³	中砂	787kg/m³
掺加粉煤灰 16.8%	66kg/m³	碎石最大粒径 25mm	1000kg/m³
掺加 UEA-M，10%	41kg/m³	掺加外加剂 1%	4.3kg/m³
水	185kg/m³		

计算常数取值：

水泥水化热：$Q=335J/kg$

混凝土密度：$\rho=2500kg/m^3$

混凝土比热：$C=0.96$

常数：$e=2.718$，$m=0.3$

标准状态下最终收缩值：$\varepsilon_y^0=3.24\times10^{-4}$

混凝土线膨胀系数：$\alpha=1.0\times10^{-5}$

混凝土的最终弹性性摸量：$E_0=3.0\times10^{-4}$

混凝土外约束系数：$R=0.32$

泊松比：$\nu=0.15$

混凝土稳定时温度：$T_h=25℃$

验算时间：3，7，28，60

混凝土的水化热绝热温升值：

$$T_{(t)} = \frac{m_c Q}{C\rho}(1 - e^{-mt})$$

式中　t——龄期(d)；

m_c——每立方米混凝土水泥用量(kg/m^3)。

$T_{(3)} = 38.0℃$　　　$\Delta T = T_{(3)} - T_{(0)} = 38.0℃$

$T_{(7)} = 56.0℃$　　　$\Delta T = T_{(7)} - T_{(3)} = 18.0℃$

$T_{(28)} = 64.1℃$　　　$\Delta T = T_{(28)} - T_{(7)} = 8.2℃$

$T_{(60)} = 64.2℃$　　　$\Delta T = T_{(60)} - T_{(28)} = 0.1℃$

各龄期混凝土收缩变形值计算：

$$\varepsilon_{y(t)} = \varepsilon_y^0 (1 - e^{-0.01t}) \times M_1 \times M_2 \cdots M_{10}$$

$M_1 = 1.25$，$M_2 = M_3 = M_5 = M_9 = 1$，$M_4 = 1.3$，$M_6 = 1.1$，$M_7 = 0.54$，$M_8 = 1.43$，$M_{10} = 0.76$

$\varepsilon_{y(3)} = 0.100 \times 10^{-4}$；$\varepsilon_{y(7)} = 0.221 \times 10^{-4}$；

$\varepsilon_{y(28)} = 0.799 \times 10^{-4}$；$\varepsilon_{y(60)} = 1.475 \times 10^{-4}$

各龄期混凝土收缩当量温差计算：

$T_{y(t)} = -\varepsilon_{y(t)}/\alpha$

$T_{y(3)} = -1.0℃$；$T_{y(7)} = -2.21℃$；

$T_{y(28)} = -7.99℃$；$T_{y(60)} = -14.75℃$

各龄期混凝土弹性模量计算：

计算公式：$E_{(t)} = E_0(1 - e^{-0.09t})$

$E_{(3)} = 0.71 \times 10^4 N/mm^2$；$E_{(7)} = 1.402 \times 10^4 N/mm^2$

$E_{(28)} = 2.759 \times 10^4 N/mm^2$；$E_{(60)} = 2.986 \times 10^4 N/mm^2$；$E_{(t)} = 1.976 \times 10^4 N/mm^2$

混凝土最大综合温差(℃)：

$\Delta T_{(t)} = T_0 + 2/3 T_{(t)} + T_{y(t)} - T_h$；$T_0 = 22℃$，$T_h = 25℃$

$\Delta T_{(3)} = 21.3℃$；$\Delta T_{(7)} = 32.1℃$

$\Delta T_{(28)} = 31.7℃$；$\Delta T_{(60)} = 25.1℃$

混凝土松弛系数计算：

$H_{(3)} = 0.59$；$H_{(7)} = 0.536$；$H_{(28)} = 0.355$；$H_{(60)} = 0.29$

混凝土收缩应力计算：

$$\sigma_{(t)} = \frac{E_{(t)} \cdot \alpha \Delta T_{(t)}}{1 - \nu} \cdot H_{(t)} \cdot R$$

$\sigma_{(3)} = 0.335 N/mm^2$；$\sigma_{(7)} = 0.906 N/mm^2$；

$\sigma_{(28)} = 1.167 N/mm^2$；$\sigma_{(60)} = 0.837 N/mm^2$

最大拉应力计算：

取：$\alpha = 1.0 \times 10^{-5}$，$\nu = 0.15$；$B_x = 0.02 N/mm^2$

取底板厚度最厚的主楼平均厚度(含集水坑)作为计算厚度(大体积混凝土)

则：$d = 1400mm$，$L = 32000mm$。

根据公式计算各阶温差引起的应力：

第 3 天温差引起的应力：

$$\beta = \{B_X/d \cdot E_{(t)}\}^{1/2} = (0.02/1400 \times 0.71 \times 10^4)^{1/2} = 0.0000449$$

$$\beta \cdot L/2 = 0.0000449 \times 32000/2 = 0.717$$

则 $\cosh \cdot \beta \cdot L/2 = 1.2688$

则 $\delta_{(3)} = \dfrac{\alpha}{1-\nu} \left[1 - \dfrac{1}{\cosh \cdot \beta \cdot \dfrac{L}{2}} \right] \cdot E_{(3)} \cdot \Delta T_{(3)} \cdot H_{(3)}$

$$= (1.0 \times 10^{-5}/1 - 0.15) \times (1 - 1/1.2688) \times 0.71 \times 10^4 \times 21.3 \times 0.59$$

$$= 0.222$$

同样由计算得：

$\delta_{(7)} = 0.334$

$\delta_{(28)} = 0.229$

$\delta_{(60)} = 0.149$

则 $\delta_{max} = \delta_{(3)} + \delta_{(7)} + \delta_{(28)} + \delta_{(60)}$

$$= 0.222 + 0.334 + 0.229 + 0.149$$

$$= 0.934 N/mm^2$$

混凝土抗拉强度设计值取 $1.1 N/mm^2$，则抗裂安全度：

$K = 1.1/0.934 = 1.178 > 1.05$，故不会出现裂缝。

③ 剪力墙、柱混凝土浇筑

本工程的地下室外墙为剪力墙，由于剪力墙超长只能人为划分为小段浇筑，施工缝部位采用钢板网分割，中间防水用钢板止水带。浇筑采用汽车泵。间歇时间不得超过 90min。

柱、墙混凝土浇筑前应填以 3~5cm 与混凝土同配比去石子砂浆，柱、墙混凝土分层浇筑、分层振捣，每次混凝土浇筑厚度根据使用的振捣棒而定，对于 50 振动棒浇筑的混凝土为 400mm，30 振动棒浇筑的混凝土为 300mm，每一振点的延续时间以表面呈现浮浆，无气泡，不再下沉为宜，一般振捣时间为 20~30s。

浇筑厚度采用尺杆配手把灯进行控制。墙洞口模板两侧混凝土同时下灰同时振捣，以防止洞口变形，较大洞口模板下部开口补充振捣，后封闭洞口留设透气孔。振捣棒不得触动钢筋和预埋件，施工现场设专人敲打模板确定是否漏振。

墙柱混凝土浇筑完毕之后，将上口甩出的钢筋加以调整，用木抹子按标高线将表面混凝土找平。

拆模之后立即覆盖塑料薄膜养护。

振捣棒不得触动钢筋和预埋件。墙体浇筑时振捣棒每 6m 放一台，不得来回挪动。切割施工缝时必须要严格控制切割深度，不得触动钢筋。

④ 梁、板混凝土浇筑

梁、板应同时浇筑，浇筑方向应平行于次梁推进，浇筑方法为由一端开始用"赶浆法"即先浇筑梁再浇筑板，根据高度分层浇筑成阶梯形，每层高度 300mm 左右，当达到板高度时再与板的混凝土一起浇筑，随着阶梯不断延伸，梁板混凝土浇筑连续向前进行，倾倒混凝土的方向与板的浇筑方向相反。

浇筑的虚铺厚度略大于板厚,根据墙柱钢筋上的红色油漆标注的楼面＋0.5m的标高拉好控制线控制楼板标高,用3～4m的刮杠将混凝土面层刮平,在初凝前用木抹子抹平,根据混凝土凝结情况(根据时间与温度定,一般为2～3h后),用木抹子反复抹(至少3遍),搓平压实,最后一遍必须在混凝土吸水后抹压,把由于混凝土的沉降及干缩产生表面裂缝修整压平。每层板混凝土浇筑完毕凝固前必须顺南北或东西方向用扫帚(帚茬硬度、布置均匀)扫毛,扫毛纹路要清晰均匀、方向及深浅一致。在墙、柱根部要用铁抹子压光,以利于模板支设。

顶板混凝土的浇筑厚度以及标高用铁插尺和拉50线检查,有预埋件及插筋处用木抹子找平。浇筑板混凝土时不允许用振捣棒铺摊混凝土。

浇筑完毕的梁板混凝土在12h内必须加以覆盖进行保湿、保温养护。

⑤ 框架梁柱节点浇筑方法及要求

梁柱混凝土强度等级相差两级以上时,梁柱节点使用高等级的混凝土浇筑。分开浇筑混凝土时柱节点扩大浇筑范围时的示意图见图2-38。

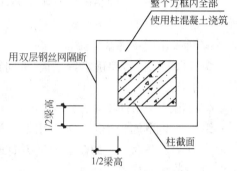

图2-38　梁柱节点混凝土浇筑示意图

梁柱节点钢筋较密,在浇筑梁板浇筑混凝土时,用小直径振捣棒振捣,并要加密棒点,振捣必须要到位,同时注意不得碰动钢筋。

⑥ 楼梯混凝土施工

考虑工程实际情况,楼梯浇筑与上层楼板浇筑同时进行,为了防止浇筑时将混凝土强度等级弄混,先浇筑楼梯混凝土后浇筑楼梯上层楼板混凝土。楼梯钢筋与结构中甩出的钢筋接槎,浇筑前施工缝部位应凿毛。

楼梯段混凝土自下而上浇筑,混凝土的坍落度控制在160mm以下。浇筑时先浇筑休息平台板,达到踏步位置时与踏步混凝土一起浇捣,不断连续向上推进,并在混凝土初凝前用木抹子将踏步上表面抹平。

⑦ 汽车坡道混凝土浇筑

汽车坡道混凝土浇筑,按变形缝分段进行,每段水平方向不留施工缝,一次浇筑完成,竖向墙体按规定留置施工缝,竖直施工缝采用埋止水带防水。浇筑的方法同基础、剪力墙、顶板梁混凝土浇筑。

(5)混凝土试块制作及养护

1)混凝土试块的留置

混凝土试块在浇筑地点随机取样制作。同一车运送的混凝土在浇筑地点入模前随机取样制作(而不应在泵车旁边),对于预拌混凝土还应在卸料量的1/4至3/4之间采取,每次取样量应满足混凝土质量检验项目所需量的1.5倍且不少于0.02m³。每次取样应至少留置一组标养试件,并留置适量的同条件养护试件用于结构实体检验及确定拆模时间。

2)抗压试块制作100mm×100mm×100mm的标准试块,并标准养护28d。养护条件20±2℃,相对湿度95%以上。

3)留置数量

① 取样数量:每100盘且不超过100m³的同配比的混凝土取样不少于一次,不足

$100m^3$ 按 $100m^3$ 计算。每一楼层、同一配合比的混凝土取样不得少于一次。

② 标养试块：每次取样不少于 1 组。标养试块放在标养室内养护。

③ 抗渗试块：每≤$500m^3$ 留置两组。

④ 同条件试块：同条件试块必须与相应结构的养护条件相同，试块用钢筋笼子放在所浇筑的部位。数量根据所施工的部位具体确定。

    a. 结构实体检验用同条件试块：

结构实体检验用同条件试块等效养护龄期可按日平均温度逐日累计达到 $600℃ \cdot d$ 时所对应的龄期，零度以下的龄期不计入，等效养护龄期应在 $14 \sim 60d$ 之间。

    b. 拆模用同条件试块：

组数根据实际需要确定，梁板(竖向结构不做)混凝土试块至少两组，一组作为拆模依据，一组备用。

    c. 冬施用同条件试块：

组数至少再增加两组，分别用以检验混凝土的临界强度和冬转暖强度(同条件养护 28d 后标养 28d)。冬期施工的做法详见冬期施工方案。

4) 混凝土结构养护

底板及梁、板混凝土浇筑完毕后立即采用塑料薄膜和草帘被覆盖养护，柱子拆模后用塑料布将柱子包裹好进行养护，养护时间不少于 7d，有抗渗要求的混凝土养护不少于 14d，大体积混凝土养护时间不少于 15d。浇筑完成的混凝土强度≤1.2MPa(通过同条件实验来确定)前，不得上人和进行其他作业。

楼板混凝土采用覆盖塑料薄膜浇水养护，当日平均气温低于 5℃时，先用塑料布覆盖然后在上层覆盖阻燃草帘覆盖保温养护。

6. 混凝土季节施工

(1) 雨期施工措施

按进度计划安排，本工程基础施工处于雨期，为做好雨期的混凝土浇筑工作做好如下工作：

搅拌站严格控制混凝土的用水量，计算时将砂石中含水量计算在内，严格控制坍落度，确保混凝土强度。

下雨时不宜露天浇筑混凝土，开盘前要与气象部门联系，掌握天气的变化情况，避免突然下雨影响浇筑混凝土。

已入模振捣成型后的混凝土要及时覆盖，防止突然遭雨，受雨水冲淋。合模后如不能及时浇筑混凝土时，要在模板适当部位预留排水孔，防止突然下雨模内积水。

在浇筑混凝土时如突然遇雨，下雨不停，大雨搭设防雨棚或临设施工缝方可收口，雨后继续施工，要对施工缝进行处理后再浇筑。

所有施工机械采取防漏电措施。具体详见《雨期施工方案》。

(2) 冬期施工措施

本工程由于开工较晚，主体结构施工主要都是在冬期施工。

冬期混凝土采用综合蓄热法施工。混凝土出罐温度不得低于 10℃，入模温度不得低于 5℃。泵管外部采用阻燃草帘包裹，以利于防风保温。

混凝土浇筑前应先清除模板和钢筋上的冰雪、杂物，冬期施工清除时应采用气泵，不得用水冲洗。

顶板混凝土浇筑前，应在迎风面(西侧与北侧)用彩条布做挡风措施，墙柱混凝土浇筑前，柱子、墙模板应外贴聚氯乙烯保温板保温。

混凝土的温度降至0℃时，其抗压强度不得低于抗冻临界强度，当掺入防冻剂且室外最低气温不低于−15℃时，混凝土抗冻临界强度不得小于$4.0N/mm^2$。

冬施要对已浇筑混凝土进行测温，施工之前需要对现场的混凝土进行分析，选择结构部位薄弱，温度变化大的位置作为测温孔，并绘制测温孔的平面布置图，所有测温孔按顺序编号。

混凝土浇筑完毕后，按测温平面图设置测温孔，测温孔采用预埋PVC管。每次测温完毕后，保温材料要恢复原位。混凝土达到临界强度以前每2h测温一次，之后每6h测温一次。

读测温计时，与视线相平，以确保读数的正确。

冬期施工混凝土试块留置按照前面混凝土试块的留置要求留置。

混凝土养护：混凝土施工完毕后，应及时覆盖保温。上部首先覆盖一层塑料布，随后覆盖一层阻燃草帘，进行保温保湿养护。墙、柱模板外贴聚苯乙烯保温板一层。混凝土达到临界强度之前，不得拆除以上防风、保温设施。

详细的混凝土冬期施工方法见《冬期施工方案》。

7. 混凝土质量要求

(1) 混凝土结构允许偏差

混凝土结构构件的检查按照楼层和施工段进行划分检验批，同一检验批内抽查10％。混凝土外观质量和尺寸偏差的主控项目和一般项目必须符合《混凝土结构工程施工质量验收规范》(GB 50204—2002)中的相关规定，同时还要满足结构长城杯评审标准要求。主要构件的允许偏差项目见表2-42。

混凝土结构构件允许偏差表　　　　表2-42

项　　目		允许偏差(mm)		检验方法
		国家规范标准	结构长城杯标准	
轴线位移	基础	15	10	尺量检查
	墙、柱、梁	8	5	尺量检查
标高	层高	±10	±5	用水准仪、尺量检查
	全高	±30	±30	用水准仪、尺量检查
截面尺寸	基础	+8　−5	±5	尺量检查
	墙、柱、梁	+8　−5	±3	尺量检查
垂直度	层高≤5m	8	5	经纬仪或吊线、钢尺检查
	层高>5m	10	8	
表面平整度		8	3	2m靠尺和塞尺检查
预埋管、预留孔板中心线位置偏移			3	尺量检查
预留洞中心线位置偏移		15	10	尺量检查
电梯井	井筒长、宽对中心线	+25，−0	+20，−0	尺量检查
	井筒全高对中心线	$H/1000$，≤30	$H/1000$，≤30	吊线和尺量检查

（2）混凝土的质量控制

混凝土的质量控制主要靠商品混凝土搅拌站，经理部根据搅拌站提供的资料以及现场对混凝土的坍落度、和易性、外观的检查来控制混凝土的质量。搅拌站需要提供混凝土的材质、原材复试报告、出厂合格证、准用证、配合比、抗压强度实验报告、抗渗强度实验报告、碱含量计算书。

（3）混凝土施工质量控制措施

施工过程中要加强对工人的教育，抓住关键的混凝土振捣作业，来保证施工质量，减少漏振和过振，使混凝土表面密实、光滑。

对于墙、柱根部及易发生质量通病部位的振捣要派专人监督控制质量，在浇筑墙、柱根部前，要先接浆，底部浇筑混凝土分层薄一些，增加振捣密实度。

对到场不合格的混凝土由项目区域责任师退回搅拌站，并记下车型、车号。

质量检查人员检查施工，严格按步骤振捣；接班振捣人员提前半小时到岗与上班振捣人员共同操作，交班人员推迟交班半小时撤岗（有一小时共同工作时间）。

混凝土运输、浇筑及间歇的全部时间不应超过混凝土的初凝时间。由混凝土小票和试验报告计算控制。

模板穿墙螺栓要紧固可靠，浇筑时防止混凝土冲击洞口模板，在浇筑洞口两侧混凝土时要两侧浇筑振捣要对称、均匀，防止洞口移位变形，同时应注意在洞下口模板上应留设出气孔，使浇筑混凝土后滞留在模板内的空气顺利排出。

剪力墙、柱接头、门窗洞口等特殊部位的模板要具有足够的刚度，且支设此部位模板时要严格控制端面尺寸，以保证梁柱连接处、门窗洞口处的端面尺寸。

混凝土施工过程中必须要分层浇筑和振捣。对于小截面部位以及钢筋密集区必须要加强振捣。

8. 安全环保、文明施工措施

（1）混凝土施工安全措施

1）雪天要注意防滑，及时清除钢筋上、模板内及脚手架、马道上的冰雪冰块。

2）进入施工现场要正确系戴安全帽，高空作业要正确系安全带。

3）现场严禁吸烟。

4）严禁上、下抛掷物品。

5）泵车后台机泵臂下严禁站人，按要求操作，泵管支撑牢固。

6）振捣和拉线人员必须穿胶鞋和戴绝缘手套，防止触电。

7）在混凝土泵出口的水平管道上安装止逆阀，防止泵送突然中断而产生混凝土返向冲击。

8）泵送系统受压时，不得开启任何输送管道，液压系统的安全阀不得任意调整，储能器只能冲入氮气。

9）作业时必须将料斗内和管道内混凝土全部输出，然后对泵机、料斗、管道进行冲洗。

10）严禁用压缩空气冲洗布料杆配管；布料杆的折叠收缩按顺序进行。

11）将两侧活塞运转到清洗室，并涂上润滑油。

12）作业后，各部位操纵开关、调整手柄、手轮、旋塞等复回零位，液压系统卸荷。

13）混凝土振捣器使用要求：

① 作业前检查电源线路无破损漏电，漏电保护装置灵活可靠，机具各部件连接紧固，旋转方向正确。

② 振捣器不得放在初凝的混凝土上、楼板、脚手架、道路和干硬的地面上试振。如检修或作业间断时，必须切断电源。

③ 插入式振捣器软管的弯曲半径不得小于50cm，并不得多于两个弯，操作时振捣棒自然垂直地插入混凝土，不得用力硬插、斜推或使钢筋夹住棒头，也不得全部插入混凝土中。

④ 振捣器保持清洁，不得有混凝土粘结在电动机外壳上妨碍散热。发现温度过高时，停歇降温后方可使用。

⑤ 作业转移时电动机的电源线保持有足够的长度和松度，严禁用电源线拖拉振捣器。

⑥ 电源线路要悬空移动，注意避免电源线与地面和钢筋相摩擦及车辆的碾压。经常检查电源线的完好情况，发现破损立即进行处理。

⑦ 用绳拉平板振捣器时，拉绳干燥绝缘，移动或转向不得用脚踢电动机。

⑧ 振捣器与平板保持紧固，电源线必须固定在平板上，电器开关装在把手上。

⑨ 人员必须穿戴绝缘胶鞋和绝缘手套。

⑩ 作业后，必须切断电源，做好清洗保养工作，振捣器要放在干燥处，并有防雨措施。

14）混凝土泵送设备使用安全要求：

① 泵送设备放置离基坑边缘保持一定距离。在布料杆动作范围内无障碍物，无高压线，设置布料杆动作的地方必须具有足够的支撑力。

② 水平泵送的管道敷设线路接近直线，少弯曲，管道及管道支撑必须牢固可靠，且能承受输送过程中所产生的水平推力，管道接头处密封可靠。

③ 敷设向下的管道时，下端装接一段水平管，其长度至少为倾斜高低差的5倍，否则采用弯管等办法，增大阻力。如倾斜度较大，必要时在坡道上端装置排气活阀，以利排气。

④ 砂石粒径、水泥强度等级及配合比按原厂规定满足泵机可泵性要求。

⑤ 泵车的停车制动和锁紧制动同时使用，轮胎楔紧，水源供应正常和水箱储满清水，料斗内无杂物，各润滑点润滑正常。

⑥ 泵送设备的各部位螺栓紧固，管道接头紧固密封，防护装置齐全可靠。

⑦ 各部位操纵开关、调整手柄、手轮、控制杆、旋塞等均在正确位置。液压系统正常无泄漏。

⑧ 准备好清洗管、清洗用品、接球器及有关装置。作业前，必须先用同配比的水泥砂浆润滑管道。无关人员必须离开管道。

⑨ 布料杆支腿全部伸出并支固，未支固前不得浇筑混凝土，布料杆升离支架后方可回转。布料杆伸出时，按顺序进行，严禁用布料杆起吊或拖拉物件。

⑩ 当布料杆处于全伸状态时，严禁移动车身。布料杆不得使用超过规定直径的配管，装接的软管系防脱安全绳带。

⑪ 随时监视各种仪表和指示灯，发现不正常及时调整或处理。如出现泵送管道堵塞

时，进行逆向运转使混凝土返回料斗，必要时拆管排除堵塞。

⑫ 泵送工作连续作业，必须暂停时每隔 5～10min 泵送一次。若停止较长时间后泵送，先逆向运转一至两个行程，然后顺向泵送。泵送时料斗保持一定量的混凝土，不得吸空。

(2) 环境保护与文明施工措施

1) 噪声的控制：现场施工的操作工人在施工时，要有意识地控制说话的音量，混凝土浇筑期间，振捣时不得碰到钢筋或钢模板。罐车等候时必须熄火，以减少噪声。

2) 混凝土泵噪声排放的控制：加强对混凝土泵操作人员的培训及责任心教育，保证混凝土泵、罐车协调一致、平稳运行，禁止高速运行。要求商品混凝土供应商加强对混凝土泵的维修保养，及时进行监控，对超过噪声限制的混凝土泵及时进行更换。

3) 混凝土罐车在撤离现场前要用水将下料口及车身冲洗干净。

4) 水的循环利用：现场设置沉淀池、污水井，罐车在出现场前均要用水冲洗，以保证市政交通道路的清洁，减少粉尘的污染。沉淀后的清水再用做洗车水重复使用。

5) 本工程混凝土内所掺的外加剂均不得含有氯盐、氨等，避免对钢筋和大气的不利影响。

9. 成品保护措施

(1) 混凝土浇筑后强度等级达到 1.2MPa 以上，方可上人和在上面继续施工。

(2) 在拆除墙、柱、梁、板模板时对各部位模板要轻拿轻放，注意钢管或撬棍不要划伤混凝土表面及棱角，不要使用锤子或其他工具剧烈敲打模板面。用塔吊吊装模板靠近墙、柱时，要缓慢移动位置，避免模板撞击混凝土墙、柱。

(3) 冬期施工阶段，在已浇筑的楼板上覆盖塑料薄膜和阻燃草帘时，要注意对楼板混凝土的保护，要从一端边压光边覆盖塑料薄膜和阻燃草帘，避免踏出脚印。

(4) 已拆除模板及其支架的结构，应在混凝土达到设计强度后，才允许承受全部计算荷载。施工中不得超载使用，严禁堆放过量建筑材料。当承受施工荷载大于计算荷载时，必须经过核算加设临时支撑。

(5) 独立柱及突出墙面的柱角、楼梯踏步、楼梯横梁、处于通道或运输工具所能到达的墙阳角、门窗洞口等处各个阳角均用竹胶板包起来，利用墙体模板支设时留出的穿墙孔用铅丝绑扎固定，防止各个阳角被碰掉或碰坏。

(6) 在浇筑墙、柱等纵向结构构件混凝土前应用塑料薄膜或 PVC 管将甩头插筋包裹严密，避免污染钢筋；混凝土浇筑后，要派工人及时进行清扫钢筋和楼面，以保证钢筋清洁、楼板面平整干净。

(7) 钢筋骨架上应该铺上木跳板，严禁踩扁钢筋骨架。

四、机电工程施工方案编制实例

1. 编制依据

(1) ×××工程合同。

(2) ×××工程施工图纸。

(3) 现行国家施工规范和质量验收标准，主要有：

《建筑给水排水及采暖工程施工质量验收规范》GB 50242—2002；

《自动喷水灭火系统施工及验收规范》GB 50261—1996(2003 年版)；

《通风与空调工程施工质量验收规范》GB 50243—2002；

《建筑电气工程施工质量验收规程》GB 50303—2002；

《建筑排水硬聚氯乙烯管道工程技术规程》CJJ/T 29—1998；

《火灾自动报警系统施工及验收规范》GB 50166—1992；

《建筑工程施工质量验收统一标准》GB 50300—2001；

《建筑安装分项工程施工工艺规程》DBJ/T 01—26—2003。

(4) 国家施工安全管理的规范有：

《建筑施工高处作业安全技术规范》JGJ 80—1991；

《施工现场临时用电安全技术规范》JGJ 46—2005。

2. 施工范围

给排水工程、消防工程、采暖工程、电梯工程、通风空调工程、动力照明工程、防雷接地、弱电工程、消防报警工程。其中电话、电视、综合布线、消防报警系统只做预埋管、穿、带线及箱盒。与室外联系的各种管线均做至距外墙轴线 2.50m 处。

3. 工程概况

本工程为场地面积 7000m²，首层建筑面积 2258m²，地上 10 层，地下 2 层，框架结构。地上部分为办公、教学，地下二层为人防和机房，地下一层为活动用房。建筑总面积 21285m²，建筑高度 39.6m。

(1) 电气专业简介

电气安装专业包括：低压配电系统、动力、照明系统、电视、电话系统、火灾报警及消防联动系统、消防广播系统、计算机网络系统、防雷接地系统。

1) 供电系统

本工程属二类建筑消防供电属二级负荷，办公教室照明和一般动力为三级负荷。电源自地下一层引入低压配电室，本工程低压电源分别引自校内三个配电室，本工程所有消防负荷均采用双路电源末端互投，计量及补偿均在前级校内变配电室集中解决(消防双路电源要求从同一变电室两台变压器所带低压母线分别引出)。

2) 电话、电视系统

电话进户电缆由地下一层引入，层电话组线箱、电话支线均采用 RVS(2×0.5)，1～2 对穿管 PC16-FC，3 对穿管 PC20-FC，4 对穿管 PC25-FC。电视系统进线电缆引自本楼楼前电视天线干线，沿竖井垂直敷设于线槽，支线穿管 SC-20，暗敷于楼板及墙内。

3) 计算机网络

只做管线预留。

4) 消防广播

广播系统主要为消防事故广播、语言通报。在首层消防中心可根据火灾情况分层控制，接通事故广播并可手、自动强切背景音乐及其他一切音响设备。

5) 安全保护

本工程电力系统的接地形式为 TN-S 系统，所有电气设备箱体金属外壳均应与接地系统连成一体，在整个供电系统中，PE 线与 N 线分开，低压配电系统与所有用电设备金属外壳及角钢支架等均与 PE 线连接。本工程采用总等电位接地方式，强电、防雷及弱电共用接地极。接地电阻≤1Ω，为减少各系统之间的干扰，消防控制中心、电梯及网络机房等接地极由共用接地极直接引入。

凡进入建筑物的金属管道均应在其入口处与防雷接地可靠连接。

6）防雷接地

本工程属二类防雷系统，为防直击雷，在建筑物屋顶沿女儿墙设避雷带，屋顶上的所有突出屋面的构筑物及屋顶上的全部金属支架及风机透气管等均与避雷带可靠焊接，利用建筑物柱内每处不少于两处主筋做引下线。室内引下线离地 0.5m 处需设测量端子。自七层沿建筑物四周设均压带，七层以上的金属栏杆，金属门窗等较大的金属物体与防雷装置连接。

7）消防系统及联动控制系统

本工程按二类防火建筑消防系统设计，在首层设一消防中心，报警采用二总线制，控制采用应限与模块相结合方式。

① 报警按房间的使用功能要求设烟感探头，开放式大房间采用子母探头，各层设手动报警器，并附有对讲电话插孔。消火栓内设报警按钮，报警信号可手、自动启动消防泵，每层设置水流指示器报警信号及水检修位置报警信号。

② 联动功能

a. 常开电磁脱扣防火门，火灾时自动关闭。

b. 排烟：地下车库排烟系统，以防烟分区为单位，当相应探头报警时，关闭该排烟系统的所有平时排风机，打开该区的排烟风机、走道排烟。该区任意探头报警打开时排烟阀联动启动排烟风机，所有排烟机均受 280℃排烟防火阀控制停机。

c. 消防泵、喷洒泵系统：泵房设在地下二层，消防泵接受中央室信号可手、自动起停。喷洒泵受其管网压力开关和中央室控制，当有火情时，喷洒头受热破碎，水流喷出，水流开关动作，中央室接受信号按照程序启动喷洒泵。

d. 稳压系统：本工程屋顶水箱间设稳压喷洒泵，喷洒、消火栓合用一套系统受压力开关控制起停泵维持系统压力，当火灾确认后，消防控制中心可手动、自动控制启动消防泵、喷洒泵、排烟风机、正压送风机，停空调机、新风机，停非消防用电，接通事故照明，控制客房电梯归底，强切一切音乐节目，分区启动事故广播，并接受各种动作的返回信号。

e. 消防通讯设备：消防控制中心与各种机房操作装置处，如消防泵房、配电室、消防电梯机房均设固定式对讲电话，消防中心设置通向市消防处报警直通电话。所有消防设备均按二类负荷考虑，双电源末端户头供电；中控室除设主电源外，还设置 UPS 不间断电源。

f. 线路敷设：所有控制线均采用耐热导线。

（2）给排水专业简介

1）给水系统

水源为院内自来水，管网供水压力 4.00kg/cm²，地下二层机房设生活变频泵 3 台，型号 D-KQD，NBGD3-3064。屋顶设生活水箱，生活水箱为不锈钢钢板水箱。给水系统分区供水，低区由市政管网直接供水，高区由屋顶生活水箱供水。

2）雨、污水系统

采用污废水合流排水系统。室内±0.000以上污水汇集后自行排出室外，排至校园污水管网。首层排水单独排出，±0.000以下污水排至集水坑，经潜污泵提升后排至室外。

雨水采用内排式。

3）消防系统

水源为院内自来水。楼内设消防水池，由校内管网提供双路进水。本工程设消火栓系统和自动喷洒系统。工作压力1.0MPa，消防水量20L/s，自动喷洒水量30L/s。每层设消火栓，顶层设试验消火栓。19mm水枪，25m水龙带，消火栓系统设消防泵 XBD8/25-100，2台。自动喷洒系统设喷洒泵 XBD8/25-100，2台。屋顶水箱间设消防增压泵 KQLD65-160(1)A，2台，自动喷洒增压泵 KQLD40-200(1)A，2台。

4）采暖系统

① 采暖热媒为80℃/55℃热水，由锅炉热力机房提供，采暖系统工作压力为0.5MPa。

② 地下二层人防库房设置采暖，采暖系统为双管上供上回式，散热器采用 ZT4-6-8。

（3）通风空调系统简介

1）空调系统

本工程教室、办公、大堂、会议室及其他功能用房采用风机盘管加新风系统，厨房、报告厅采用全空气系统。

冷源由制冷机房两台螺杆式冷水机组提供，供水温度7℃/12℃。热源由锅炉热力机房提供，80℃/55℃热水，经由水水换热器提供60/50℃热水。空调冷冻水系统为一次定流量系统。两管制，冬季供热水、夏季供冷水。冷却塔设于屋顶。空调冷冻水系统工作压力10kg/cm²。

2）通风与防排烟

① 地下二层空调制冷机房及水泵房、消防泵房设机械排风系统，换气次数为6次/h。

② 地下一层变配电室设机械排风系统，换气次数为10次/h。

③ 七层中庭设机械排烟系统，排烟风量为102000m³/h。

④ 二至十层内廊设机械排烟系统，排烟风量为12000m³/h。

（4）电梯

本工程共4部电梯。

（5）本工程主要工程量（表2-43）

主要工程量 表2-43

序号	名称	型号	性能	数量	备注
1	消防泵	XBD8/25-100	$Q=72m^3/h$ $H=88m$ $N=37kW$	2	B2
2	喷洒泵	XBD8/25-100	$Q=108m^3/h$ $H=74m$ $N=37kW$	2	B2
3	生活变频泵	D-KQD，NBGD3-3064	$Q=36m^3/h$ $H=70m$ $N=11kW$	3	B2

序号	名称	型号	性能	数量	备注
4	消防增压泵	KQLD65-160(1)A	$Q=6$ l/s $H=6$m $N=0.75$kW	2	水箱间
5	喷洒增压泵	KQLD40-200(1)A	$Q=1.53$l/s $H=9.5$m $N=0.55$kW	2	水箱间
6	排水泵	WQ2155-405-65	$Q=37$m³/h $H=13$m $N=3.0$kW	2	B2
7	排水泵	WQ2155-405-65	$Q=37$m³/h $H=13$m $N=3.0$kW	2	B2
8	排水泵	WQ2130-205-50	$Q=17$m³/h $H=13$m $N=2.2$kW	2	B2
9	排水泵	WQ2155-405-65	$Q=37$m³/h $H=13$m $N=3.0$kW	2	B2
10	UF 系列横流式冷却塔	CTA-320UFW	4500mm×3660mm×3295mm $N=5.5$kW		屋面
11	补水泵	KQDL50-15×5	$Q=9.0\sim18.0$m³/h $H=80\sim60$m $N=5.5$kW	2	B2
12	屋顶风机	GXF-W4.5	$Q=7886\sim6215$m³/h $H=120\sim224$Pa $N=1.5$kW	1	屋面
13	屋顶风机	GXF-W5.5	$Q=11445\sim9034$m³/h $H=182\sim340$Pa $N=3.0$kW	1	屋面
14	吊顶排气扇	PL-18LX	$Q=410$m³/h $N=0.06$kW	42	卫生间
15	排风机	SWF-NO.5.0	$L=6800$m³/h $P=278$Pa $N=1.1$kW	1	地下一层
16	送风机	SWF-NO.6.0	$L=8000$m³/h $P=262$Pa $N=1.5$kW	1	地下一层
17	排烟风机	HTF-D-NO.6.0	$L=10000$m³/h $P=250$Pa $N=1.5$kW	1	地下一层

序号	名称	型号	性能	数量	备注
18	排烟风机	HTF-I-NO. 8. 0	$L=30000m^3/h$ $P=661Pa$ $N=7.5kW$	1	地下一层
19	送风机	SWF-II-NO. 7. 0	$L=18000m^3/h$ $P=329Pa$ $N=4.0kW$	1	地下一层
20	排烟风机	HTF-I-NO. 8. 0	$L=30000m^3/h$ $P=661Pa$ $N=7.5kW$	1	地下一层
21	排烟风机	HTF-I-NO. 15	$L=102000m^3/h$ $P=280Pa$ $N=22kW$	1	七层中庭
22	排烟风机	HTF-I-NO. 6. 5	$L=12000m^3/h$ $P=280Pa$ $N=2.2kW$	1	十层屋顶
23	排烟风机	XGF-I-8	$L=30360m^3/h$ $N=7.5kW$	1	地下二层
24	排烟风机	XGF-I-12	$L=60700m^3/h$ $N=22kW$	1	地下二层
25	送风机	SWF-II-NO. 7. 0	$L=18000m^3/h$ $P=329Pa$ $N=4.0kW$	1	地下一层
26	排烟风机	HTF-I-NO. 7. 0	$L=24000m^3/h$ $P=610Pa$ $N=7.5kW$	1	地下一层
27	柜式新风机	TAD0405	$L=12200m^3/h$ $P=500Pa$ $N=5.5kW$	1	二层
28	柜式新风机	TAD0304	$L=5700m^3/h$ $P=500Pa$ $N=3.0kW$	1	二层
29	柜式新风机	TAD0305	$L=8000m^3/h$ $P=500Pa$ $N=4.0kW$	1	三层
30	柜式新风机	TAD0305	$L=8000m^3/h$ $P=500Pa$ $N=4.0kW$	1	三层
31	柜式新风机	TAD0305	$L=8000m^3/h$ $P=500Pa$ $N=4.0kW$	1	四层

序号	名称	型号	性能	数量	备注
32	柜式新风机	TAD0305	$L=8000\text{m}^3/\text{h}$ $P=500\text{Pa}$ $N=4.0\text{kW}$	2	五、六层
33	柜式新风机	TAD0305	$L=8000\text{m}^3/\text{h}$ $P=500\text{Pa}$ $N=4.0\text{kW}$	1	七层
34	柜式新风机	TAD0304	$L=5500\text{m}^3/\text{h}$ $P=500\text{Pa}$ $N=3.0\text{kW}$	1	八层
35	柜式新风机	TAD0303	$L=4400\text{m}^3/\text{h}$ $P=500\text{Pa}$ $N=2.2\text{kW}$	1	九层
36	柜式新风机	TAD0303	$L=4400\text{m}^3/\text{h}$ $P=500\text{Pa}$ $N=2.2\text{kW}$	1	十层
37	柜式新风机	TAD0204	$L=3000\text{m}^3/\text{h}$ $P=500\text{Pa}$ $N=2.2\text{kW}$	1	地下一层
38	送风机	SWF-NO.4.0	$L=8000\text{m}^3/\text{h}$ $P=212\text{Pa}$ $N=0.37\text{kW}$	1	地下一层
39	螺杆式冷水机组	YSFAFAS55CLD	制冷 500RT, 耗电 284kW	2	地下二层
40	软水箱	1500×2000×2000		1	地下二层
41	软化水装置	ZRII	出水 5T/h	1	地下二层
42	补水泵	KQDL40-25×2	$Q=3.7\text{m}^3/\text{h}$ $H=51\text{m}$ $N=2.2\text{kW}$	2	地下二层
43	换热罐	WY800-40	$F=40\text{m}^2$, $P=0.8\text{MPa}$	2	地下二层
44	冷冻水泵	KQSU200-42A	$Q=272\text{m}^3/\text{h}$ $H=33\text{m}$ $N=45\text{kW}$	2	地下二层
45	冷却水泵	KQSU200-42A	$Q=322\text{m}^3/\text{h}$ $H=28\text{m}$ $N=45\text{kW}$	2	地下二层
46	温水水泵	KQNW125/160-22/2	$Q=164\text{m}^3/\text{h}$ $H=31\text{m}$ $N=22\text{kW}$	2	地下二层
47	集水器	$\phi500$ $L=3000\text{mm}$		1	地下二层
48	分水器	$\phi500$ $L=3500\text{mm}$		1	地下二层

序号	名称	型号	性能	数量	备注
49	电子除垢器	FWT-12 DN300		1	地下二层
50	膨胀水箱	2号		1	十层屋顶
51	风机盘管	TCR-200/H	$G=250\text{m}^3/\text{h}$ $Q=2.0\text{kW}$(制冷) $Q=3.5\text{kW}$(制热) $N=35\text{W}$	18	
52	风机盘管	TCR-300/H	$G=350\text{m}^3/\text{h}$ $Q=3.0\text{kW}$(制冷) $Q=5.5\text{kW}$(制热) $N=45\text{W}$	135	
53	风机盘管	TCR-400/H	$G=450\text{m}^3/\text{h}$ $Q=4.5\text{kW}$(制冷) $Q=7.0\text{kW}$(制热) $N=60\text{W}$	271	
54	风机盘管	TCR-800/H		8	
55	排风机	SWF-V-NO.2	$L=800\text{m}^3/\text{h}$ $P=280\text{Pa}$ $N=0.37\text{kW}$	3	地下一层
56	散热器			250片	
57	送风管	$\delta=0.5\sim1.2\text{mm}$		2992m²	
58	排烟风管	$\delta=1.51\text{mm}$		347m²	
59	风机盘管连接管	$\delta=0.8\sim1.0\text{mm}$		2300m²	
60	空调水管	$DN20\sim DN350$		5658m	
61	冷凝水管	$DN20\sim DN32$		2481m	
62	采暖管道	$DN25\sim DN150$		692m	
63	给水镀锌钢管	$DN20\sim125$		446.3m	
64	排水UPVC管	$DN75\sim125$		310m	
65	补水无缝钢管	$DN80$		92m	
66	消火栓无缝钢管	$DN65\sim100$		405m	
67	喷洒镀锌钢管	$DN25\sim100$		1240m	
68	雨水焊接钢管	$DN100\sim150$		461.3m	
69	配电柜			11台	
70	配电箱			84台	
71	灯具			3335套	
72	开关			483个	
73	插座			800个	

4. 项目管理策划与施工部署

(1) 工程管理目标

本工程确定以下管理目标：

1）质量目标：优良。

2）工期目标：2001年3月30日开工，2002年9月4日竣工，总工期523天。

3）工程管理目标：规范化、标准化、程序化的项目管理。

（2）组织机构

1）本工程组建专业项目经理部，选派经验丰富、具有复合知识结构的管理人员组成项目经理部。严格履行职责，实现统一计划、统一现场管理、统一施工管理。

2）以计划为主线，配合整个工程进度。

经理部将严格按照业主、监理认可后的施工进度网络计划进行施工，以确保高质量、高速度的完成施工任务。

3）项目实行程序化、规范化、文件化的管理。

（3）施工部署

1）施工进度安排

详见施工进度计划。

2）主要施工机具，见表2-44。

主要施工机具需用计划表　　　　　　　　　　表 2-44

序号	名　称	数量	序号	名　称	数量
1	套丝机	2台	11	折方机	1台
2	电焊机	10台	12	压边机	1台
3	砂轮切割机	4台	13	电冲剪	1台
4	台钻	1台	14	手把钻	4把
5	电锤	6把	15	剪板机	1台
6	倒角机	1套	16	气焊	6套
7	咬口机	1台	17	打压泵	2台
8	联合咬口机	1套	18	压力案子	6套
9	拉铆枪	3把	19	弯管器	4把
10	插条法兰机	1台	20	开孔机	1套

3）劳动力组织

为高速优质完成本工程施工任务，我公司在保证劳动力数量的同时，选派素质高、具有类似工程施工经验的整建制队伍作为本工程的主攻力量，施工队伍由项目经理统一指挥、协调。

施工队伍各工种分配见表2-45。

5. 施工准备

（1）图纸会审

及时组织有关人员进行图纸会审。为保证审图质量，各级技术负责人必须组织有关人员，严格按照审图的阶段程序进行。审图时考虑齐全，各分部工程中对系统存在的问题有预见性，检查各专业设计交叉配合有无漏项，为设备最后调试创造有利条件。

施工队伍各工种分配　　　　　　　　表 2-45

时间\工种	4～7月	8～10月	11～1月	2～4月	5～7月	8～9月
焊工	4	10	10	15	8	4
通风工	20	50	50	30	20	10
管工	20	50	70	70	30	15
钳工			4	8	2	2
电工	10	20	40	40	30	10
保温、油工	4	8	20	20	15	6

（2）现场施工准备

项目经理部组建后，立即将劳动力需用量计划、机械需用量计划、基础材料和临建材料需用量清单分别送交有关部门。各有关部门应立即根据项目经理部的要求进行准备。

6. 电气施工方案

（1）施工准备

1）熟悉图纸资料，弄清设计图的设计内容，对图中选用的电气设备和主要材料等进行统计，注意图纸提出的施工要求。

2）准备施工机具材料。

3）技术交底。施工前要认真听取工程技术人员的技术交底，弄清技术要求、技术标准和施工方法。

4）必须熟悉有关电力工程的技术规范。

5）准备阶段流程图：看图→图纸会审→编制施工技术方案→施工机具和设备的准备→提出设备、材料、加工件计划。

（2）主要施工方法及技术措施

采用标准固定支架，吊架及吊杆等大部分采用定型加工产品，事先在后勤部加工好备用，以减少现场加工制作，这样既减少了现场作业人员，也能保证质量和工期。

配管阶段采用小流水作业：在预埋配管前，先根据图纸预制出定尺钢管，两端套好丝，其中一些根据图纸煨好来回弯，并与接线盒用锁母牢固，一旦土建条件具备，立即进行配合工作。若预制的定尺钢管配合过程中出现长度不够或稍长时，则用适当的活接头（事先预制）补充。

采用先进的安装工具：添置一些专用的手动、电动工具以提高工效。

各种电管、风管、工艺管道交叉密集处，合理安排施工程序，一般先通风管道，后工艺管道，最后是电管，另外能后装的一些配电柜、器具，要尽量后安装，以便避免损坏和失窃。

（3）施工工艺

整个施工过程分两个阶段，主体配合和安装阶段。

电气工程主要施工项目包括有：钢管敷设及预留洞；电缆桥架、金属线槽安装及布线；电缆敷设；管内穿线（缆）工程；配电柜、箱（盘）安装；器具安装；防雷接地安装；电动机及其附属设备的安装；调试等 9 项。

1) 预埋钢管及预留

① 根据设计图预制一定尺寸钢管，用套丝机套丝，丝扣不乱，也不能过长，丝扣要干净清晰，钢管煨弯采用冷煨，弯处不能有折皱、凹穴和裂缝等现象且符合弯曲半径要求。

② 根据设计图纸要求，确定盒、箱轴线位置，以土建弹出的 50 线为基准，挂线找平，线坠找正，标出盒、箱实际的尺寸位置，要了解各室（厅）地面构造，留出余量，使箱、盒的外盖、底边和最终距地面高度符合规范要求。

③ 在现浇墙板上，将盒、箱堵好，加支铁焊接在钢筋上，焊接必须牢固，防止移位，管路配好后，随土建浇灌混凝土施工同时完成。

④ 暗配管的路径要沿最近的线路敷设，管线敷设过长或有拐弯时，应设管线过路盒，两个接线点之间的距离应符合：

a. 直线段不超过 30m，应加管线过路盒；

b. 有一个弯，不超过 20m；

c. 有两个弯，不超过 15m；

d. 有三个弯，不超过 8m。

⑤ 暗敷设于地下的管路不宜穿过设备基础，在必须穿过建筑物基础时，一定要加保护管保护；在穿过建筑物伸缩缝时，要采取补偿措施。

⑥ 线管敷设采用丝扣连接时，管箍两端必须焊接跨接线，每端焊接长度不小于圆钢直径的 6 倍，并必须两面施焊，扁钢不小于宽度的 2 倍，并必须三面施焊。金属线管焊接地线规格见表 2-46。

金属线管焊接地线规格表 表 2-46

管径(mm)	元钢(mm)	扁钢(mm)	管径(mm)	元钢(mm)	扁钢(mm)
15～32	$\phi 6$		40～70	$\phi 10$	25×3
32～40	$\phi 6$		≥70	$\phi 8×2$	(25×3)×2

⑦ 金属线管暗敷设在钢筋混凝土结构中，线管与钢筋绑扎固定，线管严禁与钢筋主筋焊接固定。

⑧ 所有管线、桥架穿越墙、楼板时的孔匀应采用防水材料进行封堵；电缆桥架在穿过防火分区时，采用防火堵料进行封堵隔离。

⑨ 钢管采用套管连接时，套管长度为管外径的 2.2 倍，管口在套管中心并焊接严密，SC70 以上的线管明配管时因机具原因可使用套管连接。SC20 以下金属线管暗配时采用了丝扣连接。钢管进入灯头盒、开关盒、接线盒及配电箱时，采用丝扣连接，管口露出箱盒 2～4 扣。

配合施工中，电气专业人员必须随工程进度密切配合土建工程作好预埋或预留孔洞。桥架穿过墙、梁处，配电箱安装处，都要与土建配合预留好孔洞。

不同系统、不同电压、不同电流类别的线路，严禁穿于同一根管内或线槽的同一槽孔内。

钢管暗敷设必须填写隐蔽工程记录，必须保证施工技术资料和工程进度同步，责任工程师在自检、互检合格后报监理公司监理工程师复检，复检确认合格后，再开始进行下道工序施工。

2）桥架、金属线槽布线及安装

① 电缆桥架水平敷设时，采用吊架或支架安装，间距为 2m；垂直敷设时，其固定点间距为 1.5m。

② 敷设电缆桥架或托盘时，电缆弯曲半径为敷设最大电缆外径的 10 倍。

③ 金属线槽敷设时，吊点及支持点的距离，应根据工程具体条件确定，一般应在下列部位设置吊架或支架：

a. 直线段不大于 3m 或线槽接头处；

b. 线槽首端、终端及进出接线盒 0.5m 处。

④ 金属线槽在穿过墙、楼板时，应采取防火隔离措施。

⑤ 线槽、桥架、托盘等配线，其金属外壳均应牢固地连接为一整体，保证良好的电气通路。镀锌制品的线槽、桥架、托盘的搭接处用螺母、平垫、弹簧垫紧固后可不做跨接线。

3）电缆敷设

① 敷设前要核对所敷设电缆的型号、规格，摇测合格后方可敷设。

② 动力电缆与控制电缆分开排列，不同等级电缆分层敷设。

③ 电缆敷设时不宜交叉，弯曲半径不小于外径的 10 倍，装设标志牌。

④ 电缆头和中间头制作应严格遵守工艺规程。

⑤ 电缆敷设时严禁绞拧、表面划伤。

⑥ 电缆沿桥架敷设时，一定要考虑桥架上敷设最大截面电缆的弯曲半径的要求。

4）管内穿线（缆）工程

① 管内穿线前必须做到以下几点：混凝土结构工程必须经过验收和核定；作好成品保护，管路护口齐全，箱盒及导线不应破损及被灰、浆污染；穿线后线管内不得有积水及潮气浸入，必须保证导线绝缘电阻值符合规范要求。

② 导线在变形缝处，留有一定的余度。

③ 考虑导线（电缆）截面大小，根数多少，将导线（缆）与带线进行绑扎，绑扎处应做成平滑锥形状，便于穿线。

④ 穿线前应核实护口是否齐全，管路较长、转弯较多时，要在管内吹入适量滑石粉。

⑤ 穿线完毕，用摇表测线路，照明回路采用 500V 摇表，绝缘电阻值不小于 0.5MΩ，动力线路采用 1000V 摇表，其绝缘电阻值不小于 1MΩ。

5）配电箱安装

① 作业条件

a. 随土建结构预留好配电箱的安装位置。

b. 抹灰、喷浆及油漆全部完成后，在安装配电箱盘面。

② 工艺

a. 配电箱安装应在土建抹灰之后进行，但部分因工期较紧原因需提前安装的，四周应用牛皮纸或水泥袋纸包好，作好防污染处理，待墙面干后，去掉牛皮纸或水泥袋纸，然后堵洞将此处抹平。

b. 装配电箱时，先将原预埋盒内杂物清理干净，待箱体找准位置后，将导线引入箱内，并连接好，然后调整，平直后进行固定；暗装时，配电箱根据预留尺寸找好标高与水平尺寸，并将箱体固定好，然后用水泥砂浆填实，周边抹平，待水泥砂浆凝固后再安装盘面和贴面。

c. 箱(盘)的铁制盘面和装有器具的门必须有明显可靠的裸软铜 PE 线。

d. 配电箱(盘)面较大时，应有加强衬铁，当宽度超过 500mm 时，箱门做双开门。

e. PE 线所用材质与相线相同时按表 2-47 选择。

表 2-47

PE 线最小截面

相线线芯截面(mm²)	PE 线最小截面(mm²)	相线线芯截面(mm²)	PE 线最小截面(mm²)
S≤16	S	S>35	S/2
16<S≤35	16		

6）配电柜安装

① 安装要求：允许偏差应符合表 2-48 规定。

表 2-48

配电柜基础型钢安装允许偏差表

项 目	允许偏差	
	mm/m	mm/全长
不直度	小于 1	小于 5
水平度	小于 1	小于 5
位置误差及不平行度		小于 5

② 盘、柜安装在振动场所，应按设计要求采取防振措施。

③ 盘、柜及盘及盘柜内设备与各构件连接应牢固，主控盘、继电保护盘和自动装置盘等不应与基础型钢焊死。

④ 基础型钢在安装找平过程中，需用垫片的地方，最多不能超过 3 片。

⑤ 配电柜单独或成列安装时，其垂直度，水平度以及柜面不平度和盘、柜间接缝的允许偏差应符合规范要求，见表 2-49。

表 2-49

配电柜安装允许偏差表

项次	项 目		允许偏差(mm)
1	垂 直 度	每米	1.5
2	水 平 度	相临两柜顶部 成列柜顶部	2 5
3	不 平 度	相邻两柜面 成列柜面	1
4	柜间缝隙		2

7）器具安装

① 灯具、开关、插座安装时应满足下列要求：

a. 灯具、开关插座安装必须牢固端正，位置准确。

b. 成排安装的灯具中心线允许偏差 5mm，在同一室内开关、插座必须同一高度，并列安装时高度差允许 0.5mm，同一场所高度差允许 5mm。

c. 安装开关、插座时必须将盒内杂物清理干净，再用湿布擦净。

d. 安装好的器具要做好成品保护，防止损坏和被盗。

e. 距地高度低于 2.4m 的灯具，其外壳须做保护接地。

f. 在低压配电设备正上方不应安装灯具。

② 灯具的安装应符合下列要求：

a. 吊链灯具的灯线不应承受拉力，灯线应与吊链编织在一起；

b. 软线吊灯的软线两端应作保护扣，两端心线应搪锡。

③ 嵌入吊顶内的装饰灯具的安装要求：

a. 灯具应固定专设的框架上，导线不应贴近灯具的外壳，且在灯具盒内应留有余量，灯具的边框应紧贴在在顶棚面上。

b. 矩形灯具的边框应与顶棚面的装饰直线平行，其偏差不应大于 5mm。

8) 防雷接地

① 利用土建地板圈梁两根大于Φ16 主筋焊接成接地网，水平接地极采用 40×4 镀锌扁钢敷设在地板下素混凝土内，接地电阻小于 1Ω。

② 利用柱内两根大于Φ16 主筋做为防雷引下线，防雷引下线与接地网采用 φ12 圆钢跨接，焊接长度大于圆钢直径 6 倍、双面施焊，焊接后形成环形。

③ 接地装置的安装要求：不应在垃圾灰渣等地埋设。接地体埋设的回填土应分层夯实。接地体、避雷网及防雷引下线的连接必须焊接，焊接处应补刷沥青漆。所有屋顶电气设备的金属外壳及建筑物的金属外壳均应与防雷网连接。

④ 接地极采用 40×4 的镀锌扁钢沿建筑物周圈铺设一圈，距建筑物 1.5m，埋深 1m。与保护接地共用同一接地极，接地电阻小于 1Ω。扁钢与扁钢搭接处焊接长度大于扁钢宽度的 2 倍，三面施焊刷沥青漆。

⑤ 所有进入建筑物的金属管线均应与避雷网做等电位联结。在距地 0.5m 处做测试点。

⑥ 接地极过建筑物入口处应在其上敷设 0.5m 沥青漆垫层，如采用非绝缘路面，人行通道应做均压带。

⑦ 接地干线应在不同的两点及以上与接地网连接，自然接地体应在不同的两点及以上与接地干线或接地干线相连接。

⑧ 避雷针(带)与引下线之间的连接应采用焊接。

⑨ 避雷针(带)接地装置使用的紧固件均应使用镀锌制品。

9) 电动机调试

① 电机试运行

a. 电机试运行前，应测定电机绝缘，绝缘电阻值不得小于 0.5MΩ。

b. 电动机空载运行时间 2h，要测量并记录电压和空载电流、温升、转速等。

② 电动机在运行时进行下列检查：

a. 电机有无杂音，检查电机是否发热；

b. 空载运行时，轴承温升不应超过 60℃；

c. 负载运行时，温升不得超过 80℃。

10）照明器具试运行

① 电气照明器具试运行前应进行通电安全检查，并应做好记录。

② 电气照明具应以系统进行电试运行，系统内的全部照明灯具均得开启，同时投入运行，运行时间为 24h。

③ 全部照明灯具通电运行 24h，要测量系统的电压、电流，并做好记录。运行过程中每隔 8h 测量、记录一次。

11）配电柜的试运行

① 配电柜运行前，检查柜内有无杂物，相色、铭牌是否齐全。

② 空载情况下，检查各保护装置的手动、自动是否灵活可靠。

③ 送电空载运行 24h，无异常现象。

12）弱电系统调试

① 首先对控制线路作仔细检查，查看导线上的标注是否与施工图上的标注吻合，检查接线端子的压线是否与接线端子表的规定一致，排除线路故障。

② 对所需联动设备要在现场做模拟联动试验，确定联动设备单机试运是否正常。在此项工作未结束前，不能打开联动控制器电源，以免因外设备故障损坏联动控制中心设备。

③ 所有联动设备现场模拟试验均无问题后，再从消防控制中心对各设备进行手动或自动操作系统联调。

④ 总线制联动控制系统的调试

a. 首先检查联动控制器至各楼层联动驱动器或联动控制模块的纵向电源线及通信线是否开路或短路，排除线路故障。

b. 检查各层联动驱动器、联动控制模块主板的编码值是否与设计的界限端子表上的编码值一致，防止在安装过程中相互颠倒。

c. 对每台联动驱动器或联动模块所带的联动设备按多线制系统的调试方法进行现场模拟试验。

d. 模拟试验通过后，再将各楼层联动控制模块内的输出接点保险丝加上。

e. 最后，将消防中心总电源打开进行远地手动或自动联动试验。

13）弱电系统的整体调试

单体调试开通运行正常后，按系统调试程序进行系统功能检查，对各项分系统分别进行调试开通。

① 消防对讲系统：

检查消防中心至各对讲插件的电源线、音频线、选通线是否正确，排除线路故障。

检查各楼层的对讲插件编码值是否与原设计的接线端子表上的编码值一致，防止在安装过程中相互颠倒。

从消防对讲主机处逐个呼叫各对讲插件，检查话音质量，如果背景噪声较大，则可能是音频线在某段区域同强电线共管，或是对讲插件的音频线接线有问题，需要分段测试确定具体部位并排除。

② 消防应急广播系统：

检查消防中心至各楼层的火灾应急广播音频线是否到位。

检查消防中心的双卡座录音机、功放的电源线及音频线是否正确连接。

打开双卡座及功放电源开关，对各楼层背景音乐作强切试验。

③ 防火卷帘门控制系统：

检查各楼层的卷帘门控制器主板编码值是否与元设计的接线端子表上的编码值一致，防止在安装过程中相互颠倒。

检查各楼层的卷帘门的限位开关是否调试到位。

对各台卷帘门控制器进行现场手动操作试验，确定单台控制器工作是否正常。

检查消防中心至各卷帘门控制器动作、回授线（多线控制时）或通讯总线（总线制控制时）是否短路或开路，排除线路故障。

从消防中心对各卷帘门控制器进行远地联动试验。

④ 自动防火门、防排烟阀、正压送风等系统调试。

7. 给排水、通风专业施工方案

管道安装工程按照预留孔洞配合、管道安装、系统调试三大步骤进行。

（1）预留孔洞配合

1）预留范围：配合结构施工，在混凝土楼板、梁、墙上预留孔、洞及预埋件。

2）预留工作准备：仔细审图并与结构核对预留孔洞或埋件的位置，以防漏留、错留，给安装施工阶段带来困难。

3）预留施工及技术要求：

① 根据所穿构筑物的厚度及管径尺寸确定套管规格、长度，并按设计及规范要求预制加工。

② 土建钢筋绑扎后，在预留孔洞部位将预制好的套管栽入，并与钢筋焊接牢固。针对不同的套管规格，按照标准安装，核对坐标，在浇筑混凝土过程中应有专人配合校对，以免移位。

③ 卫生洁具下水口处预留洞预留前与甲方和设计确定卫生洁具型号标准，卫生间排列大样，卫生间装修标准，以确定预留洞的大小及位置。

④ 管道穿越地下室外墙、水池壁或人防，一律预埋防水套管。穿越楼板或剪力墙时，均应预留孔洞。管道穿防火墙时按防火要求处理。用于穿楼板套管上端应高出地面20mm，卫生间50mm，过墙部分与墙饰面相平。

（2）管道安装

管道安装的主要内容有：各系统支吊架的制作安装，干、立、支管的管道安装，阀件安装，设备安装，管道及设备的防腐与保温。

管道安装工程各道工序应严格按照施工图纸、国家标准图集以及施工工艺标准的有关规定进行施工，保证安装施工的顺利进行。

（3）系统基本工艺流程

1）给排水系统基本工艺流程（图 2-39）：

2）卫生洁具安装的基本工艺流程：

安装准备→卫生洁具及配件检查→卫生洁具安装→卫生洁具配件预装→卫生洁具稳装→卫生洁具与墙、地缝隙处理→卫生洁具外观检查→通水试验。

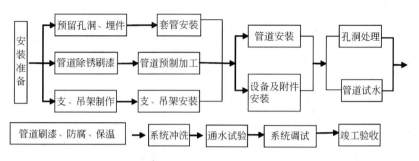

图 2-39   给排水系统基本工艺流程

3）空调水系统安装工艺流程：

安装准备→干管安装及试压→立、支管安装、试压、冲洗→风机盘管吊装→冷冻泵房设备安装、冷却塔就位及安装→设备配管→管道及设备保温→系统调试。

4）消防系统安装工艺流程：

安装准备→干管安装→立管安装→喷洒分层干管消火栓及支管安装→节流装置安装→管道试压→喷洒头支管安装（系统综合试压及冲洗）→水流指示器、消防水泵、高位水箱、水泵接合器、报警阀安装→报警阀配件、消火栓配件、喷洒头安装→系统通水调试。

（4）管道材料及接口方式

各系统管道材料及接口方式的要求：

1）给水管道：热镀锌钢管，螺纹连接。阀门 $DN\leqslant 50$ 者采用铜阀，$DN>50$ 采用对夹式蝶阀。

2）生活污水管采用 UPVC 排水管，密封胶粘结；雨水管道采用焊接钢管，焊接。

3）消防管道采用无缝钢管，焊接；阀门及设备连接处法兰连接；消火栓处螺纹连接。

4）自动喷洒管道：采用镀锌钢管；螺纹连接；大口径法兰连接。

5）空调冷冻水供回水管 $DN<50$mm 采用焊接钢管，焊接或法兰连接；$DN\geqslant 50$mm 时，采用无缝钢管，焊接或法兰连接；冷凝水管采用镀锌钢管，螺纹连接。

（5）管道支、吊架制作安装

管道支架或管卡应固定在楼板上或承重结构上。

1）根据现场管道布置情况及周围结构情况，在管道密集处设置型钢吊架、型钢托架或落地式支、托架，普通管道采用吊杆加抱箍的形式，立管采用立管卡安装。

2）钢管管道支架间距不得大于表 2-50 所列数据。

3）型钢吊架安装：按图纸要求测好吊卡位置和标高，找好坡度，将预制好的型钢吊架放在剔好的洞内，清理洞内，用水泥砂浆填入后塞紧抹平。

钢管管道支架最大间距表   表 2-50

管　径	15	20	25	32	40	50	70	80	100	125	150
保　温	1.5	2	2	2.5	3	3	4	4	4.5	5	6
不保温	2.5	3	3.5	4	4.5	5	6	6	6.5	7	8

4) 型钢托架安装：按设计标高计算出两端管底高度，放出坡线，按间距画出托架位置标记，剔凿墙洞，清理孔洞，将水泥砂浆填入洞深的一半，再将预制好的型钢托架插入洞内，用水泥砂浆把孔洞填实抹平。

5) 立管卡安装：在立管位置中心的墙上画好卡位印记，其高度要求为：层高 4m 及以下者安装一个管卡，同一房间管卡标高应一致，层高 4.5m 以上者平分三段栽两个管卡。

6) 临近阀门及其他大件的管道安装辅助支架，临近泵或设备出口处安装支架，严禁设备承重。

（6）管道坡度

1) 施工中管道坡度严格按照图纸要求安装。

2) 给水横干管以 0.002～0.005 坡度敷设，坡向立管或泄水装置。

3) 排水管道除施工图注明者外，其余污、废、雨水横管按表 2-51 所示坡度安装。

排水管道安装坡度要求表　　　　　　表 2-51

管　　径	50	75	100	150	＞200
坡　　度	0.035	0.025	0.020	0.010	0.008

（7）管道连接的技术要求

1) 丝扣连接：

① 断管：根据现场测绘草图，在管材上画线，按线断管。

② 套丝：将断好的管材按管径尺寸分次套制丝扣，管径 15～32mm 套 2 次，40～50mm 者套丝 3 次，70mm 以上者套 3～4 次。

③ 配装管件：根据现场测绘草图，将已套好丝扣的管材，配装管件。

④ 管段调直：将已装好管件的管段，在安装前进行调直。

2) 法兰连接：

① 管段与管段或管道与法兰阀门连接时，按照设计要求和工作压力选用标准法兰盘。

② 管道的法兰连接处，法兰垂直于管子中心线，法兰的衬垫不得突入管内，连接法兰的螺栓，螺杆突出螺母长度不得大于螺杆直径的 1/2。

3) 焊接连接：

① 管道焊接一般采用对口形式及组对。组对应符合表 2-52、表 2-53 要求。

手工电焊对口形式及组对要求　　　　表 2-52

接头名称	接头尺寸(mm)			
	壁厚 δ	间隙 C	钝边 P	坡口角度 α
对接，不开坡口	＜5	0.5～1.5	0	0
管子对接	5～8	1.5～2.5	1～1.5	60～70
V 形坡口	8～12	2～3	1～1.5	60～75

氧-乙炔焊对口形式及组对要求 表 2-53

接头名称	接头尺寸(mm)			
	厚　　度	间　　隙	钝　边	坡口角度
对接，不开坡口	<3	1～2	—	—
对接，V形坡口	3～6	2～3	0.5～1.5	70～90

② 焊接前要将两管轴线对中，先将两管端部点焊牢，管径在 100mm 以下可点焊三个点，管径在 150mm 以上以点焊四个点为宜。管材壁厚在 5mm 以上者应对管端焊口部位铲坡口。

管材与法兰盘焊接，应先将管材插入法兰盘内，点焊后用角尺找正找平后再焊接，法兰盘应两面焊接，其内侧焊缝不得突出法兰盘密封面。

管道焊接时应有防雨雪措施，焊区环境温度低于 -20℃，焊口应预热，预热温度为 100～200℃，预热长度为 200～250mm。

管道焊缝位置应符合下列规定：

直管段两对焊口中心面的距离间的距离，当公称直径大于或等于 150mm 时，不应小于 150mm；当公称直径小于 150mm 时，不应小于管子外径。

焊缝距弯管起弯点不得小于 100mm，且不得小于管子外径。

环焊缝距支吊架净距不应小于 50mm。

不宜在管道焊缝及边缘开孔。

4）粘结连接：

UPVC 管采用厂家提供的粘胶进行粘结连接。管道连接过程中按图纸要求设伸缩节。管端伸入伸缩节应预留伸缩间隙：夏季施工预留：5～10mm；冬期施工预留：15～20mm。

（8）管道安装

1）安装准备：

认真熟悉图纸，对施工人员进行技术交底，组织施工人员学习相应的施工工艺标准及规范，为安装工作做好准备。

2）预制加工：

按设计图纸画出管路分路、管径、变径、预留管口、阀门及其他附件位置等的施工草图，在实际安装位置作好标记，按分段量出管道实际尺寸，按此进行预制加工。

3）干管安装：

安装时一般从总进入口开始操作。安装前清扫管腔，安装后找直找正，复核甩口位置、方向及变径无误。

4）立管安装：

竖井内立管安装的卡件在管井口设置型钢，上下统一吊线安装卡件。

（9）水泵的安装

1）所有泵组安装前均应认真核对基础尺寸标高及预埋件。

2）水泵安装应在水泵定位找正，稳固后进行。

3）水泵进出水管装设挠性接头。并于出水管上装设自动排气阀、排水旋塞及压力表。

（10）管道及设备的保温、防腐及面漆

1）给水管道：暗装镀锌管在镀锌层破坏处和丝接处刷防锈漆两道，埋地管刷沥青漆两道；明设刷防锈漆两道、银粉两道。地下一层不采暖房间的给水管道均做保温，保温材料采用铝箔超细玻璃棉管壳，外缠铝箔玻璃丝布。吊顶内给水管道做防结露处理，外包20mm闭孔泡沫塑料，外缠玻璃丝布。

2）雨水管道：埋设及暗设雨水管内外刷沥青漆两道，明设外刷红丹防锈漆两道，银粉两道。

消防管道：暗装外刷红丹防锈漆两道，明设外刷红丹防锈漆两道，银粉两道。

3）自动喷洒管道：防腐同给水管道。

污水管道：吊顶内污水管道做防结露处理，外包20mm闭孔泡沫塑料，外缠玻璃丝布。

4）空调水管道：冷冻水管、采暖管采用带铝箔的玻璃棉管壳，空调机房水管采用泡橡塑保温材料。

5）管道试压及系统调试。

（11）管道试压

1）管道试压

① 暗装、保温的管道安装完毕后、隐蔽前按设计规定对管道系统进行强度、严密性试验，以检查管道系统及各连接部位的工程质量。

② 管道试压的程序：

a. 试压前应将预留口堵严，关闭入口总阀门和所有泄水阀门及低处放风阀门，打开各分路及主管阀门和系统最高处的放风阀门；

b. 打开水源阀门，往系统内充水，满水后放净空气，并将阀门关闭；检查系统，如有漏水处应作好标记，修理后重新打压直至不渗、不漏；

c. 拆除试压水泵和水源，把管道系统内水泄净。

③ 试验压力的标准：

室内给水管道的试验压力按1.5P但不得小于0.6MPa，不大于1.0MPa，10min内压力降不大于0.05MPa，降至工作压力后进行外观检查无渗漏为合格。

综合试压，冷热水管道，试验压力同上，试验时间1h，压力降不超过0.05MPa，不渗不漏为合格。

消火栓系统试压：消防系统安装完毕后，全部系统应做静水压试验，试验压力为工作压力加0.4MPa，但最低不小于1.4MPa，压力保持2小时无渗漏为合格。

自动喷洒系统：当设计压力小于或等于1.0MPa时，试验压力为设计工作压力的1.5倍，并不应低于1.4MPa；当设计压力大于1.0MPa时，试验压力为设计压力加0.4MPa，稳压30min，压降不大于0.05MPa，目测管网无泄漏、无变形。

空调水管道试验压力为工作压力的1.5倍，不小于0.6MPa，以10min内压力降不大于0.02MPa，且管道各部位不渗不漏为合格。

2）灌水试验：

排水管道的吊顶，管井等隐蔽工程在封闭前进行灌水试验。

① 污废水管注水高度以一层楼高度为标准，雨水管注水高度至立管上部雨水斗，满水 15min，再灌满延续 5min，不渗不漏为合格。

② 所有水箱做充水试验，24h 各处无渗漏及明显洇湿为合格。

③ 空调冷凝水管做充水试验，满水 15min，再灌满延续 5min，不渗不漏为合格。

（12）系统冲洗

1）管道系统的冲洗在管道试压合格后，调试前进行。

2）管道冲洗进水口及排水口应选择适当位置，并能保证将管道系统内的杂物冲洗干净为宜。排水管截面积不小于被冲洗管道截面的 60%，排水管接至排水井或排水沟内。

3）给水管道以系统最大流量、不小于 1.5m 流速进行管路冲洗，直至出口处的水色和透明度与入口处目测一致为合格。

生活给水系统管道在交付使用前必须冲洗和消毒，并经有关部门取样检验，符合国家《生活饮用水标准》方可使用。给水管道以系统最大设计流量或不小于 1.5m 流速进行管路冲洗，直至出口处的水色和透明度与入口处目测一致为合格。消毒使用每升水中含有 20～30 游离氯的水灌满管道进行消毒，含氯水在管中应滞留 24h 以上。消毒后再进行冲洗。

4）自动喷洒系统管道不小于 3m 流速进行管路冲洗，直至出口处的水色和透明度与入口处目测一致为合格。

5）系统冲洗前将管路上的过滤装置、有关阀门拆掉，冲洗合格后再装上。

（13）通水试验：

给水系统：按设计要求同时开放的最大数量的配水点，全部达到额定流量。

排水系统：按给水系统的 1/3 配水点同时开放，检查各排水点是否畅通，接口处有无渗漏。

卫生器具交工前应做满水和通水试验：满水后各连接件不渗不漏；通水试验给、排水畅通。

排水主立管及水平干管管道均应做通球试验，通球率必须达到 100%。

1）试验用球：外径为试验管径 2/3 的硬质空心塑料小球。

2）试验方法：立管：在立管顶端将球投入管道，在底层立管检查口处观察，小球顺利通过；水平干管：在水平干管始端将球投入、冲水，将球冲入引出管末端排出，在室外检查井中将球捡出。

3）应分系统、分支路进行试验。

（14）卫生洁具安装

1）卫生洁具的安装根据设计及业主选定的产品，参照国家标准图集进行。

2）器具和五金配件、龙头、存水弯按成套产品供应安装。

3）排水栓和地漏的安装应平正、牢固，低于排水表面，周边无渗漏。地漏水封高度不得小于 50mm。

4）卫生器具的固定应采用预埋件或膨胀螺栓，凡是固定卫生器具的螺栓、螺母、垫圈均应使用镀锌件，膨胀螺栓只限于混凝土板、墙，轻质隔墙不得使用。

卫生洁具墙上固定方式，如图 2-40 所示。

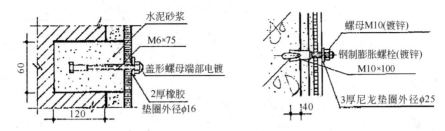

图 2-40　卫生洁具墙上固定方式

5）坐便器地脚螺栓不小于 M6，便器背水箱固定螺栓 M10，螺母下面须用平光垫和橡胶垫（3mm 厚），螺栓外露螺母长度应为螺栓直径的一半。

6）洗脸盆、洗涤盆支架安装必须牢固，器具与支架接触紧密，器具与支架不得用垫块的方法固定器具标高，各类支架均应做好防腐及面漆。下水管与排水管连接处应用油麻和密封胶或玻璃胶封严。

7）卫生器具安装质量标准

卫生器具安装的允许偏差和检验方法，见表 2-54。

卫生器具安装的允许偏差和检验方法表　　　表 2-54

项次	项　目		允许偏差（mm）	检验方法
1	坐标	单独器具	10	拉线、吊线和尺量检查
		成排器具	5	
2	标高	单独器具	±15	
		成排器具	±10	
3	器具水平度		2	用水平尺和尺量检查
4	器具垂直度		3	吊线和尺量检查

卫生器具给水配件安装标高的允许偏差，见表 2-55。

卫生器具给水配件安装标高的允许偏差表　　　表 2-55

项次	项　目	允许偏差（mm）	检验方法
1	大便器高低水箱角阀及截止阀	±10	尺量检查
2	水嘴	±10	
3	淋浴器喷头下沿	±15	
4	浴盆软管淋浴器挂钩	±20	

卫生器具排水管道安装的允许偏差及检验方法，见表 2-56。

（15）通风与空调施工

施工工艺流程图如下：

施工准备→现场测绘→加工制作→现场安装→系统调试→竣工验收。

卫生器具排水管道安装的允许偏差及检验方法表 表 2-56

项次	项 目		允许偏差(mm)	检验方法
1	横管弯曲度	每 1m 长	2	用尺量检查
		横管长度≤10m，全长	<8	
		横管长度>10m，全长	10	
2	卫生器具的排水管口及横支管的纵横坐标	单独器具	10	用水平尺和尺量检查
		成排器具	5	
3	卫生器具的接口标高	单独器具	±10	
		成排器具	±5	

1）施工准备

接到施工图纸后，仔细熟悉图纸，做好图纸会审，及时发现问题，并同甲方与设计院制定出修正方案，尽量排除隐患；编制施工使用机具及材料供应计划，提出正式工程用材料计划、设备计划。

2）现场测绘

① 现场草图要按施工图纸要求，结合工地实际情况进行测绘；

② 要标清系统各名称代号及所在楼层数风管尺寸；

③ 加工件的每个接口及加固措施要书写清楚。

3）加工制作

① 流程图见图 2-41。

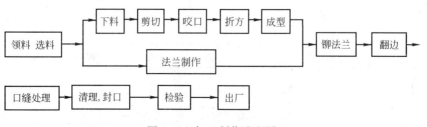

图 2-41 加工制作流程图

② 选料：

空调风管和通风、排风风管采用镀锌风管，钢板厚度见表 2-57。

镀锌风管板厚规定表 表 2-57

圆形风管直径或矩形风管大边长	钢板厚度
≤500mm	0.75mm
530～1200mm	1.0mm
1250～2000mm	1.2～1.5mm

排烟风管采用厚度大于或等于 1.5mm 的钢板制作，风管穿沉降缝用涂塑软管，风管法兰连接处垫料采用 8501 胶带，排烟风管采用石棉扭缆。

人防：设在染毒区的进、排风管采用 2mm 的钢板焊接制做，气密性焊接；预埋墙内部分采用 2mm 的钢板焊接制做。

制作前，首先要检查所用材料是否符合质量、设计要求，有无合格证书或质量鉴定文件。若无上述文件，不得使用。

镀锌板为优质镀锌钢板，不得有锈斑，外观上无明显的氧化层和针孔、麻点、起皮、起瘤等弊病。

型钢等型、均匀，没有裂纹、气泡、窝穴等影响质量的缺陷。

其他材料不能因有缺陷导致成品强度的降低或影响使用效能。

成型后的风管经过自检合格后，请质量检查人员检查，杜绝不合格品出厂。

4）安装工艺

向甲方、监理报验，合格后，方可进行安装，其流程如下：

安装风管吊架→风管连接→风管漏风检查→风管防腐保温→风口安装→管内及设备防尘清扫→空调设备运转→风管空吹→送风→系统调试。

① 风管支吊架的安装

风管支吊架应按照标准图集及验收规范用料规格和作法制作。

吊架安装前，核对风管坐标位置和标高，找出风管走向和位置。

吊杆用料规格见表 2-58。

风管吊杆用料规格表 表 2-58

风管边长（mm）	吊杆规格	风管边长（mm）	吊杆规格
≤630	$\phi 8$	＞630	$\phi 10$

支吊架在制作前，首先要对型钢进行矫正。

抱卡制作外形要美观，尺寸严格按责任工程师交底施工。

支吊架间距符合设计要求。

防火阀、消声器等部件单独设置支吊架。

保温风管支吊架设在保温层外，横担处加木托，防止冷桥；圆形风管与支架接触的地方垫木板，防止风管变形。

② 风管安装

吊架安装完毕，经确认位置、标高无误后，将风管和部件按加工草图编号预排。

为保证法兰接口的严密性，法兰之间加垫料。

风管安装时，据施工现场情况，可以在地面连成一定长度，采用吊装的方法就位，也可以把风管一节一节地放在支架上逐节连接，一般的安装顺序是先干管后支管。

风管安装后，水平风管的不平度允许偏差，每米不大于 3mm，总的偏差不大于 10mm，立管的垂直度允许偏差每米不大于 2mm，总偏差不大于 10mm。

不允许将可拆卸的接口装设在墙或楼板内。

各种阀件安装在便于操作的位置。

连接好的风管，检查其是否平直，若不平应调整，找平找正，直至符合要求为止。

③ 风管严密性检验

　　风管连接好后，按规定应进行漏光法检测或漏风量测试，重点注意法兰接缝、人孔、检查门等部件。一旦漏风，要重新安装或采取其他措施进行修补，直至不漏为止。低压系统按规范采用抽检，抽检率为5％，且抽检不得少于一个系统。在加工工艺及安装操作质量得到保证的前提下，采用漏光法检测。漏光检测不合格时，应按规定的抽检率，作漏风测试。中压系统，抽检率为20％，且抽检不得少于一个系统。

　　④ 风管的防腐保温

　　空调风管采用带铝箔的玻璃棉板保温。

　　法兰连接处不得漏保。

　　保温材料的材质、规格及防火性能必须符合设计和防火要求。

　　普通风管除锈后刷樟丹两道，露明时加灰漆一道，镀锌风管刷灰漆两道。

　　⑤ 风口安装

　　首先对风口质量进行检验，风口表面应平整，与设计尺寸允许偏差不大于2mm。矩形风口两对角线之差不大于3mm，风口转动调节部分灵活，叶片平直，且不得与框碰擦，叶片间距均匀方可安装，在安装中，密切与装修配合，风口装上后，应平、直、正、美观。

　　（16）设备安装

　　1）设备运输到现场后（甲供设备移交我方后），在设备安装前1～3天内，会同甲方、监理、厂家对设备开箱，根据定货合同和随机文件进行核对检查，作好设备开箱记录且签字齐全。确认设备的规格、型号符合订货要求，检查设备的备件、配件是否齐全，有无产品合格证，性能是否符合设计要求，做好设备开箱检查记录。

　　对暂时不能安装的设备和零部件要放入库房，并封闭设备外接管口，以防掉入杂物等，有些零部件的表面要涂防锈漆和采取防潮措施。随机的电气仪表元件要放置在防潮防尘的库房内，安排专人保管。

　　设备的检验项目有：

　　① 设备随机文件，如装箱清单、出场合格证明书、安装说明书、安装图等。

　　② 核实设备及附件的名称、规格、数量，并核实设备的接口位置是否与图纸相符。

　　③ 进行外观质量检查，不得有破损、变形、锈蚀等缺陷。

　　④ 随机的专用工具是否齐全，设备开箱检验后，做好开箱检验记录，检验中发现的问题，由业主、厂家、施工单位协商解决。

　　2）设备运输和吊装时必须谨慎，要对设备进行必要的成品保护。运输过程要保护好设备的外壳，严禁过大的振动，撞击和任意倒转。

　　3）设备检查完后，应作好设备保管工作。

　　4）安装前对设备基础进行预检，检查基础标高及外形尺寸，向土建索取基础施工检验合格单。

　　设备安装前应结合设计和设备厂家的基础图纸检查基础的尺寸、厚度、强度及表面平整度等是否与设计要求一致，具体内容包括：

　　① 用测量仪器检查基础的长度、宽度和高度以及定位尺寸是否与图纸一致。

　　② 基础外观不得有裂纹、蜂窝、空洞及露筋等缺陷。

　　设备基础各部分的允许偏差见表2-59。

设备基础允许偏差表 表 2-59

项目名称	偏差(mm)	项目名称	偏差(mm)
基础外形尺寸	+30	基础上平面标高	2～-20
基础坐标位置	+20	中心线间的距离	1

5) 设备试运前，进行卫生清理，加润滑油。对电机绝缘进行遥测，合格后方可试运。

6) 设备安装调试后，必须进行成品保护。

7) 大型设备制定吊装技术措施

① 冷水机组

A. 冷水机组的卸车和吊装采用吊车；设备从楼后的吊装孔吊入，水平运至基础边，再根据设备重量可采用千斤顶或在楼板上设置吊点的方法就位。

B. 如设备重量不大于 15t，则卸车和吊装过程所使用的钢丝绳采用型号为 6×19+1；直径为 20mm 的钢丝绳，长度根据实际计算；单个卡环的承载不小于 10t；若设备重量大于 15t，则钢丝绳和卡环承载力均需加大。

C. 设备的水平运输可根据设备的外形和重量制作底盘，滚杠采用我公司的专用厚皮滚杠。如运输地面须要保护则可用枕木铺道。

② 室内空调机安装

A. 由于室内空调机比较小，根据现场条件可以利用室外电梯做垂直运输，也可以通过楼梯用人力运至各层，安装。

B. 对于地下室的组合空调机，可以采用从吊装孔吊入，然后再组装。

上述设备的吊装在吊装前还必须有以下具体措施：

a. 必须有详细的施工方案和技术交底。

b. 除吊车设备外，均采用我公司的机索器具并在使用前做严格检查。

c. 特殊工种人员必须持证上岗。

8) 设备试运转

设备的试运转要在业主代表、监理及施工人员的参与下，依据设备有关技术文件、施工方案进行。

① 编制好试车方案并经审批确认。

② 组织好试车小组，进行试车技术交底，邀请有关专家进行现场指导，仔细做好试车前的检查及充分的思想准备和物质准备。

③ 试运转步骤：试运转时按先无负荷后带负荷，先单机后联动，按顺序进行，上一步合格后，再进行下一步的试运转。

④ 在具备试车条件时，按试车方案规定的步骤进行试车。

水泵试运，在设计负荷下连续运转不小于 2h，并应符合下列规定：

a. 运转中不应有异常振动和声响，各静密封处不得泄漏，紧固连接部位不应松动；

b. 滑动轴承最高温度不超过 70℃，滚动轴承最高温度不超过 75℃；

c. 轴封填料的温升应正常，普通填料泄漏量不得大于 35～60mL/h，机械密封的泄漏量不得大于 10mL/h。

⑤ 质量标准：

室内给水设备安装的允许偏差和检验方法，见表 2-60。

室内给水设备安装的允许偏差和检验方法表 表 2-60

项次	项 目		允许偏差（mm）	检验方法
1	静置设备	坐标	15	经纬仪或拉线、尺量
		标高	±5	水准仪、拉线和尺量检查
		垂直度（每米）	5	吊线和尺量及检查
2	离心式水泵	立式泵体垂直度（每米）	0.1	吊线和尺量检查
		卧式泵体水平度（每米）	0.1	
		联轴器同心度 轴向倾斜（每米）	0.8	
		联轴器同心度 径向位移	0.1	

9）成品保护

① 在配合阶段时，敷设管路时，保持墙面、顶棚、地面的清洁完整，补铁件油漆不得污染建筑物。

② 材料、机具、半成品等搬运装卸过程中应轻拿轻放。

③ 暂停施工的系统管道，应将管道开口处封闭，防止杂物进入。

④ 管路敷设完后应立即进行保护，其他工种在操作时，应注意不要将管子砸扁和踩坏。

⑤ 成品在平整、无积水、宽敞的场地，不与其他材料设备等混放在一起，并有防雨设施。

⑥ 配合土建浇灌混凝土时，应派人看护，防止管路位移或受机械损伤。

⑦ 剔槽、剔洞不要用力过猛，不要剔得过宽、过大，影响结构。

⑧ 在交叉作业较多的场所，严禁以安装完的管道作支托、吊架，不允许将其他支、吊架焊在或挂在管道法兰和管道支、吊架上。

⑨ 施工用梯子时，不得碰坏土建墙、角、门、窗等，梯脚应包扎防护物，以防划伤地面并防滑倒。

⑩ 设备材料等运进现场未安装之前，应开箱检查，并分别堆放整齐，对个别材料要采取防雨、防日晒等措施，并派人 24 小时看守。如保温材料现场堆放一定要有防水措施，镀锌铁丝、保温胶等材料应放在库房内保管。

⑪ 在安装过程中，遇与防水及装饰工程项目交叉施工时，应主动与土建施工负责人协商制定统一的施工工序。对土建完成的防水及装饰工程项目，应给予充分必要的保护，不得在上述工程项目完成后，再进行破坏安装。

⑫ 在安装调试阶段，设备、器具、附件等，应采取保护措施，避免碰坏、弄脏、丢失。

⑬ 调试过程中，各种设备及部件在装卸、运输、均应注意成品的保护，另外要做好剩余材料的回收保存。

⑭ 在通水试验之前，应设专人检查地漏是否畅通，阀门是否关好，零件有无短缺，管道是否存在堵塞现象，然后按部位分进行通水，以免漏水使装修工程受损。

⑮ 对于阀门或其他不能乱动的地方做出明显的警示标志。

⑯ 设备部件和电子控制阀应采取保护措施，防止随意碰动后，跑水和漏电。

⑰ 施工过程中若出现安装矛盾的地方，经过与其他专业协商后再施工，不能乱拆、乱动，避免破坏其他专业管道、设施。

（17）通风空调系统调试

在通风管道及其部件、各种通风空调设备安装完毕后，经过管内及设备除尘、清扫、空调设备试运转、风管空吹、送风等工序后，即可进行系统调试。运转调试前会同监理进行全面检查，全部符合设计、施工及验收规范和工程质量评定标准的要求，才能进行运转和调试。

1）进行试运转的条件及准备工作

① 通风空调系统安装完成后，经过检查，应符合工程质量检验评定标准的相关要求。

② 制定系统试运方案，组织好试运技术队伍，并明确试运负责人。根据工程进度制定调试计划，内容包括：调试要求、进度、程序、方法及人员安排。

③ 熟悉设计图纸及有关技术文件，并熟悉有关设备的技术性能和主要技术参数。

④ 设备运行所需电、水源具备条件，系统所在场地土建施工工完场清。

⑤ 按照试运转的项目，准备好数据记录的相应表格。

⑥ 现场验收：调试人员会同设计、施工和建设单位对已装好的系统进行现场验收。

⑦ 试验仪器的准备：转速仪、数字风速仪、声压计、毕托管及微压计、温度计。

2）试运前的检查

① 设备及风管系统

a. 检查通风空调设备外观和构造有无尚无修整的缺陷。

b. 全部设备应根据有关规定进行清洗。

c. 运转的轴承部位及需要润滑的部位，添加适量润滑油。

d. 空调器和通风管道内应打扫干净，检查和调节好风量调节阀、防火阀及排烟阀的动作状态。

e. 检查和调整送风口和回风口（或排烟口）内的风阀的开度和角度。

f. 检查空调器内其他附属部件的安装状态，使其达到正常使用条件。

② 电气控制系统

a. 电动机及配电箱的接线应正确。

b. 电气设备及元件的性能符合技术要求。

c. 继电保护装置应整定正确。

d. 电气控制系统应进行模拟动作试验。

3）设备单机试运

首先点动风机，检查叶轮与机壳有无摩擦和不正常的声响。风机的旋转方向应与机壳上箭头所示方向一致。

风机启动时应用钳形电流表测量电动机的启动电流，待风机正常运转后再测量电动机的运转电流。如运转电流超过额定电流时，应将总风量调节阀逐渐关小，直到降到额定电流值。

在风机正常运转过程中，应以金属棒或长柄螺丝刀，仔细监听轴承内有无噪声，以判定轴承及润滑情况。

　　风机运转一段时间后，用表面温度计测量轴承温度，所测值应不超过设备说明书中的规定，无规定时请参照表 2-61 要求。

轴承温度限值

表 2-61

轴承形式	滚　动	滑　动
轴承温度(℃)	≤80	≤60

　　4）通风与空调系统无生产负荷的测定与调试

　　a. 通风机组、空调机组、新风机组噪声的测定。

　　b. 通风机组、空调机组、新风机组的风量、余压与风机转速的测定。

　　c. 系统与风口的风量的测定与调整，实测与设计风量偏差不大于 10%。

　　d. 防排烟系统正压送风前室内静压的检测。

　　8. 冬、雨期施工措施

　　本工程施工需经过冬、雨期，应采取切实可行的季节性施工措施。冬、雨期来临前，应编制详细的冬、雨期施工方案，随时掌握气象信息，提前安排好施工生产。

　　(1) 雨期施工措施

　　1）雨期施工设备管理

　　① 进入施工现场露天存放的电气仪表设备，如开关箱(柜)、电动机等都要有防雨设施，不容许放在低洼地方，防止被水浸泡。电气仪表设备要尽快运入库房，减少因露天存放而增加的防护设施费用。

　　② 在雨期所有施工用电设备(如电焊机、砂轮机、剪板机、套丝机等)都应有防雨设施。

　　③ 氧气瓶、乙炔瓶在室外放置时应采取防雨措施。

　　2）雨期施工材料的管理

　　① 进入现场的保温材料要存入库房，露天存放时应垫起，用苫布盖好，避免使材料受潮和雨淋。

　　② 在仓库内保管的焊条，要保证离地离墙不少于 300mm 的距离，室内要通风干燥，以保证焊条在干燥的环境下保存。

　　③ 露天存放的钢材下边应用道木或方木垫起避免被水浸泡。

　　④ 材料周围应有畅通的排水沟以防积水。

　　3）雨期施工焊接管理

　　① 雨期室外焊接时，为了保证焊接质量，室外施焊部位都要有防雨棚，雨天没有防雨设施不准施焊。

　　② 电焊条受潮后需烘干再使用。

　　4）雨期施工技术管理

　　① 雨期中与土建配合施工时尤其要注意到：

　　a. 配合土建的预埋电管及管口要封好，以免水和杂物流进管内，影响施工。

　　b. 设备预留孔洞做好防雨措施。如施工现场地下部分设备已安装完毕，要采取措施防止设备受潮、被水浸泡。

② 敷设于潮湿场所的电线管路、管口、管子连接处应作密封处理。

③ 雨期来临时，必须做好屋面防雷网，如果正式防雷网不能安装条件，则需做临时防雷网，避免雷击。

（2）冬期施工措施

1）主要技术措施

① 材料堆放：经除锈、防腐处理后的管材、管件、型钢、托吊卡架等金属制品应放在设有防雪、防滑措施，运输畅通的专用场地，场地周围不应堆放杂物。

② 管道防冻：冬期施工应尽量避免进行打压、试漏等试验，对已施工完的管线应检查是否存有积水，如有积水应采取可靠措施把水卸净，必要时用空气进行吹扫。

③ 卫生洁具防冻：冬期不具备通暖条件时，各种洁具必须将水放净，存水弯应无积水。

④ 冬期通暖时，门窗洞口尽可能封闭严密，可采取临时措施将门窗洞口封堵。冬期通暖时，必须采取措施使室温维持在5℃以上方可进行，如不能及时进行通暖，应采取可靠措施将水放净，以防冻坏管路及设备。同时应把系统与外网断开，以防阀门关闭不严，外网水流入系统。

⑤ 工地临时用水管应采取必要防冻措施。

⑥ 冬期外线施工土方开挖时，应根据动土开挖特性采取适当措施，并严格按规定放坡，以防土方塌落。回填土时，应选择含水量较少的土，并进行覆盖保温或搭设取暖棚，保证回填土为不冻土，回填应选在天气好，气温较高时进行，外线施工应避免在严寒季节进行。

2）安全措施

① 制定现场安全制度，落实安全责任制，做好安全检查及记录。

② 制定防火规章制度。每天应有专人值班，防火人员要经常对现场进行巡回检查，发生事故及时处理。现场要配备足够数量的灭火器材，要有灭火设施。动火应持有效用火证，并采取可靠措施。

③ 施工前要做好对施工人员的安全教育工作，做好安全交底，增强安全人员的安全意识，施工时要有良好的安全防护措施。

④ 临时用电必须达到安全标准，机电设备要有安全防护措施，不完善不得使用，电工要持证上岗。所有用电设备应有防雪罩或置于棚内。

⑤ 施工现场严禁电炉采暖，使用煤炉采暖时要注意通风，严防煤气中毒。

⑥ 下雪后及时清理施工现场，保障道路畅通，严禁随意洒水。

9. 交叉施工的主要技术措施

由于工程中结构、给排水、电气、通风等专业交叉施工，故合理安排专业施工程序，解决各专业和专业工种在时间上的搭接施工，对缩短工期、提高施工质量、保证安全生产非常重要。

电气专业施工程序在整个大程序的安排下原则上是先配合土建预埋，后设备安装和预埋配线同步进行。

1）配合原则

给水管让排水管，让风管，其他给水、热水及消防管交叉时，管径小的让管径大的，压力管道让非压力管道。各工种基本上要本着小管道让大管道的原则，合理布置、确定和调整本工程管道走向及支架位置。

2）管线的合理施工工序

基础房间放线，主龙骨立完→管道初安装→试压→管道保温→封墙吊顶→管道二次安装（卫生洁具，风机等安装）→精装修→管道检查（是否在精装修中遭到破坏）→通水检查→管线清洗→交业主。

3）与二次装修之间的配合

确定二次装修的范围，边界处各专业甩口位置：对于无法确定的二次装修的部位仍按原图施工，二次装修单位进场后，根据二次装修图与二次装修单位协商，确定各施工单位施工范围及交界处配合原则，交叉施工时确定工期及顺序。

① 安装施工单位的责任工程师要熟悉精装修施工图纸，主要了解各部位的吊顶标高、吊顶的综合布局，确定有关设备部件如风口、灯具、喷洒头等的具体位置，要了解墙的具体做法（厚度），精装修单位要及时定出吊顶的标高线、墙面的基准线。

② 风管安装与吊顶龙骨的施工配合。制作安装风管尽量按系统划分，做完一个安装一个，安装前应先做好吊点检查等准备工作，再集中力量突击安装，为吊顶龙骨施工尽早投入创造条件。

③ 散流器等风口安装与吊顶龙骨施工的配合，安装在吊顶上的散流器风口应随龙骨的安装调整而进行，以便对散流器、风口进行进行固定。

④ 精装修在封吊顶、轻钢龙骨墙的时候必须事先得到安装单位的签认，以保证工序的衔接，吊顶内设有阀门、设备处，由二次装修在吊顶上设检修孔，其位置有双方现场确定。

10. 保证质量措施

1）总则

① 建立可靠的质量保证体系

根据我公司的质量方针，本工程具体实施中，我公司将运用先进的技术、科学的管理、严谨的作风，精心组织、精心施工，以优质的产品满足业主的要求。本公司已通过了ISO—9002质量体系认证，并建立了本公司的《质量保证手册》，对各项工作实行规范化管理，加强了质量管理的基础工作，使企业对工程质量保证能力显著提高。

② 建立组织保证体系

建立项目经理承包制，落实质量责任制，使责权利相统一，把工程质量与经济效益挂钩，项目经理对工程进行全面领导，对质量全面负责，是质量的第一责任者，项目技术负责人代表项目经理对质量工作进行具体的管理，是质量第二责任者。建立由项目经理领导，项目技术负责人中间控制，责任工程师、质检员基层检查的三级管理系统。

加强质量意识教育，树立"百年大计，质量第一"的思想，使每个施工人员意识到质量、效益是企业的生命，只有创造优质的工程，提高经济效益，提供优质的服务，才能提高自身的竞争力。

严格试验管理、计量管理，使各项与工程质量有关的工作得到有效控制。

③ 建立一整套行之有效的质量管理制度

质量否决制：坚持质量一票否决制，管理人员所负责的质量方面出了问题，扣发奖金；施工分项没有达到规定标准，不予拨付工程款、工程量不得确认；质量没把握，不得继续施工。

坚持样板制：所有工序施工前，必须先做样板，经各有关人员验收合格后，方可进行工序的大面积施工。

坚持三检制：班组要设自检员，施工队设专检人员，每道工序都要坚持自检、互检、交接检，否则不得进行下道工序。

坚持方案先行制：每项工作必须有实用有效的书面技术措施，否则不得施工。

坚持审核制：每一项工作至少一个人进行审核，特别对技术措施及施工实施，必须多道把关、双重保险。

坚持标准化制：对工作做法，日常工作程序要制定标准，做到事事有标准，人人按标准。

坚持质量目标管理制：根据本工程质量目标为市优长城杯，制定本单位分部、分项工程质量目标，确保质量总目标顺利实现。

2）施工准备过程质量保证措施

按优化的施工组织设计和施工方案进行各项施工准备工作，编制工程项目质量保证计划，预防质量通病。

做好图纸会审和技术交底及技术培训工作，专业工种要持证上岗。

正确选择、合理调配施工机械设备，做好维修保养工作，使机械设备处于良好技术状态。

选派合格的劳务队伍。我分公司工程部经常深入工地对各劳务队伍进行考核，随时解决存在的问题，对不合格队伍坚决予以除名。

3）施工过程质量保证措施

① 严格按照施工工艺标准施工。严格工序管理，坚持自检、互检、交接检，作好隐蔽、预检工作。

② 严格作业指导书制度。为了确保工程质量，在每道工序进行之前均要由责任工程师制定作业指导书，明确作业条件、操作工艺、质量标准和成品保护措施等内容并对施工班组进行交底。

③ 实行工序质量否决权，不合格工序坚决返工。

④ 在关键部位建立质量管理点，开展 QC 活动，向科学管理要质量。

质量管理点明细见表 2-62。

质量管理点明细表 表 2-62

序号	质量管理点	质 量 要 求	责任人
1	套管安装	符合规范要求，位置准确标高正确，填料密实	管道责任工程师
2	管道坡度控制	符合设计及规范要求，严禁倒坡	管道责任工程师
3	管道支架设置	符合规范及设计要求，设置牢固可靠美观	管道责任工程师
4	管道保温	保温材料种类、规格符合设计要求	管道责任工程师
5	风管制安	符合设计要求	通风责任工程师
6	散流器安装	符合要求	通风责任工程师

续表

序号	质量管理点	质 量 要 求	责 任 人
7	软接风管制安	严密松紧适当	通风责任工程师
8	保温	保温材料种类、规格符合设计要求	管道责任工程师
9	开关插座安装	按面板下设计标高，安装牢固，接线符合规范	电气责任工程师
10	灯具安装	2.4m以下应有接地保护，安装牢固美观；接线符合规范	电气责任工程师
11	槽板安装	安装平直、牢固，无翘角，接地线符合规范要求	电气责任工程师
12	防雷网安装	防雷网平直、牢固，焊接良好，符合规范要求	电气责任工程师
13	配电箱安装	标高准确、牢固，内部接线正确，符合规范要求	电气责任工程师

⑤ 建立高效灵敏的质量信息反馈系统。在施工过程中，我们建立以项目经理为中心，以专业管理人员、施工队、业主、监理及工程质量监督站为节点的信息反馈系统，发现问题及时解决，以保证工程质量。

4）质量检验

① 做好分项工程质量验评工作。

② 所有原材料，半成品必须有合格证（材质证明）或检验报告，所有原材料均由我公司物资部统一采购。

③ 所有隐蔽记录必须经业主、监理、公司有关单位验收签字认可，才能组织下道工序施工。

④ 加强成品、半成品的保护工作。

⑤ 技术资料对工程质量具有否决权，因此技术资料必须齐全、完整、及时、真实交圈。

⑥ 严格执行公司对工程质量的奖罚规定，以经济手段促进和确保工程质量的全面提高。

11. 工期保证措施

本工程的工期采用三级网络进行管理。根据施工网络计划，对工期进行分解，制定阶段目标，制定月、旬、周、日工作计划，以实现我公司对业主的工期的承诺。

（1）加强施工准备工作

施工前着手准备完善施工组织设计方案，编制设备、材料、机具供应和进场计划表，以免影响工期。

加强对图纸的审核、与设计的联系，及时发现各专业图纸之间以及与土建图之间的矛盾，避免由于设计的问题，带来返工浪费而影响工期。

（2）加强现场组织协调工作

组成分系统的专业施工管理组，设置专人负责安装工作的协调，根据施工交叉合理程序，编制与土建协调的安装月综合进度计划，逐一落实施工条件与进度安排。

（3）加强质量控制，赢得工期

工程施工中的每一道工序的质量都将影响下道工序的施工工期，因此加强施工过程中的质量控制，是按进度计划施工的有利保证。

（4）加强材料控制，保证工期

根据以往工程施工经验，设备和材料的采购、供应及质量对工期具有很大的影响，因此加强材料供应的计划性，避免由于材料的采购、运输等因素影响工期，保证设备及材料的供应质量是很重要的，为此需做好以下几点：

1）明确人员职责

项目经理：全面组织协调管理安装工程的物资、材料，督促做好物资管理工作。

项目经理部材料员：掌握原材料、成品、半成品、零配件的质量标准，收料时严格按质量标准和采购文件验收，并要求供货方提供材料出厂合格证和试验结论，交资料员存档。当对材料设备质量有怀疑时，应通知质检人员检验确认。做好搬运、贮存、交付过程中的标识管理，并做好记录。

2）材料计划的确定

项目专业责任工程师按分项工程计算所需设备及材料的用量，计算并核对。

3）明确供货方

对于合同中规定的甲供设备、材料，经理部应根据总进度计划向甲方提供供货时间。

4）计划的提供

根据施工进度计划，由项目经理部专业技术员提出材料计划，材料计划单上应注明物资的系统和类别、型号规格、数量、供货日期、物资用途等，有特殊要求应填写清楚，交技术负责人和公司经营部审核签字后，一式五份，责任工程师保留一份，材料员一份，三份交公司经营部进行采购委托分解交物资部。

12. 安全保证措施

（1）安全方针、目标

1）安全方针：

安全第一、预防为主；健全体系、分层管理、分层负责、预控预防、落实责任。

2）安全管理目标：

杜绝重大伤亡事故、因工死亡责任指标为零；

因工负伤频率千分之六以下，其中重伤事故频率万分之四以下；

杜绝急性中毒事故；

杜绝重大机械事故。

3）适用范围主体内容

本工程的《安全文明方案》对本工程的安全方针和安全目标作出具体规定，是贯穿了本工程施工过程中安全文明管理全过程的纲领性文件，是项目安全生产、精品实施计划、创安全样板计划及各项安全保证措施方案的最为重要的依据，并描述了项目整个施工过程安全职能的各要素，适用于本工程施工管理的全过程。

4）组织机构及管理职责

在公司安全监督部的领导下，项目经理成立"安全策划"实施小组，具体负责《安全策划方案》的策划、创建及实施过程中的管理、监督检查及补充完善。

安全方案总策划：项目经理。

组长：项目经理。

副组长：执行经理、项目总工程师。

成员：责任工程师、安全员、材料员、质量检查员。

（2）安全管理

1）项目经理部负责现场安全生产工作，严格遵照施工组织设计和施工技术措施规定的有关安全措施组织施工。

2）在施工过程中对薄弱部位、环节要予以重点控制。

3）对安全生产设施进行必要、合理的投入。重要劳动防护用品必须购买定点厂家的认定产品。施工人员应熟知本工种的安全技术操作规程，正确使用个人防护用品，采取安全防护措施。

4）分析安全难点，确定安全管理难点。在每个特殊施工阶段开始之前，应根据现场实际条件及施工方法预测施工安全难点和事故隐患，确定管理点和预控措施。

5）认真执行安全技术交底制度、班前检查制度、特种作业人员年审制度、安全隐患否决制度。

6）建立安全管理制度：

① 安全技术交底制：根据安全措施要求和现场实际情况，各级管理人员需亲自逐级进行书面交底。

② 班前检查制：专业责任工程师必须督促与检查施工方对安全防护措施是否进行了检查。

③ 对大中型机械设备应设置专人负责，并制定专门的使用、管理、维护措施。

④ 实行周一安全活动制，经理部每周一要组织全体工人进行安全教育，对上一周安全方面存在的问题进行总结，对本周的安全重点和注意事项作必要的交底。

⑤ 定期检查与隐患整改制：经理部每周要组织一次安全生产检查，对查出的安全隐患必须定措施、定时间、定人员整改，并作好安全隐患整改消项记录。

⑥ 管理人员和特种作业人员实行年审制，每年由公司统一组织进行，加强施工管理人员的安全考核，增强安全意识，避免违章指挥。

⑦ 实行安全生产奖罚制与事故报告制。

⑧ 危急情况停工制：一旦出现危及职工生命财产安全险情，要立即停工，同时即刻报告公司，及时采取措施排除险情。

⑨ 持证上岗制：特殊工种必需持有上岗操作证，严禁无证操作。

7）建立安全管理网络：

以项目经理为首，由现场经理、安全员、专业责任工程师等管理人员组成安全保证体系。

（3）电气安全技术措施

1）施工现场和生产中使用的手持电动设备必须设置漏电保护装置。

2）施工现场电工必须持证上岗，必须执行用电安全操作规程。现场临电设施必须由专职电工进行运行维护，严禁非电工接、拆线路及操作开关，如因非电工操作造成的人员伤害及财产损失，由其本人或单位负责。严禁拆改电气设备，任何人不得强令电工违章作业。

3）严格执行国家施工现场临时用电安全技术规范，施工用电采用 TN-S 接零的三相五线制供电系统。所有机具必须达到三级控制两极漏电保护，实行"一机一闸"制，每台设备应有各自的开关箱，严禁用一台电气开关控制多台用电设备，设备开关箱内的漏电保护器额定动作电流不得大于 30mA，额定漏电动作时间不得大于 0.18s。施工现场配电箱内必须有专用的零线端子(N)、接地端子(PE)。

（4）施工现场安全技术措施

1）施工组织设计中必须明确安全技术措施，否则不得施工。

2）施工现场应有排水沟，堆放材料要考虑消防车进入。

3）施工现场一切洞口、过道、出入口均应设置有效的防护。

4）进入施工现场必须戴安全帽，禁止穿拖鞋或光脚，在无防护设施的高空施工时必须系安全带，严禁酒后操作。

5）加强以电、气焊作业，氧气、乙炔及其他易燃、易爆物的管理，氧气瓶与乙炔瓶的间距应大于 10m，及时清除施焊点周围的易燃物，并设专人看火，备好消防用具，杜绝火灾事故的发生。

6）使用电气焊时要有操作证，并清理好周围的易燃易爆物品，配备好消防器材，并设专人看火。

7）线路上禁止带负荷接电断电，并禁止带电操作。

8）熔化焊锡、锡块，工具要干燥，防止爆溅。

9）高空作业所用的梯子应经常检查是否牢固，安放靠梯时，其坡度不得超过 50～70°，梯顶端应固着在建筑物上，底脚应设防滑段，或者下边应有专人扶梯。

10）在梯子或脚手板上使用管钳进行管道及零件的安装时，须一手握住管子，一手握住钳柄操作，不可双手握钳柄，防止滑脱发生危险。

13. 消防保卫措施

（1）贯彻以"以防为主，防消结合"的消防方针，结合施工中的实际情况，加强领导，组织落实，建立防火责任制。建立消防、保卫制度，确保施工安全。作好施工现场平面管理，对易燃物品的存放要设管理专人负责保管，远离火源。

（2）成立防火领导小组，由项目经理任组长，由安全员及责任工程师任组员，配备消防器材、设施，经常检查，发现隐患及时上报处理，现场施工作业，设备、材料堆放不得占用或堵塞消防道路。

（3）施工中的电气设施的安装、维修，均由正式电工负责。严禁私自拉照明线、点电炉，避免电气引起火灾事故。

（4）严格执行现场用火制度，电、气焊用火前须办理用火证，并设专人看火，配备消防器具。

（5）施工中消防管道，设施和其他工程发生冲突时施工人员不得擅自处理更改，应及时请示上级和设计单位，经批准后方可更改。

（6）仓库、现场执行 24 小时消防值班制度，配备足够消防器材不准设置炉灶，不准吸烟，不准点油灯和蜡烛，不准任意拉电线，不准无关人员入库。

（7）施工人员严格执行现场消防制度及上级有关规定。

14. 文明施工措施

文明施工是一个系统工程，贯穿于项目施工管理的始终。它是施工现场综合管理水平的体现，涉及项目每一个人员的生产、生活及工作环境。项目经理是施工管理的第一责任者，主任工程师直接负责文明施工；现场设置专职文明施工管理人员，负责现场文明施工的监督与检查。

（1）各种材料码放位置符合要求，码放高度应符合安全规定。

（2）施工现场责任区要分片包干，健全岗位责任制。

（3）尽可能降低施工噪声，加强施工现场管理，科学合理组织施工，防止扰民。

（4）对施工现场产生的污物、污水采取妥善处理措施。对施工产生的垃圾及时进行清扫、集中处理、集中搬运。

（5）施工人员在施工完毕后，须做到工完场清，保持现场清洁整齐。

（6）在施工人员中加强文明施工宣传，培养良好的文明习惯，树立当代建筑工人的文明形象。

15. 保修及维护

用户服务宗旨：用户的满意是我们永恒的追求。

用户服务手段：工程施工前全面协助、工程施工中全面预控、工程竣工后维修期全面保证。

用户服务保证体系：在施工前和施工中全面开展用户满意度调查，落实《用户服务手册编制计划》；工程从维修期全面履行回访保修制度。

最终服务目的：以业主的完全满意为最终的服务标准。

（1）用户服务目标

1）工程施工阶段服务目标

在工程施工及管理的全过程中，完成对业主的合同承诺是最基本的前提，同时要积极主动、优质高效地为业主进行潜在的服务，协助业主完成与工程相关的具体工作，以达到工程预定的工程成本目标、质量目标、工期目标、管理目标等；在施工的全过程中开展用户满意度调查，及时收集用户意见和建议，为业主排忧解难；落实《用户服务手册编制计划》，在竣工时为业主提供方便、适用的《用户服务手册》。

2）工程竣工后服务目标

保证建筑安装工程的安全和使用功能要求，在维修期全面履行保修合同，对建筑物进行全面的维护和功能性服务，消除业主的后顾之忧，实施无业主投诉工程。

服务守则：服务热情周到；信息交流通畅；反应快速准确；质量保证完善。

组织保证体系：为保证用户服务目标的实现，达到用户服务标准，公司将以项目为主体，围绕本工程成立专门的用户服务领导小组，负责对施工过程中施工环节和施工部位的控制工作，对工程竣工后保修期内的售后服务的组织工作和保修期结束后为业主提供各种延伸服务工作的领导、监督和检查。

3）用户服务保证手段

用户服务实施细则要求有录像、照片资料，为竣工时编制《用户服务手册》及录像作准备。

用户服务要使业主满意，首先必须让业主对工程质量满意，这是大前提，所以用户满意实施以产品质量为基础重点预控。

（2）保修期内的回访、保修工作

1）工程竣工后向用户提供该有关该工程的《用户服务手册》，该手册包括本工程相关结构形式、特点、工程主要应用材料的名称及使用说明,工程有关设备、部位及使用说明书,并针对使用中易出现的问题提出检查、处理方法和使用注意事项。

2)向业主提供《工程保修服务卡》,使业主对该工作的有关使用情况能予以充分的了解,并予以监督、检查。

3)工程保修期开始前,由项目经理部有关人员对该工程相关产品的性能,使用方法及使用要求对用户使用、操作人员进行系统培训,以使用户、操作人员具备一定的专业技能,如设备等(要求相关专业在施工过程中就对该项工作作好准备,注意收集资料)。

4)定期对季节性使用功能和设备进行联合检查,项目经理部在特殊时期,由生产经理组织检查。如夏季使用的空调机组在进入夏季前进行全面检查运行是否正常,整个过程有检查计划、整改实施措施、结果分析总结(附照片及录相资料)。

5)在保修期间发现问题的处理:设专职保修人员在现场监督,对发现的问题进行及时处理。

6)每半年对工程进行一次定期回访,以及不定时随访,同用户进行沟通,了解用户对使用功能不完善方面的意见、建筑安装使用功能和安全方面存在的问题和隐患、处理急需解决的质量问题,了解用户对项目的评价及后期出现的质量缺陷。

(3)保修期后的回访保修

本着"用户的满意是我们永恒的追求"的服务宗旨,在保修期满后,我们将一如既往为用户进行全面的服务,定期进行回访,对业主提出的问题及时处理,为了让业主放心,我们将指定专人对工程负责用户服务工作,并定期向用户提供有关工程方面的咨询,做好业主的参谋。

五、电梯安装工程施工方案编制实例

1. 工程概况

该工程有四部电梯安装。电梯型号详见施工图(略)。

2. 施工前准备工作

(1)设备清点和运输存放

1)清点核对随机技术文件:

包括电梯安装说明书、使用维护说明书、易损件图册、电梯安装平面图、电气控制说明书、电路原理图和电气安装接线图、调试说明书、装箱单、合格证等。

2)设备运输和存放:

① 将曳引机、控制柜、限速器装置、承重梁等运至机房。

② 其余各零部件放置指定库房之中。

(2)熟悉图纸及资料

1)读图:组织有关人员认真阅读:

① 由建设单位所提供的电梯井道、机房土建、电梯平面布置等图纸并加盖公章;

② 由电梯制造厂家所提供的设计制造图纸,包括机械安装图,电气安装图,原理图等图纸。

2)审图:按下述几方面认真核对设计制造图纸与土建基础图纸并做好记录。

① 核对井道的深度、宽度、底坑深度、顶层高度、提升高度对安装的影响。

② 核对轿厢的规格和有关尺寸、开门方式和厅门洞的位置尺寸。

③ 核对机房位置、形式、尺寸及与井道的关系，地板的承受能力，各种预留孔的位置和尺寸，曳引机在机房内的位置和方向，曳引机底座和承重钢梁的位置。

④ 核对引入机房的电源线位置和容量，确定电梯总电源闸刀开关，照明总闸刀开关的位置。

⑤ 核对和确定控制柜的位置，机房和井道的电线管、电线槽的敷设方法。

⑥ 核对和确定限位开关装置、限速器装置、平层换速传感器装置、机械选层器及钢带、井道总接线箱、电缆架等到在机房和井道内的位置。

⑦ 做好设计变更、洽商记录。

（3）井道内脚手架的搭设

1）按照厂家提供的图纸搭设。

2）井道内脚手架的搭设必须符合《北京市建筑施工现场安全防护基本标准》、《建筑安装工程脚手架安全技术操作规程》、《高层建筑工程钢管脚手架安全技术暂行规定》的规定。

3）脚手架必须经过安全技术部门检查验收合格后，方可使用。

4）脚手板铺设要求，脚手架每步最少铺 2/3 的脚手板，各层交错铺板；脚手板两端探出排管 150～200mm，用 8 号铁丝将其与排管绑牢。

（4）施工照明及用电

1）井道照明单独供电，在底层应设有控制开关，供电电源还应设短路和过载保护。

2）在井道中按作业点或间隔 2～2.5m 处，设置带防护罩的且电压为 36V 的照明灯。

3）井道照明有足够的亮度，并根据施工需要在适当位置设置手把灯插座。

4）顶层、底坑应设有两盏以上的照明灯。

5）机房内照明灯每台电梯应有两盏以上。

6）电焊机应单独设开关。

7）现场施工用电、照明用电必须符合国标《施工现场临时用电安全技术规范》要求。

8）必须备有手持应急灯。

9）井道门中必须设置示警灯。

（5）须土建和甲方配合的项目

1）须土建配合的项目：

① 清理井道及搭设脚手架，脚手架的搭设必须符合要求。

② 对不合格的井道和厅门、呼梯盒等到要进行剔凿。

③ 提供必要的临时设备，包括设备库房及办公、生活场地。

2）须甲方配合的主要项目：

① 提供电梯订货图纸及土建井道、机房图。

② 及时和厂家联系解决设备本身的问题。

③ 提供设备安装所须的必要场地及正式电源。

3. 机索器具、检测仪器及主要材料

（1）机索器具明细表，见表 2-63。

所需机索器具计划表　表2-63

序号	名　称	规格与型号	数量	用　途	备注
1	电锤	8~22	2把	打墙眼	
2	冲击钻	6~13	2把	机加工	
3	台钻	6~16	1把	机加工	
4	老虎钳	150~200	1把	配　线	
5	磨光机		2个	磨　光	
6	砂轮架	120×20.2	1台	机加工	
7	电烙铁	75~150W	1个	配线用	
8	手持弯管器	15~50	1把	配线用	
9	套丝板	15~50	1把	配线用	
10	管钳子	25~50	1把	配线用	
11	管子压力台	2号	1台	配线用	
12	管子割刀(无齿锯)	15~50	1台	配线用	
13	套筒搬手		2套	安　装	
14	梅花搬手		2套	安　装	
15	活搬子	100~300	4把	安　装	
16	钢锉	各种形状	2套	机加工	
17	什锦锉	各种形状	2套	机加工	
18	钢锯		2个	机加工	
19	吊线锤	5~10kg	10个	放　线	
20	油枪		2个		
21	吹风器		1个	除　尘	
22	液压开孔器		1台	开　孔	
23	滑轮	3t	2个	吊　装	
24	千斤顶	5t	1个	起　重	
25	捯链	2t	1个	吊　装	
26	起道器	10t	1个	起　重	
27	喷灯		2个		
28	卷扬机	3t	1台	吊　装	
29	气焊工具		2套		
30	电焊工具		2套		
31	其他工具		若干		

（2）检测仪器、工具明细表，见表2-64。

（3）试验仪器和量具的精度要求：

检测仪器、工具明细表 表 2-64

序号	名 称	规格与型号	数量	备注
1	接地电阻测试仪	ZC-8	2台	
2	绝缘电阻测试仪		2台	
3	万用表		2台	
4	钳型电流表		2台	
5	示波器		1台	
6	转速表	HMZ	2个	
7	声级计	HTSS	1台	
8	数字温度表	WHY150	2个	
9	百分表(带表座)		3个	
10	对讲机		2对	
11	拉力计	20kg	2个	
12	磁力线坠		4个	
13	对线器	16 对	1个	
14	塞尺	0.02~0.5	3	
15	表秒		2个	
16	框式水平仪		2个	
17	找道尺		1个	制作
18	各种尺类		若干	
19	水准仪、经纬仪		各1	
20	卡尺		2个	
21	其他工具		若干	

1) 质量、力、长度、时间和速度——±1‰；

2) 加速度——2%；

3) 电压、电流——±5%；

4) 温度——±5℃；

5) 所有仪器和量具必须有有关计量检测部门的鉴定合格证。

(4) 主要材料：

1) 角钢：∟63×63：30m；

2) 电焊条：60kg；

3) 膨胀螺栓 ϕ16：300 个；

4) 放线钢丝 ϕ0.8mm：20kg。

4. 安装施工工艺及质量要求

(1) 施工工艺流程

样板的制作→粗放井道测量线→测量井道尺寸、确定基准线→放线、校线→导轨架及导轨安装→厅门安装→轿厢的安装→缓冲器安装→对重安装→曳引机安装→电气设备安装→试运行。

1）严格执行《电梯安装验收规范》（GB 10060—1993）质量标准。

2）要随时做好各项检查记录。

3）生产必须服从安全，质量第一。

（2）施工方法及质量要求

1）样板制作安装及基准线挂设

① 工艺流程：

样板制作→搭设样板架→测量井道确定基准线→样板就位、挂基准线。

② 样板制作及搭设：

a. 木料应干燥，光滑平直，且不宜变形，四面刨平互成直角，其尺寸宽×厚：100mm×100mm（注：可以采经过直角钢制作）。

b. 在机房楼板下面约 0.8m 左右的井道墙壁预留孔上，放置两根 100mm×100mm 的木方（或用槽钢）并用水平尺找平垫实，固定好（如无预留孔，可用角钢作支架）。

c. 将样板架放木方上，垫实找平，用水平尺，其水平误差不得大于 3/1000。

③ 测量井道、确定基准：

先放厅门地坎线两根，间距为厅门宽度。逐层测量各个尺寸，然后对测量的各尺寸进行分析，使各部分均符合图纸要求，做到剔凿最少、最合理。

④ 放其余基准线

以上确定的两条（或四条）基准放大导和小导支架中心线。同时可以确定中心线。各基准线并非要求一次放出，可根据施工工艺依次放出。

基准线共计 10 条，其中：

轿厢导轨基准线：4 根；

对重导轨基准线：4 根；

厅门地坎基准线：2 根。

⑤ 在距底坑地面 0.8～1.0m 高度处，用木方支撑固定一个和井道上样板架一样的下样板架，用 U 形钉将铅垂线固定在下样板架的木梁上。

2）导轨支架及导轨的安装

① 工艺流程：

核算预埋铁、放线并安装隔梁→安装导轨支架→安装导轨→调整导轨。

② 安装隔梁：

根据两台电梯基准线，并以图纸尺寸确定中间隔梁位置并放线。根据基准线和导轨支架位置焊接工字钢梁。如预埋铁位置不符或没有，可经监理和甲方同意后用角钢做支架。

③ 安装导轨支架：

a. 首先按所放的导轨架中心线各辅助线准确测量和确定上、下两个导轨架的位置，并将这两个导轨架固定好，然后再固定中间各支架，使每两个导轨支架间距离不大于 2.5m，同时满足如下条件：

最上支架位置距顶板不大于 500mm；

最下支架位置距底坑装饰地面不大于 1000mm；

导轨支架与导轨连结板不能相碰，错开净距离不小于 30mm；

两列导轨的接头不能在同一平面；

两导轨支架距离不大于 2500mm。

b. 若电梯井壁为砖结构时，协商解决。

c. 安装后质量要求：导轨架的水平度不应超过 5mm。

d. 安装导轨：

准备工作：对导轨进行检验，有无外伤、变形、弯曲等现象，然后将导轨用汽油或煤油逐一擦拭干净；测量并记录支架位置与预拼导轨接头位置，计算核对，然后进行编号，两列导轨接头相互交错 1/2 轨长，并截出所需的长度导轨备用；在底坑用导轨基准线找正槽钢底座，找平垫实，其水平误差不大于 1/1000，然后用混凝土灌实抹平，在槽钢上放置接油盒。

放导轨中心线及附辅线。为便于测量，线和导轨距离核查各线并固定后，方可安装导轨。

吊装导轨通过预先设置的滑子和尼龙绳，先将第一根导轨置于接油盒中立起，并以此往上逐根吊装并对接，并随时用压导板和螺栓把导轨固定在导轨架上，不允许焊接或用螺栓直接固定。

导轨调整：采用粗校卡板校正，分别自下而上地初校两列导轨的三个工作面与导轨中铅垂线之间偏差；用找导尺检查测量两列导轨间距离及垂直、偏扭；每列导轨工作面与中心铅垂线偏差每 5m 应不大于 0.7mm；整修高度相互偏差不应大于 1mm；导轨接头处缝隙不大于 0.5mm。

3）机房设备的安装

① 工艺流程：

a. 机械设备：

机房设备放线→承重梁安装→曳引机基座→安装曳引机和导向轮，同时安装限速器。

b. 电气装置：

控制柜→机房布线→电源开关。

② 施工方法：

a. 根据井道样板上的基准线用线坠通过机房预留孔洞，将样板上轿厢导轨轴线、轨距中心线引到机房上来。

b. 根据图纸尺寸要求的导轨轴线、轨距中心线、两垂直交叉十字线为基础。划出各孔的准确位置，确定曳引机位置。

c. 承重梁安装：将 30 号工字钢两根，一端放入承重墙内，另一端放置在混凝土墩上。

d. 曳引机与导向轮：

曳引机安装：曳引机用捯链吊装就位在混凝土台上；在曳引机上方沿对重中心和轿厢中心拉一水平线，而且从该水平线悬挂下放两根铅垂线，并分别对准井道中样板架标出的轿厢中心点与对重装置中心点。再按曳引轮的节圆直径，在水平线上，再悬挂放下另一根铅垂线，并根据轿厢中心线与曳引轮的节圆直径铅垂线，支调整曳引机安装位置。用磁力线调整曳引机偏差。

调整后，曳引轮在前后和左右方向误差分别不超过 ±3mm 和 ±2mm；曳引轮的轴向水平度、铅垂线下边轮缘的最大间隙应小于 0.5mm。

导向轮：在机房楼板或承重梁上放下一根铅垂线，并使其对准井道样板架对重装置中心点，然后在该铅垂线两侧，根据导向轮的宽度另放两根辅助铅垂线，以校正导向轮的水平方向偏置。

要求：导向轮与曳引轮的不平行度应不大于 1 mm；导向轮的不垂直度不大于 0.5mm。

e. 控制柜：

根据布置图要求，将柜校正后，先用砖块把控制柜垫到需要高度，然后敷设电线管或电线槽，待电线管或电线槽敷设完后再浇灌水泥墩子。

位置要求：控制柜距门、窗不小于 600mm；控制柜的维修侧距离不小于 600mm；控制柜距机械设备不小于 500mm；控制柜的垂直度不大于 3/1000。

f. 机房布线：

电梯动力与控制线路应分离敷设，从进机房电源起零线和接地线应始终分开。接地线的颜色为黄绿双色绝缘电线。除 36V 及其以下安全电压外的电气设备金属罩壳均应设有易于识别的接地端且应有良好的接地。接地线应分别直接接至地线柱上，不得互相串接后再接地。

线管、线槽的敷设应平直、整齐、牢固，线槽内导线面积不大于槽净面积的 60%；线管内导线总面积不大于管内净面积的 40%；软管固定间距不大于 1m。

4）厅门安装

① 工艺流程：

安装地坎→安装立柱、滑道、门套→厅门安装→机锁。

② 安装方法：

a. 安装地坎：

先将型钢牛腿固定好，再将地坎固定在上边，必须满足地坎不水平度不大于 1/1000；高出最终装饰地面 5～10mm，并抹灰成 1/1000～1/50 斜坡。施工具体方法见厂家安装说明书。

b. 安装立柱、滑道、门套：

先将门立柱用螺栓固定在井道壁及地坎上，再将门滑道用螺栓固定在门立柱及井道壁上，立柱与导轨调节达到要求后，将门立柱外侧与井道间空隙填实，以防止冲击产生偏差。

③ 安装调整厅门：

a. 将门底导脚、门滑轮装在门扇上，把偏心轮调到最大值（和滑道距离最大）然后将门底导脚放入地坎槽，门滑轮挂到滑道上。

b. 厅门安装调整后，应使门扇之间，门扇与门套之间，门扇与地坎之间的间隙都不大于 6mm。用手推拉门扇应无噪声和跳动现象。

5）轿厢安装

① 工艺流程：

准备工作→下横梁→轿底→立柱→上梁→安全钳→导靴→组装轿厢→轿厢门系统。

② 施工方法：

a. 拆除上端站脚手架（但保留样板架）。

b. 在与轿厢中心对应机房地板预留孔处悬挂一只 3t 的捯链，以便吊装用。

c. 在上端站的厅门门口地面与对面井道壁之间水平架起两根不小于 200mm×200mm 的方木(或槽钢)；一端平压在厅门门口上，另一端水平地插入井道的后壁的墙洞中(如无预留孔可用角钢支架)，组装轿厢支承架。两根木方(或槽钢)在同一水平面上，并用木料顶挤牢固。

d. 把轿架下梁放在支撑架上，使两端的安全嘴与两列导轨的距离一致，并校正校平，其不水平度不大于 2/1000mm。

e. 把轿厢固定底盘放在下梁上，用四组垫木垫好并校正，其平面的不水平度不应超过 2/1000。

f. 将两侧立柱与下梁轿底用螺栓连结并紧固。立柱在整个高度上的不铅垂度不超过 1.5mm。

g. 用捯链吊起上梁，并用螺栓与两边立柱紧固成一体，紧固后的上下梁和两边立柱不应有扭转力矩存在。

h. 把安全钳的楔块放入下梁两端的安全嘴内，装上安全钳拉杆，使拉杆的下端与楔块连接，上端与上梁的安全钳传动机构连接，并使两边楔块和拉杆的提拉高度对称且一致，使安全嘴底面与导轨正工作面的间隙为 3.5mm，楔块与导轨两侧工作面的间隙为 2~3mm。

i. 安装和调整导靴，使两边的导靴垂直，然后调整导靴的调整螺丝，使上下导靴中心与安全钳中心点在同一垂线上，横向两导靴在同水平面上。

j. 将活动轿厢底盘准确安放在轿厢架的固定底盘上，并垫好减振橡胶垫。用捯链将轿顶吊挂在上梁两面，将每面轿壁组装成单扇后与轿底、轿顶固定好，其不铅垂度不大于 1/1000mm。先装后壁、侧壁，再装前壁。

k. 轿轴门系统组装：安全过程与厅门基本相同。安全触板要垂直安装，厅门全部打开后安全触板端面和轿端面应在同一垂直平面上。

6）缓冲器的安装

① 根据安装平面布置图初步将缓冲器就位。

② 在轿厢(对重)碰击板中心放一线坠，移动缓冲器，使中心对准线坠，来确定缓冲器在槽钢座上的位置，其位移不超过 20mm。

③ 缓冲器顶面的水平误差小于等于 4S/1000(S 为缓冲器的顶面直径)。若不符合需调整加入垫片，面积不得小于缓冲器底部面积 1/2。

④ 活动柱塞的不铅垂度应不大于 0.5mm。

7）对重安装

① 工艺流程：

准备工作→对重框架→对重导靴→计算安装对重块。

② 准备工作：

a. 在距底坑约 5~6m 高处，在两列对重导轨的中心处，牢固地安装一个用以吊对重用的捯链。

b. 在底坑架设一个由方木构成的木台架，其高度为底坑地面到缓冲位置时的距离。

c. 将对重框架一侧上、下两个导靴拆下。

③ 对重框架吊装：

用捯链将对重框架吊装放在木台架上，使其导靴与该侧导轨吻合。

8）曳引绳安装

① 工艺流程：

确定绳长→放绳、断绳→做绳头、挂绳→调整钢丝绳。

② 确定绳长：

轿厢位于顶层位置，对重位置底层距缓冲器行程 S 处，采用直径 2mm 铁丝由轿架上梁起通过机房内绕至对重上部的钢丝锥套组合处做实际测量，并加 0.5m 的余量，即为曳引绳的所需长度。

③ 放绳、断绳：

放开钢丝绳，检查钢丝绳有无打结、死弯、锈蚀、松股等现象，在施工现场进行预拉伸以消除内应力或者在挂绳时，一端与桥架上梁固定后，另一端自由悬挂亦能起到部分消除内应力的作用。断绳前应分三段绑扎，然后再用剁子断绳，严禁用气焊割断。

④ 做绳头，挂钢丝绳：

a. 做绳头：用汽油清洗锥套，再将绳穿入，解开绳端的铁丝将各股钢丝松散，拧成花节或回环，接着将做好的绳端拉入锥套内，钢丝不得露出锥套。将巴氏合金加热到 270～350℃ 即到颜色发黄的程度，去除渣滓，同时把锥套预热到 40～50℃，此时即可浇灌，浇注面应高出锥套孔 10～15mm。浇口用石棉布包扎好，下口用石棉绳扎严。

b. 挂钢丝绳：将绳从轿厢顶通过机房楼板绕过曳引轮，导向轮至对重上端两端连接牢靠。曳引绳挂好后，用井道顶捯链提起轿顶，拆除托轿顶的横梁，将轿顶放下。

⑤ 调整钢丝绳：

用 200N 拉力计在梯井 3/4 高度处，人站在轿厢顶上，将各钢丝绳横拉出同等距离，其相互张力差不超过 5%，达不到要求进行调整，绳头螺丝必须用双螺母，对重底下安装调整铁剁。

9）电气设备的安装

① 工艺流程：

井道电气设备→轿箱电气设备→层门电气设备→线路安装敷设。

② 井道设备：

a. 终端减速开关、终端强迫减速开关、终端限位开关、终端极限开关，均按图纸要求安装。且轿厢或对重触接缓冲器之前极限开关必须动作，安装后必须保证碰铁与开关可靠接触，并动作可靠。

b. 底坑停止开关及井道照明设备安装：

停止开关的位置应是检修人员入底坑后能方便接近、操作方便、不影响电梯运行的地方。

封闭式井道内设置永久性照明装置。井道最高处与最低处 0.5m 内各装一灯，中间灯距不超过 7m。

中间分线箱及电缆架：中间接线箱设在井道壁上，其高度＝1/2 电梯行程＋1500mm＋200mm；电缆架应安装在接线箱下方 200mm；都用膨胀螺栓固定在井道壁上，安装后要根据随行电缆既不能碰轨道支架、又不能碰厅门地坎的要求来确定。随行电缆长度应使轿厢缓冲器完全压缩后略有余量，但不得拖地。

c. 轿厢电气设备：

轿顶接线盒、线槽、电线管、安全保护开关要按厂家安装图安装，安装调整开门机构和传动机构，使其符合厂家设计要求。护栏各连接螺丝要加弹簧垫圈紧固，护栏高度不得超过上梁高度，平层感应器和开门感应器要根据感应铁位置调整，各侧面应在同一垂直面上，其垂直度偏差不大于1mm。

轿内操纵箱、信号箱轿内层楼显示器，按厂家及设计要求安装在壁板上，照明设备、风扇的安装应牢固、牢固可靠。

d. 层站电气装置安装：

指层灯箱装在厅门正上方距离门框250～300mm，离地面1300mm左右，面板应垂直水平凸出墙壁2～3mm。

10）试运行

① 工艺流程：

准备工作→电气线路检查试验→静态测试调整→曳引机试运转→慢车试运行→快车试运行→自动门调整→安全装置检查试验→负载运行及性能测试→功能试验。

② 准备工作：

a. 在拆除脚手架之前，应对设备进行全面细致检查，检查各部件安装是否符合要求，各部位的螺栓、垫圈、弹簧垫、双螺母是否齐备紧固，销钉开尾合适，同时对全部机械电气设备进行清洁、除尘。

b. 全部机械设备的润滑系统均应按规定加好润滑油。

c. 检查厅门机锁、电锁及各安全开关是否功能正常，安全可靠。

③ 电气线路检查试验：

a. 电气系统的安装必须严格按照厂方提供的电气原理图和接线图进行，要求正确无误，连接牢固，编号齐全准确。

b. 测试有关电气线路的绝缘电阻不小于0.5Ω，并做好记录（微机控制时不能用摇表）。

c. 在机房控制柜中采用手动吸合继电器、短接开关等方法模拟选层按钮、开关门的相应动作。观测控制柜上的信号显示、继电器及接触器的吸合状态。并对电气系统进行如下检查：

信号系统检查：批示是否正确，光亮是否正常。

控制及运行系统检查：通过观察控制屏上继电器及接触器的动作，检查电梯的选层、定向换速截车、平层等各种性能是否正确。门锁、安全开关、限位开关等在系统的作用；继电器、接触器、本身机械、电气联锁是否正常同时还检查电梯运行的启动、制动、换速的延时是否符合要求，以及屏上各种电气元件运行是否可靠、正常；有无不正常的振动、噪声、过热、粘结等现象。

④ 引机试运转：

a. 将电体曳引绳从曳引机摘下，恢复电机及抱闸线路。

b. 单独给抱闸线圈送电，检查闸瓦间隙、弹簧力度、动作灵活程度及吸合时间是否符合要求，同时检查线圈温度，应小于60℃。

c. 拆去曳引机联轴器的连接螺栓，使电机可单独进行转动。用手盘动电机使其旋转，如无卡阻及声响正常时，启动电机使之慢速运行，检查各部件运行情况及电机轴承温升情

况。再进行快速运行，并对各部运行及温度情况继续进行检查，轴承温度要求为：油杯润滑不超过75℃，滚动轴承不超过85℃。

d. 连接好联轴器，手动盘车，检查站曳引机旋转情况，正常后将曳引机盘根压盖松开，启动曳引机使其慢速运行，检查各部位运行情况，注意盘根处，应有油出现，曳引机的油温度不得超过80℃。轴承温度同上。如无异常，5min后改为快速运行，并继续对曳引机及其他部位进行检查。若正常，半小时后，试运转结束。在试运转的同时逐渐压紧盘根压盖，使其松紧适中，以每分钟3～4滴为宜。

⑤ 慢车试运行：

a. 本过程是电梯能够进入检修状态下进行的。

b. 在机械部分调整好后，才能进行制动器的电气调整，目的是制动器不随电压的波动而造成误动作。

c. 对梯井内各部位进行检查，主要有：开门刀与各层门地坎间隙；各层门锁轮与轿轮地坎间隙；平层器与各层铁板间隙；限位开关，越程开关等与碰铁之间位置关系；轿厢上、下坎两侧端点与井壁间隙；轿厢与中线盒间隙；随线选层器钢带、限速器钢丝绳等与井道各部件距离。

d. 注意交流双速电机慢车运行时间不应超过3min，以免烧电机。

⑥ 快速负荷试车：

载慢车将轿厢停于中间楼层，轿内不载人，按照操作要求，在机房控制柜处，手动模拟开车。先单层，后多层上下往返数次。无问题后，试车人员进入轿厢进行实际操作。试车中对电梯的信号系统、控制系统、驱动系统进行测试、调整，使之全部正常，对电梯的启动、加速、换速、制动、平层及强迫缓速开关，限位开关、极限开关、安全开关等位置进行精确的调整，应动作准确、安全、可靠。

⑦ 安全装置检查实验：

检查各机械及电气安全装置是否准确无误，动作灵敏。

⑧ 负载运行及性能测试：

a. 供电系统断相、错相保护装置：

将总输入线断去一相和交换相序，控制应有报警显示，电梯应不能工作。

b. 层门锁与轿厢门电气联锁装置：

当层门或轿厢门没有关闭时，操作运行按钮电梯应不能运行。

轿厢运行时，人为将层门或轿厢门打开，电梯应停止运行。

c. 超速保护装置—限速器、安全钳：

电梯在底层端站的上一层，轿厢空载，用不大于0.63m/s速度向下运行，在机房人为动作限速器，此时：安全钳开关动作使电机停转；安全钳卡住导轨。

d. 缓冲器试验：

轿厢以空载和额定载荷，分别对对重缓冲器和轿厢缓冲器进行静压5min，然后放松缓冲器，使其回复正常位置，复位时间不大于120s。

e. 主电源开关：

每台电梯应单独设有一个切断该电梯的主电源开关，该开关位置应能从机房入口处方便迅速地接近。使该开关不应切断下列供电电路：轿厢照明和通风；机房和滑轮间照明；

电梯井道照明；机房、轿顶、底坑的电源插座。

f. 平层调整：

轿厢分别以空载和额定载荷两个工况运行。轿厢以达到额定速度的最少间隔层站为间距作上、下运行。测量平层后轿厢地坎上平面对层门地坎上平面垂直方向的差值。

g. 平衡系数：

轿厢以空载和载荷为额定载荷的 25％、50％、75％、100％、110％作上、下运行。当与对重运行到同一水平位置时，用钳形电流表测得主电源的一相或二相上相应负载的电流值。

根据测得负载电流数值，绘制曲线交点应为 0.4～0.5 左右，若不符合，将调整对重块的数量，再进行测量，直到符合要求。

5. 劳动力安排及施工进度

(1) 劳动力安排

管理人员：2 名；

安全员、质检员各 1 名；

电梯安装工：10 名。

(2) 工程进度

人员进场时间：××年×月；

电梯安装绝对工期：150 天。

6. 安全注意事项

(1) 严禁赤脚或穿拖鞋进入施工现场；施工时不允许穿短裤或背心施工；严禁酒后施工；严禁带病施工或疲劳操作；严禁穿带钉易滑的鞋进行施工；每个施工人员根据施工需要正确穿戴好个人防护用品。

(2) 进入施工现场必须戴安全帽，安全帽必须系好帽带，在井道内进行安装时或其他处进行高空作业时，必须系好安全带；随身携带工具袋，严禁投掷物料、物体打击与空中坠物。

(3) 严禁非施工人员进入安装现场，施工人员进入施工现场必须注意安全，"一停、二看、三通过"，禁止现场随意走动；对于从事特种作业人员(如电工、安装维修工、电焊工、起重工等)必须持证上岗；对于新的施工人员必须经过三级教育，经考试合格后，方可进行施工。

(4) 严禁在安装现场吸烟；严禁追逐、嬉戏打闹、攀谈；严禁进入非施工范围内建筑物或房屋内；严禁损坏各种设施、装置与设备，施工时，要精力集中，坚守岗位，未经允许不得从事非工种作业；施工人员必须严格执行操作规程；施工中要服从统一指挥，不得野蛮施工。施工人员对操作不安全或违章作业指令有权拒绝。

(5) 施工现场各种设施的设置(包括脚手架的搭设、脚手板的铺设、安全网设置、安全护栏、临时用电、防火设施等)必须严格按国家规定的标准设置，并经过有关安全部门验收合格后才能使用。在各层门必须设置安全防护及红色示警灯、标志牌子等，未经工长允许不得随意挪动及拆除。

(6) 施工现场的临时用电，应符合国家标准规定。各种电气设备和电力施工机械的金属外壳、电动工具、金属支架和底座必须按规定采取可靠的接零和接地保护；电闸箱、配电盘装设漏电保护，照明灯电压不超过 36V；施工照明要保证足够亮度。

（7）开箱检查后零部件应有计划地、合理地堆放和保管，防止丢失、雨淋、严重挤压等造成零部件的损坏，对于细长的构件或材料严禁直立放置，应平放垫实。

（8）施工时，机房地板的预留孔必须用盖板盖严，并经常检查；井道内一般不允许立体垂直交叉施工，若必须施工时，两层间必须设有确实可行防护设施；井道内必须靠近工作面设置安全网。

（9）安装施工前，施工人员必须对所使用的机器具进行仔细检查，确认安全无误后方可使用；测试前对检测仪器、仪表进行鉴定合格并满足精度要求方能进行检测；对于起重使用的吊索的安全系数必须大于 2~3 倍，所使用的设备定载荷，必须大于起重量的 1.5 倍。

（10）吊装时，绳索必须捆绑牢固结实，吊点位置可靠并不损坏设备；表面无浮放物体与零件；吊前进行试吊，短距离起开，降落 3 次，检查安全无误后方可进行均匀、平稳吊装；吊装要有足够起重空间，严禁与电线等其他设备及建筑结构相撞；起重由专人看护。

（11）对从事电气焊、剔凿、磨削作业及灌注合金作业的人员，必须戴防护面罩或护目镜。

（12）安装所使用的电焊机应单独设开关，外壳应做接零接地保护，一次线长度应小于 5m，二次线长度小于 30m，焊把线应双把到位，不得借用金属脚手架道轨及结构钢筋作回地线。

（13）氧气瓶、乙炔瓶必须设置回火阀，并保持一定距离，氧气瓶不得暴晒、倒置、平使、沾油；两瓶间距不小于 5m，两瓶距明火距离也不得小于 10m。一般可燃物距明火距离不小于 10m，易燃易爆物不小于 20m。

（14）施工现场必须设有放火设施。安装时，需动火时，必须有用火证；在动火作业现场配备一定数量的灭火器。对重要部分和有防火特殊规定场所进行火焰作业前应通知消防安全部门，现场检查，取得批准后方可进行施工。

（15）安装施工所用的汽油、煤油、油漆、稀料等易燃物品应远离火源，对清洗机件的废油、剩油、油棉丝等必须进行安全处理，不得留在现场。

（16）电梯试车时，现场施工管理人员、技术负责人、班组要由经验丰富的一人统一指挥，有 2 名熟悉电梯的安装工配合调试，并分工明确，各负其责。接到开车命令或传达调试命令要重复命令内容，并检查周围环境，命令准确后，方可送电试车。在轿顶上工作时，应在护拦内，调试要注意站立位置，防止机械绞伤和建筑物突出触碰或挤伤。试车前要校正电气相序。

（17）每日安装完毕后，必须切断电源，清理现场，保持现场卫生。

（18）施工中，坚决执行"生产必须服从安全"的原则。

（19）外协队伍进入施工现场前必须由安全部门进行安全教育，考试合格后方可上岗。外协队伍必须设立专职的安全、防火员，定期进行安全教育。

（20）未尽事宜，严格执行企业安全生产标准及其他有关的安全操作规程、安全技术交底。

第三章 施工试验管理

第一节 施工试验内容和管理制度

一、施工现场试验工作内容

1. 原材料(含钢材接头)试验(包括砂、石、砖及砌块、土、水泥、钢材、防水材料、掺合料、外加剂等)

(1) 现场材料员以书面形式报告项目技术负责人原材料进场情况；工长以书面形式报告项目技术负责人现场钢材焊接情况，由项目技术负责人安排现场试验工对进场原材料和钢材焊件按有关的取样标准进行取样、送验，现场试验工填写《原材料(钢材接头)送验登记台账》。

(2) 试验工按规定取样后，向材料员索取有关材质证明、出厂检验报告等，并对样品进行标识，送样到试验单位。

(3) 试验工及时取回试验单位发出的试验报告。

(4) 试验工收到报告后，进行记录并登记台账，及时将试验检验信息传递给技术负责人、责任工程师、材料员，并将试验报告交资料员保存。

(5) 项目技术负责人根据原材料的试验情况及时通知现场材料员对原材料的试验状态进行标识，防止现场使用不合格的原材料。

(6) 对有怀疑的原材料或不合格的材料由技术负责人通知试验工进行复试，复试结果由试验工及时报项目技术负责人。

2. 混凝土和砂浆配合比的申请

(1) 项目技术负责人书面通知(填写《申请配合比通知单》)现场试验工向试验单位申请混凝土和砂浆配合比，并送配合比试配用原材料。

(2) 现场试验工及时取回由试验单位发出配合比报告。

(3) 现场试验工将申请到的混凝土和砂浆配合比报告及时送交项目技术负责人审定，由技术负责人根据现场原材料的含水情况对试验配合比进行调整，现场试验工负责现场混凝土用原材料含水率的测定工作。

3. 混凝土和砂浆强度试验

(1) 工长以书面形式(填写《混凝土(砂浆)试验通知单》)向项目技术负责人报告现场混凝土或砂浆施工情况，技术负责人通知现场试验工留置试块，现场试验工根据混凝土或砂浆的有关取样标准，制作成型混凝土或砂浆试块。

(2) 试样成型后，经静停由现场试验工对试样进行标识，拆模后按要求进行标养或同条件养护。

（3）试块经养护到期，由现场试验工送试验单位委托试验。

（4）试验工及时取回由试验单位发出的试验报告。

（5）收到试验报告单后，现场试验工应及时填写《混凝土试验台账》，并及时传递试验信息。

4. 土工试验

（1）回填土试验由现场进行。严格按标准要求分层、分段进行取样、抽验，并填写《土壤干密度试验记录》，经抽验不合格的部位应及时通知项目技术负责人。

（2）由项目技术负责人根据现场试验工测试情况，责成工长对不合格部位重新进行夯实或加固。完成后由项目技术负责人通知现场试验工重新取样抽验，直到符合规范要求为止。

（3）现场试验工完成试验后根据原始记录及时填写报告单，并交项目技术负责人审核。审核后由现场试验工将报告单送交中心试验室进行审查、签章返回现场试验工。试验工将报告单交项目资料员保存。

二、标准养护室管理制度

1. 施工现场应根据工程规模设置相应的标准养护室。

2. 标养室由现场试验工负责管理。

3. 标养室内应安装调温、增湿装置，并宜自动控制，以节约能源，保证室内温度保持在 $20\pm2℃$，相对湿度为 95% 以上。

4. 每天测温度湿度时间一般为 8 点、14 点、17 点；在天气变化较大时，宜增加观测次数，发现偏差及时采取措施调整，并做好记录（填写《标准养护室温湿度记录》）。

5. 拆模后需要标准养护的试块，应及时分类按编号放在标养室内支架上，试块之间间隔为 $10\sim20mm$，编号向外，以方便辨认。

6. 标养室内电器、仪器不能随意变动位置，要注意安全用电。

7. 保证标养室环境卫生条件。

三、试样标识方法

1. 原材料（含钢材接头）试样的标识用标签或标牌标明。标识内容应包括：单位名称（或代号）、单位工程名称（或代号）、材料名称、规格、等级、厂别或产地、试样编号。

2. 混凝土抗压、抗渗及砂浆试块的标识：应用墨汁直接在试块成型表面标明。标识内容包括：单位名称（或代号）、单位工程名称（或代号）、试件编号、强度等级、制模日期、养护方法。

3. 单位代号是试验室确定的可辨认委托单位名称和工程名称的编号，每一单位代号对应惟一的单位工程名称，单位代号由委托单位在单位工程开工前向试验室申请。

第二节　常用材料的试验目的、取样数量与方法

本节对建筑工程常用材料的试验目的、取样数量与方法进行了汇总，见表 3-1；对常用节能保温材料抽样复验项目进行了汇总，见表 3-2。

常用材料的试验目的、取样数量与方法汇总表

表3-1

序号	材料名称	取样单位	取样数量	取样方法	检验项目	常规检验项目
1	砂子 大型运输(如:火车、汽车等)	400m³或600t	37kg	铲除表层,由不同部位大致相等的8份组成一组样品	筛分、表观密度、吸水率、含泥量、含泥块量、有机物质含量、云母和轻物质含量、坚固性、硫化物及硫酸盐含量、氯离子含量和碱活性	粒径级配、含泥量、泥块含量、堆积密度、表观密度
	小型运输(如:马车等)	200m³或300t				
2	碎石 大型运输(如:火车、汽车等)	400m³或600t	220kg	由堆顶、中、底部(各5份)大致相等的15份组成一组样品	筛分、表观密度、含水率、吸水率、含泥量、泥块含量、针片状含量、硫化物及硫酸盐含量	粒径级配、含泥量、泥块含量、针片状含量、堆积密度、表观密度
	小型运输(如:马车等)	200m³或300t				
3	水泥 散装水泥	同厂家、同品种、同编号的同批次散装500t,袋装200t	12kg	从3个罐车抽取等量拌匀为一组样品	安定性、凝结时间、强度、标稠用水量、胶砂流动度、细度、胶砂流动度烧失量、氧化镁、三氧化硫、碱化含量	安定性、凝结时间、强度、标稠用水量、胶砂流动度烧失量;高铝水泥:凝结时间、强度、细度;膨胀硫铝酸盐水泥:凝结时间、强度、自由膨胀率
4	袋装水泥	每批由同牌号、同规格、同交货状态不大于30t的,不同炉罐号的同批每组成合批,每批不应多于6个炉罐号,≤60t	12kg	从20个部位抽取等量拌匀为一组样品	安定性、凝结时间、强度、标稠用水量、胶砂流动度烧失量、碱含量	
5	光圆钢筋	每批由同牌号、同炉罐号、同规格、同交货状态不大于30t的,同交货状态不大于30t的,每批成合批,不应多于6个炉罐号,≤60t	选2根钢筋,每根钢筋切取拉伸、冷弯各1个	拉伸试样长度取200+10d;冷弯试件长度取150+5d	化学成分、拉伸、反向弯曲、冷弯、直径、外观	拉伸(屈服点、抗拉、伸长率)、冷弯
6	热轧带肋钢筋					
7	钢材 热轧盘条		任取一根切取拉伸试样1根,任取2根每根切取冷弯试样1个	任意选取	化学成分、拉伸、冷弯、表面	拉伸(抗拉、伸长率)、冷弯
8	冷轧带肋钢筋	每批由同牌号、同规格、同级别的组成,逐盘取	拉伸试样1个、冷弯试样1个	在任意一盘中的任意一端截去500mm后切取一拉伸试样长度不小于300mm,冷弯试件长度不小于200mm	松池、化学成分、拉伸、冷弯、尺寸、表面、屈服强度	拉伸(抗拉、伸长率)、冷弯

续表

序号		材料名称	取样单位	取样数量	取样方法	检验项目	常规检验项目
9	钢材	冷拔低碳钢丝（甲级）	逐盘检查	每盘取1个拉伸1个冷弯	任意选取	表面质量、拉伸、反复弯曲	拉伸（抗拉、伸长率）、弯曲
10		冷拔低碳钢丝（乙级）	以同一直径的钢丝5t为一批	每盘各截取2个试件分别作拉伸和反复弯曲	从中任取3盘，每盘各截取2个试件	表面质量、拉伸、反复弯曲	拉伸（抗拉、伸长率）、弯曲
11		冷拉钢筋	同级别、同直径的钢筋不大于20t为1批	拉伸2个，冷弯2个	任意选取	化学成分、拉伸、冷弯、重量偏差	拉伸（屈服强度、抗拉、伸长率）、冷弯
12		冷拉扭钢筋	每批由同牌号、同规格尺寸、同轧机、同台班组成，且≤10t	拉伸2个样、冷弯1个样、型式检验拉、弯各取3个样	在任意一端截去500mm后取样；拉伸试件长度取≥4倍节距且>500mm；冷弯试件长度取150+5d	外观质量、轧偏厚度、节距长度尺寸、重量、化学成分、拉伸、冷弯	拉伸（屈服强度、抗拉、伸长率）、冷弯
13		钢绞线	同一钢号、同一规格、同一工艺，且≤60t	每批取3盘，每盘取1个拉力试件	任意选取	化学成分、拉伸、冷弯、尺寸、表面	拉伸（屈服强度、抗拉、伸长率）、冷弯
14	钢筋连接	电弧焊	焊接现场1~2层，同级别，同接头型式组成，且≤300个接头	取3个拉伸试件	由施工现场焊接成品中随机切取	外观、抗拉强度、化学成分	抗拉强度
15		闪光对焊	同台班、同焊工、同规格、数量较少，可累计1周计算，且≤300个接头	拉伸、冷弯各3个试件	每批焊接成品中随机切取	弯曲、外观、抗拉强度、化学成分	抗拉强度、弯曲

续表

序号	材料名称	取样单位	取样数量	取样方法	检验项目	常规检验项目
16	电渣压力焊	同楼层或同施工段、同级别、同规格组成，且≤300个接头	取3个拉伸试件	每批焊接成品中随机切取	外观、抗拉强度、化学成分	抗拉强度
17	气压焊	每批由同一楼层、同品种、同规格组成，且≤300个接头	取3个拉伸试件；有梁板水平连接时，另取3个冷弯试件	每批焊接成品中随机切取	冷弯、外观、抗拉强度、化学成分	抗拉强度
18	机械连接	每批由同一楼层、同施工段、同品种、同规格组成，且≤500个接头	取3个拉伸试件	在工程结构中随机切取	高应力、大变形反复拉压、外观、单项拉伸	单向拉伸
19	钢筋焊接骨架	钢筋级别、规格，尺寸相同的焊接骨架视为同一批，且≤300件	热轧钢筋点抗剪3件、冷拔钢丝焊件另加3件拉伸	随机抽取	抗剪强度、外观、抗拉强度、化学成分	抗拉强度、抗剪强度

备注：1. 钢筋连接试件的长度应根据连接形式和钢筋规格确定；
2. 取样数量：除同级别、同一品种、同一规格和取样数量要求外，第一次焊接前需做一次试焊，试验项目同上表。

序号	材料名称	取样单位	取样数量	取样方法	检验项目	常规检验项目
20	现场搅拌混凝土	同一工程、同一配合比的混凝土，取样不应少于1次，留置数量根据实际需要确定	1组（每组3块）	在混凝土浇筑现场、随机留置	质量密度、坍落度（维勃稠度）、抗压强度、含气量、凝结时间、抗冻	抗压强度
21	预拌（商品）混凝土	同一工程、同一配合比的混凝土，取样不应少于1次，留置数量根据实际需要确定	1组（每组3块）	在混凝土浇筑现场、随机留置	质量密度、坍落度（维勃稠度）、抗压强度、含气量、凝结时间、抗冻、氯化物总量	抗压强度
22	抗渗混凝土	连续浇筑混凝土每500m³应留置1组抗渗试件，且每项工程不得少于2组	1组（每组6块）	在混凝土浇筑现场、随机留置	质量密度、坍落度（维勃稠度）、抗压强度、含气量、凝结时间、抗冻、抗渗	抗压强度、抗渗

续表

序号		材料名称	取样单位	取样数量	取样方法	检验项目	常规检验项目
23	混凝土	道路混凝土	同一台班、同一施工段、同一配合比，≤300m³	2组（每组3块）	在混凝土浇筑现场，随机留置	质量密度、坍落度（维勃稠度）、抗压强度、含气量、凝结时间、抗冻	抗压强度
24		600℃·d混凝土试块	由监理（建设）、施工等各方单位共同选定	同一强度等级的同条件养护同试块，留置数量不大于10组，且不应少于3组	在混凝土浇筑现场，随机留置	同所留置的混凝土类别	同所留置的混凝土类别
25		冬期施工混凝土	冬期施工除应符合上述规定外，还应增加2组试块	比常温施工（每组3块）增加两组	在混凝土浇筑现场，随机留置	其中一组与结构同条件养护28d用于检验受冻前的混凝土强度；另一组与结构同条件养护28d转入标养室至养护28d测抗压强度	用于检验受冻前的混凝土强度 28d转入标养至养护28d测抗压
26	砌墙砖	普通黏土砖	不超过15万块为1批	20块	随机抽取	外观质量、石灰爆裂、尺寸偏差、吸水率、抗压强度、抗冻性、泛霜、抗折强度、冻融	抗压、抗折
27		烧结多孔砖（承重）	不超过3.5～15万块为1批	35块	随机抽取	外观质量、石灰爆裂、尺寸偏差、吸水率、抗压强度、抗冻性、泛霜、抗折强度	抗压、抗折
28		蒸压灰砂砖	不超过10万块为1批	35块	随机抽取	外观质量、尺寸偏差、抗压强度、抗折强度、收缩、泛霜、吸水率、抗冻性	抗压、抗折
29		非烧结普通黏土砖	不超过3万块为1批	20块	随机抽取	外观质量、尺寸偏差、抗折强度、抗压强度、吸水率、耐水性、泛霜、抗冻	抗压、抗折
30		粉煤灰砖（蒸养）	不超过10万块为1批	20块	随机抽取	外观质量、抗压强度、抗折强度、抗冻性、尺寸偏差、收缩	抗压、抗折
31		烧结空心砖（非承重）	不超过3.5～15万块为1批	20块	随机抽取	外观质量、石灰爆裂、尺寸偏差、吸水率、密度、孔洞排列、抗压强度、抗冻性、泛霜、抗折	抗压、抗折

续表

序号		材料名称	取样单位	取样数量	取样方法	检验项目	常规检验项目
32	路面砖	水泥花砖	不超过1万块为1批	20块	随机抽取	外观质量、尺寸偏差、吸水率、抗折强度、耐磨性	抗折
33		混凝土路面砖	不超过2万块为1批	30块	随机抽取	外观质量、尺寸偏差、吸水率、抗压强度、抗折强度、耐磨性	抗压、抗折、吸水率、抗冻性
34	砌块	混凝土小型空心砌块	不超过1万块为1批	15块	随机抽取	尺寸、外观、密度、抗压、含水率、抗冻、抗渗	抗压、含水率、抗渗
35		中型空心砌块	不超过1万块为1批	3块	随机抽取	碳化、抗冻、干缩、密度、尺寸、抗压、外观	抗压、密度
36		蒸压加气混凝土块	不超过1万块为1批	6块	随机抽取	尺寸偏差、外观质量、立方体抗压强度、干密度、抗冻、抗冻性、干燥收缩	抗压强度、密度
37		粉煤灰砌块	不超过200m³为1批	3块	随机抽取	尺寸偏差、外观质量、立方体抗压强度、干密度、抗冻性、干燥收缩、碳化	抗压强度
38		料石（毛石）		3块	随机	抗压	密度、软化系数、抗压
39	灰土	基坑	每层30～100m²	取1组（2点）	每层压实后，表面以下2/3取点。每层不少于1组；取样方法：环刀法、灌砂法、灌水法、蜡封法	如图纸设计有密度或压实数值要求的，应委托施工单位做实试验。提供最大干密度（最佳）含水率、土质密度（最佳指标：土样检测项目：含水率、湿密度、干密度	含水率、湿密度、干密度
40		基槽	每层20～50m	取1组（2点）			
41	土	房心回填土	每层30～100m²	取1组（2点）			
42		其他回填土	每层30～100m²	取1组（2点）			

续表

序号	材料名称		取样单位	取样数量	取样方法	检验项目	常规检验项目
43	素土	基坑回填	每层20～50m²	取1组（2点）每坑至少1组	取样在每层压实后的下半部分，每层不少于1组；取样方法：环刀法、灌砂法、灌水法、蜡封法	如图纸设计有密度或压实系数要求的，应委施工单位提供试验。提供最佳（最佳）含水率（最大）干密度等指标。土样检测项目：含水率、湿密度、干密度	含水率、湿密度、干密度
44		基槽或管沟回填	每层20～50m	取1组（2点）			
45		室内回填	每层100～500m²	取1组（2点）			
46		场地平整填土	每层400～900m²	取1组（2点）			
47		柱基回填	抽取10%	不少于5个柱基			
48	建筑砂浆	普通砌筑砂浆	每层或一个施工段≤250m³砌体所用的同配合比砂浆；水泥砂浆地面≤500m³；基础按一层计	取1组（6块）	在砌筑现场随机取样	质量密度、坍落度、抗压强度、抗冻、收缩、凝结时间、抗渗	抗压强度
49		防水砂浆					抗压强度、抗渗
50		防冻砂浆					抗压强度、抗冻
51	混凝土配合比		配合比使用的材料每重作配合比。有特殊要求的（防水、防冻适当增加送样材料	石子粒径≤31.5mm时，水泥25kg，石子65kg，砂子50kg；石子粒径＞31.5mm时，水泥40kg，石子80kg，砂子65kg；抗渗混凝土时，水泥80kg，石子200kg，砂子150kg；石子300kg，掺合料10kg，塑化剂1kg	同水泥、砂子、石子的取样方法	同水泥、砂子、石子的检验项目	同水泥、砂子、石子的常规检验项目

续表

序号	材料名称	取样单位	取样数量	取样方法	常规检验项目
52	石油沥青纸胎油毡	同品种、标号、等级1500卷	沿纵向全幅长0.5m截取2块	重量合格的10卷中最轻的，面积合格无接头的1卷做物理性能试样，如不符合抽样条件可取次轻的1卷。切除距外层卷头2.5m后，顺纵向截取全幅0.5m长2块	拉力、不透水性、耐热度、柔度
53	弹性体改性沥青防水卷材	同品种、标号、等级10000m²	沿纵向全幅截取0.5m长2块	重量合格的10卷中最轻的，外观、面积、厚度合格无接头的1卷做物理性能试样，如不符合抽样条件可取次轻的1卷。切除距外层卷头2.5m后，顺纵向截取全幅0.5m长2块	拉力、不透水性、耐热度、柔度
54	塑性体改性沥青防水卷材	同品种、标号、等级10000m²	沿纵向全幅截取0.5m长2块	由重量、外观、厚度均合格的，切除距外层卷头2.0m后，顺纵向截取全幅0.5m长2块	拉力、不透水性、耐热度、柔度
55	改性沥青聚乙烯胎防水卷材	同品种、标号、等级10000m²	沿纵向全幅截取1m长2块	由外观、厚度均合格的卷材中任取1卷，切除端头2.0m后，顺纵向截取全幅1m长2块	拉力、不透水性、耐热度、柔度
56	聚氯乙烯防水卷材	同类型、同规格5000m²	沿纵向全幅截取3m长2块	由外观、厚度均合格的卷材中任取1卷，切除端头0.3m后，顺纵向截取全幅3m长2块	拉伸强度、抗渗透性、低温弯折性、热处理尺寸变化率、热老化处理
57	氯化聚乙烯防水卷材	同类型、同规格5000m²	沿纵向全幅截取3m长2块	由外观、厚度均合格的卷材中任取1卷，切除端头0.3m后，顺纵向截取全幅3m长2块	拉伸强度、抗渗透性、低温弯折性、热处理尺寸变化率、热老化处理
58	三元丁橡胶防水卷材	同规格、同等级300卷	沿纵向全幅截取0.5m长2块	由外观、规格、尺寸均合格的卷材中任取1卷，切除端头0.5m后，顺纵向截取全幅3m长2块	拉伸强度、不透水性、低温弯折性、热老化收缩、纵向长率、裂伸长率
59	高分子片材	同规格、同等级5000m²	沿纵向全幅截取1.5m长2块	由外观、规格、尺寸均合格的卷材中任取1卷，切除端头1.5m后，顺纵向截取全幅3m长2块	拉伸强度、不透水性、加热伸缩量、热空气老化、拉断伸长率、直角形撕裂强度
60	水性沥青基防水涂料	5t	4kg分2份	任取一桶，摇均匀，按上、中、下三个位置用取样器取出4kg分2份，分别置于洁净的瓶内，密封置于5～35℃的室内	柔韧性、耐热性、抗冻性、不透水性、固含量、粘结性
61	水性聚氯乙烯焦油防水涂料	15t为1批，不足15t亦为1批，多组分产品按组分配套组批	多组分甲乙组总量3kg2份	（取样方法同上）甲、乙组按重量比取样	延伸性、低温柔性、不透水性、粘结强度、耐热性
62	聚氨酯防水涂料		2kg混合均匀后分2份		拉伸强度、断裂伸长率、低温柔度、不透水性、加热伸缩率
63	建筑石油沥青	20t		从不同部位取大致相同5份共2kg，均匀后分等2份	延度、针入度、软化点

（序号52～63为防水材料）

续表

序号		材料名称	取样单位	取样数量	取样方法	检验项目	常规检验项目
64	混凝土外加剂	减水剂、早强剂、引气剂、缓凝剂	掺量≥1%，100t为1批；掺量<1%，50t为1批	不少于0.5t水泥所需量	从不少于3个点取等量拌均匀	减水率、泌水率比、含气量、抗压强度比、28d抗压强度比、凝结时间差、钢筋腐蚀、氯离子含量	减水率、28d抗压强度比、钢筋腐蚀
65		泵送剂	同一品种不少于50t为1批	不少于0.5t水泥所需量	从10个容器中取等量均匀	坍落度保留置、压力泌水率比、28d抗压强度比、钢筋腐蚀、氯离子含量	坍落度保留置、28d抗压强度比、钢筋腐蚀、渗透比
66		防水剂	500t以上50t为1批，500t以上30t为1批	不少于0.2t水泥所需量	随机	28d抗压强度比、钢筋腐蚀、渗透比、氯离子含量	28d抗压强度比、钢筋腐蚀、渗透比
67		防冻剂	同一品种不少于50t为1批	不少于0.5t水泥所需量	随机	钢筋腐蚀、-7d、-7d+28d抗压强度比以及减水率测项目	钢筋腐蚀、-7d、-7d+28d抗压强度比
68		膨胀剂	同一品种不少于200t为1批	10kg	从20个容器中取等量均匀	细度、限制膨胀率、抗压强度、抗折强度	限制膨胀率、抗压强度、抗折强度
69		速凝剂	同一品种不少于20t为1批	4kg	从16个不同地点取等量拌均匀	凝结时间、抗压强度比、细度、抗折强度	凝结时间、抗压强度比
70	门窗	木门窗	单位工程同厂家、同规格门窗100樘为1批，不足100樘亦为1批	5%且不少于3樘，不足3樘全数检验	随机	抗风压、空气渗透、雨水渗透、角强度、启闭力	抗风压、空气渗透、雨水渗透、角强度、启闭力
71		金属门窗		高层建筑外窗10%且不少于6樘，不足6樘全数检验	随机	抗风压、空气渗透、雨水渗透、角强度、启闭力	
72		塑料门窗			随机	抗风压、空气渗透、雨水渗透、启闭力	
73		门窗玻璃			随机	雨水渗透	
74		特种门	单位工程同厂家、同规格50樘为1批，不足50樘亦为1批	50%且不少于10樘，不足10樘全数检验	随机	根据特种门的特殊要求而定	

续表

序号	材料名称	取样单位	取样数量	取样方法	检验项目	常规检验项目
75	聚氯乙烯绝缘电缆（电线）		20m	随机	标志与耐擦、绝缘厚度、线径、20℃导体电阻、70℃绝缘电阻、浸水耐压试验、绝缘老化试验、热冲击试验、低温拉伸试验	标志与耐擦、绝缘厚度、线径、20℃导体电阻、70℃绝缘电阻、浸水耐压试验、绝缘老化试验、热冲击试验
76	聚氯乙烯绝缘连接软电缆（电线）		20m	随机		
77	聚氯乙烯绝缘钢带铠装聚氯乙烯护套电力电缆	单位工程不少于20m/组	20m	随机		
78	聚氯乙烯绝缘钢带铠装聚氯乙烯护套控制电缆		20m	随机		
79	中（重、轻）型橡套软电缆		20m	随机		
80	插座		3只	随机	标志、防电击保护、端子、分断容量、正常操作、爬电距离、所需用力、爬电间隙、电气间隙	
81	室内照明开关	单位工程不少于3只/组	3只	随机	标志、防电击保护、端子、结构、正常操作、爬电距离、电气间隙、通断能力	标志、防电击保护、端子、结构、正常操作、爬电距离、电气间隙、通断能力
82	触摸开关		3只	随机		
83	断路器		3只	随机		
84	漏电保护器		3只	随机		
85	配电箱	单位工程用量的3%且不少于1台	1台	随机		
86	电表箱		1台	随机		
87	电流互感器		3只	随机		
88	阀门（>DN25）	单位工程不少于3只/组	3只	随机	外观、规格、抗压性能、冲击性能、弯曲性能、耐热、跌落、自熄时间、绝缘强度	外观、规格、抗压性能、冲击性能、弯曲性能、耐热、跌落、自熄时间、绝缘强度
89	阀门（≤DN25）		3只	随机		
90	PVC管	单位工程不少于1.5m×5根	1.5m×5根	随机	外观、规格、冲击性能、弯曲性能、耐热、跌落、自熄时间、绝缘强度	外观、规格、冲击性能、弯曲性能、耐热、跌落、自熄时间、绝缘强度
91	PPR、PPE、PEC管		1.5m×5根	随机		
92	穿线套管		1.5m×5根	随机		

节能保温工程材料现场抽样复验项目　　表 3-2

序号	材料名称	现场抽样数量	复验项目
1	EPS 板	以同一厂家生产、同一规格产品、同一批次进场，每 350m³ 为 1 批	表观密度、抗拉强度，尺寸、稳定性
2	胶粉聚苯颗粒保温浆料	每 35t 为 1 批，不足 35t 亦为 1 批	干密度、湿密度、抗拉强度
3	胶粘剂	每 15t 为 1 批，不足 15t 亦为 1 批	干燥状态和浸水 48h 拉伸粘结强度
4	界面剂	每 3t 为 1 批，不足 3t 亦为 1 批	干燥状态和浸水 48h 拉伸粘结强度
5	抹面抗裂砂浆	每 15t 为 1 批，不足 15t 亦为 1 批	干燥状态和浸水 48h 拉伸粘结强度
6	耐碱（中碱）涂塑玻纤网格布	每 4000m² 为 1 批，不足 4000m² 亦为 1 批	耐碱抗拉强度、耐碱抗拉强度保持率
7	钢丝网架聚苯板	每 5000m² 为 1 批，不足 5000m² 亦为 1 批	网孔中心距、丝径、焊点强度
8	岩棉板	以同一厂家生产、同一规格产品、同一批次的产品至少抽检 1 次	导热系数、抗压强度、燃烧性能、密度
9	加气混凝土砌块	按产品进场批次	抗压强度
10	粘结干粉	以同一厂家生产、同一规格产品、同一批次的产品至少抽检 1 次	干燥状态和浸水 48h 拉伸粘结强度

第三节　试验方案编制实例

一、编制依据

编制依据见表 3-3。

编　制　依　据　　表 3-3

序号	名　称	编　号
1	本工程施工图纸	—
2	本工程《施工组织设计》	—
3	建筑地基基础工程施工质量验收规范	GB 50202—2002
4	地下防水工程施工质量验收规范	GB 50208—2002
5	混凝土结构工程施工质量验收规范	GB 50204—2002
6	砌体工程施工质量验收规范	GB 50203—2002
7	屋面工程质量验收规范	GB 50207—2002
8	混凝土外加剂应用技术规范	JGJ 46—2005
9	商品混凝土质量管理规程	DBJ 01—6—1990
10	建筑工程资料管理规程	DBJ 01—51—2003
11	钢筋机械连接通用技术规程	JGJ 107—2003

续表

序号	名　　称	编　　号
12	建筑工程冬期施工规程	JGJ 104—1997
13	建筑工程施工质量验收统一标准	GB 50300—2001
14	混凝土强度检验评定标准	GBJ 107—1987
15	土工试验方法标准	GB 50123—1999
16	预防混凝土碱集料反映技术管理规定	京 TY 5—99
17	北京市建设工程施工试验实行有见证取样和送检制度的暂行规定	京建法(1997)172 号
18	关于《北京市建设工程施工试验实行有见证取样和送检制度的暂行规定》的补充通知	京建法(1998)50 号
19	北京市计量监督管理规定	北京市人民政府令第 79 号
20	房屋建筑工程和市政基础设施工程实行见证取样和送检的规定	建建〔2000〕211 号

二、工程概况

××工程位于北京市××××。总建筑用地 6600m²，总建筑面积为 28243m²，主体结构为框架—剪力墙结构，其中地下建筑面积 6342m²，地上防火等级二级，地下一级，±0.00 标高为 29.75m。厂房的层高为 6m，办公室首层层高为 4.2m，其余层高为 3.6m。培训中心为二层钢结构，两个楼连成一体施工。抗震设防烈度为 8 度，框架抗震为二级，剪力墙抗震为一级。

本工程外装修设计新颖，所用的材料品种众多，同时主体结构及围护墙砌筑要经过冬期施工。本工程的质量目标为北京市结构长城杯，施工中必须要加强试验工作，提前制定出总的试验计划及试验方案，确保各工序、原材料质量符合要求，试验不落项。

三、试验室的选择

本工程所有的常规试验和见证试验全部由北京市××检测有限公司完成，此试验室经业主、监理等各方考察，资质等级及试验设备符合要求，且距离近交通方便，同时根据以往工程配合经验，服务措施较为完善。

试验工作将由项目技术部统一管理，并协助监理单位做好抽样检测和见证试验工作。

四、现场试验组织安排

施工试验由项目总工全面领导管理，项目试验员负责实施，试验员应持有资质证书，现场设试验员 1 名，另配试验工 1 名。由项目技术部牵头，工程部、物资部配合，质量部监督管理。

1. 试验室的设置

在现场北门设置 1 个 30m² 的实验室，分标养室和操作间，标养室采用恒温和恒湿系统，室内温度保持 20±2℃，相对湿度达到 95% 以上。

同时要求标养室具备表 3-4 所列的设备。

标养室设备 表 3-4

序号	名　称	单位	数量	序号	名　称	单位	数量
1	温湿度表	台	1	6	空调	个	1
2	抗压混凝土试模	组	10	7	混凝土坍落度桶	个	2
3	混凝土抗渗试模	组	3	8	自动喷淋系统	套	1
4	砂浆试模	组	5	9	温度控制器	台	1
5	环刀	个	2				

现场试验室要根据现场的施工进度在进行混凝土、砂浆等试块的制作后，根据不同的试块的要求分别进行标养和同条件养护。

2. 岗位职责

(1) 现场经理、总工程师——负责对试验工作总体安排，制定试验管理体制，明确各部门主要人员的职责，并严格按职责奖惩，在人力物力上支持试验工作。技术部出施工试验计划，并监督其执行。

(2) 现场物资部——对供应物资原材的质量负责，不但要提交完整的出厂证明，对那些明确规定进场后经复验才能用的材料，负责填写委托单。需要现场取样的材料有：钢筋、水泥、砂、石、砖、防水材料、混凝土外加剂、砌筑材料等。其中水泥在得出快测强度或短龄期强度合格后就可以投入使用。

(3) 工程部各专业责任工程师——要对各自负责的分项工程的施工试验及施工质量负直接责任。

混凝土试验：每次浇筑混凝土，工长要填写试验单、附表格，请试验员制作试块。试验单要注明混凝土等级、施工部位、方量、所用外加剂、配合比(商品混凝情况)、浇筑时间(如有冬施需注明温度)。试验员将混凝土强度报告交专业责任工程师，同时交技术部资料员整理归档。

钢筋试验：负责办理与钢筋有关的试验委托。钢筋机械连接，应按接头数批量，提前3天委托试验员取样试验。同时浇筑混凝土前向技术部资料员交接头试验报告。

砌筑试验：根据砌筑的方量，委托试验室成型试块(按照标准要求)。

防水试验：根据设计和规范要求委托进行防水材料的试验。防水试验需要提前一个月将试验委托报告提交给试验员。

回填土试验：分层夯实时，每层取一次样本，委托试验室进行干密度试验，合格后才能回填上一层。

(4) 质量总监：负责工程试验工作的检查和监督工作。

(5) 现场试验员：按照物资部门和各专业责任师的委托进行现场混凝土、砂浆试块，试块的制作、养护、送检。并协助监理工程师进行现场的见证取样、送检。综合管理现场的试验，登记现场的试验记录、试验结果，发放试验报告。并对试验结果进行相关的统计，按照相关的规定处理试验中的不合格项。

3. 试验工作程序

见图 3-1。

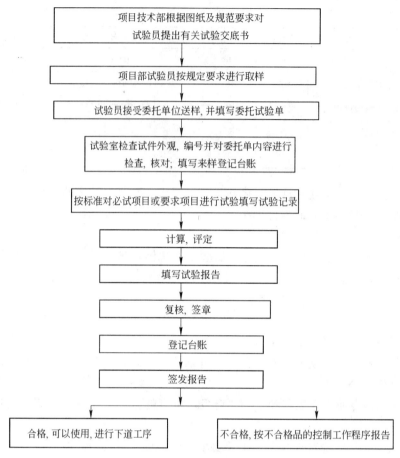

图 3-1 试验工作流程图

4. 施工试验的内容

本工程的主要试验项目见表 3-5。

主要试验项目 表 3-5

分项工程	试验项目
土方工程	回填土的含水率、干重度试验土壤击实试验的取样、送检
防水工程	高分子自粘卷材(地下室)、水泥基防水涂料、聚氨酯防水涂膜、高分子自粘防水卷材(屋面)试验
钢筋工程	钢筋原材试验、工艺检验钢筋滚轧等强直螺纹接头试验
混凝土工程	混凝土抗压强度试验、防水混凝土抗渗试验
砌筑工程	水泥、砂石等原材试验、砌筑砂浆抗压强度试验、加气混凝土砌块试验、陶粒砌块、砌筑砂浆配合比的申请
装饰工程	对于现场所用的装饰材料及时进行相应的检测(幕墙、涂料、石材、地砖等等)

同时按照国家规范的要求,对现场的专业分包的相应需要试验项目提出进行试验要求,并检查试验结果,对于需要建设单位进行试验的项目及时通知监理和建设单位的负责人。

本工程主要需要的试验记录有:

(1) 养护室内、外的温度、湿度记录;

(2) 混凝土试块制作记录；

(3) 砂浆试块制作记录；

(4) 回填土干密度试验记录；

(5) 钢筋原材料取样记录；

(6) 钢筋滚轧等强直螺纹接头取样记录；

(7) 水泥试验取样记录；

(8) 砂、石试验取样记录；

(9) 砌体试验取样记录；

(10) 防水材料试验取样记录；

(11) 测试坍落度记录；

(12) 见证取样记录；

(13) 石材冻融性试验记录；

(14) 门窗抗风压性能试验记录。

五、主要施工试验的管理

1. 土方回填

在正式回填前，选定经业主、监理批准的土源，取 30kg 土样（密封，保持自然含水率）送至试验室进行标准击实试验并确定土样的最大干密度和最佳含水率，以此作为控制回填土质量的指标。

回填土施工过程中，现场试验人员负责用密度桶进行回填土密度试验取样及试验，同时填写试验记录。

一般采用密度桶测定土的密度，求出土的密实度，回填土密实度达到设计要求后，方可回填上层。不合格的回填土必须重新压实，并再次试验，直至合格。

回填土每 200 夯一层，每 20m 取样一组，根据本工程的长度每层需取样 20 组。取样部位在每层压实后的下半部（2/3 深处）。

填土压实后的干密度应有 90% 以上符合设计要求（压实系数 0.94），其余 10% 的最低值与设计值之差，不得大于 0.08g/cm³，而且不应集中。

填土的含水率：

用击实试验确定填土的最大干密度，然后根据最大干密度和最优含水率之间的对应关系（见表 3-6）得到最优含水率。土料施工含水率与最优含水率之差应控制在 −4% ～ +2% 范围之内。

土的最优含水率和最大干密度的参考值　　　　表 3-6

项　次	土的种类	变　动　范　围	
		最优含水率（%），重量比	最大干密度（t/m³）
1	砂　土	8～12	1.80～1.88
2	黏　土	19～23	1.58～1.70
3	粉质黏土	12～15	1.85～1.95
4	粉　土	16～22	1.61～1.80

2:8灰土料的含水率一般以手握成团，落地开花为宜。

2. 钢筋

主要包括钢筋原材复试、工艺检验、滚轧等强直螺纹接头试验。

钢筋应有出厂质量证明书和试验报告单。进场时应按批号及直径分批检验。检验内容包括查对标志、外观检查，并按现行国家有关标准的规定抽取试样做力学性能试验，合格后方可使用。

项目物资部必须监督钢筋原材复试及直螺纹接头的现场检验。

(1) 钢筋原材复试

热轧钢筋进场时，应按批进行检验和验收，每批由同牌号、同炉罐号、同规格、同交货状态的钢筋组成，重量不大于60t。每批取试件一组。每组4个试件(拉伸、弯曲各2个)。取样部位为任选2根钢筋。

1) 外观检查

从每批钢筋中抽取5%进行外观检查。钢筋表面不得有裂纹、结疤和折叠。钢筋表面允许有凸块，但不得超过横肋的高度，钢筋表面上其他缺陷的深度和高度不得大于所在部位的允许偏差。钢筋每1m的弯曲度不得大于4mm。

钢筋可按实际重量或公称重量交货。当钢筋按实际重量交货时，应随机抽取10根钢筋称重，如重量偏差大于允许偏差，应立即与生产厂家交涉。

2) 力学性能试验

从每批钢筋中任选两根钢筋，每根取两个试样分别进行拉伸试验(包括屈服点、抗拉强度和伸长率)和冷弯试验。两组试件的长度分别为450mm和250mm，用于见证试验的两根试件(拉伸和冷弯)均为500mm。

如有一项试验结果不符合要求，则从同一批中另取双倍数量的试样重作各项试验。如仍有一个试样不合格，则该批钢筋为不合格品。

3) 屈强比值

对纵向受力钢筋进行检验，检验所得的强度实测值应符合下列要求：

① 钢筋的抗拉强度实测值与屈服强度实测值的比值应大于1.25；

② 钢筋的屈服强度实测值与强度标准值的比值，按一级抗震设计，不应大于1.30。

③ 取回钢筋原材试验报告后，应根据使用部位进行屈强比计算，达不到要求的钢筋坚决不能用于纵向受力钢筋。

(2) 钢筋滚轧等强直螺纹接头检验与验收

对滚轧等强直螺纹接头，应要求供货单位提交有效的型式检验报告与出厂合格证。钢筋接头检验包括三个方面：

1) 丝头加工质量检验

螺纹加工质量检验按表3-7的要求检查丝头的加工质量，每加工10个丝头用通、止环规检查一次。

经自检合格的丝头，应由质检员随机抽样检验，以一个工作班内生产的丝头为一个验收批，随机抽检10%，且不得少于10个，并填写钢筋丝头检验记录表。当合格率小于95%时，应加倍抽检，复验中合格率仍小于95%时，应对全部钢筋丝头逐个进行检验，切去不合格丝头，查明原因并解决后重新加工螺纹。

钢筋丝头质量检验的方法及要求 表 3-7

序号	检验项目	量具名称	检 验 要 求
1	螺纹牙型	目测、卡尺	牙型完整，螺纹大径低于中径的不完整丝扣，累计长度不得超过两个螺纹周长
2	丝头长度	卡尺或专用量具	丝头长度为标准套筒长度的 1/2，公差为 +2P(P 为螺距)
3	螺纹直径	通端螺纹环规	能顺利旋入螺纹
		止端螺纹环规	允许环规与端部螺纹部分旋合，旋入量不应超过 3P(P 为螺距)

2）套筒连接现场检验：现场应进行拧紧力矩检验和单向拉伸试验。

用力矩扳手按表 3-8 规定的接头拧紧力矩值抽检接头的施工质量。抽检数量为：梁、柱构件按接头数的 15%，且每个构件的接头抽检数不得少于一个；基础、墙、板构件，每 100 个接头为一个验收批，不足 100 个也作为一个验收批，每批抽检 3 个接头。抽检的接头应全部合格，如有一个接头不合格，则该批应逐个检查并拧紧。

接 头 拧 紧 力 矩 表 3-8

钢筋直径(mm)	16～18	20～22	25	28	32
拧紧力矩(N・mm)	100	200	250	280	320

单向拉伸强度试验按验收批进行。同一施工条件下采用同一批材料的同等级、同型式、同规格接头，以 500 个为一个验收批进行检验和验收，不足 500 个也作为一个验收批。

对每一验收批均应按《钢筋机械连接通用技术规程》JGJ 107—2003 中一级接头的性能(可参见表 3-9)进行检验与验收，在工程结构中随机抽取 3 个试件做单向拉伸试验，并按规定的格式作好记录。

当 3 个试件单向拉伸试验结果均符合表 3-9 的强度要求时，该验收批为合格。如有一个试件的强度不符合要求，再取 6 个试件进行复检。复检中如果仍有一个试件结果不符合要求，则该验收批被视为不合格。

接头性能检验指标表 表 3-9

等 级		一 级	二 级
单向拉伸	强 度	$f_{mst}^0 \geq f_{tk}^0$	$f_{mst}^0 \geq f_{uk}$
	割线模量	$E_{0.7} \geq E_{s0}$ 且 $E_{0.9} \geq 0.9E_{s0}$	$E_{0.7} \geq 0.9E_{s0}$，且 $E_{0.9} \geq 0.7E_{s0}$
	极限应变	$\varepsilon_u \geq 0.04$	$\varepsilon_u \geq 0.02$
	残余变形	$u \leq 0.3mm$	$u \leq 0.3mm$

在现场检验合格的基础上，连续 10 个验收批单向拉伸试验合格率为 100% 时，可以扩大验收批所代表的接头数量一倍(1000 个)。

3）工艺检验

钢筋连接工程开始前，应对每批进场钢筋进行接头工艺检验，工艺检验应符合下列要求：

① 每种规格钢筋的接头试件不应少于 3 根；

② 对接头试件的钢筋母材应进行抗拉强度试验；

③ 3 根接头试件的抗拉强度均不应小于该级别钢筋抗拉强度的标准值，同时对于一级接头，试件抗拉强度尚应≥0.95 倍钢筋母材的实际抗拉强度。计算实际抗拉强度时，应采用钢筋的实际横截面面积。

（3）钢筋的保护层厚度检测

实体检测的部位由监理和施工方根据构件的重要性共同选定。钢筋保护层厚度检测主要为梁板的纵向受力钢筋检测，应取构件的 2%，且不小于 5 个构件，有悬挑构件时，悬挑构件中悬挑梁、板构件所占的比例不小于 50%。

对于选定的梁类构件，应对于全部纵向受力钢筋的保护层厚度进行检测；对于板类构件，应取不少于 6 根纵向受力钢筋的保护层厚度进行检验。对于每根钢筋，应在有代表性的部位测量 1 点。钢筋保护层厚度的检验，采用试验室的测试仪进行测量。

3. 混凝土

（1）普通混凝土

本工程拟采用商品混凝土，根据《建筑工程资料管理规程》（DBJ 01—51—2003）的规定，混凝土搅拌站应提供下列资料：

1）预拌混凝土出厂合格证；

2）混凝土碱含量计算书；

3）混凝土开盘鉴定；

4）混凝土运输小票。

混凝土的环境以及相关的要求见表 3-10。

混凝土的环境及相关要求 表 3-10

环境类别	部　　位	最大水灰比	最小水泥用量(kg/m^3)	最大氯离子含量（%）
一	其　　他	0.65	225	不限制
二 b	地下室外墙、底板	0.55	275	3.0

在施工现场交货点应进行坍落度检查，实测的混凝土坍落度与要求坍落度之间的允许偏差≤2cm。在混凝土浇筑过程中，试验人员应对每一罐车测定混凝土坍落度至少一次，并做好坍落度检测记录。

在本工程中，我们采用边长为 100mm 的非标准试模，制作边长为 100mm 的非标准尺寸的立方体试件，在温度为 20±2℃、相对湿度为 95% 以上的环境，养护至 28 天龄期时用试验方法测出混凝土立方体的抗压强度（标养）。然后乘以 0.95 的折减系数，换算为标准试件的抗压强度。

确定结构构件的拆模、冬期施工期间强度增长情况及施工期间临时负荷时的混凝土强度，应采用与结构构件同条件养护的标准尺寸试件的混凝土强度。

在每一层设置试块同条件养护钢筋笼子，靠结构放置，加锁保护，并在笼子上设标签，标明单体工程同条件试块分段号（部位）。

试件的制作：

试件应在取样后立即制作。试件采用试模制作。试模应符合《混凝土试模》

(JG 3019—1994)要求，并经法定检测单位检测合格。

制作试块前应将试模清擦干净并在其内壁涂上一层脱模剂。

强度试块的制作应在 40min 内完成。

采用标准养护的试件成型后用准备好的塑料薄膜覆盖保温，以防止水分蒸发并应在 20±5℃情况下静置一昼夜，并登记混凝土试块制作记录。然后根据取样顺序在试块上编号拆模，拆模后的试件应立即放在温度为 20±2℃、湿度为 95％以上的标准养护室中养护，在标准养护室中的试件应放在架上，彼此间隔为 10～20mm，并应避免用水直接冲淋。

试件从养护室取出后，应用塑料袋包好并尽快试验，以免试件内部的温度湿度发生显著变化。

混凝土试块留置应符合下列要求：

1）普通混凝土强度试验以同一混凝土强度等级、同一配合比、同种原料。

① 每拌制 100 盘且不超过 100m³；

② 每一工作台班；

③ 每一层同一单位工程，每一验收项目为一取样单位，留标准养护试块不得少于一组（3 块）并根据需要制作相应组数的结构实体检测试块和同条件试块；

2）冬期施工的混凝土试件的留置，除应符合上述规定外，还应增设四组与结构同条件养护的试块。用于临界强度判定一组；用于结构实体检测试块一组，用于测定混凝土是否达到拆模强度一组；一组用于冬转常温养护 28d 的混凝土试块强度。

3）当在一个分项工程中连续供应的混凝土量大于 100m³ 时，也按照每 100m³ 制作一组试块，进行试块的制作。

4）一次连续浇筑的工程量小于 100m³ 时，也应留置一组试件。此时，如配合比有变化，则每一种配合比均应留置一组试件。

5）每一组三个试件应在同一车运送的混凝土中在浇筑地点入模前随机取样制作（而不应在泵车旁边），对于预拌混凝土还应在卸料量的 1/4 至 3/4 之间采取，每个试样量应满足混凝土质量检验项目所需量的 1.5 倍且不少于 0.02m³。并按下列有关规定确定该组试件的混凝土强度代表值：

① 取三个试件强度的平均值；

② 当三个试件强度中的最大值或最小值之一与中间值之差超过中间值的 15％时，取中间值；

③ 当三个试件强度中的最大值和最小值与中间值之差均超过中间值的 15％时，该组试件不应作为强度评定的依据。

混凝土结构应分批进行验收。同一验收批的混凝土应由强度等级相同、龄期相同以及生产工艺和配合比基本相同且不超过三个月的混凝土组成，并按单位工程的验收项目划分验收批，每个验收项目应按《建筑工程施工质量验收统一标准》确定。同一验收批混凝土强度，应以同批内全部标准试件的强度代表值来评定。

（2）抗渗混凝土

1）取样方法：

抗渗混凝土的抗渗试件的留置组数可视结构的规模和要求而定，同一混凝土强度、抗渗等级、同一配合比，生产工艺基本相同，取样应不少于一次，每单位工程不得少于 2 组抗渗试块（每组 6 个试件），其中至少 1 组应在标准条件下养护。防水混凝土连续浇筑量为 500m³ 时留置两组试块，每增加 500m³ 增留两组。一组在标准条件下养护，另一组与现场同条件养护，养护期不得少于 28 天。抗渗混凝土抗压试块的取样方法，可参照普通混凝土的取样方法。

抗渗混凝土的试验项目有：抗压强度、抗渗性能。

2）试件的制作：

抗渗性能试验应采用顶面直径为 175mm、底面直径为 185mm、高度为 150mm 的圆台试件。抗渗试件以 6 个为一组。

试件成型后 24 小时拆模，用钢丝刷刷去两端面的水泥浆，然后送入标养室养护，养护期不少于 28 天，不超过 90 天。

除上述有关规定及特殊要求外，其他制作试件的要求同普通混凝土的试件制作与养护。

3）抗渗混凝土试验结果的评定

混凝土的抗渗等级，以每组 6 个试件中 4 个试件未出现渗水时的最大压力计算出的 P 值进行评定。

$$P=10H-1$$

式中　P——抗渗等级；

　　　H——6 个试件中 3 个渗水时的水压力（MPa）。

4. 防水材料检验

进场的防水卷材（高分子自粘防水卷材）除向生产厂家索要产品质量证明和检验报告外，在现场还应对其进行抽样检验。

防水卷材试验项目包括拉伸强度、断裂伸长率、不透水性、低温弯折性（柔度）、抗渗透性、粘合性能、耐热度等（具体见 GB 18243—2000）。

取样方法：

同一生产厂家、同类型、同规格、同等级的产品大于 1000 卷从中随机抽取 5 卷，500～1000 卷抽从中随机取 4 卷，100～499 卷抽从中随机取 3 卷，100 卷以下抽从中随机取 2 卷。进行外观质量检查，在外观检查合格的卷材中，抽取 1 卷做物理性能检测。

检测时将试样卷材切除距离外层卷材 300mm 后顺纵向切取 1500mm 的全幅卷材 2 块，一块做物理性能检测，一块备用。

试验用的防水涂料的试验以同一生产厂家、同一品种、同一进场时间的甲组分每 5t 为一验收批，不足 5t 亦为一批，乙组分按产品重量配比相应增加。每一验收批取样的总重量为 2kg。

取样方法：在该批中随机抽取整桶样品，数量不低于 $\sqrt{n/2}$（n 是进场甲组分产品的桶数）。将取样的整桶样品搅拌均匀后用取样器，在液面上、中、下三个不同部位取相同数量的样品，进行再混合，搅拌均匀后，装入样品容器中，样品容器应留有约 5% 的空隙密封并做好标志。

5. 砌筑砂浆

砌筑砂浆在进场后应检验其稠度和抗压强度。砂浆应在砌筑地点在搅拌机出料口随机取样制作试样，试件一组 6 块。至少从三个不同的部位集取。所取试样的数量应多于试验用料的 1～2 倍。一组试样应在同一盘砂浆中取样制作，同一盘砂只能制作一组试样。砂浆的抽样频率应符合下列规定：

同一验收批砂浆试块抗压强度最小一组平均值必须要大于或等于设计强度对应的立方体试块抗压强度的 0.75 倍，砂浆的验收批，同一强度等级、类型的砂浆试块不应少于三组。当只有一组试块时，该组试块的抗压强度的平均值必须要大于等于设计强度等级的所对应的立方体抗压强度，砂浆强度等级应以标养护 28 天的试块强度为准。冬期施工应增加不少于 2 组的同条件养护试块，分别用于检查各龄期的强度和转入常温的砂浆强度。

以每一楼层或 250m³ 砌体中的每一种强度等级、同一配合比、同种原材料的砂浆，每台搅拌机应至少检查一次，每次至少应制作一组试块（6 块）。基础砌筑可按一个楼层计。

施工中取样进行砂浆试验时，其取样方法和原则按相应的施工验收规范执行。

试模为 70.7mm×70.7mm×70.7mm 立方体，应具有足够的刚度并拆模方便。试模内一次注满砂浆，用捣棒插捣 25 次，使砂浆高出试模 6～8mm，当砂浆表面开始出现麻斑状态时，将高出部分砂浆削去抹平。试件制作后应在 20±2℃ 的环境下停置 24h，然后拆模。拆模后的试件应在标准条件下养护 28d 时试压。

试块成型后要及时登记砂浆试块成型记录，第二天依取样顺序在试件上编号，拆模、养护，到 28d 龄期送检。

养护条件：（1）水泥砂浆为温度 20±2℃，相对湿度 95％以上。养护至 28 天龄期时试压，作为评定砂浆的强度。（2）同条件试块为放置在砖砌筑部位。

各强度等级相应的抗压强度应符合表 3-11 的规定。

砌筑砂浆强度等级表 表 3-11

强度等级	龄期 28d 抗压强度（MPa）	
	各组平均值不小于	最小一组平均值不小于
M7.5	7.5	5.63
M5	5	4.67

6. 砌块的质量检验

本工程所用砌筑材料为陶粒混凝土砌块和加气混凝土砌块。陶粒混凝土砌块应检测其抗压强度及密度、抗渗性能等。加气混凝土砌块应检测其抗压强度和密度，干燥收缩值等。

砌体检验批构成的基本原则是尽可能使得批内砖的质量分布均匀，集体实施中应做到原料变化或不同配料比例的砌块不能混批；不同质量等级的砌块不能混批。

陶粒空心混凝土砌块以同一种原材料配制成的相同外观质量等级、强度等级和同一工艺生产的 10000 块砌块为一批，不足 10000 块亦按一批计。从尺寸偏差、外观合格的产品中随机抽取抗压试块一组（5 块）。

加气混凝土砌块的试验也采用相同品种、规格、强度等级和同一工艺生产的 10000 块砌块为一批，不足 10000 块亦按一批计。从尺寸偏差和外观检测合格的砌块中随机抽取一组（5 块），进行抗压强度试验。

试样必须随机抽取。砌块抽样方法应遵照 GB/T 4111—1997 和 GB/T 5101—1998 的规则进行。

7. 水泥

（1）水泥试验的取样

对同一水泥厂生产的同期出厂的同品种、同标号的水泥，以一次进场的同一出厂编号的水泥为一批，但一批的总量不得超过 200t，超过时增加取样量。随机地从 20 袋中取等量水泥，拌合均匀后，再从中称取不少于 12kg 水泥作为检验试样。取样要有代表性，每批所取试样总数不少于 12kg，拌合均匀后分成两等份，一份送往常规试验室按标准进行试验，一份密封保存，以备复验用。

（2）水泥试验项目

1）水泥胶砂强度(抗压、抗折)；

2）水泥安定性；

3）水泥凝结时间。

（3）试验用材料：水泥试样应充分拌匀，通过 0.9mm 方孔筛并记录筛余物；标准砂应符合《水泥强度试验用标准砂》(GB 175—1999)的质量要求；试验用水必须是洁净的淡水。

（4）试验条件：试验室温度为 17～25℃(包括强度试验室)，相对湿度大于 50%。水泥试样、标准砂、拌合水及试模的温度与室温相同。养护箱温度为 20±2℃，相对湿度大于 95%。

（5）试验结果的评定

抗折强度：试验结果以 3 个试件平均。当 3 个强度值中有其中一个值超过平均值的 ±10% 时，应剔除后再平均作为抗折强度的试验结果；若有两个值超过平均值的 10% 时，试验结果视为无效，应重新进行试验。

抗压强度：6 个抗压强度结果中剔除最大、最小两个数值，以剩下的 4 个平均作为抗压强度的试验结果。

水泥强度的评定：以抗折、抗压强度均满足该标号的要求方可评为符合该强度等级的要求，并应按委托标号评定。

8. 砂

砂试验应以同一产地、同一规格、同一进场时间，每≤400m³ 或 600t 为一验收批，不足 400m³ 或 600t 时亦为一验收批。

每一验收批取样一组，数量为 20kg。

当质量比较稳定、进料量较大时，可定期检验。

取样方法：

在料堆上取样时，取样部位均匀分布，取样先将取样部位表层铲除，然后由各部位抽取大致相等的试样 8 份(每份 11kg 以上)，均匀搅拌后用四分法缩至 20kg 组成一组试样。

在建筑施工工地应按单位工程分别取样。

砂试验项目如下：

筛分析、含泥量、块含量。

9. 有见证试验

根据《北京市建设工程施工试验实行有见证取样和送检制度的规定》，有见证取样和送检制度，必须在监理人员见证下，由试验员现场取样，送至见证试验室进行试验。技术部接到原材进场清单以后，按见证要求作见证试验，如果需要，相关人员(工程部：××；技术部：××；质量部：××；试验室：××)协同监理参加现场取样，然后送至北京××检测有限公司进行试验。

需要做有见证试验的项目如下：

用于承重结构的混凝土试块；

用于承重墙体的砌筑砂浆试块；

用于承重结构的钢筋及连接接头试件；

用于拌制混凝土和砌筑砂浆的水泥、砂、石子；

地下、屋面、卫生间使用的防水材料。

单位工程有见证取样和送检次数不得少于该项目试验总次数的30%。试验总次数是指每个试验项目按有关规定应送检次数的总和，试验总次数在10次以下的不得少于3次。

六、主要试验项目试验计划

根据工程的特点，在地下施工阶段划分为3个流水段施工，主体结构施工阶段划分为5个流水段。根据流水段的划分进行分段试验，具体的试验根据工程的具体进展情况进行，主要的需要做见证试验的项目的初步计划见表3-12。

项目试验计划表　　　　　　　　　　　　　　　　　表3-12

序号	试验内容		取样批次	试验数量	见证部位(数量)
1	钢筋原材		≤60t	1组	总体取样，根据进行情况做，数量见表3-13
			>60t	2组	
2	钢筋直螺纹接头		500个接头	3根拉件	部位：基础、库房及办公楼每层各一次数量见表3-14
3	混凝土抗压试块		每次浇筑或每100m³为一个取样单位		部位和数量见表3-15
4	混凝土抗渗试块		500m³	2组(12块)	部位和数量见表3-15
5	砌筑砂浆		250m³	2组(6块)	部位：地下一层、地上每层各一次 数量：每次2组
			一个楼层		
6	防水卷材		250卷以内	1组	根据实际进场情况进行确定，预计总的量为4次，地下防水和屋面防水各2次
7	防水涂料		每5t为一批	2kg	厕浴间：12/5×0.3=1次
8	回填土	室内回填	每层按100m²取1组，但每层至少1组		每20～50m为一段，250mm为一层，每段分层测定
		基槽	每层按长度10～20m取1组，但每层至少1组		
9	陶粒混凝土砌块		每1万块为一批	5块	平均1万块取一组计算：12600/10000=2次
10	加气混凝土砌块		每1万块为一批	5块	平均1万块取一组计算：60000/10000=6次

对于混凝土的见证试验，由于混凝土分段浇筑，时间、数量、部位都须要根据工程的实际发生情况来确定。防水卷材、砌体材料等需要进行根据实际的进场数量进行取样检测。见证试验根据实际发生的情况来进行，必须要保证见证取样的数量达到总试验数量的30%。根据工程量计算的主要试验项目的见证试验计划见表3-13～表3-16。

钢筋的保护层厚度检测在主体结构完成之后由试验室完成，检测的数量为构件数量的2%，且不小于5个构件，悬挑梁、板的比例不小于50%，允许偏差为梁+10～−7mm，对于板类为+8～−5mm。合格率大于90%为合格。

钢筋原材类见证试验计划表　　　　　　　　　　　表 3-13

序　号	名　称	规格(mm)	总试验量	见证数量	见证部位	备　注
1	钢筋原材	32	3	1	基础及主体	
2	钢筋原材	28	1	1	基础及主体	
3	钢筋原材	25	11	4	基础及主体	
4	钢筋原材	22	3	1	基础及主体	
5	钢筋原材	20	2	1	基础及主体	
6	钢筋原材	18	3	1	基础及主体	
7	钢筋原材	16	1	1	基础及主体	
8	钢筋原材	14	9	3	基础及主体	
9	钢筋原材	12	9	3	基础及主体	
10	钢筋原材	12	1	1	基础及主体	
11	钢筋原材	10	7	3	基础及主体	
12	钢筋原材	8	2	1	基础及主体	
13	钢筋原材	6	1	1	基础及主体	

说明：以上仅为根据预算钢筋量计算的试验数量，实际数量需要根据现场的钢筋进货情况进行试验，见证试验的数量必须要满足大于钢筋总试验数量30%的要求。

直螺纹连接见证试验计划表　　　　　　　　　　　表 3-14

序号	名　称	规格(mm)	接头数量	总试验量	见证数量	见证部位
1	直螺纹接头	32	2835	6	2	基础及主体
2	直螺纹接头	28	1588	4	2	基础及主体
3	直螺纹接头	25	13200	27	9	基础及主体
4	直螺纹接头	22	1181	3	1	基础及主体
5	直螺纹接头	20	921	2	1	基础及主体
6	直螺纹接头	18	384	1	1	基础及主体

说明：直螺纹试验数量为按照预算量计算的取样数量，实际取样还要根据施工段的划分和施工进度进行调整，但见证取样的数量必须要满足大于总试验数量的30%的要求。

混凝土见证试验计划 表 3-15

序号	见 证 部 位	强度等级	抗渗等级	混凝土(m³)	取样次数	备 注
1	基础垫层	C15		1020	11	见证 4 次
2	独立柱基础、防水板	C30	P6	4350	44	见证 14 次
3	地下室外墙及附墙柱	C35	P6	620	7	见证 3 次
4	消防水池	C30	P6	151	2	见证 1 次
5	地下室、一层柱	C45		370	4	见证 2 次
6	地下室顶板、梁	C35		2550	26	见证 8 次
7	厂区 2～3 层柱	C35		315	4	见证 2 次
8	办公区 2～6 层柱	C35		137	2	见证 1 次
9	办公区 2～6 层顶板、梁	C25		1150	12	见证 4 次
10	厂区 1～3 层顶板、梁	C35		5640	57	见证 18 次
11	楼梯	C25		760	8	见证 3 次
12	顶板后浇带混凝土	C40(膨)		35	1	见证 1 次
13	地下室剪力墙混凝土	C45	P6	450	5	见证 2 次
14	厂区 2～3 层剪力墙	C35		740	8	见证 3 次
15	办公区 2～6 层剪力墙	C35		590	6	见证 2 次
16	圈梁、过梁、构造柱	C25		85	3	见证 1 次

说明：以上为根据预算量计算的试验次数，实际根据混凝土浇筑量和次数确定，要求有见证取样的数量必须要大于混凝土试验总数量的 30%。

结构实体检测试验计划 表 3-16

序号	取 样 部 位	强度等级	取样组数	备 注
	地下室阶段			
1	13～17/A～L 轴基础防水板	C30P6	1	
2	1～7/A～C 轴基础防水板	C30P6	1	
3	1～7/C～K 轴基础防水板	C30P6	1	C30P6 共计 4 组
4	1～3/A～C、4～5/H～K 轴剪力墙导墙	C45P6	1	
5	13～17/1/B～1/G 轴框架柱	C45	1	C45 共计 5 组
6	3～7/A～D 轴配电室夹层独立柱	C45	1	
7	13～17/A～L 轴剪力墙	C45	1	
8	13～17/A～L 轴外墙	C35P6	1	
9	8～9/A～H 轴独立柱	C45	1	C35 共计 4 组
10	1～7/D～K 轴地下室外墙	C35P6	1	
11	9～12/A～D 轴消防水池顶板	C30P6	1	
12	13～17/A～L 轴地下室顶板梁	C35	1	
13	7～13/A～H 轴地下室顶板梁	C35	1	
	地 上 阶 段			

续表

序号		取 样 部 位	强度等级	取样组数	备 注
1	首层	一区一段框架柱	C45	1	C45 共计7组 C35 共计2组 C25 共计1组
2		二区一段框架柱	C45	1	
3		二区三段框架柱	C45	1	
4		二区五段框架柱	C45	1	
5		一区二段梁板	C25	1	
6		二区二段梁板	C35	1	
7		二区四段梁板	C35	1	
8		一区一段剪力墙	C45	1	
9		二区一段剪力墙	C45	2	
10	二层	一区二段框架柱	C35	1	C35 共计8组 C25 共计1组
11		二区二段框架柱	C35	1	
12		二区四段框架柱	C35	1	
13		一区一段梁板	C25	1	
14		二区一段梁板	C35	1	
15		二区二段梁板	C35	1	
16		二区五段梁板	C35	1	
17		一区二段剪力墙	C35	1	
18		二区二段剪力墙	C35	1	
19	三层	一区一段框架柱	C35	1	C35 共计9组 C25 共计1组
20		二区一段框架柱	C35	1	
21		二区三段框架柱	C35	1	
22		二区五段框架柱	C35	1	
23		一区二段梁板	C25	1	
24		二区二段梁板	C35	1	
25		二区四段梁板	C35	1	
26		一区一段剪力墙	C35	1	
27		二区五段剪力墙	C35	2	
28	四层	一区二段框架柱	C35	1	C35 共计2组
29		一区一段梁板	C25	1	C25 共计1组
30		一区二段剪力墙	C35	1	
31	五层	一区一段框架柱	C35	1	C35 共计2组
32		一区二段梁板	C25	1	C25 共计1组
33		一区一段剪力墙	C35	1	
34	六层	一区二段框架柱	C35	1	C35 共计2组
35		一区一段梁板	C25	1	C25 共计1组
36		一区二段剪力墙	C35	1	
合计		C30P6 共计4组　C35 共计21组 C45 共计12组　C25 共计5组			

第四章 施工资料管理

第一节 施工资料管理流程

1.施工资料应实行报验、报审管理。施工过程中形成的资料应按报验、报审程序，通过相关施工单位审核后，方可报建设(监理)单位。

2.施工资料的报验、报审应有时限性要求。工程相关各单位宜在合同中约定报验、报审资料的申报时间和审批时间，约定应承担的责任。当无约定时，施工资料的申报、审批不得影响正常施工。

3.建筑工程实行总承包的，应在与分包单位签订施工合同中明确施工资料的移交套数、移交时间、质量要求及验收标准等。分包工程完工后，应将有关施工资料按约定移交。

4.施工技术资料管理流程，见图4-1。

5.施工物资资料管理流程，见图4-2。

6.施工质量验收资料管理流程见图4-3～图4-6，包括检验批质量验收流程(图4-3)、分项工程质量验收流程(图4-4)、子分部工程质量验收流程(图4-5)、分部工程质量验收流程(图4-6)。

7.工程验收资料管理流程，见图4-7。

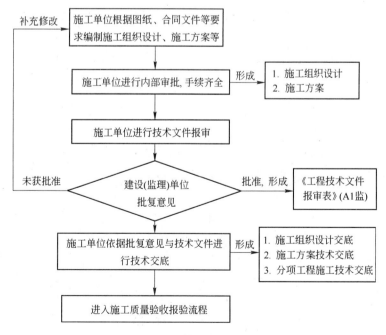

图 4-1 施工技术资料管理流程

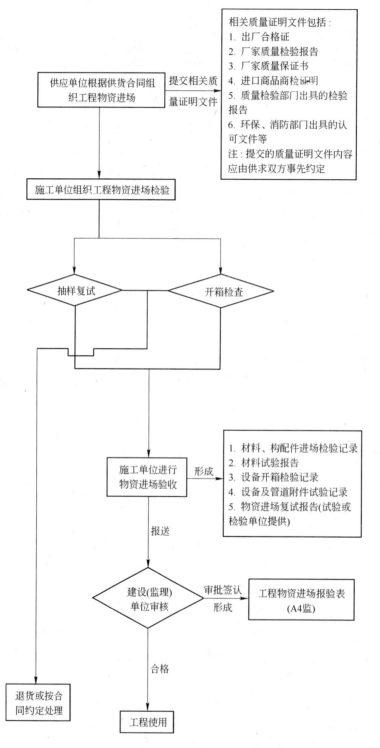

图 4-2 施工物资资料管理流程

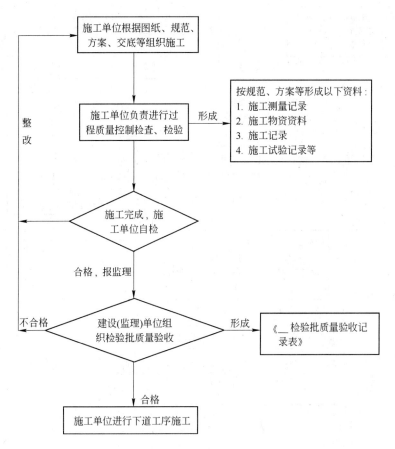

图 4-3　检验批质量验收程序

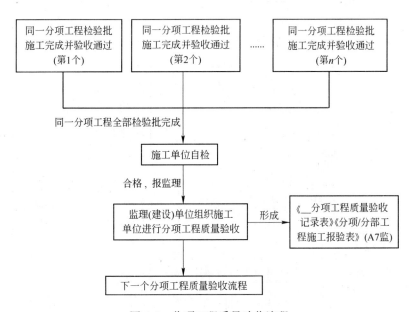

图 4-4　分项工程质量验收流程

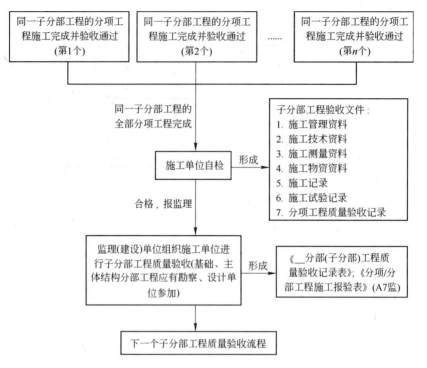

图 4-5　子分部工程质量验收流程

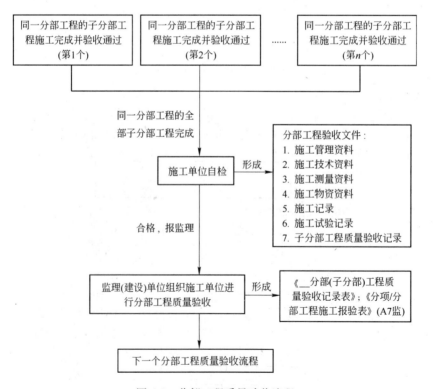

图 4-6　分部工程质量验收流程

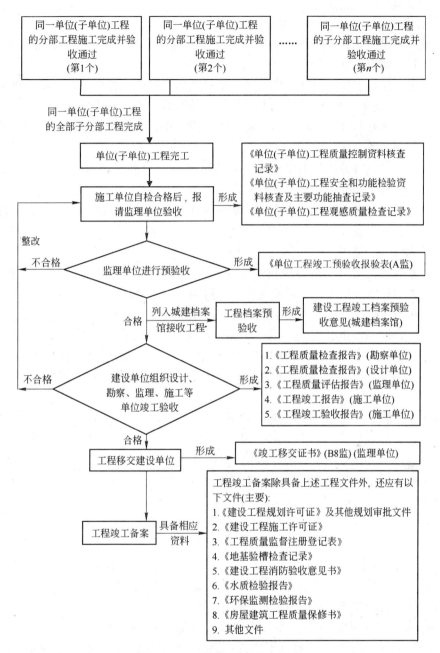

图 4-7 工程验收资料管理流程

第二节 施工资料的内容与组成

一、工程管理与验收资料

工程管理与验收资料是在施工过程中形成的重要资料，包括工程概况表、工程质量事故报告、单位工程质量验收文件和施工总结等。

1. 工程概况表

工程概况表是对工程基本情况的简要描述，应包括单位工程的一般情况、构造特征、机电系统、其他情况等四部分内容。

一般情况：工程名称、建设单位、设计单位、勘察单位、监理单位、施工单位、建筑面积（地上面积、地下面积）、建筑地点、建筑用途、结构类型、建筑层数等。

构造特征：地基与基础、柱、内外墙、梁、板、楼盖、内外墙装饰、楼地面装饰、屋面构造、防火设备等。

机电系统：机电部分的几大主要系统及主要设备的参数、机电承受的容量和电压等级等。

其他情况：指特殊需要说明的内容，如关键工序或一些特殊要求，所采用的新材料、新工艺、新产品、新设备等。

2. 工程质量事故报告

凡工程发生重大质量事故，应按要求进行记载。其中发生事故时间应记载年、月、日、时、分；估计造成损失，指因质量事故导致的返工、加固等费用，包括人工费、材料费和管理费；事故情况，包括倒塌情况（整体倒塌或局部倒塌的部位）、损失情况（伤亡人数、损失程度、倒塌面积等）；事故原因，包括设计原因（计算错误、构造不合理等）、施工原因（施工粗制滥造、材料、构配件或设备质量低劣等）、设计与施工的共同问题、不可抗力等；处理意见，包括现场处理情况、设计和施工的技术措施、主要责任者及处理结果。

3. 单位（子单位）工程质量竣工验收记录

（1）单位工程完工，施工单位组织自检合格后，应报请监理单位进行工程预验收，通过后向建设单位提交工程竣工报告并填报《单位（子单位）工程质量竣工验收记录》。建设单位应组织设计单位、监理单位、施工单位等进行工程质量竣工验收并记录，验收记录各单位必须签字并加盖公章。

（2）凡列入报送城建档案馆的工程档案，应在单位工程验收前由城建档案馆对工程档案资料进行预验收，并出具《建设工程竣工档案预验收意见》。

（3）《单位（子单位）工程质量竣工验收记录》应由施工单位填写，验收结论由监理单位填写，综合验收结论应由参加验收各方共同商定，并由建设单位填写，主要对工程质量是否符合设计和规范要求及总体质量水平做出评价。

（4）进行单位（子单位）工程质量竣工验收时，施工单位应同时填报《单位（子单位）工程质量控制资料核查记录》、《单位（子单位）工程安全和功能检查资料核查及主要功能抽查记录》、《单位（子单位）工程观感质量检查记录》，作为《单位（子单位）工程质量竣工验收记录》的附表。

4. 室内环境检测报告

（1）民用建筑工程及室内装修工程应按照现行国家规范要求，在工程完工至少 7 天以后、工程交付使用前对室内环境进行质量验收。

（2）室内环境检测应由建设单位委托经有关部门认可的检测机构进行，并出具室内环境污染物浓度检测报告。

5. 施工总结

施工总结是建筑工程的阶段性、综合性或专题性文字材料，是根据工程特点、性质进行全面施工组织和管理总结，可包含以下方面内容。

（1）管理方面：根据工程特点与难点，从项目的现场安全文明施工管理、质量管理、工期控制、合同、成本控制和综合控制等方面进行总结。

（2）技术方面：工程采用的主要技术措施，特别是新技术、新材料、新工艺、新施工方法推广应用情况。

（3）经验方面：施工过程中各种经验与教训总结。

6. 工程竣工报告

单位工程完工后，由施工单位编写工程竣工报告，内容包括：

（1）工程概况及实际完成情况；

（2）企业自评的工程实体质量情况；

（3）企业自评施工资料完成情况；

（4）主要设备、系统调试情况；

（5）安全和功能检测、主要功能抽查情况。

二、施工管理资料

施工管理资料是在施工过程中形成的反映工程组织和监督等情况的资料统称。

1. 施工现场质量管理检查记录

建筑工程项目经理部应建立质量责任制度及现场管理制度；健全质量管理体系；具备施工技术标准；审查资质证书、施工图、地质勘察资料和施工技术文件等。施工单位应按规定填写《施工现场质量管理检查记录》，报项目总监理工程师（或建设单位项目负责人）检查，并做出结论。

2. 企业资质证书及相关专业人员岗位证书

在正式施工前应审查分包单位资质以及专业工种操作人员的岗位证书，填写《分包单位资质报审表》，报监理单位审核。

3. 有见证取样和送检管理资料

（1）施工试验计划

1）单位工程施工前，施工单位应编制施工试验计划，报送监理单位。

2）施工试验计划的编制应科学、合理，保证取样的连续性和均匀性。计划的实施和落实应由项目技术负责人负责。

（2）见证记录

1）施工过程中，应由施工单位取样人员在现场进行原材料取样和试件制作，并在《见证记录》上签字。见证记录应分类收集、汇总整理。

2）有见证取样和送检的各项目，凡未按规定送检或送检次数达不到要求的，其工程质量应由有相应资质等级的检测单位进行检测确定。

（3）有见证试验汇总表

有见证试验完成，各试验项目的试验报告齐全后，应填写《有见证试验汇总表》。

4. 施工日志

施工日志应以单位工程为记载对象，从工程开工起至工程竣工止，按专业指定专人负责逐日记载，并保证内容真实、连续和完整。

三、施工技术资料

施工技术资料是在施工过程中形成的，用以指导正确、规范、科学施工的文件，包括施工组织设计、施工方案、分项工程技术交底三个层次的文件，以及反映工程变更情况的设计变更、洽商等文件。

1. 工程技术文件报审表

（1）根据合同约定或监理单位要求，施工单位应在正式施工前将需要监理单位审批的施工组织设计、施工方案等技术文件，填写《工程技术文件报审表》（A1 监）报监理单位审批。

（2）工程技术文件报审应有时限规定，施工和监理单位均应按照施工合同或约定的时限要求完成各自的报送和审批工作。

（3）当涉及主体和承重结构改动或增加荷载时，必须将有关设计文件报原结构设计单位或具备相应资质的设计单位审核确认，并取得认可文件后方可正式施工。

2. 施工组织设计、施工方案

（1）单位工程施工组织设计应在正式施工前编制完成，并经施工企业单位的技术负责人审批。

（2）规模较大、工艺复杂的工程、群体工程或分期出图工程，可分阶段报批施工组织设计。

（3）主要分部（分项）工程、工程重点部位、技术复杂或采用新技术的关键工序应编制专项施工方案。冬、雨期施工应编制季节性施工方案。

（4）施工组织设计及施工方案编制内容应齐全，施工单位应首先进行内部审核，并填写《工程技术文件报审表》（A1 监）报监理单位批复后实施。发生较大的施工措施和工艺变更时，应有变更审批手续，并进行交底。

3. 技术交底记录（表 C2-1）

（1）技术交底记录应包括施工组织设计技术交底、专项施工方案技术交底、分项工程施工技术交底、"四新"（新材料、新产品、新技术、新工艺）技术交底和设计变更技术交底。各项交底应有文字记录交底双方签认应齐全。

（2）重点和大型工程施工组织设计交底应由施工企业的技术负责人把主要设计要求、施工措施以及重要事项对项目主要管理人员进行交底。其他工程施工组织设计交底应由项目技术负责人进行交底。

（3）专项施工方案技术交底应由项目专业技术负责人负责，根据专项施工方案对专业工长进行交底。

（4）分项工程施工技术交底应由专业工长对专业施工班组（或专业分包）进行交底。

（5）"四新"技术交底应由项目技术负责人组织有关专业人员编制。

（6）设计变更技术交底应由项目技术部门根据变更要求，并结合具体施工步骤、措施及注意事项等对专业工长进行交底。

4. 设计变更文件

（1）图纸会审记录（表 C2-2）

1）监理、施工单位应将各自提出的图纸问题及意见，按专业整理、汇总后报建设单位，由建设单位提交设计单位做交底准备。

2）图纸会审应由建设单位组织设计、监理和施工单位技术负责人及有关人员参加。设计单位对各专业问题进行交底，施工单位负责将设计内容按专业汇总、整理，形成《图纸会审记录》。

3）图纸会审记录应由建设、设计、监理和施工单位的项目相关负责人签认，形成正式图纸会审记录。不得擅自在会审记录上涂改或变更其内容。

（2）设计变更通知单（表 C2-3）

设计单位应及时下达设计变更通知单，内容详实，必要时附图，并逐条注明应修改图纸的图号。设计变更通知单应由设计专业负责人以及建设（监理）和施工单位的相关负责人签认。

（3）工程洽商记录（表 C2-4）

1）工程洽商记录应分专业办理，内容详实，必要时应附图，并逐条注明应修改图纸的图号。工程洽商记录应由设计专业负责人以及建设、监理和施工单位的相关负责人签认。

2）设计单位如委托建设（监理）单位办理签认，应办理委托手续。

四、施工测量记录

施工测量记录是在施工过程中形成的，确保建筑工程定位、尺寸、标高、位置和沉降量等满足设计要求和规范规定的资料统称。包括工程定位测量；楼层平面放线；楼层标高抄测；建筑物垂直度、标高测量；沉降观测等内容。

1. 施工测量放线报验表（A2 监）

施工单位应在完成施工测量方案、红线桩校核成果、水准点引测成果及施工过程中各种测量记录后，填写《施工测量放线报验表》（A2 监）报监理单位审核。

2. 工程定位测量记录（表 C3-1）

（1）测绘部门根据建设工程规划许可证（附件）批准的建筑工程位置及标高依据，测定出建筑的红线桩。

（2）施工测量单位应依据测绘部门提供的放线成果、红线桩及场地控制网（或建筑物控制网），测定建筑物位置、主控轴线及尺寸、建筑物±0.000 绝对高程，并填写《工程定位测量记录》（表 C3-1）报监理单位审核。

（3）工程定位测量完成后，应由建设单位报请具有相应资质的测绘部门验线。

3. 基槽验线记录（表 C3-2）

施工测量单位应根据主控轴线和基底平面图，检验建筑物基底外轮廓线、集水坑、电梯井坑、垫层标高（高程）、基槽断面尺寸和坡度等，填写《基槽验线记录》（表 C3-2）报监理单位审核。

4. 楼层平面放线记录（表 C3-3）

楼层平面放线内容包括轴线竖向投测控制线、各层墙柱轴线、墙柱边线、门窗洞口位置线、垂直度偏差等，施工单位应在完成楼层平面放线后，填写《楼层平面放线记录》（表 C3-3）报监理单位审核。

5. 楼层标高抄测记录(表 C3-4)

楼层标高抄测内容包括楼层＋0.5m(或＋1.0m)水平控制线、皮数杆等,施工单位应在完成楼层抄测后,填写《楼层标高抄测记录》(表 C3-4)报监理单位审核。

6. 建筑物垂直度、标高测量记录(表 C3-5)

(1) 施工单位应在结构工程完成和工程竣工时,对建筑物垂直度和全高进行实测并记录,填写《建筑物垂直度、标高测量记录》(表 C3-5)报监理单位审核。

(2) 超过允许偏差且影响结构性能的部位,应由施工单位提出技术处理方案,并经建设(监理)单位认可后进行处理。

7. 沉降观测记录

(1) 根据设计要求和规范规定,凡需进行沉降观测的工程,应由建设单位委托有资质的测量单位进行施工过程中及竣工后的沉降观测工作。

(2) 测量单位应按设计要求和规范规定,或监理单位批准的观测方案,设置沉降观测点,绘制沉降观测点布置图,定期进行沉降观测记录,并应附沉降观测点的沉降量与时间、荷载关系曲线图和沉降观测技术报告。

五、施工物资资料

施工物资资料是反映工程所用物资和性能指标等的各种证明文件和相关配套文件(如使用说明书、安装维修文件等)的统称。

1. 工程物资主要包括建筑材料、成品、半成品、构配件、设备等,建筑工程所使用的工程物资均应有出厂质量证明文件(包括产品合格证、质量合格证、检验报告、试验报告、产品生产许可证和质量保证书等)。质量证明文件应反映工程物资的品种、规格、数量、性能指标等,并与实际进场物资相符。

2. 质量证明文件的复印件应与原件内容一致,加盖原件存放单位公章,注明原件存放处,并有经办人签字和时间。

3. 建筑工程采用的主要材料、半成品、成品、构配件、器具设备应进行现场验收,有进场检验记录;涉及安全、功能的有关物资应按工程施工质量验收规范及相关规定进行复试(试验单位应向委托单位提供电子版试验数据)或有见证取样送检,有相应试(检)验报告。

4. 涉及结构安全和使用功能的材料需要代换且改变了设计要求时,应有设计单位签署的认可文件。

5. 涉及安全、卫生、环保的物资应有相应资质等级检测单位的检测报告,如压力容器、消防设备、生活供水设备、卫生洁具等。

6. 凡使用的新材料、新产品,应由具备鉴定资格的单位或部门出具鉴定证书,同时具有产品质量标准和试验要求,使用前应按其质量标准和试验要求进行试验或检验。新材料、新产品还应提供安装、维修、使用和工艺标准等相关技术文件。

7. 进口材料和设备等应有商检证明(国家认证委员会公布的强制性认证［CCC］产品除外)、中文版的质量证明文件、性能检测报告以及中文版的安装、维修、使用、试验要求等技术文件。

8. 建筑电气产品中被列入《第一批实施强制性产品认证的产品目录》(2001 年第 33

号公告)的,必须经过"中国国家认证认可监督管理委员会"认证,认证标志为"中国强制性认证(CCC)",并在认证有效期内,符合认证要求方可使用。

9. 施工物资资料分级管理

工程物资资料应实行分级管理。供应单位或加工单位负责收集、整理和保存所供物资原材料的质量证明文件,施工单位则需收集、整理和保存供应单位或加工单位的质量证明文件和进场后的试(检)验报告。各单位应对各自范围内工程资料的汇集、整理结果负责,并保证工程资料的可追溯性。

(1)钢筋资料的分级管理

钢筋采用场外委托加工形式时,加工单位应保存钢筋的原材出厂质量证明、复试报告、接头连接试验报告等资料,并保证资料的可追溯性;加工单位必须向施工单位提供《半成品钢筋出厂合格证》(表 4-5),半成品钢筋进场后施工单位还应进行外观质量检查,如对质量产生怀疑或有其他约定时可进行力学性能和工艺性能的抽样复试。

(2)混凝土资料的分级管理

1)预拌混凝土供应单位必须向施工单位提供以下资料:

配合比通知单(表 C6-10);

预拌混凝土运输单(表 C5-9);

混凝土出厂合格证(32 天内提供)(表 C4-8);

混凝土氯化物和碱总含量计算书。

2)预拌混凝土供应单位除向施工单位提供上述资料外,还应保证以下资料的可追溯性:

试配记录、水泥出厂合格证和试(检)验报告、砂和碎(卵)石试验报告、轻集料试(检)验报告、外加剂和掺合料产品合格证和试(检)验报告、开盘鉴定、混凝土抗压强度报告(出厂检验混凝土强度值应填入预拌混凝土出厂合格证)、抗渗试验报告(试验结果应填入预拌混凝土出厂合格证)、混凝土坍落度测试记录(搅拌站测试记录)和原材料有害物含量检测报告。

3)施工单位应形成以下资料:

混凝土浇灌申请书(表 C5-8);

混凝土抗压强度报告(现场检验)(表 C6-11);

抗渗试验报告(现场检验)(表 C6-13);

混凝土试块强度统计、评定记录(现场)(表 C6-12);

4)采用现场搅拌混凝土方式的,施工单位应收集、整理上述资料中除预拌混凝土出厂合格证(表 C4-8)、预拌混凝土运输单(表 C5-9)之外的所有资料。

(3)预制构件资料的分级管理

施工单位使用预制构件时,预制构件加工单位应保存各种原材料(如钢筋、钢材、钢丝、预应力筋、木材、混凝土组成材料)的质量合格证明、复试报告等资料以及混凝土、钢构件、木构件的性能试验报告和有害物含量检测报告等资料,并应保证各种资料的可追溯性;施工单位必须保存加工单位提供的《预制混凝土构件出厂合格证》(表 C4-6)、《钢构件出厂合格证》(表 C4-7)、其他构件合格证和进场后的试(检)验报告。

10. 工程物资进场报验表(A4 监)

（1）工程物资进场后，施工单位应进行检查（外观、数量及质量证明文件等），自检合格后填写《工程物资进场报验表》（A4监），报请监理单位验收。

（2）施工单位和监理单位应约定涉及结构安全、使用功能、建筑外观、环保要求的主要物资的进场报验范围和要求。

（3）物资进场报验须附资料应根据具体情况（合同、规范、施工方案等要求）由施工单位和物资供应单位预先协商确定。

（4）工程物资进场报验应有时限要求，施工单位和监理单位均须按照施工合同的约定完成各自的报送和审批工作。

11. 材料、构配件进场检验记录（表C4-1）

（1）材料、构配件进场后，应由建设、监理单位会同施工单位对进场物资进行检查验收，填写《材料、构配件进场检验记录》（表C4-1）。主要检验内容包括：

1）物资出厂质量证明文件及检测报告是否齐全；

2）实际进场物资数量、规格和型号等是否满足设计和施工计划要求；

3）物资外观质量是否满足设计要求或规范规定；

4）按规定须抽检的材料、构配件是否及时抽检等。

（2）按规定进行复试的工程物资，必须在进场检查验收合格后取样复试。

12. 材料试验报告（通用）（表C4-2）

凡按规范要求必须做进场复试的物资，而没有专用复试表格的，应使用《材料试验报告（通用）》（表C4-2）。

13. 钢筋（材）

（1）钢筋（材）及相关材料（如钢筋连接用机械连接套筒）必须有质量证明文件。

（2）钢筋及重要钢材应按现行规范规定取样做力学性能的复试。承重结构钢筋及重要钢材应实行有见证取样和送检。

（3）有抗震要求的框架结构，其纵向受力钢筋的进场复试应有强屈比和屈标比计算值。

（4）当使用进口钢材、钢筋脆断、焊接性能不良或显著不正常时，应进行化学成分检验或其他专项检验，有相应检验报告。

14. 水泥

（1）水泥必须有质量证明文件。水泥生产单位应在水泥出厂7天内提供28天强度以外的各项试验结果，28天强度结果应在水泥发出日起32天内补报。

（2）用于承重结构的水泥、使用部位有强度等级要求的水泥、水泥出厂超过三个月（快硬硅酸盐水泥为一个月）和进口水泥在使用前必须进行复试，有试验报告。混凝土和砌筑砂浆用水泥应实行有见证取样和送检。

（3）用于钢筋混凝土结构、预应力混凝土结构中的水泥，检测报告应有有害物含量检测内容。

15. 砂与碎（卵）石

（1）砂、石使用前应按规定取样复试，有试验报告。

（2）按规定应预防碱—骨料反应的工程或结构部位所使用的砂、石，供应单位应提供砂、石的碱活性检验报告。

16. 外加剂

（1）外加剂主要包括减水剂、早强剂、缓凝剂、泵送剂、防水剂、防冻剂、膨胀剂、引气剂和速凝剂等。

（2）外加剂必须有质量证明书或合格证、有相应资质等级检测部门出具的检测报告、产品性能和使用说明书等。

（3）应按规定取样复试，具有复试报告。承重结构混凝土使用的外加剂应实行有见证取样和送检。

（4）钢筋混凝土结构所使用的外加剂应有有害物含量检测报告。当含有氯化物时，应做混凝土氯化物总含量检测，其总含量应符合国家现行标准要求。

17. 掺合料

（1）掺合料主要包括粉煤灰、粒化高炉矿渣粉、沸石粉、硅灰和复合掺合料等。

（2）掺合料必须有出厂质量证明文件。

（3）用于结构工程的掺合料应按规定取样复试，有复试报告。

18. 防水材料

（1）防水材料主要包括防水涂料、防水卷材、胶粘剂、止水带、膨胀胶条、密封膏、密封胶、水泥基渗透结晶性防水材料等。常用的防水卷材有石油沥青纸胎油毡、弹性体改性沥青防水卷材、塑性沥青防水卷材、改性沥青聚乙烯胎防水卷材、聚氯乙烯防水卷材、氯化聚乙烯防水卷材、三元乙丙橡胶防水卷材等；常用的防水涂料有水性沥青基防水涂料、聚氨酯防水涂料和水性聚氯乙烯焦油防水涂料等；胶结材料一般为建筑石油沥青。目前建筑市场最常用的防水卷材为弹性体改性沥青防水卷材；最常用的防水涂料为聚氨酯防水涂料。

（2）防水材料必须有出厂质量合格证、有相应资质等级检测部门出具的检测报告、产品性能和使用说明书。

（3）防水材料进场后应进行外观检查，合格后按规定取样复试；并实行有见证取样和送检。

（4）质量不合格或不符合设计要求的防水材料不允许在工程中使用。

（5）新型防水材料应有相关部门、单位的鉴定文件，并有专门的施工工艺操作规程和有代表性的抽样试验记录。

19. 砖与砌块

（1）砖与砌块必须有质量证明文件。

（2）用于承重结构或出厂试验项目不齐全的砖与砌块应做取样复试，有复试报告。承重用砖和混凝土小型砌块应实行有见证取样和送检。

20. 轻集料

轻集料必须有质量证明文件，并按规定取样复试，有复试报告。

21. 装饰装修物资

（1）装饰装修物资主要包括抹灰材料、地面材料、门窗材料、吊顶材料、轻质隔墙材料、饰面板（砖）、涂料、裱糊与软包材料和细部工程材料等。

（2）主要物资应有质量证明文件，包括出厂合格证、检测报告和质量保证书等。

（3）应复试的物资（如建筑外窗、人造木板、室内花岗石、外墙面砖和安全玻璃等），必须按照相关规范规定进行复试，有相应复试报告。

（4）建筑外窗应有抗风压性能、空气渗透性能和雨水渗透性能检测报告。

（5）有隔声、隔热、防火防潮和防腐等特殊要求的物资应有相应的性能检测报告。

（6）当规范或合同约定应对材料做见证检测，或对材料质量产生异议时，须进行见证检验，并应有相应检测报告。

22．预应力工程物资

（1）预应力工程物资主要包括预应力筋、锚（夹）具和连接器、水泥和预应力筋用螺旋管等。

（2）主要物资应有质量证明文件，包括出厂合格证、检测报告等。

（3）预应力筋、锚（夹）具和连接器等应有进场复试报告。涂包层和套管、孔道灌浆用水泥及外加剂应按规定取样复试，有复试报告。

（4）预应力混凝土结构所使用的外加剂的检测报告应有氯化物含量检测内容，严禁使用含氯化物的外加剂。

23．钢结构工程物资

（1）钢结构工程物资主要包括钢材、钢构件、焊接材料、连接用紧固件及配件、防火防腐涂料、焊接（螺栓）球、封板、锥头、套筒和金属板等。

（2）主要物质应有质量证明文件，包括出厂合格证、检测报告和中文标志等。

（3）按规定复试的钢材必须有复试报告，并按规定实行有见证取样和送检。

（4）重要钢结构采用焊接材料应有复试报告，并按规定实行有见证取样和送检。

（5）高强度大六角头螺栓连接副和扭剪型高强度螺栓连接副应有扭矩系数和紧固轴力（预应力）检验报告，并按规定做进场复试，实行有见证取样和送检。

（6）防火涂料应有有相应资质等级检测机构出具的检测报告。

24．木结构工程物资

（1）木结构工程物资主要包括木方、原木、胶合木、胶合剂和钢连接件等。

（2）主要物资应有质量证明文件，包括产品合格证、检测报告等。

（3）按规定复试的木材和钢连接件应有复试报告。

（4）木构件应有含水率试验报告。

（5）木结构用圆钉应有强度检测报告。

25．幕墙工程物资

（1）幕墙工程物资主要包括玻璃、石材、金属板、铝合金型材、钢材、粘结剂及密封材料、五金件及配件、连接件和涂料等。

（2）主要物资应有质量证明文件，包括产品合格证、检测报告、商检证明等。

（3）按规定应复试的幕墙物资必须有复试报告。

（4）幕墙应有抗风压性能、空气渗透性能、雨水渗透性能及平面变形性能检测报告。

（5）硅酮结构胶应有国家指定检测机构出具的相容性和剥离粘结性检测报告。

（6）玻璃、石材和金属板应有有相应资质等级检测机构出具的性能检测报告。

（7）安全玻璃应有安全性能检测报告，并按有关规定取样复试（凡获得中国强制认证标志"CCC"的安全玻璃可免做现场复试）。

（8）铝合金型材应有涂膜厚度的检测。

（9）防火材料应有有相应资质等级检测机构出具的检测报告。

26．材料污染物含量检测报告

（1）民用建筑工程所使用的材料应按照现行规范要求做污染物含量检测，有污染物含量检测报告。

（2）民用建筑工程室内装修用花岗石材根据有关规定应有放射性复试报告，人造木板及饰面人造板根据有关规定应有甲醛含量复试报告，并按规定实行有见证取样和送检。

27．设备开箱检验记录（表 C4-3）

设备进场后，由建设、监理、施工和供货单位共同开箱检验并做记录，填写《设备开箱检验记录》（表 C4-3）

28．设备及管道附件试验记录（表 C4-4）

设备、阀门、密闭水箱（罐）、风机盘管、成组散热器及其他散热设备等安装前，均应按规定进行强度试验并做记录，填写《设备及管道附件试验记录》（表 C4-4）。

（1）设备、阀门、密封水箱（罐）、成组散热器及其他散热设备等安装前均应按规定进行强度试验并做记录。

（2）设备、密封水箱（罐）的试验应符合设计、施工质量验收规范或产品说明书的规定。

（3）阀门试验要求如下。

1）阀门安装前，应做强度和严密性试验。试验应在每批（同牌号、同型号、同规格）数量中抽查 10％，且不少于 1 个。对于安装在主干管上起切断作用的闭路阀门，应逐个作强度和严密性试验。

2）阀门的强度和严密性试验，应符合以下规定：阀门的强度试验压力为公称压力的 1.5 倍；严密性试验压力为公称压力的 1.1 倍；试验压力在试验持续时间内应保持不变，且壳体填料及阀瓣密封面无渗漏。阀门试压的试验持续时间不少于表 4-1 的规定。

阀门试验持续时间要求表　　　　　　　　　　表 4-1

公称直径 DN(mm)	最短试验持续时间(s)		
	严密性试验		强度试验
	金属密封	非金属密封	
≤50	15	15	15
65～200	30	15	60
250～450	60	30	180

（4）散热器组对后，以及整组出厂的散热器和金属辐射板在安装之前应作水压试验。试验压力如设计无要求时，应为工作压力的 1.5 倍，但不得小于 0.6MPa。检验方法是试验压力下 2～3min 压力不降且不渗不漏。

（5）热交换器应以最大工作压力的 1.5 倍作水压试验。蒸汽部分应不低于蒸汽供汽压力加 0.3MPa；热水部分应不低于 0.4MPa。试验压力下 10min 内压力不降，不渗不漏。

（6）锅炉辅助设备中，分气缸（分水器、集水器）和密闭箱、罐安装前均应进行水压试验，试验压力为工作压力的 1.5 倍，但分别不得小于 0.6MPa 和 0.4MPa。试验压力下

10min 内无压降、无渗漏为合格。

29. 建筑给水、排水及采暖工程物资

(1) 各类管材应有产品质量证明文件。

(2) 阀门、调压装置、消防设备、卫生洁具、给水设备、中水设备、排水设备、采暖设备、散热器、锅炉及附属设备、各类开(闭)式水箱(罐)、分(集)水器、安全阀、水位计、减压阀、热交换器、补偿器、疏水器、除污器、过滤器、游泳池水系统设备等应有产品合格证及相关检验报告。

(3) 对于国家及地方有规定的特定设备及材料,如消防、卫生、压力容器等,应附有相应资质检验单位提供的检验报告。如安全阀、减压阀的调试报告、锅炉(承压设备)焊缝无损探伤检测报告、给水管道材料卫生检验报告、卫生器具环保检测报告、水表和热量表计量鉴定证书等。

(4) 绝热材料应有产品质量合格证和材质检验报告。

(5) 主要设备、器具应有安装使用说明书。

30. 电气工程物资

(1) 电力变压器、柴油发电机组、高压成套配电柜、蓄电池柜、不间断电源柜、控制柜(屏、台)应有出厂合格证、生产许可证和试验记录。

(2) 低压成套配电柜、动力、照明配电箱(盘、柜)应有出厂合格证、生产许可证、"CCC"认证标志和认证证书复印件及试验记录。

(3) 电动机、电加热器、电动执行机构和低压开关设备应有出厂合格证、生产许可证、"CCC"认证标志和认证证书复印件。

(4) 电线、电缆、照明灯具、开关、插座、风扇及附件应有出厂合格证、"CCC"认证标志和认证证书复印件。电线、电缆还应有生产许可证。

(5) 导管、型钢应有出厂合格证和材质证明书。

(6) 电缆桥架、线槽、裸母线、裸导线、电缆头部件及接线端子、钢制灯柱、混凝土电杆和其他混凝土制品应有出厂合格证。

(7) 镀锌制品(支架、横担、接地极、避雷用型钢等)和外线金具应有出厂合格证和镀锌质量证明书。

(8) 封闭母线、插接母线应有出厂合格证、安装技术文件、"CCC"认证标志和认证证书复印件。

31. 通风与空调工程物资

(1) 制冷机组、空调机组、风机、水泵、冰蓄冷设备、热交换设备、冷却塔、除尘设备、风机盘管、诱导器、水处理设备、加热器、空气幕、空气净化设备、蒸汽调压设备、热泵机组、去(加)湿机(器)、装配式洁净室、变风量末端装置、过滤器、消声器、软接头、风口、风阀、风罩等,以及防爆超压排气活门、自动排气活门等与人防有关的物资,应有产品合格证和其他质量合格证明。

(2) 阀门、疏水器、水箱、分(集)水器、减振器、储冷灌、集气罐、仪表、绝热材料等应有出厂合格证、质量合格证明及检测报告。

(3) 压力表、温度计、湿度计、流量计、水位计等应有产品合格证和检测报告。

(4) 各类板材、管材等应有质量证明文件。

（5）主要设备应有安装使用说明书。

32.智能建筑工程物资

智能建筑工程的主要设备、材料及附件应有出厂合格证及产品说明书。

33.电梯工程物资

电梯设备进场后，应由建设、监理、施工和供货单位共同开箱检验，并进行记录，填写《电梯设备开箱检验记录》（表C4-19）。电梯工程的主要设备、材料及附件应有出厂合格证、产品说明书及安装技术文件。

六、施工记录

施工记录是在施工过程中形成的，确保工程质量、安全的各种检查、记录的统称，包括通用施工记录和专用施工记录。

1.隐蔽工程检查记录

隐蔽工程是指上道工序被下道工序所掩盖，其自身的质量无法再进行检查的工程。

隐蔽即对隐蔽工程进行检查，并通过表格的形式将工程隐检项目的内容、质量情况、检查意见、复查意见等记录下来，作为以后建筑工程的维护、改造、扩建等重要的技术资料。隐检合格后方可进行下道工序施工。

隐蔽工程检查是保证工程质量与安全的重要过程控制检查记录，应分专业（土建专业、给排水专业、电气专业、通风空调专业等）、分系统（给水系统、排水系统等）、分区段（划分的流水段）、分部位（主体结构、装饰装修等）、分工序（钢筋工程、防水工程等）、分层进行。

按规范规定须进行隐检的项目，施工单位应填报《隐蔽工程检查记录》（表C5-1）。主要隐检项目及内容如下。

（1）地基基础工程与主体结构工程隐蔽

1）土方工程：基槽、房心回填土前，检查基底清理情况，基底标高，基底轮廓尺寸等情况。

2）支护工程：依据施工图纸、有关施工验收规范要求和基坑支护方案、技术交底检查锚杆、土钉的品种规格、数量、位置、插入长度、钻孔直径、深度和角度。检查地下连续墙成槽宽度、深度、垂直度、钢筋笼规格、位置、槽底清理、沉渣厚度等情况。

3）桩基工程：依据施工图纸、有关施工验收规范要求和桩基施工方案、技术交底检查钢筋笼规格、尺寸、沉渣厚度、清孔情况等。

4）地下防水工程：依据施工图纸、有关施工验收规范要求和防水施工方案、技术交底检查混凝土的变形缝、施工缝、后浇带、穿墙套管、预埋件等设置的形式和构造等情况；人防出口止水做法；防水层的基层处理；防水材料的规格、厚度、铺设方式、阴阳角处理、搭接密封处理等情况。

5）结构工程（基础、主体）：依据施工图纸、有关施工验收规范要求和钢筋施工方案、技术交底检查用于绑扎的钢筋品种、规格、数量、位置、锚固和接头位置、搭接长度、保护层厚度、钢筋及垫块绑扎和钢筋除锈、除污情况，钢筋代用变更及胡子筋处理等。

检查钢筋连接形式、连接种类、接头位置、数量和连接质量。若是焊接，还要检查焊条、焊剂的产品质量，检查焊口形式、焊缝长度、厚度、表面清渣等情况。

6）预应力工程：依据施工图纸、有关施工验收规范要求和预应力施工方案、技术交底检查预应力筋预留孔道的规格、数量、形状端部预埋垫板及灌浆孔、排气及泌水管的情况等；预应力筋的品种、规格、数量、位置、下料长度、切断方法、竖向位置偏差、固定、护套的完整性；锚具、夹具和连接器的组装情况；锚固区局部加强构筑情况。

7）钢结构（网架）工程：依据施工图纸、有关施工验收规范要求和预应力施工方案、技术交底检查地脚螺栓规格、位置、埋设方法、紧固情况；防火涂料涂装基层的涂料遍数及涂层厚度；网架焊接球节点的连接方式、质量情况；网架支座锚栓的位置、支撑垫块的种类及锚栓的紧固情况等。

8）外墙外（内）保温构造节点做法：依据施工图纸、有关施工验收规范要求和施工方案、技术交底检查构造节点的连接方法等情况。

（2）建筑装饰、装修工程隐检

1）地面工程：依据施工图纸、有关施工验收规范要求和施工方案、技术交底检查各基层（垫层、找平层、隔离层、填充层、地龙骨）的材料品种、规格、铺设厚度、铺设方式、坡度、标高、表面情况、节点密封处理、粘结情况等。

2）厕浴等防水工程：依据施工图纸、有关施工验收规范要求和施工方案、技术交底检查基层表面、含水率、地漏、套管、卫生洁具根部、阴阳角等部位的处理情况。防水层墙面的涂刷情况。

3）抹灰工程：依据施工图纸、有关施工验收规范要求和施工方案、技术交底检查具有加强构造措施的材料规格、铺设、固定方法、搭接情况等。

4）门窗工程：依据施工图纸、有关施工验收规范要求和施工方案、技术交底检查预埋件和锚固件、螺栓等的规格数量、位置、间距、埋设方式、与框的连接方式、防腐处理、缝隙的嵌填、密封材料的粘结等情况。

5）吊顶工程：依据施工图纸、有关施工验收规范要求施工方案、技术交底检查吊顶龙骨及吊件的材质、规格、间距、连接方式、固定方法、表面防火防腐处理、吊顶材料外观质量情况、接缝和角缝情况、填充和吸声材料的品种、规格、铺设、固定情况等。

6）轻质隔墙工程：依据施工图纸、有关施工验收规范要求施工方案、技术交底检查预埋件、连接件、拉结筋的规格、位置、数量、连接方法、与周边墙体及顶棚的连接、龙骨连接、间距、防火防腐处理、填充材料设置等情况。

7）饰面板（砖）工程检查内容：依据施工图纸、有关施工验收规范要求和施工方案、技术交底检查预埋件（后置埋件）、连接件规格、数量、位置、连接方法、防腐处理、防火处理等情况。有防水构造要求的应检查防水层、找平层的构造做法。

8）细部工程检查内容：依据施工图纸、有关施工验收规范要求和施工方案、技术交底检查预埋件或后置埋件的数量、规格、位置等情况。用方木制成的格栅骨架的防腐处理，螺钉防锈处理等情况。

9）幕墙工程检查内容：依据施工图纸、有关施工验收规范要求和施工方案、技术交底检查构件与主体结构的连接节点的安装；幕墙四周、幕墙表面与主体结构之间间隙节点的安装、幕墙伸缩缝、沉降缝、防震缝及墙面转角节点的安装；幕墙防雷接地节点的安装等情况。

（3）建筑屋面工程隐检

　　屋面细部检查内容：依据施工图纸、有关施工验收规范要求和施工方案、技术交底检查屋面基层、找平层、保温层、隔离层材料的品种、规格、厚度、铺贴方式、附加层、天沟、泛水和变形缝处细部做法、密封部位的处理等情况。

　　屋面防水检查内容：依据施工图纸、有关施工验收规范要求和施工方案、技术交底检查基层含水率，防水层的材料品种、规格、厚度、铺贴方式等情况。

　　（4）建筑给水、排水及采暖工程隐检

　　1）隐蔽工程检查项目的划分

　　隐蔽工程检查项目的划分一般按系统、安装部位和时间、工序进行。

　　① 每个子分部、分项工程的检查、记录应按部位（分区、层、段或干管、支管）和安装时间、工序的先后顺序进行。

　　② 一般情况下，不同类型建筑的施工检查项目可按以下情况进行划分：

　　a. 子分部工程的系统干管应作为一个项目检查一次。

　　b. 多层民用住宅可按不同的子分部工程，每单元的立管、支管安装作为一个项目检查一次。

　　c. 高层民用住宅工程可按不同的子分部工程分系统进行检查。每个系统可将6～7个层的立管、支管安装作为一个项目检查一次。

　　d. 多层公共建筑工程可按不同的子分部工程，每个系统的管道安装作为一个项目检查一次。

　　e. 高层公共建筑工程可按不同的子分部工程，分系统进行检查。每个系统可将10～12个层的立管、支管安装作为一个项目检查一次。

　　2）隐蔽工程检查的内容

　　① 直埋于地下或结构中，暗敷设于沟槽、管井、吊顶及不进人的设备层内的给水、排水、雨水、采暖、消防管道和相关设备，以及有防水要求的套管，在其所在部位进行封闭之前必须进行隐蔽检查。检查内容包括：设计图纸图号、洽商编号、管材、管件及相关阀门、设备的安装位置、标高、坡度；各种管道间的水平、垂直净距；管道排布、套管位置及尺寸；管道与其他相邻的墙体、电缆等的间距；管道连接的做法及质量；附件的使用、支架的固定、基底的处理、以及各种试验的方式及结果。

　　② 有保温、隔热（冷）、防腐要求的给水、排水、采暖、消防管道和相关设备，在其所在部位进行绝热、防腐处理之前必须进行隐检。检查内容包括：保温的形式、保温材料的品种、规格和材质、保温管道与支架、吊架之间的防结露措施、防腐处理的情况及效果、防腐做法等是否符合设计或施工规范要求。

　　③ 埋地的采暖、热水管道，在保温层、保护层完成后，所在部位进行回填之前，进行隐检：检查安装位置、标高、坡度；支架做法；保温层、保护层设置等。

　　（5）建筑电气工程隐检

　　1）埋在结构内的各种电线导管检查内容：导管的品种、规格、位置、弯扁度、弯曲半径、连接、跨接地线、防腐、须焊接部位的焊接质量、管盒固定、管口处理、敷设情况、保护层及与其他管线的位置关系等。

　　2）利用结构钢筋做的避雷引下线的检查内容：轴线位置、钢筋数量、规格、搭接长度、焊接质量、与接地极、避雷网、均压环等连接点的焊接情况等。

3）等电位与均压环暗埋检查内容：检查使用材料的品种、规格、安装位置、连接方法及连接质量、保护层厚度等。

4）接地极装置埋设检查内容：接地极的位置、间距、数量、材质、埋深、与接地极的连接方法、连接质量、防腐情况等。

5）金属门窗、幕墙与避雷引下线的连接检查内容：检查连接材料的品种、规格、连接位置和数量、连接方法和质量等。

6）不能进人吊顶内的电线导管检查内容：导管的品种、规格、位置、弯扁度、弯曲半径、连接、跨接地线、防腐、须焊接部位的焊接质量、管盒固定、管口处理、固定方法、固定间距及与其他管线的位置关系等。

7）不能进人吊顶内的线槽检查内容：线槽的品种、规格、位置、连接、接地、防腐、固定方法、固定间距及与其他管线的位置关系等。

8）直埋电缆检查内容：电缆的品种和规格、电缆的埋设方法、埋深、弯曲半径、标桩埋设情况等。

9）不可进人的电缆沟敷设电缆检查内容：电缆的品种和规格、弯曲半径、固定方法、固定间距、标识等情况。

（6）智能建筑工程

1）埋在结构内的各种电线导管检查内容：导管的品种、规格、位置、弯扁度、弯曲半径、连接、跨接地线、防腐、须焊接部位的焊接质量、管盒固定、管口处理、敷设情况、保护层及与其他管线的位置关系等。

2）不能进人吊顶内的电线导管检查内容：导管的品种、规格、位置、弯扁度、弯曲半径、连接、跨接地线、防腐、须焊接部位的焊接质量、管盒固定、管口处理、固定方法、固定间距及与其他管线的位置关系等。

3）不能进人吊顶内的线槽检查内容：线槽的品种、规格、位置、连接、接地、防腐、固定方法、固定间距及与其他管线的位置关系等。

4）直埋电缆检查内容：电缆的品种和规格、电缆的埋设方法、埋深、弯曲半径、标桩埋设情况等。

5）不可进人的电缆沟敷设电缆检查内容：电缆的品种和规格、弯曲半径、固定方法、固定间距、标识等情况。

（7）通风与空调工程隐检

主要项目包括：凡敷设于暗井道、吊顶内或被其他工程（如设备外砌墙、管道保温、隔热等）所掩盖的项目，空气洁净系统，制冷管道系统及重要部件，均应有隐蔽工程验收记录。

检查内容：有无开脱，风管及配件严密性试验，附件设置是否正确；调节件是否灵活、可靠、方向正确；有坡度要求的项目坡度是否正确；支、托、吊架的位置、固定情况；设备位置、方向、节点处理，保温及防结露处理、防渗漏功能，互相连接情况防腐处理的情况及效果。是否已按设计要求及施工规范规定完成风管的漏光、漏风检测。

空调水系统管道及设备隐蔽工程验收的主要项目：直埋于地下或结构中，暗敷于沟槽、管井、吊顶及不进人的设备层内的，以及有保温、隔热（冷）要求的管道和设备。

空调水系统管道及设备隐蔽工程验收的检查内容：管材、管件、阀门、设备的材质与型号、安装的位置、标高、坡度；各种管道间的水平、垂直浮距；管道安排和套管尺寸；管道与相邻电缆的间距；管道连接做法及质量；管径和变径位置；附件使用，支架固定，基层处理；防腐做法；保温的质量以及强度试验结果等。

有绝热、防腐要求的风管，空调水管及设备，在其所在部位进行绝热、防腐处理之前应进行隐蔽。检查内容包括：绝热形式与做法、绝热材料的材质和规格，防腐处理的材料及做法。绝热管道与支架之间应垫以绝热或经防腐处理的木衬垫，其厚度应与绝热层厚度相同，表面平整，衬垫暗盒间的空隙应填实。

(8) 电梯工程隐检

检查电梯承重梁、起重吊环埋设；电梯钢丝绳头灌注；电梯井道内导轨、层门的支架、螺栓埋设等。

2. 预检记录(表 C5-2)

预检是对施工过程某重要工序进行预先质量控制的检查记录。预检是预防质量事故发生的有效途经，质量偏差在施工过程中得到纠正。预检合格后方可进行下道工序施工。

须办理预检的分项工程完成后，由专业工长填写预检记录，项目技术负责人组织，项目质量检查员、专业工长及班组长参加验收并将检查意见填入栏内。如检查中发现问题，施工班组进行整改后，再进行复验。

预检项目有模板预检、预制构件安装预检、设备基础预检及混凝土结构工程施工缝的预检(地下部分的施工缝办理隐检记录，地上部分的施工缝办理预检记录)、管道预留孔洞、管道预埋套管等。

(1) 模板工程预检检查内容：依据图纸和技术交底要求检查模板表面的清理、使用脱膜剂的种类及脱膜剂的涂刷；检查模板的几何尺寸、轴线、标高、预埋件及预留洞口的位置；模板支撑情况包括牢固性、接缝严密性；模板清扫口留置、模板内清理情况；节点细部做法(须绘制节点大样图的检查实际放样图尺寸)、止水要求、模板起拱高度情况等。

(2) 预制构件预检检查内容：根据图纸要求检查构件的规格型号、几何尺寸、数量；根据有关质量标准检查构件的外观质量；根据图纸要求和技术交底检查构件的搁置长度以及锚固情况等；检查楼板的堵孔和清理情况等。

(3) 设备基础预检检查内容：依据图纸检查设备基础的位置、标高、几何尺寸及混凝土的强度等级；检查设备基础的预留孔和预埋件位置、尺寸等。

(4) 地上混凝土结构工程施工缝的预检内容：依据模板方案和技术交底检查施工缝的位置及留置方法，模板支撑、接槎处理情况等。

(5) 机电各系统的明装管道(包括能进人吊顶内)、设备：检查位置、高程、坡度、材质、防腐、保温、接口方式、支架型式、固定方式、规格及安装方法等。

(6) 管道预留孔洞：位置、标高、预埋件规格、型式和尺寸、位置、标高等是否符合设计要求及施工规范规定。

(7) 管道预埋套管(预埋件)：检查预埋套管(预埋件)的规格、型式、尺寸、位置、标高等。

(8) 器具(包括消火栓箱、卫生器具等)：主要包括规格、型号、位置、标高、固定情况、外观效果等是否符合设计要求及施工规范规定。

(9) 电气明配管(包括能进人吊顶内)：检查导管的品种、规格、位置、连接、弯扁度、弯曲半径、跨接地线、焊接质量、固定、防腐、外观处理等。

（10）明装线槽、桥架、母线（包括能进人吊顶内）检查内容：检查材料的品种、规格、位置、连接、接地、防腐、固定方法、固定间距等。

（11）明装等电位连接检查内容：连接导线的品种和规格、连接配件、连接方法等。

（12）屋顶明装避雷带检查内容：材料的品种和规格、连接方法、焊接质量、固定和防腐情况等。

（13）变配电装置检查内容：检查配电箱、柜基础槽钢的规格、安装位置、水平与垂直度、接地的连接质量；配电箱、柜的水平与垂直度；高低压电源进出口方向、电缆位置、高程等。

（14）机电表面器具（开关、插座、灯具、卫生洁具等）检查内容：位置、标高、规格、型号和外观效果等。

（15）依据现行施工规范，对于其他涉及工程结构安全，实体质量及建筑观感，须做质量预控的重要工序，应填写预检记录。

3. 施工检查记录（通用）

按照现行的规范要求应进行施工检查的重要工序，且无相应的施工记录表格的，应填写施工检查记录表（通用）。施工检查记录表（通用）适用于各专业。

4. 交接检查记录

交接检查记录用于相关专业和不同施工单位之间的移交检查，对于前一专业工程施工质量对后续专业工程产生直接影响时，必须进行专业交接检查记录。有下列几种情况：

（1）某一工序完成后，移交下道工序时（如：防水专业队完成地下防水工程后移交给土建施工单位继续施工。总包单位完成粗装修后移交精装修单位施工）；

（2）某一分项（分部）工程完成后，由一个施工单位向另一个施工单位进行移交（如：支护与桩基分项工程完工后移交给土建施工单位进行结构施工。土建结构分部工程完工后移交给幕墙施工单位进行幕墙施工）；

（3）工程施工未完，施工单位变换，则前任施工单位要向后任施工单位办理交接检查。

移交单位、接收单位和见证单位共同对移交工程进行验收，并对质量、工序要求、遗留问题、成品保护、注意事项等情况进行记录。

5. 地基验槽检查记录

建筑物应进行地基验槽，检查验收内容包括：

（1）核对基坑的位置、平面尺寸、坑底标高等，均应符合设计文件要求。

（2）核对基坑的持力层土质和地下水位情况，应与地质勘察报告相吻合。若地基土与勘察报告不符，则需与设计、勘察单位、施工单位一起办理地基处理洽商。

（3）审查钎探报告，钎探情况中如发现异常，应在备注栏内注明。对下列情况可以停止钎探：

1）若 N_{10} 超过 100 或贯入 10cm 锤击数超过 50，则停止贯入；

2）如基坑不深处有承压水层，钎探可造成冒水涌砂或持力层为砾石层、卵石层，且厚度符合设计要求时，可不进行钎探。如需对下卧层继续试验，可用钻具钻穿坚实土层后再做试验。

（4）检查基坑底面以下有无空穴、古墓、古井、防空掩体、地下埋设物及其他变异。

（5）对深基础，还应检查基坑对附近建筑物、管线、道路是否有影响。

（6）对预制桩基，还要检查试桩记录和预制桩质量检验报告。每根预制桩均应有完整的贯入度记录、锤击数、桩位图及桩的编号、截面尺寸、长度、入土深度、桩位编号等。

（7）在沉桩过程中，还应对土体侧移和隆起、超孔隙水压力、桩身应力变形、沉桩对相邻建筑物和设施的影响有无异常现象进行监测（要有记录以备检查）。

（8）对钻孔桩或挖孔灌注桩还要检查：

1）检查成孔过程中有无缩颈和塌孔，成孔垂直度、沉渣或虚土、孔底土扰动以及持力层是否符合设计要求；

2）检查钢筋规格和钢筋笼制作是否满足设计要求；

3）混凝土的材料、配合比、坍落度、制作方法是否符合设计和施工规范的要求。其混凝土强度等级报告是否满足设计要求；

4）对桩进行竖向和水平承载力检测、桩体完整性抽查检测的报告必须是具有法定检测单位资格。

地基验槽记录应由建设、勘察、设计、监理、施工单位共同验收签认。地基需处理时，应由勘察、设计单位提出处理意见。

6. 地基处理记录

一般包括地基处理方案、地基处理的施工记录、地基处理记录。处理的结果应符合加固的原理、技术要求、质量标准等。

地基处理方案中应有工程名称、验槽时间、钎探记录分析。标注清楚需要处理的部位；写明需要处理的实际情况、具体方法是否达到设计要求和规范要求。地基处理方案和地基处理记录均须经设计、勘探签认。

施工单位应依据勘察、设计单位提出的地基处理意见进行地基处理，完工后填写《地基处理记录》报请勘察、设计、监理单位复查。

7. 地基钎探记录

地基钎探记录用于检查浅土层（如基槽）的均匀性，确定地基的容许承载力及检验土的质量。钎探前应绘制钎探点平面布置图，确定钎探点布置及顺序编号。按照钎探点平面布置图及有关规定进行钎探并记录。

8. 混凝土浇灌申请书

正式浇筑混凝土前，施工单位应检查各项准备工作（如钢筋、模板工程检查；水电预埋检查；材料、设备及其他准备等），自检合格填写《混凝土浇灌申请书》报请监理单位审核后方可浇筑混凝土。

9. 预拌混凝土运输单

预拌混凝土供应单位应随车向施工单位提供预拌混凝土运输单，内容包括工程名称、使用部位、供应方量、配合比、坍落度、出站时间、到场时间和施工单位测定的现场实测坍落度等。

10. 混凝土开盘鉴定

（1）采用预拌混凝土的，应对首次使用的混凝土配合比在混凝土出厂前，由混凝土供应单位自行组织相关人员进行开盘鉴定。

（2）采用现场搅拌混凝土的，应由施工单位组织监理单位、搅拌机组、混凝土试配单位进行开盘鉴定工作，共同认定试验室签发的混凝土配合比确定的组成材料是否与现场施工所用材料相符，以及混凝土拌合物性能是否满足设计要求和施工需要。

11. 混凝土拆模申请单

在拆除混凝土结构板、梁、悬臂构件等底模和柱墙侧模前，应填写混凝土拆模申请单并附同条件混凝土强度报告，报项目技术负责人审批，通过后方可拆模。

12. 混凝土搅拌、养护测温记录

（1）冬期混凝土施工时，应进行搅拌和养护测温记录。

（2）混凝土冬施搅拌测温记录应包括大气温度、原材料温度、出罐温度、入模温度等。

（3）混凝土冬施养护测温应先绘制测温点布置图，包括测温点的部位、深度等。测温记录应包括大气温度、各测温孔的实测温度、同一时间测得的各测温孔的平均温度和间隔时间等。

（4）测温孔的设置：

1）测温孔的设置一般选择温度变化比较大、容易散失热量、构件易于受冻的部位设置。

2）现浇混凝土：

① 梁：测温孔应垂直于梁轴线。梁每 3m 长设置 1 个，每跨至少 1 个，孔深 1/3 梁高；圈梁每 3m 长长设置 1 个，每跨至少 1 个，孔深 10cm。

② 楼板（包括基础底板）：

$a.$ 每 15cm^2 设置 1 个，每间至少设置 1 个，孔深 1/2 板厚，测孔垂直于板面。

$b.$ 箱形底板，每 20cm^2 设置测孔 1 个，孔深 15cm。厚大的底板应在底板的上、中、下部增设一层或两层测温点，以掌握混凝土的内部温度，测孔垂直于板面。

③ 柱：

$a.$ 在柱头和柱脚各设置 2 个测温孔，与柱面成 30°倾斜角。孔深 1/2 柱断面边长。

$b.$ 独立基础，每根设置 2 个测温孔，孔深 15cm。

④ 现浇框架结构的墙体

当墙体厚度≤20cm 时，应单面设置测温孔，孔深 1/2 墙厚；当墙体厚度＞20cm 时，可双面设置测温孔，孔深 1/3 墙厚且不小于 10cm。测温孔与墙面成 30°倾斜角。

$a.$ 每 15cm^2 设置 1 个，每道墙至少设置 1 个，孔深 10cm。

$b.$ 大面积墙体测温孔按纵、横方向不大于 5m 的间距设置。

3）砖混结构

① 构造柱：每根柱上、下各设置 1 个，与柱面成 30°倾斜角。孔深 10cm。

② 条形基础：每 5m 长设置 1 个测温孔，孔深 10cm。

4）室内抹灰工程

设置在楼房北面房间，距地面 50cm 处，每 50～100cm^2 设置 1 个测温孔。

13. 大体积混凝土养护测温记录

（1）大体积混凝土施工应对入模时大气温度、各测温孔温度、内外温差和裂缝进行检查和记录。

（2）大体积混凝土养护测温应附测温点布置图，包括测温点的位置、深度等。

14. 构件吊装记录

预制混凝土构件、大型钢、木构件吊装应有《构件吊装记录》，吊装记录内容包括构件名称、安装位置、搁置与搭接长度、接头处理、固定方法、标高等。

15. 焊接材料烘培记录

按照规范和工艺文件等规定等须烘培的焊接材料应进行烘培，并填写烘培记录。烘培记录内容包括烘培方法、烘干温度、要求烘干时间、实际烘培时间和保温要求等。

16. 地下工程防水效果检查记录

地下工程验收时，应对地下工程有无渗漏现象进行检查，填写《地下工程防水效果检查记录》，检查内容应包括裂缝、渗漏部位、大小、渗漏情况、处理意见等。发现渗漏现象应制作《背水内表面结构工程展开图》。

17. 防水工程试水检查记录

凡有防水要求的房间应有防水层及装修后的蓄水检查记录。检查内容包括蓄水方式、蓄水时间、蓄水深度、水落口及边缘的封堵情况和有无渗漏现象。

屋面工程完工后，应对细部构造（屋面天沟、檐沟、檐口、泛水、水落口、变形缝、伸出屋面管道等）、接缝处和保护层进行雨期观察或淋水、蓄水检查。

（1）蓄水试验记录

1）厕浴间蓄水试验方法及要求：

① 凡厕浴间等有防水要求的房间必须有防水层及安装后蓄水检验记录，卫生洁具安装完后应做 100％的二次蓄水试验，质量员检查合格后签字记录。

② 蓄水时间不少于 24h。

③ 蓄水最浅水位不低于 20mm。

2）屋面蓄水试验方法及要求：

① 蓄水试验应在防水层施工完成并验收后进行。

② 将水落口用球塞堵严密，且不影响试水。

③ 蓄水深度最浅处不低于 20mm。

④ 蓄水时间不少于 24h。

（2）淋水试验记录

1）外墙淋水试验方法及要求

预制外墙板板缝，应有 2h 的淋水无渗漏试验记录。

① 预制外墙板板缝淋水数量为每道墙面不少于 10％～20％的缝，且不少于 1 条缝。

② 试水时在屋檐下竖缝处 1.0m 范围内淋水，应形成水幕。

③ 淋水时间不少于 2h。

④ 试验时气温在＋5℃以上。

2）屋面淋水试验方法及要求

高出屋面的烟道、风道、出气管、女儿墙、出入孔根部防水层上口应做淋水试验。

① 屋面防水层应进行持续 2h 淋水试验。

② 沿屋脊方向布置与屋脊同长度的花管（钢管直径 38mm 左右，管上部钻 3～5mm 的孔，布置两排，孔间距 80～100mm 左右），用有压力的自来水管接通进行淋水。

③ 烟道、风道、出气管、女儿墙、出入孔根部防水层上口应做淋水试验，并做记录。

18. 通风(烟)道、垃圾道检查记录

(1) 建筑通风道(烟道)应全数做通(抽)风和漏风、串风试验，并做检查记录。

(2) 垃圾道应全数检查通畅情况，并做检查记录。

19. 支护与桩(地)基工程施工记录

(1) 基坑支护变形监测记录

在基坑开挖和支护结构使用期间，应以设计指标及要求为依据进行过程监测，如设计无要求，应按规定对支护结构进行监测，并做变形监测记录。

(2) 桩施工记录

桩(地)基施工应按规定做桩施工记录，检查内容包括孔位、孔径、孔深、桩体垂直度、桩顶标高、桩位偏差、桩顶完整性和接桩质量等。

(3) 桩施工记录应由有相应资质的专业施工单位负责提供。

20. 预应力工程施工记录

(1) 预应力筋张拉记录

预应力筋张拉记录(一)包括预应力筋施工部位、预应力筋规格、平面示意图、张拉程序、应力记录、伸长量等。

预应力张拉记录(二)对每根预应力筋的张拉实测值进行记录。

后张法预应力张拉施工应实行见证管理，按规定做见证张拉记录。

(2) 有粘结预应力结构灌浆记录

后张法有粘结预应力筋张拉后应灌浆，并做灌浆记录，记录内容包括灌浆孔状况、水泥浆配比状况、灌浆压力、灌浆量，并有灌浆点简图和编号等。

预应力筋张拉后，孔道应及时灌浆。当采用电热法时，孔道灌浆应在钢筋冷却后进行。

用连接器连接的多跨连续预应力筋的孔道灌浆，应张拉完一跨随即灌注一跨，不得在各跨全部张拉完毕后，一次连续灌浆。

孔道灌浆应采用强度等级不低于 32.5 的普通硅酸盐水泥配制水泥浆；对空隙大的孔道，可采用砂浆灌浆。水泥浆和砂浆强度均不应小于 $20N/mm^2$。灌浆用水泥浆的水灰比宜为 0.4 左右，搅拌后 3h 泌水率宜控制在 2%，最大不得超过 3%，当需要增加孔道灌浆的密实性时，水泥浆可掺入对预应力筋无腐蚀作用的外加剂。

灌浆前孔道应湿润，洁净；灌浆顺序宜先灌注下层孔道；灌浆应缓慢均匀地进行，不得中断，并应排气通顺；在灌满孔道并封闭排气孔后，宜再继续加压至 0.5~0.6MPa，稍后再封闭灌浆孔。

不掺外加剂的水泥浆，可采用二次灌浆法。

(3) 预应力张拉原始施工记录应归档保存。

(4) 预应力工程施工记录应由有相应资质的专业施工单位负责提供。

21. 钢结构工程施工记录

(1) 构件吊装记录

钢结构吊装应有《构件吊装记录》，吊装记录内容包括构件名称型号、外观检查、安装位置、搁置与搭接长度、接头处理、固定方法、标高、垂直度偏差等。

（2）烘培记录

焊接材料在使用前，应按规定进行烘培，有烘培记录。

（3）钢结构安装施工记录

钢结构主要受力构件安装，应检查钢架（梁）垂直度及侧向弯曲、钢柱垂直度等偏差，并做施工记录。

钢结构主体结构在形成空间刚度单元并连接固定后，应做整体垂直度平面弯曲度的安装偏差检查，并做施工记录。

（4）钢网架（索膜）结构总装拼装完成后及屋面工程完成后，应检查挠度值和其他安装偏差，并做施工记录。

（5）钢结构安装施工记录应由有相应资质的专业施工单位负责提供。

22．木结构工程施工记录

应检查木桁架、梁和柱等构件的制作、安装、屋架安装允许偏差和屋盖横向支撑的完整性等，并做施工记录。

木结构工程施工记录应由有相应资质的专业施工单位负责提供。

23．幕墙工程施工记录

（1）幕墙注胶检查记录

幕墙注胶施工过程中应进行注胶检查记录，检查内容包括宽度、厚度、连续性、均匀性、密实度和饱满度等。

（2）幕墙淋水检查记录

幕墙工程施工完成后，应在易渗漏部位进行淋水检查，填写防水工程淋水检查记录。填写《防水工程试水检查记录》。

幕墙工程施工记录应由有相应资质的专业施工单位负责提供。

24．电梯工程施工记录

（1）电梯机房、井道的土建施工应满足 GB/T 7025《电梯主要参数及轿厢、井道、机房的型式与尺寸》的相关规定；自动扶梯、自动人行道的土建施工应满足机房尺寸、提升高度、倾斜角、名义宽度、支承及畅通区尺寸的要求，并应符合 GB 16899《自动扶梯和自动人行道的制造与安装安全规范》的有关规定。

（2）施工记录应符合国家规范、标准的有关规定，并满足电梯生产厂家的要求。电梯工程中的安装样板放线、导轨安装、层门安装、驱动主机安装、轿厢组装、悬挂装置安装、对重（平衡重）及补偿装置安装、限速器、缓冲器安装、随行电缆安装等施工记录，应按照相应的国家规范、标准、行业标准及企业标准的有关规定填写相应的表格。

（3）液压电梯安装工程应参照 JG 5071《液压电梯》和企业标准的相关要求填写。

七、施工试验记录

施工试验记录是根据设计要求和规范规定进行试验，记录原始数据和计算结果（试验单位向委托单位提供电子版试验数据），并得出试验结论的资料统称。

1．施工试验记录（通用）

（1）按照设计和规范规定应做施工试验，且无相应施工试验表格的，应填写《施工试验记录（通用）》。

（2）采用新技术、新工艺及特殊工艺时，对施工试验方法和试验数据进行记录，应填写《施工试验记录（通用）》。

2. 回填土

（1）回填土一般包括柱基、基槽管沟、基坑、填方、场地平整、排水沟、地（路）面基层和地基局部处理回填的素土、灰土、砂和砂石。

（2）土方工程应测定土的最大干密度和最优含水量，确定最小干密度控制值，由试验单位出具《土工击实试验报告》。

（3）应按规范要求绘制回填土取点平面示意图，分段、分层（步）取样，做《回填土试验报告》。

3. 钢筋连接

钢筋连接接头方式可分为焊接、机械连接［锥（直）螺纹连接和冷挤压连接］等。

焊接类型：电阻点焊、闪光对焊、电弧焊（分帮条焊、搭接焊、熔槽帮条焊、坡口焊、钢筋与钢板搭接焊、窄间隙焊、预埋件钢筋 T 形接头电弧焊）、电渣压力焊、气压焊、预埋件埋弧压力焊。

（1）用于焊接、机械连接的钢筋力学性能和工艺性能应符合现行国家标准。

（2）正式焊接、机械连接工程开始前及施工过程中，应对每批进场钢筋，在现场条件下进行工艺检验。工艺检验合格后方可进行焊接或机械连接的施工。

（3）钢筋焊接接头或焊接制品、机械连接接头应按类型和验收批的划分进行质量验收并现场取样复试。

（4）承重结构工程中的钢筋连接接头应按规定实行有见证取样和送检的管理。

（5）采用机械连接接头型式施工时，技术提供单位应提交由有相应资质等级的检测机构出具的型式检验报告。

（6）机械连接接头应进行外观质量检查、加工质量检查，并填写检查记录。

（7）焊接、机械连接工人必须持有经过培训考核的在有效期内的上岗合格证。

4. 砌筑砂浆

（1）应有配合比申请单和试验室签发的配合比通知单。

（2）应有按规定留置的龄期为 28 天标养试块的抗压强度试验报告。

（3）承重结构的砌筑砂浆试块应按规定实行有见证取样和送检。

（4）砂浆试块的留置数量及必试项目按规定执行。

（5）如砂浆的组成材料（水泥、骨料、外加剂等）有变化，其配合比应重新、申请试配选定。

（6）水泥砂浆和石灰砂浆中掺用微沫剂，其掺量应事先通过试验确定。水泥粘土砂浆中，不得掺入有机塑化剂。

（7）应有单位工程《砌筑砂浆试块抗压强度统计、评定记录》。按同一类型、同一强度等级砂浆为一验收批统计，评定方法及合格标准如下：

1）同一验收批砂浆试块抗压强度平均值必须大于或等于设计强度等级对应的立方体抗压强度；

2）同一验收批砂浆试块抗压强度的最小一组平均值必须大于或等于设计强度等级所对应的立方体强度的 0.75 倍。

5. 混凝土

(1) 现场搅拌混凝土应有配合比申请单和配合比通知单。预拌混凝土应有试验室签发的配合比通知单。

(2) 应有按规定留置龄期为 28 天标养试块和相应数量同条件养护试块的抗压强度试验报告。冬期施工还应有受冻临界强度试块和转常温试块的抗压强度试验报告。

(3) 抗渗混凝土、特种混凝土除应具备上述资料外，应有专项试验报告。

(4) 应有单位工程《混凝土试块抗压强度统计、评定记录》。

(5) 抗压强度试块、抗渗性能试块的留置数量及必试项目按规定执行。

(6) 承重结构的混凝土抗压强度试块，应按规定实行有见证取样和送检。

(7) 结构如由有不合格批混凝土组成的，或未按规定留置试块的，应由结构处理的相关资料：需要检测的应有有相应资质检测机构的检测报告，并有设计单位出具的认可文件。

(8) 潮湿环境、直接与水接触的混凝土工程和外部有供碱环境并处于潮湿环境的混凝土工程，应预防碱骨料反应，并按有关规定，有相关检测报告。

6. 建筑装饰装修工程施工试验记录

(1) 地面回填应有《土工击实试验报告》和《回填土试验报告》。

(2) 装饰装修工程使用的砂浆和混凝土应有配合比通知单和强度试验报告；有抗渗要求的还应有《抗渗试验报告》。

(3) 外墙饰面砖粘贴前和施工过程中，应在相同基层上做样板件，并依据《建筑工程饰面砖粘结强度检验标准》(JGJ 110—97)对建筑工程外墙饰面砖粘结强度进行检验，有《饰面砖粘结强度检验报告》。检验方法和结果判定应符合相关标准规定。

(4) 后置埋件应有现场拉拔试验报告，其强度必须符合设计要求。

7. 支护工程施工试验记录

(1) 支护工程的锚杆、土钉应按设计要求进行现场抽样试验，有锁定力(抗拔力)试验报告。

(2) 支护工程使用的混凝土应有混凝土配合比通知单和混凝土强度试验报告；有抗渗要求的还应有抗渗试验报告。

(3) 支护工程使用的砂浆，应有砂浆配合比通知单和砂浆强度试验报告。

8. 桩基(地基)工程施工试验记录

(1) 地基施工完成后，应按设计或规范要求进行承载力检验，并具有承载力检验报告。

(2) 桩基应按照设计要求和相关规范、标准进行承载力和桩体质量检测。依据国家标准，基础桩应进行静载荷试验。由有相应资质等级检测单位出具检测报告。

(3) 桩基(地基)工程试验的混凝土应有混凝土配合比通知单和混凝土强度试验报告；有抗渗要求的还应有抗渗试验报告。

9. 预应力工程施工试验记录

(1) 预应力锚具、夹具

1) 应有预应力锚夹具出厂合格证及硬度、锚固能力抽检试验报告。

2) 产品合格证的内容应包括：

① 型号和规格；

② 适用的预应力筋的品种、规格、强度等级；

③ 锚固性能类别；

④ 生产批号；

⑤ 出厂日期；

⑥ 质量合格签章及厂名等。

3) 预应力锚具、夹具及连接器验收的划分，在同种材料和同一生产条件下，锚具、夹具应不超过 1000 套组为一个验收批；连接器应以不超过 500 套组为一个验收批。

4) 硬度检验：从每批中抽取 5% 的锚具，但不少于 5 套作硬度试验。锚具的每个零件测试 3 点，其硬度的平均值应在设计要求范围内，且任一点的硬度，不大于或小于设计要求范围洛氏硬度单位。如有一个零件不合格，则取双倍数量的零件重新试验；再不合格，则逐个检验，合格者方可使用。

5) 锚固能力试验：锚固能力不得低于预应力筋标准抗拉强度的 90%，锚固时预应力筋的内缩量，不超过锚具设计要求的数值，螺丝端杆锚具的强度，不得低于预应力筋的实际抗拉强度。如有一套不合格，则取双倍数量的锚具重新试验；再不合格，则该批锚具为不合格。

6) 当设计重要的结构工程，需做疲劳试验、周期荷载试验。

(2) 预应力钢筋(含端杆螺丝)的各项试验资料及预应力钢丝镦头强度抽检记录。

预应力筋的施工试验主要包括：

1) 钢筋的冷拉试验；

2) 钢筋的焊接试验；

3) 预应力钢丝镦头强度检验。

预应力钢丝镦头前，应按批做镦头试验(长度 250～300mm)，进行检查和试验。其强度不得低于预应力筋实际抗拉强度的 90%。

4) 无粘结预应力混凝土执行《无粘结预应力混凝土结构技术规程》(JGJ/T 92—93)，应做无粘结预应力筋张拉记录。

(3) 预应力工程用混凝土应按规范要求留置标养、同条件试块，有相应抗压强度试验报告。

(4) 后张法有粘结预应力工程灌浆用水泥浆应有性能试验报告。

10. 钢结构工程施工试验记录

(1) 高强度螺栓连接应有摩擦面抗滑移系数检验报告及复试报告，并实行有见证取样和送检。

(2) 焊接工艺(手工电弧焊、自动和半自动埋弧焊、气体保护焊、电渣焊)试验：

对于施工首次应用的钢材、焊接材料、焊接方法、焊后热处理等应进行焊接工艺评定。有焊接工艺试验报告。

焊接工艺试验是制定工艺技术文件的依据，以下情况应进行工艺试验：

1) 钢材首次使用；

2) 焊条、焊丝、焊剂的型号有改变；

3) 焊接方法改变，或由于焊接设备的改变而引起焊接参数改变；

4）焊接工艺需改变：

① 双面对焊改为单面焊；

② 单面对接电弧焊增加或去掉垫板，埋弧焊的单面焊反面成型；

③ 坡口型式改变，变更钢板厚度，要求焊透的 T 形接头。

5）需要预热、后热或焊后要做热处理。

（3）无损检验

设计要求的一、二级焊缝应做缺陷检验，由有相应资质等级的检测单位出具超声波或 X 射线探伤检验报告或磁粉探伤报告。出具《超声波探伤报告》、《超声波探伤记录》、《钢结构射线探伤报告》。

要求与母材等强度的焊缝，必须经超声波或 X 射线探伤试验。

（4）对建筑安全等级为一级、跨度 40 米以上，且设计有要求的公共建筑钢网架结构，应对其焊接（螺栓）球节点进行承载力试验，并实行有见证取样和送检管理。

（5）对于钢结构工程所使用的防腐、防火涂料均应做涂层厚度检测，其中防火涂层的检测应有有相应资质的检测单位出具检测报告。

（6）焊工必须持有效的岗位证书，上岗证的有效期为三年。

11. 木结构工程施工试验记录

（1）胶合木工程的层板胶缝应有脱胶试验报告、胶缝抗剪试验报告和层板接长弯曲强度试验报告。

（2）轻型木结构工程的木基结构板材应有力学性能试验报告。

（3）木结构防腐剂应有保持量和透入度试验报告。

12. 幕墙工程施工试验记录

（1）幕墙用双组份硅酮结构胶应有混匀性及拉断试验报告。

（2）后置埋件应有现场拉拔试验报告，其强度必须符合设计要求。

13. 设备单机试运转记录

为保证系统的安全、正常运行，锅炉及其辅助设备、水处理系统设备、采暖系统设备、机械排水系统设备、给水系统设备、热水系统设备、消火栓系统设备、自动喷洒系统设备以及通风与空调系统的各类水泵、风机、冷水机组、冷却塔、空调机组、新风机组等设备在安装完毕后，应进行设备单机试运转试验，并做记录。

记录的主要内容应包括：设备名称、规格型号、所在系统、额定数据、试验项目、试验记录、试验结论、试运转结果等。

14. 系统试运转调试记录

调试是对系统功能的最终检验，检验结果应满足设计要求。

水处理系统、采暖系统、通风系统、制冷系统、净化空调系统等安装完毕后，必须进行系统试运转及调试，并做记录。

记录的内容主要包括系统的概况、调试的方法、全过程的各种试验数据、控制参数以及运行状况、系统渗漏情况及试运转、调试结论等

调试工作应在系统投入使用前进行。

15. 灌（满）水试验记录

（1）非承压管道系统和设备，包括开式水箱、卫生洁具、安装在室内的雨水管道等，

在系统和设备安装完毕后,以及暗装、直埋或有隔热层的室内外排水管道进行隐蔽前均应做灌(满)水试验,并做记录。

(2) 记录的内容主要包括:试验日期、试验项目、试验部位、材质、规格、试验要求、试验情况、试验结论等。

(3) 隐蔽或埋地的排水管道在隐蔽前必须做灌水试验,其灌水高度不应低于底层卫生器具的上边缘或底层地面高度。满水 15min 水面下降后,再灌满观察 5min,液面不降,管道及接口无渗漏为合格。

(4) 安装在室内的雨水管道安装后应做灌水试验,灌水高度必须到每根立管上部的雨水斗。灌水试验应持续 1h,不渗不漏。

(5) 开式水箱应在管道、附件开口均完成后,将甩口临时封闭,满水试验静置 24h 观察,不渗不漏为合格。

(6) 卫生洁具交工前应做满水试验。满水后各连接件应不渗不漏。

(7) 室外排水管道埋设前必须做灌水试验,应按排水检查井分段进行,试验水头应以试验段上游管顶加 1m,试验时间不少于 30min,逐段观察,管接口无渗漏。

16. 强度严密性试验记录

(1) 室内外输送各种介质的承压管道、设备、阀门、密闭水箱(罐)、组成散热器及其他散热设备等在安装完毕后,进行隐蔽前,应进行强度严密性试验,并做记录。

(2) 记录内容要写明试验日期、试验项目、试验部位、材质、规格、试验要求、压力表设置位置、试验压力、试验时间、压力降数值、渗漏情况、试验介质、试验结论等。

(3) 室内给水管道的水压试验必须符合设计要求。当设计未注明时,各种材质的给水管道系统试验压力均为工作压力的 1.5 倍,但不低于 0.6MPa。金属及复合管给水管道系统在试验压力下观测 10min,压力降不应大于 0.02MPa,然后降到工作压力进行检查,应不渗不漏;塑料管给水系统应在试验压力下稳压 1h,压力降不得超过 0.05MPa,然后在工作压力的 1.15 倍状态下稳压 2h,压力降不得超过 0.03MPa,同时检查各连接处不得渗漏。

(4) 热水供应系统安装完毕,管道保温之前应进行水压试验。试验压力应符合设计要求。当设计未注明时,热水供应系统水压试验压力应为系统顶点的工作压力加 0.1MPa,同时在系统顶点的试验压力不小于 0.3MPa。钢管或复合管道系统试验压力下 10min 内压力降不大于 0.02MPa,然后降至工作压力检查,压力应不降,且不渗不漏;塑料管道系统在试验压力下稳压 1h,压力降不得超过 0.05MPa,然后在工作压力 1.15 倍状态下稳压 2h,压力降不得超过 0.03MPa,连接处不得渗漏。

(5) 低温热水地板敷设采暖系统地面下敷设的盘管隐蔽前必须进行水压试验,试验压力为工作压力的 1.15 倍,但不小于 0.6MPa。稳压 1h 内压力降不大于 0.05MPa,且不渗不漏。

(6) 采暖系统安装完毕,管道保温之前应进行水压试验。试验压力应符合设计要求。当设计未注明时,应符合下列规定:

1) 蒸汽、热水采暖系统,应以系统顶点工作压力加 0.1MPa 作水压试验,同时在顶点的试验压力不小于 0.3MPa。

2) 高温热水采暖系统,试验压力为系统顶点工作压力加 0.4MPa。

3）使用塑料管及复合管的热水采暖系统，应以系统顶点工作压力加 0.2MPa 作水压试验，同时在系统顶点的试验压力不小于 0.4MPa。

4）检验方法：

① 使用钢管及复合管的采暖系统应在试验压力下 10min 内压力降不大于 0.02MPa，降至工作压力后检查，不渗不漏；

② 使用塑料管的采暖系统应在试验压力下 1h 内压力降不大于 0.05MPa，然后降至工作压力的 1.15 倍，稳压 2h，压力降不大于 0.03MPa，同时各连接处不渗不漏。

（7）采暖系统低点如大于散热器所承受的最大试验压力，则应分区做水压试验。

（8）室外给水管网必须进行水压试验，试验压力为工作压力的 1.5 倍，但不得小于 0.6MPa。管材为钢管、铸铁管时，试验压力下 10min 内压力降不应大于 0.05MPa，然后降至工作压力进行检查，压力应保持不变，不渗不漏；管材为塑料管时，试验压力下稳压 1h 压力降不大于 0.05MPa，然后降至工作压力进行检查，压力应保持不变，不渗不漏。

（9）消防水泵接合器及室外消火栓系统必须进行水压试验，试验压力为工作压力的 1.5 倍，但不得小于 0.6MPa。试验压力下 10min 内压力降不应大于 0.05MPa，然后降至工作压力进行检查，压力应保持不变，不渗不漏。

（10）室外供热管网必须进行水压试验，试验压力为工作压力的 1.5 倍，但不得小于 0.6MPa。试验压力下 10min 内压力降不应大于 0.05MPa，然后降至工作压力进行检查，压力应保持不变，不渗不漏。

（11）消火栓管道应在系统安装完毕后做全系统的静水压试验，试验压力为工作压力加 0.4MPa，最低不小于 1.4MPa，2h 内无渗漏为合格。如在冬季结冰季节，不能用水进行试验时，可采用 0.3MPa 压缩空气进行试压，其压力应保持 24h 不降为合格。

（12）锅炉的汽、水系统安装完毕后，必须进行水压试压。

1）水压试验的压力应符合表 4-2 的规定。

锅炉水压试验规定表　　　　　　　　　　　表 4-2

项　　次	设 备 名 称	工作压力 P（MPa）	试验压力（MPa）
1	锅 炉 本 体	$P<0.59$	$1.5P$ 但不小于 0.2
		$0.59{\leqslant}P{\leqslant}1.18$	$P+0.3$
		$P>1.18$	$1.25P$
2	可分式省煤器	P	$1.25P+0.5$
3	非承压锅炉	大气压力	0.2

注：1. 工作压力 P 对蒸汽锅炉指锅筒工作压力，对热水锅炉指锅炉额定出水压力；

2. 铸铁锅炉水压试验同热水锅炉；

3. 非承压锅炉水压试验压力为 0.2MPa，试验期间压力应保持不变。

2）检验方法：

① 在试验压力下 10min 内压力降不超过 0.02MPa；然后降至工作压力进行检查，压力不降，不渗不漏；

② 观察检查，不得有残余变形，受压元件金属壁和焊缝上不得有水珠和水雾。

（13）连接锅炉及辅助设备的工艺管道安装完毕后，必须进行系统水压试验，试验压力为系统中最大工作压力的 1.5 倍。在试验压力 10min 内压力降不超过 0.05MPa，然后降至工作压力进行检查，不渗不漏。

17. 通水试验记录

（1）室内外给水（冷、热）、中水及游泳池水系统、消防系统、卫生器具、地漏及地面清扫口、室内外排水系统应分系统（区、段）进行通水试验，并做记录。

（2）记录内容要写明试验项目、试验部位、通水压力、流量、试验系统简述、试验记录、试验结论等。

（3）通水试验应在工程设备、管道安装完成后进行。

（4）卫生器具通水试验应给、排水畅通。卫生器具通水试验如条件限制达不到规定流量时必须进行 100%满水排泄试验，满水试验水量达到卫生器具溢水口处，再进行排放。并检查器具的溢水口通畅能力及排水点的通畅情况，管路设备无堵塞及渗漏现象为合格。

18. 吹（冲）洗（脱脂）试验记录

（1）室内外给水（冷、热）、中水及游泳池水系统、采暖、空调、消防管道及设计有要求的管道应在系统试压合格后、竣工或交付使用前应做冲洗试验；介质为气体的管道系统应按有关规范及设计要求做吹洗试验。设计有要求时还应做脱脂处理。

（2）生活饮用水管道冲洗、消毒后须经有关部门取样检验并出具检测报告，符合国家《生活饮用水标准》方可使用。

（3）采暖管道冲洗前应将管道上安装的流量孔板、过滤网、温度计等阻碍污物通过的设备临时拆除，待冲洗合格后再按原样安装好。

（4）管道冲洗应采用设计提供的最大流量或不小于 1.0m/s 的流速连续进行，直至出水口处浊度、色度与入水口处冲洗浊度、色度相同为止。冲洗时应保证排水管路畅通安全。

（5）蒸汽系统宜用蒸汽吹洗，吹洗前应缓慢升温暖管，恒温 1h 后再进行吹洗。吹洗后降至环境温度。一般应进行不少于三次的吹扫。直到管内无铁锈、污物为合格。

（6）试验记录内容要写明试验项目、部位、试验介质、方式、试验情况记录、试验结论等。

19. 通球试验记录

（1）室内外排水水平干管、主立管应按有关规定进行 100%通球试验，并做记录。

（2）通球试验应在室内排水及卫生器具等安装完毕，通水检查合格后进行。

（3）试验记录内容要写明试验部位、管径、球径、管道编号、试验要求、试验情况、试验结论。

（4）管道试球直径应不小于排水管道管径的 2/3，应采用体轻、易击碎的空心球体进行，通球率必须达到 100%。

（5）主要试验方法：

1）排水立管应自立管顶部将试球投入，在立管底部引出管的出口处进行检查，通水将试球从出口处冲出。

2）横干管及引出管应将试球在检查管管段的始端投入，通水冲至引出管末端排出。室外检查井（结合井）处须加临时网罩，以便将试球截住取出。

（6）通球试验以试球通畅无阻为合格。若试球不通的，要及时清理管道的堵塞物并重新试验，直到合格为止。

20. 补偿器安装记录

（1）各类补偿器安装时应按要求进行补偿器安装记录。

（2）补偿器的型号、安装位置及预拉伸和固定支架的构造及安装位置应符合设计要求。

（3）记录的内容应包括：补偿器的材质、规格型号、安装部位、固定支架间距、预拉伸、实测值记录、介质情况、安装情况、结论等。

21. 消火栓试射记录

（1）室内消火栓系统在安装完成后，应按设计要求及规范规定作消火栓试射试验，并做记录。

（2）试射试验应取屋顶层（或水箱间内）试验消火栓和首层两处分别进行实地试射检查。屋顶试验消火栓试射测量压力；首层两处消火栓试射检验两股充实水柱同时到达本消火栓应到达的最远点的能力。达到设计要求为合格。

（3）记录的内容应包括试验日期、试射消火栓的位置、启泵按钮、消火栓的组件情况、栓口安装情况、栓口水枪型号、卷盘间距、栓口静压、动压情况、试验要求、试验情况、试验结论等。

22. 安全附件安装检查记录

（1）锅炉的高、低水位报警器和超温、超压报警器及联锁保护装置必须按设计要求安装齐全有效，并进行启动、联动试验，并做好记录。

（2）检查的项目主要包括压力表、安全阀、水位计、报警装置等附件的安装、校验和工作情况。

（3）记录的内容应包括锅炉的型号、工作介质、设计压力、最大工作压力、各项检查项目的检查结果、必要的说明及结论等。

23. 锅炉封闭及烘炉（烘干）记录

（1）锅炉安装完成后，在试运行前，应进行封闭和烘炉试验（非砌筑和浇筑保温材料保温的锅炉可不做烘炉），并做记录。

（2）烘炉前，应制订烘炉方案，并应具备下列条件：

1）锅炉及其水处理、汽水、排污、输煤、除渣、送风、除尘、照明、循环冷却等系统均应安装完毕，并经试运转合格；

2）炉体砌筑和绝热工程应结束，并经炉体漏风试验合格；

3）水位表、压力表、测温仪表等烘炉需用的热工和电气仪表均应安装和试验完毕；

4）锅炉给水应符合国家标准《低压锅炉水质标准》的规定；

5）锅筒和集箱上的膨胀指示器应安装完毕，在冷状态下应调整到零位；

6）炉墙上的测温点或灰浆取样点应设置完毕；

7）应有烘炉升温曲线图；

8）管道、风道、烟道、灰道、阀门及挡板均应标明介质流向、开启方向和开度指示；

9）炉内外及各通道应全部清理完毕。

（3）锅炉火焰烘炉应符合下列规定：

1）火焰应在炉膛中央燃烧，不应直接烧烤炉墙及炉拱。烘炉初期宜采用文火烘培，初期以后的火势应均匀，并逐日缓慢加大。

2）烘炉时间应根据锅炉类型、砌体湿度和自然通风干燥程度确定，一般不少于 4d，升温应缓慢，后期烟温不应高于 160℃，且持续时间不应少于 24h。

3）当炉墙特别潮湿时，应适当减慢升温速度延长烘炉时间。

4）链条炉排在烘炉过程中应定期转动。

5）烘炉的中、后期应根据锅炉水水质情况排污。

（4）烘炉结束后应符合下列规定：

1）炉墙经烘烤后没有变形、裂纹及塌落现象。

2）炉墙砌筑砂浆含水率达到 7% 以下。

（5）记录的内容应包括锅炉型号、位号、封闭前观察情况、封闭方法、烘干方法、烘炉时间、温度变化情况、烘炉（烘干）曲线图及结论等。

24．锅炉煮炉试验记录

（1）锅炉安装完成后，在烘炉末期，应进行煮炉试验并做记录。非砌筑或浇筑保温材料保温的锅炉，安装后可直接进行煮炉。

（2）煮炉时间一般应为 2~3d。煮炉的最后 24h 宜使压力保持在额定工作压力的 75%。如蒸汽压力较低，可适当延长煮炉时间。

（3）煮炉开始时的加药量应符合锅炉设备技术文件的规定；当无规定时，按表 4-3 的配方加药。

煮炉时的加药配方
表 4-3

药 品 名 称	加药量（kg/m³）	
	铁锈较薄	铁锈较厚
氢氧化钠（NaOH）	2~3	3~4
磷酸三钠（$Na_3PO_4 \cdot 12H_2O$）	2~3	2~3

注：1. 药量按 100% 的纯度计算；

2. 无磷酸三钠时，可用碳酸钠代替，用药量为磷酸三钠的 1.5 倍；

3. 单独使用碳酸钠煮炉时，每立方米水中加 6kg 碳酸钠。

（4）药品应溶解成溶液后方可加入炉内。

（5）加药时，炉水应在低水位。

（6）煮炉期间，应定期取水样进行水质分析。当炉水碱度低于 45mol/L 时，应补充加药。

（7）煮炉结束后，锅筒和集箱内壁应无油垢，擦去附着物后金属表面应无锈斑。

（8）记录内容应包括锅炉型号、位号、煮炉的药量及成分、加药程序、升降温控制、煮炉时间、煮炉后的清洗、除垢等试验内容及结论等。

25．锅炉试运行记录

（1）锅炉在烘炉、煮炉合格后，必须进行 48h 的带负荷连续试运行，同时应进行安全阀的热状态定压检验和调整，并作记录。以运行正常为合格。

（2）锅炉和省煤器安全阀的定压和调整应符合表 4-4 的规定。锅炉上装有两个安全阀时，其中的一个按表中较高值定压，另一个按较低值定压。装有一个安全阀时应按较低值定压。调整后安全阀应立即加锁或铅封。

安全阀定压规定　　　　　　　　　　　　　　表 4-4

项次	工作设备	安全阀开启压力(MPa)
1	蒸汽锅炉	工作压力+0.02MPa
		工作压力+0.04MPa
2	热水锅炉	1.12倍工作压力，但不少于工作压力+0.07MPa
		1.14倍工作压力，但不少于工作压力+0.10MPa
3	省煤器	1.1倍工作压力

（3）记录的内容应包括试运行时间、参加人员、运行情况及结果等。

26. 安全阀调试记录

锅炉安全阀在投入运行前，应由有资质的试验单位按设计要求进行调试，并出具调试记录。表格由试验单位提供。

27. 电气接地电阻测试记录

（1）电气接地电阻测试测试内容包括：设备、系统的防雷接地、保护接地、工作接地、防静电接地以及设计特殊要求的接地。并应附《电气防雷接地装置隐检与平面示意图》。

（2）电气测试电阻测试要求：

1）测试仪表一般选用 ZC-8 型接地电阻测量仪。

2）测量仪表要在检定有效期内。

3）每年4月～10月期间进行测试时，应乘以季节系数 ψ 值（ψ 值见表4-5）。

接地装置接地电阻值的季节系数 ψ 值　　　　　　表 4-5

埋　深	水平接地体	长度为2～3m 的垂直接地体	备　注
0.5	1.4～1.8	1.2～1.4	
0.8～1.0	1.25～1.45	1.15～1.3	
2.5～3.0	1.0～1.1	1.0～1.1	
			埋深接地体

注：大地比较干燥时，则取表中较小值；比较潮湿时，则取表中较大值。

4）接地电阻应及时进行测试，当利用自然接地体作为接地装置时，应在底板钢筋绑扎完毕后进行测试；当利用人工接地体作为接地装置时，应在回填土之前进行测试；若电阻值达不到设计、规范要求时应补做人工接地极。

28. 电气绝缘电阻测试记录

（1）电气绝缘电阻测试主要包括：电气设备和动力线路、电气照明线路及其他有设计要求或必须遥测绝缘电阻的测试，配管及管内穿线分项质量验收前和单位工程质量竣工验收前，应分别按系统、层段、回路进行测试，不得遗漏，线路的相间、相对零、相对地、零对地间均应进行测试。电气绝缘电阻的检测仪应在鉴定有效期内。

（2）测试表仪表选用 ZC-7 型绝缘电阻测量仪。

兆欧表电压等级的确定：

1) 根据《电气设备交接试验标准》(GB 50150—2006)中规定 3000V 以下至 500V 的电气设备或回路，采用 1000V 兆欧表。由于《建筑电气工程施工质量验收规范》(GB 50303—2002)中明确低压电线、电缆额定电压为 450/750V，所以应使用 1000V 兆欧表，且阻值不得低于 0.5 兆欧。

2) 根据规范要求电缆线路应使用 1000V 兆欧表，且阻值不得低于 1 兆欧。

3) 根据《电气设备交接试验标准》(GB 50150—2006)中规定，测量电机转子绕组的绝缘电阻时时，当转子绕组额定电压为 200V 以上，采用 2500V 兆欧表；200V 以下，采用 1000V 兆欧表。

29. 电气器具通电安全检查记录

电气器具安装完成后，按层、按部位(户)进行通电检查，并进行记录。内容包括电气器具接线是否正确、电气器具开关状态是否正常等。如：开关是否控制相线、相线是否接罗灯口中心、插座的接线是否左零右相、地线在上，住宅工程厨房、厕所敞开式灯具应用瓷质灯头等。电气器具应全数进行通电安全检查，合格后在记录表中打钩(√)。

30. 电气动力设备空载试运行记录

(1) 电气设备空载试运行内容：

建筑电气设备安装完毕后应耐压及调整试验。主要包括：高压电气装置及其保护系统(如电力变压器、高低压开关柜、高压电机等)，发电机组、低压电气动力设备和低压配电箱(柜)等。

(2) 电气设备空载试运行要求：

1) 试运行前，相关电气设备和线路应按《建筑电气工程施工质量验收规范》(GB 50303—2002)中规定试验合格。

2) 各个系统设备的交接试验记录依据《建筑电气施工质量验收规范》(GB 50303—2002)中附录 A 和附录 B 的要求进行试验。

3) 成套配电(控制)柜、台、箱、盘的运行电压、电流应正常，各种仪表指示正常。

4) 电动机应试通电，检查转向和机械转动有无异常情况；可空载试运行的电动机，时间一般为 2h，每一小时记录一次空载电流，共记录 3 次，且检查机身和轴承的温升。

5) 交流电动机在空载状态下(不投料)可启动次数及间隔时间应符合产品技术条件的要求，连续启动 2 次的时间间隔不应小于 5 分钟，再次启动在电动机冷却至常温下。空载状态(不投料)运行，应记录电流、电压、温度、运行时间等有关数据，且应符合建筑设备或工艺装置的空载状态运行(不投料)要求。

6) 电动执行机构的动作方向及指示，应与工艺装置的设计要求保持一致。

(3) 电气设备空载试运行方法：

1) 以每台设备为单位进行设备空载试运行记录，试运行项目填写设备编号。

2) 电气设备空载试运行应在相关电气设备和线路试验及各个系统设备的交接试验合格后进行。

31. 建筑物照明通电试运行记录

(1) 建筑物照明通电试运行要求：

1) 照明系统通电，灯具回路控制应与照明配电箱及回路的标识一致；开关与灯具控制顺序相对应，风扇的转向及调速开关应正常。

2) 公用建筑照明系统通电连续试运行时间应为 24 小时，每隔 2 小时做一次记录，共记录 13 次；民用住宅照明系统通电连续试运行时间应为 8 小时，每隔 2 小时做一次记录，共记录 5 次；所有照明灯具均应开启，且连续试运行时间内无故障。

（2）建筑物照明通电试运行方法：

1) 所有照明灯具均应开启。

2) 建筑物照明通电试运行不应分层、分段进行，应按供电系统进行。一般住宅以单元门为单位，工程中电气安装分部工程应全部投入试运行。

3) 试运行应从总进线柜的总开关开始供电，不应甩掉总柜及总开关，而使其性能不能接受考验。

4) 建筑物照明通电试运行应在电气器具通电安全检查完后进行，或按有关规定及合同约定要求进行。

32. 大型照明灯具承载试验记录

（1）大型照明灯具承载试验要求：

1) 大型灯具依据《建筑电气工程施工质量验收规范》（GB 50303—2002)中规定需进行承载试验。

大型灯具界定：

① 大型的花灯。

② 设计单独出图的。

③ 灯具本身指明的。

2) 大型灯具应在预埋螺栓、吊钩、吊杆或吊顶上嵌入式安装专用骨架等物件上安装，吊钩圆钢直径不应小于灯具挂销直径，且不小于 6mm。

（2）大型照明灯具承载试验方法：

1) 大型灯具的固定及悬吊装置应按灯具重量的 2 倍进行过载试验。

2) 大型灯具的固定及悬吊装置应全数进行过载试验。

3) 试验重物宜离开地面 30cm 左右，试验时间为 15 分钟。

33. 高压部分试验记录

应由有相应资质的单位进行试验并记录，表格自行设计。

34. 漏电开关模拟试验记录

动力和照明工程的漏电保护装置模拟试验方法：

（1）漏电开关模拟试验应使用漏电开关检测仪，并在检定有效期内。

（2）漏电开关模拟试验应 100％检查。

（3）测试住宅工程的漏电保护装置动作电流应根据《建筑电气工程施工质量验收规范》（GB 50303—2002)中第 6.1.9 条第 2 款的数值要求进行。测试其他设备的漏电保护装置动作电流应依据《民用建筑电气设计规范》（JGJ 16—2008)中的数值要求，且动作时间不大于 0.1s。

35. 电度表检定记录

电度表在安装前应送有相应资格的单位全数检定，应有记录(表格由检定单位提供)。

36. 大容量电气线路结点测温记录

（1）大容量(630A 及以上)电气线路结点测温应使用远红外线遥表测量仪，并在检定有效期内。

（2）应对导线、母线连接处或开关，在设计计算负荷运行情况下应做温度抽测记录，温升值稳定且不大于设计值。

（3）设计温度应根据所测材料的种类而定。导线应符合《额定电压 450/750V 及以下聚氯乙烯绝缘电缆》（GB 5023.1～5023.7）生产标准的设计温度；电缆应符合《电力工程电缆设计规范》（GB 50217—2007）中附录 A 的设计温度等。

37. 避雷带支架拉力测试记录

（1）避雷带支架拉力测试要求

1）避雷带应平整顺直，固定点支持件间距均匀、固定可靠，每个支持件应能承受大于 49N（5kg）的垂直拉力。

2）当设计无要求时，明敷接地引下线及室内接地干线的支持件间距应符合：水平 0.5～1.5m，垂直直线部分 1.5～3m，弯曲部分 0.3～0.5m。

（2）避雷带支架拉力测试方法

1）避雷带支架垂直拉力测试应使用弹簧秤，弹簧秤的量程应能满足规范要求，并在检定有效期内。

2）避雷带的支持件应 100％进行垂直拉力测试。

38. 风管漏光检测记录

风管系统安装完成后，应按设计要求及规范规定进行风管漏光测试，并做记录。

39. 风管漏风检测记录

不同系统的风管应符合相应的密封要求，风管的强度及严密性要求应符合设计与风管系统的要求。各系统风管单位面积允许漏风量应符合下列规定：

（1）风管的强度应能满足在 1.5 倍工作压力下接缝处无开裂；

（2）矩形风管的允许漏风量应符合以下规定：

低压系统风管　　　$Q_L \leqslant 0.156P^{0.65}$

中压系统风管　　　$Q_M \leqslant 0.0352P^{0.65}$

高压系统风管　　　$Q_H \leqslant 0.0117P^{0.65}$

式中　Q_L、Q_M、Q_H——系统风管在相应工作压力下，单位面积风管单位时间内的允许漏风量 $[m^3/(h \cdot m^2)]$；

　　　　　　P——指风管系统的工作压力（Pa）。

（3）低压、中压圆形金属风管、复合材料风管以及采用非法兰形式的非金属风管的允许漏风量，应为矩形风管规定值的 50％；

（4）砖、混凝土风道的允许漏风量不大于矩形低压系统风管规定值的 1.5 倍；

（5）排烟、除尘、低温送风系统按中压系统风管的规定，1～5 级净化空调系统按高压系统风管的规定。

低压系统的严密性检验宜采用抽检，抽检率为 5％，且抽检不得小于一个系统。在加工工艺及安装操作质量得到保护的前提下，采用漏光法检测。漏光检测不合格时，应按规定的抽检率，做漏风量测试。

中压系统的严密性试验，应在严格的漏光检验合格条件下，对系统风管漏风量测试实行抽检。抽检率为 20％，且抽检不得少于一个系统。

高压系统应全数进行漏风量试验。

系统风管漏风量测试被抽检系统应全数合格。如有不合格时，应加倍抽检直到全数合格。

40. 现场组装除尘器、空调机漏风检测记录

现场组装的除尘器安装完毕后，应做机组漏风量测试。除尘器的壳体拼接以及法兰连接的严密性直接关系到除尘效率。漏风既可能造成尘埃外逸，也会造成对除尘器内部气流组织的干扰，影响除尘效率。如离心除尘器底部漏风过大，则会全面破坏除尘器内螺旋气流，造成除尘器失效。

除尘器壳体拼接应平整，纵向拼缝应错开，焊接变形应矫正；法兰连接处及装有检查门的部位应严密。

在设计工作压力下除尘器的允许漏风率为5％，其中离心式除尘器为3％。

41. 各房间室内风量温度测量记录

通风与空调工程无生产负荷联合试运行时，应分系统的，将同一系统内的各房间风量、室内房间温度进行测量调整，并做记录。填写《各房间室内风量温度测量记录》。

42. 管网风量平衡记录

通风与空调工程无生产负荷联合试运行时，应分系统的，将同一系统内的各测点的风压、风速、风量进行测试和调整，并做记录。填写《管网风量平衡记录》。

43. 空调系统试运转调试记录

通风与空调工程进行无生产负荷联合试运转及调试时，应对空调系统总风量进行调整，并做记录，填写《空调系统试运转调试记录》。

44. 空调水系统试运转调试记录

通风与空调工程进行无生产负荷联合试运转及调试时，应对空调冷（热）水、冷却水总流量、供回水温度进行测量、调整，并做记录。填写《空调水系统试运转调试记录》。

通风与空调系统无生产负荷的联合试运转及调试，应在制冷设备和通风与空调工程设备单机运转合格后进行。空调系统带冷（热）源的正常联合试运转不应少于 8 小时，当竣工季节与设计条件相差较大时，仅做不带冷（热）源试运转，通风、除尘系统的连续试运转不应少于 2 小时。

通风与空调工程安装完毕，必须进行系统的测定和调整，包括：设备单机试运转及调试；系统无生产负荷下联合试运转及调试。

系统无生产负荷的联合试运转及调试要求系统总风量调试结果与设计风量的偏差不应大于10％；空调冷（热）水、冷却水总流量测试结果与设计流量的偏差不应大于10％；舒适空调的温度、相对湿度应符合设计要求。

空调工程水系统应冲洗干净，不含杂物，并排除管道系统中的空气；系统连续运行应达到正常、平稳；水泵的压力和水泵电机的电流不应出现大幅波动，系统平衡调整后，各空调机组的水流量应符合设计要求，允许偏差为20％。

多台冷却塔并联运行时，各冷却塔的进、出水量应达到均衡一致。

45. 制冷系统气密性试验

制冷系统气密性试验按《通风与空调工程施工质量验收规范》、《制冷设备、空气分离设备安装工程施工及验收规范》有关条文规定执行。气密性试验分正压试验、负压试验和

冲氟检漏三项，分别按顺序进行，有关试验的压力标准，时间要求可依照厂家的规定。另外尚需符合有关设备技术文件规定的程序和要求做好记录。

系统气密性试验按表 4-6 的试验压力保持 24 小时，前 6 小时压力下降应不大于 0.03MPa，后 18 小时除去因环境温度变化而引起的误差外，压力无变化为合格。

空调系统气密性试验压力表 　　表 4-6

系统压力	活塞制冷机			离心式制冷机
	R717　R502	R22	R12　R134a	R11　R123
低压系统	1.8	1.8	1.2	0.3
高压系统	2.0	2.5	1.6	0.3

真空试验的剩余压力，氨系统不应高于 8kPa，氟利昂系统不应高于 5.3kPa，保持 24h，氨系统压力以无变化为合格，氟利昂系统压力回升不应大于 0.53kPa，离心式制冷剂机一般按设备文件规定。

活塞式制冷机充注制冷剂时，氨系统加压到 0.1～0.2MPa，用酚酞试纸检漏。氟利昂系统加压到 0.2～0.3MPa，用卤素喷灯或卤素检漏仪检漏。无渗漏时按技术文件继续加液。制冷系统气密性试验记录一般由厂家安装，并做试验记录。

根据《通风与空调工程施工质量验收规范》(GB 50243—2002)中有关规定：整体式制冷设备如出厂已充注规定压力的氮气密封，机组内无变化，可仅做真空试验及系统试运转；当出厂已充注制冷剂，机组内压力无变化，可仅做系统试运转。

溴化锂制冷机组的气密性试验应符合规范或设备技术文件规定。正压试验为 0.2MPa (表压)保持 24 小时，压降不大于 66.5Pa 为合格。

真空气密性试验绝对压力应小于 66.5Pa，持续 24 小时，升压不大于 25Pa 为合格(本条指溴化锂吸收式制冷机)。

46. 净化空调系统测试记录

净化空调系统运行前应在回风、新风的吸入口和粗、中效过滤器前设置临时用过滤器(如无纺布等)，实行对系统的保护。净化空调系统的检测和调整应在系统进行全面清扫，且运行 24 小时及以上达到稳定后进行。

洁净室洁净度的检测，应在空态或静态下进行或按合约规定。

相邻不同级别洁净室之间和洁净室与非洁净室之间的静压差不应小于 5Pa，洁净室与室外的静压差不应小于 10Pa。

室内空气洁净度等级必须符合设计规定的等级或在商定验收状态下的等级要求。

47. 防排烟系统联合试运行记录

在防排烟系统联合试运行和调试过程中，应对测试楼层及其上下二层的排烟系统中的排烟风口、正压送风系统的送风口进行联动调试，并对各风口的风速、风量进行测量调整，对正压送风口的风压进行测量调整，并做记录。填写《防排烟系统联合试运行记录》。

48. 智能建筑工程中的施工试验记录

智能建筑工程中通信网络系统、办公自动化系统、火灾报警及消防联动系统、安全防范系统、综合布线系统、智能化集成系统、电源与接地、环境、住宅(小区)智能化系统等各子分部工程的施工试验记录，按现行相关行业规范及标准执行，待国家相关专业的施工质量验收规范颁布实施后，按国家规范执行。其表格由专业施工单位自行设计。

49. 建筑节能、保温测试记录

建筑工程应按照建筑节能标准，对建筑物所使用的材料、构配件、设备、采暖、通风空调、照明等涉及节能、保温的项目进行检测。

节能、保温测试应委托有相应资质的检测单位进行检测，并出具检测报告。

50. 电梯工程相关记录

（1）电梯具备运行条件时，应对电梯轿厢的运行平层准确度进行测量，并填写《轿厢平层准确度测量记录》。

（2）电梯层门安装完成后，应对每一扇层门的安全装置进行检查确认，并填写《电梯层门安全装置检验记录》。

（3）电梯安装完毕，应进行电梯《电气接地电阻测试记录》和电梯《电气绝缘电阻测试记录》；调试运行时，由安装单位对电梯的电气安全装置进行确认，并填写《电梯电气安全装置检验记录》。

（4）电梯调试结束后，在交付使用前，由安装单位对电梯的整机运行性能进行检查试验，并填写《电梯整机运行功能检验记录》。

（5）电梯调试结束后，在交付使用前，由安装单位对电梯的主要功能进行检查确认，并填写《电梯主要功能检验记录》。

（6）电梯调试时，由安装单位对电梯的运行负荷和试验曲线、平衡系数进行检查试验，并填写《电梯负荷运行试验记录》、《电梯负荷运行试验曲线图》。

（7）电梯具备运行条件时，应对电梯轿厢内、机房、轿厢门、层站门的运行噪音进行测试，并填写《电梯噪声测试记录》。

（8）自动扶梯、自动人行道安装完毕后，安装单位应对其安全装置、运行速度、噪声、制动器等功能进行测试，并填写《自动扶梯、自动人行道安全装置检验记录》、《自动扶梯、自动人行道整机性能、运行试验记录》。

八、施工质量验收记录

施工质量验收记录是参与工程建设的有关单位根据相关标准、规范对工程质量是否达到合格做出的确认文件统称。

1. 结构实体检验

（1）涉及混凝土结构安全的重要部位应进行实体检验，并实行有见证取样和送检。结构实体检验的内容包括同条件混凝土强度、钢筋保护层厚度，以及工程合同约定的项目，必要时可检验其他项目。

（2）结构实体检验报告应由有相应资质等级的试验（检测）单位提供。

（3）有《结构实体检验混凝土强度验收记录》，《结构实体钢筋保护层厚度验收记录》，并附《钢筋保护层厚度试验记录》。

2. 检验批质量验收记录

（1）检验批施工完成，施工单位自检合格后，应由项目专业质量检查员填报

《_____检验批质量验收记录表》（按照建设部施工质量验收系列规范标准表格执行）。

（2）检验批质量验收应由监理工程师（建设单位项目专业技术负责人）组织项目专业质量检查员等进行验收并签认。

3. 分项工程质量验收记录

（1）分项工程完成（即分项工程所包含的检验批均已完工），施工单位自检合格后，应填报（_____分项工程质量验收记录表）和《分项/分部工程施工报验表》。

（2）分项工程质量验收应由监理工程师（建设单位项目专业技术负责人）组织项目专业技术负责人等进行验收并签认。

4. 分部（子分部）工程质量验收记录

（1）分部（子分部）工程完成，施工单位自检合格后，应填报（_____分部（子分部）工程质量验收记录表）和《分项/分部工程施工报验表》。

（2）分部（子分部）工程质量验收应由监理工程师（建设单位项目专业技术负责人）组织相关设计及施工单位项目负责人和技术、质量负责人等共同验收并签认。

（3）地基与基础、主体结构分部工程完工，施工单位项目部应先行组织自检，合格后填写《_____分部（子分部）工程质量验收记录表》，报请施工企业单位的技术、质量部门验收签认后，由建设、监理、勘察、设计和施工单位进行分部工程验收，并报建设工程质量监督机构。

第三节　竣 工 图 编 制

竣工图是建筑工程竣工档案的重要组成部分，是工程建设完成后主要的凭证材料，是建筑物真实的写照，是工程竣工验收的必备条件，是工程维修、管理、改建、扩建的依据。各项新建、改建、扩建项目必须编制竣工图。

竣工图绘制工作应由建设单位负责，也可由建设单位委托施工单位、监理单位或设计单位进行绘制。

一、编制要求

1. 凡按施工图施工没有变动的，由竣工图编制单位在施工图图签附近空白处加盖并签署竣工图章。

2. 凡一般性图纸变更，编制单位可根据设计变更依据，在施工图上直接改绘，并加盖及签署竣工图章。

3. 凡结构形式、工艺、平面布置、项目等重大改变及图面变更超过 40% 的，应重新绘制竣工图。重新绘制的图纸必须有图名和图号，图号可按原编号。

4. 编制竣工图必须编制各专业竣工图的图纸目录，绘制的竣工图必须准确、清楚、完整、规范、修改必须到位，真实反映项目竣工验收时的实际情况。

5. 用于改绘竣工图的图纸必须是新蓝图或绘图仪绘制的白图，不得使用复印的图纸。

6. 竣工图编制单位应按照国家建筑制图规范要求绘制竣工图，使用绘图笔或签字笔及不褪色的绘图墨水。

二、主要内容

1. 竣工图应按单位工程，并根据专业、系统分类和整理。

2. 竣工图包括以下内容：

工艺平面布置图等竣工图；

建筑竣工图、幕墙竣工图；

结构竣工图、钢结构竣工图；

建筑给水、排水与采暖竣工图；

燃气竣工图；

建筑电气竣工图；

智能建筑竣工图（综合布线、保安监控、电视天线、火灾报警、气体灭火等）；

通风空调竣工图；

地上部分的道路、绿化、庭院照明、喷泉、喷灌等竣工图；

地下部分的各种市政、电力、电信管线等竣工图。

三、竣工图类型及绘制

1. 竣工图的类型：

(1) 利用施工蓝图改绘的竣工图；

(2) 在二底图上修改的竣工图；

(3) 重新绘制的竣工图；

(4) 用 CAD 绘制的竣工图。

2. 竣工图绘制要求

(1) 利用施工蓝图改绘的竣工图

在施工蓝图上一般采用杠（划）改、叉改法，局部修改可以圈出更改部位，在原图空白处绘出更改内容，所有变更处都必须引划索引线，并注明更改依据。

在施工图上改绘，不得使用涂改液涂抹、刀刮、补贴等方法修改图纸。

具体的改绘方法可视图面、改动范围和位置、繁简程度等实际情况而定，以下是常见改绘方法的举例说明。

1) 取消的内容

① 尺寸、门窗型号、设备型号、灯具型号、钢筋型号和数量、注解说明等数字、文字、符号的取消，可用杠改法。即将取消的数字、文字、符号等用横杠杠掉，从修改的位置引出带箭头的索引线，在索引线上注明修改依据，即"见×号洽商×条"，也可注明"见×年×月×日洽商×条"。例如：首层底板结构平面图（结 2）中 Z16 (Z17)柱断面，(Z17)取消。改绘方法：将(Z17)和有关的尺寸用杠改法去掉，并注明修改依据（见图 4-8）。

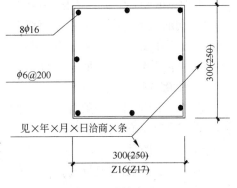

图 4-8 改绘方法

② 隔墙、门窗、钢筋、灯具、设备等取消，可用叉改法。即在图上将取消的部分打"×"，在图上描绘取消的部分较长时，可视情况打几个"×"，达到表示清楚为准。并从图上修改处用箭头索引线引出，注明修改依据。

2）增加的内容

① 在建筑物某一部位增加隔墙、门窗、灯具、设备、钢筋等，均应在图上的实际位置用规范制图方法绘出，并注明修改依据。

② 如增加的内容在原位置绘不清楚时，应在本图适当位置（空白处）按需要补绘大样图，并保证准确清楚，如本图上无位置可绘时，应另用硫酸纸绘补图并晒成蓝图或用绘图仪绘制白图后附在本专业图纸之后。注意在原修改位置和补绘图纸上均应注明修改依据，补图要有图名和图号。

3）内容变更

① 数字、符号、文字的变更，可在图上用杠改法将取消的内容杠去，在其附近空白处增加更正后的内容，并注明修改依据。

② 设备配置位置、灯具、开关型号等变更引起的改变；墙、板、内外装饰等变化，均应在原图上改绘。

③ 当图纸某部位变化较大、或在原位置上改绘有困难，或改绘后杂乱无章，可以采用以下办法改绘。

画大样改绘：在原图上标出应修改部位的范围后，在需要修改的图纸上绘出修改部位的大样图，并在原图改绘范围和改绘的大样图处注明修改依据。

另绘补图修改：如原图无空白处，可把应改绘的部位绘制硫酸纸补图晒成蓝图后，作为竣工图纸，补在本专业图纸之后。具体做法为：在原图纸上画出修改范围，并注明修改依据见某图（图号）及大样图名；在补图上注明图号和图名，并注明是某部位的补图和修改依据。

个别蓝图须重新绘制竣工图：如果某张图纸修改不能在原蓝图上修改清楚，应重新绘制整张图作为竣工图。重新绘制的图纸应按国家制图标准和绘制竣工图的规定制图。

4）加写说明

凡设计变更、洽商的内容应在竣工图上修改的均应用绘图方法改绘在蓝图上，不再加写说明。如果修改后的图纸仍然有内容无法表示清楚，可用精炼的语言适当加以说明。

① 图上某一种设备、门窗等型号的改变，涉及到多处修改时，要对所有涉及到的地方全部加以改绘，其修改依据可标注在一个修改处，但需在此处做简单说明。

② 钢筋代换，混凝土强度等级改变，墙、板、内外装修材料的变化，由建设单位自理的部分等在图上修改难以用作图方法表达清楚时，可加注或用索引的形式加以说明。

③ 凡涉及到说明类型的洽商，应在相应的图纸上使用设计规范用语反映洽商内容。

5）注意事项

① 施工图纸目录必须加盖竣工图章，作为竣工图归档。凡作废、补充、增加和修改的图纸，均应在施工图目录上标注清楚。即作废的图纸在目录上杠掉，补充的图纸在目录上列出图名、图号。

② 如某施工图改变量大，设计单位重新绘制了修改图的应以修改图代替原图，原图不再归档。

③ 凡是洽商作为竣工图，必须进行必要的制作。

如洽商图是按正规设计图纸要求进行绘制的可直接做为竣工图，但需统一编写图名、图号，并加盖竣工图章，作为补图。并在说明中注明是哪个部位的修改图，还要在原图修改部位标注修改范围，并标明见补图的图号。

如洽商图未按正规设计要求绘制，均应按制图规定另行绘制竣工图，其余要求同上。

④ 某一条洽商可能涉及到二张或二张以上图纸，某一局部变化可能引起系统变化，凡涉及到的图纸和部位均应按规定修改，不能只改其一，不改其二。

例如：一个标高的变动，可能在平面、立面、剖面、局部大样图上都要涉及到，均应改正。

⑤ 不允许将洽商的附图原封不动的贴在或附在竣工图上作为修改，也不允许将洽商的内容抄在蓝图上做为修改。凡修改的内容均应改绘在蓝图上或做补图附在图纸之后。

⑥ 根据规定须重新绘制竣工图时，应按绘制竣工图的要求制图。

⑦ 改绘注意事项：

修改时，字、线、墨水使用的规定：

字：采用仿宋字，字体的大小要与原图采用字体的大小相协调，严禁错、别、草字。

线：一律使用绘图工具，不得徒手绘制。

施工蓝图的规定：

图纸反差要明显，以适应缩微等技术要求。凡旧图、反差不好的图纸不得做为改绘用图。

修改的内容和有关说明均不得超过原图框。

(2) 在二底图上修改的竣工图

用设计底图或施工图制成二底图(硫酸纸)图，在二底图上依据设计变更、工程洽商内容用刮改法进行绘制，即用刀片将需要更改部位刮掉，再用绘图笔绘制修改内容，并在空白处做一修改备考表，注明变更、洽商编号(或时间)和修改内容。修改备考表4-7如表所示。

修　改　备　考　表　　　　　　　　　　　　　　　　表 4-7

变更、洽商编号(或时间)	内容(简要提示)

1) 修改的部位用语言描述不清楚时，也可用细实线在图上画出修改范围。

2) 以修改后的二底图或蓝图做为竣工图，要在二底图或蓝图上加盖竣工图章。没有改动的二底图转做竣工图也要加盖竣工图章。

3) 如果二底图修改次数较多，个别图面可能出现模糊不清等技术问题，必须进行技术处理或重新绘制，以期达到图面整洁、字迹清楚等质量要求。

(3) 重新绘制的竣工图

根据工程竣工图现状和洽商记录绘制竣工图，重新绘制竣工图要求与原图比例相同，符合制图规范，有标准的图框和内容齐全的图签，图签中应有明确的"竣工图"字样或加盖竣工图章。

（4）用 CAD 绘制的竣工图

在电子版施工图上依据设计变更、工程洽商的内容进行修改，修改后用云图圈出修改部位，并在图中空白处做一修改备考表，表示要求同表 4-7。同时，图签上必须有原设计人员签字。

3. 竣工图章

（1）"竣工图章"应具有明显的"竣工图"字样，并包括编制单位名称、制图人、审核人和编制日期等基本内容。编制单位、制图人、审核人、技术负责人要对竣工图负责。

竣工图章内容、尺寸如图 4-9 所示。

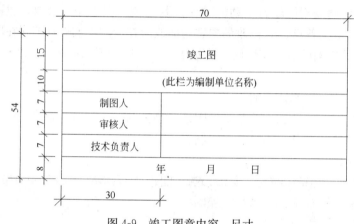

图 4-9　竣工图章内容、尺寸

（2）所有竣工图应由编制单位逐张加盖、签署竣工图章。竣工图中签名必须齐全，不得代签。

（3）凡由设计院编制的竣工图，其设计图签中必须明确竣工阶段，并由绘制人和技术负责人在设计图签中签字。

（4）竣工图章应加盖在图签附近的空白处。

（5）竣工图章应使用不褪色红或蓝色印泥。

第四节　施工资料编制、组卷与移交

一、施工资料的编制要求

1. 施工资料必须真实地反映工程竣工后的实际情况，且具有永久和长期保存价值的文件材料必须完整、准确、系统，各种程序责任者的签章手续必须齐全。

2. 施工资料必须使用原件，因各种原因不能使用原件的，应在复印件或抄件上加盖原件存放单位公章、注明原件存放处，并有经办人签字及时间。

3. 施工资料应保证字迹清晰，签字、盖章手续齐全，签字必须使用档案规定用笔。计算机形成的工程资料应采用内容打印，手工签字的方式。

4. 施工图的变更、洽商返图应符合技术要求。凡采用施工蓝图改绘竣工图的，必须使用反差明显的蓝图，竣工图图面应整洁。

5．工程档案的填写和编制应符合档案缩微管理和计算机输入的要求。

6．工程档案的缩微制品，必须按国家缩微标准进行制作，主要技术指标（解像力、密度、海波残留量等）应符合国家标准规定，保证质量，以适应长期安全保管。

7．施工资料的照片（含底片）及声像档案，应图像清晰，声音清楚，文字说明或内容准确。

二、施工资料编号原则

施工资料是在整个施工过程中形成的管理、技术、质量、物资等各方面的资料和记录，种类多，数量大。建立科学、规范的资料编号体系利于过程的整理、查询和组卷。

1．分部（子分部）工程及代号规定

（1）分部（子分部）工程代号规定是依据统一标准（GB 5300—2001）的分部（子分部）工程划分原则及国家质量验收推荐表格编号要求制定。

（2）建筑工程共分为九个分部工程，分部（子分部）工程划分及代号按照表 4-8 规定编制。

（3）对于专业化程度高、施工工艺复杂、技术先进的子分部工程应反别单独组卷。须单独组卷的子分部名称及代号按照表 4-8 规定编制。

须单独组卷的子分部名称及代号　　　　　　　表 4-8

序号	分部工程名称	分部工程代号	应单独组卷的子分部	应单独组卷的子分部代号
1	地基与基础	01	有支护土方	02
			桩基	04
			钢结构	09
2	主体结构	02	预应力	01
			钢结构	04
			木结构	05
			网架与索膜	06
3	建筑装饰装修	03	幕墙	07
4	建筑屋面	04	—	—
5	建筑给水、排水及采暖	05	供热锅炉及辅助设备	10
6	建筑电气	06	变配电室（高压）	02
7	智能建筑	07	通信网络系统	01
			建筑设备监控系统	03
			火灾报警及消防联动系统	04
			安全防范系统	05
			综合布线系统	06
			环境	09
8	通风与空调	08	—	—
9	电梯	09		

2. 施工资料编号的组成

(1) 施工资料编号应填入右上角的编号栏。

(2) 通常情况下，资料编号应 7 位编号，由分部工程代号（2 位）、资料类别编号（2 位）和顺序号（3 位）组成，每部分之间用横线隔开。

编号形式如下：

$$\underline{\times\times}-\underline{\times\times}-\underline{\times\times\times}\quad（共 7 位编号）$$
$$①\qquad\quad②\qquad\quad③$$

"①" 为分部工程代号（共 2 位），应根据资料所属的分部工程，按表 4-9 规定的代号填写。

建筑工程分部（子分部）划分及代号索引表　　　　　　表 4-9

分部工程代号	分部工程	子分部工程代号	子分部工程	分 项 工 程	备 注
01	地基与基础	01	无支护土方	土方开挖、回填	
		02	有支护土方	排桩、降水、排水、地下连续墙、锚杆、土钉墙、水泥土桩、沉井与沉箱、钢筋混凝土支撑	应单独组卷
		03	地基及基础处理	灰土地基、砂和砂石地基、碎砖三合土地基、土工合成材料地基、粉煤灰地基、重锤夯实地基、强夯地基、振冲地基、砂桩地基、预压地基、高压喷射注浆地基、土和灰土挤密桩地基、注浆地基、水泥粉煤灰碎石桩地基、夯实水泥土桩地基	复合地基应单独组卷
		04	桩基	锚杆静压桩及静力压桩、预应力离心管桩、钢筋混凝土预制桩、钢桩、混凝土灌注桩（成孔、钢筋笼、清孔、水下混凝土灌注桩）	应单独组卷
		05	地下防水	防水混凝土、水泥砂浆防水层、卷材防水层、涂料防水层、金属板防水层、塑料板防水层、细部构造、喷锚支护、复合式衬砌、地下连续墙、盾构法隧道；渗排水、盲沟排水、隧道、坑道排水；预注浆、后注浆、衬砌裂缝注浆	
		06	混凝土基础	模板、钢筋、混凝土、后浇带混凝土、混凝土结构缝处理	
		07	砌体基础	砖砌体、混凝土砌块砌体，配筋砌体，石砌体	
		08	劲钢（管）混凝土	劲钢（管）焊接、劲钢（管）与钢筋的连接，混凝土	
		09	钢结构	焊接钢结构、栓接钢结构、钢结构制作、钢结构安装、钢结构涂装	应单独组卷
02	主体结构	01	混凝土结构	模板、钢筋、混凝土、预应力、现浇结构、装配式结构	
		02	劲钢（管）混凝土	劲钢（管）焊接、螺栓连接、劲钢（管）与钢筋的连接，劲钢（管）制作、安装，混凝土	

分部工程代号	分部工程	子分部工程代号	子分部工程	分　项　工　程	备　注
02	主体结构	03	砌体结构	砖砌体，混凝土小型空心砌块砌体，石砌体，填充墙砌体，配筋砌体	
		04	钢结构	钢结构焊接，紧固件连接，钢零部件加工，单层钢结构安装，多层及高层钢结构安装、钢结构涂装、钢构件组装，钢构件预拼装，钢网架结构安装，压型金属板	
		05	木结构	方木和原木结构，胶合木结构、轻型木结构、木构件防护	
		06	网架和索膜结构	网架制作、网架安装、索膜安装、网架防火、网架涂料	
03	建筑装饰装修	01	地面	整体面层：基层、混凝土面层、水泥砂浆面层、水磨石面层、防油渗面层、水泥钢（铁）屑面层、不发火（防爆）面层；板块面层：基层、砖面层(陶瓷锦砖、缸砖、陶瓷地砖和水泥花砖面层)、大理石面层和花岗石面层、预制板面层、料石面层、塑料板面层、活动地板面层、地毯面层、木竹面层	
		02	抹灰	一般抹灰，装饰抹灰，清水砌体勾缝	
		03	门窗	木门窗制作与安装、金属门窗安装、塑料门窗安装、特种门安装、门窗玻璃安装	
		04	吊顶	暗龙骨吊顶，明龙骨吊顶	
		05	轻质隔墙	板材隔墙、骨架隔墙、活动隔墙、玻璃隔墙	
		06	饰面板（砖）	饰面板安装、饰面板粘贴	
		07	幕墙	玻璃幕墙、金属幕墙、石材幕墙	应单独组卷
		08	涂饰	水性涂料涂饰、溶剂型涂料涂饰、美术涂饰	
		09	裱糊与软包	裱糊、软包	
		10	细部	橱柜制作与安装，窗帘盒、窗台板和暖气罩制作与安装，门窗制作与安装，护栏和扶手制作与安装，花饰制作与安装	
04	建筑屋面	01	卷材防水屋面	保温层，找平层，卷材防水层，细部构造	
		02	涂膜防水屋面	保温层，找平层，涂膜防水层，细部构造	
		03	刚性防水屋面	细石混凝土防水，密封材料嵌缝，细部构造	
		04	瓦屋面	平瓦屋面，油毡瓦屋面，金属板屋面，细部构造	
		05	隔热屋面	架空屋面，蓄水屋面，种植屋面	
05	建筑给水排水及采暖	01	室内给水系统	给水管道及配件安装、室内消火栓系统安装、给水设备安装、管道防腐、绝热	
		02	室内排水系统	排水管道及配件安装、雨水管道及配件安装	
		03	室内热水供应系统	管道及配件安装、辅助设备安装、防腐、绝热	

分部工程代号	分部工程	子分部工程代号	子分部工程	分　项　工　程	备　注
05	建筑给水排水及采暖	04	卫生器具安装	卫生器具安装、卫生器具给水配件安装、卫生器具排水管道安装	
		05	室内采暖系统	管道及配件安装、辅助设备及散热器安装、金属辐射板安装、低温热水地板辐射采暖系统安装、系统水压试验及调试、防腐、绝热	
		06	室外给水管网	给水管道安装、消防水泵接合器及室外消火栓安装、管沟及井室	
		07	室外排水管网	排水管道安装、排水管沟与井池	
		08	室外供热管网	管道及配件安装、系统水压试验及调试、防腐、绝热	
		09	建筑中水系统及辅助设备安装	建筑中水系统管道及辅助设备安装、游泳池水系统安装	
		10	供热锅炉及辅助设备安装	锅炉安装、辅助设备及管道安装、安全附件安装、烘炉、煮炉和试运行、换热站安装、防腐、绝热	应单独组卷
06	建筑电气	01	室外电气	架空线路及杆上电气设备安装，成套配电柜、控制柜（屏、台）和动力、照明配电箱（盘）及控制柜安装，电线、电缆导管和线槽敷设，电线、电缆穿管和线槽敷设，电缆头制作、导线连接和线路电气试验，建筑物外部装饰灯具、航空障碍标志灯和庭院路灯安装，建筑照明通电试运行，接地装置安装	
		02	变配电室	变压器、箱式变电所安装、成套配电柜、控制柜（屏、台）和动力、照明配电箱（盘）安装，裸母线、封闭母线、插接式母线安装，电缆沟内和电缆竖井内电缆敷设，电缆头制作、导线连接和线路电气试验，接地装置安装，避雷引下线和变配电室接地干线敷设	应单独组卷
		03	供电干线	裸母线、封闭母线、插接式母线安装，桥架安装和桥架内电缆敷设，电缆沟内和电缆竖井内电缆敷设，电线、电缆导管和线槽敷设，电线、电线穿管和线槽敷设，电缆头制作、导线连接和线路电气试验	
		04	电气动力	成套配电柜、控制柜（屏、台）和动力、照明配电箱（盘）及安装，低压电动机、电加热器及电动执行机构检查、接线，低压电气动力设备检测、试验和空载试运行，桥架安装和桥架内电缆敷设，电线、电缆导管和线槽敷设，电线、电缆穿管和线槽敷设，电缆头制作、导线连接和线路电气试验，插座、开关、风扇安装	

分部工程代号	分部工程	子分部工程代号	子分部工程	分　项　工　程	备　　注
06	建筑电气	05	电气照明安装	成套配电柜、控制柜（屏、台）和动力、照明配电箱（盘）及安装，电线、电缆导管和线槽敷设，槽板配线，钢索配线，电线、电缆穿管和线槽敷设，电缆头制作、导线连接和线路电气试验，普通灯具安装，专用灯具安装，插座、开关、风扇安装，建筑照明通电试运行	
		06	备用和不间断电源安装	成套配电柜、控制柜（屏、台）和动力、照明配电箱（盘）及安装，柴油发电机组安装，不间断电源的其他功能单元安装，裸母线、封闭母线、插接式母线安装，电线、电缆导管和线槽敷设，电线、电缆穿管和线槽敷设，电缆头制作、导线连接和线路电气试验，接地装置安装	
		07	防雷及接地安装	接地装置安装，避雷引下线和变配电室接地干线敷设，建筑物等电位连接，接闪器安装	
07	智能建筑	01	通信网络系统	通信系统、卫星及有线电视系统、公共广播系统	应单独组卷
		02	办公自动化系统	计算机网络系统、信息平台及办公自动化应用软件、网络安全系统	
		03	建筑设备监控系统	空调与通风、变配电、照明、给排水、热交换、冷冻、电梯、中央管理站与操作分站、子系统通信接口	应单独组卷
		04	火灾报警及消防联动系统	火灾和可燃气体探测系统、火灾报警控制系统、消防联动系统	应单独组卷
		05	安全防范系统	电视监控系统、入侵报警系统、巡更系统、出入口控制（门禁）系统、停车管理系统	应单独组卷
		06	综合布线系统	缆线敷设和终接、机柜、机架、配线架的安装、信息插座和光缆芯线终端的安装	应单独组卷
		07	智能化集成系统	集成系统网络、实时数据库、信息安全、功能接口	
		08	电源与接地	智能建筑电源、防雷及接地	
		09	环境	空间环境、室内空调环境、视觉照明环境、电磁环境	应单独组卷
		10	住宅（小区）智能化系统	火灾自动报警及消防联动系统、安全防范系统（含电视监控系统、入侵报警系统、巡更系统、门禁系统、楼宇对讲系统、住户对讲呼救系统、停车管理系统）、物业管理系统（多表现场计量及远程传输系统、建筑设备监控系统、公共广播系统、小区网络及信息服务系统、物业办公自动化系统）智能家庭信息平台	

续表

分部工程代号	分部工程	子分部工程代号	子分部工程	分 项 工 程	备 注
08	通风与空调	01	送排风系统	风管与配件制作；部件制作；风管系统安装；空气处理设备安装；消声设备制作与安装，风管与设备防腐；风机安装；系统调试	
		02	防排烟系统	风管与配件制作；部件制作；风管系统安装；防排烟风口、常闭正压风口与设备安装；风管与设备防腐；风机安装；系统调试	
		03	除尘系统	风管与配件制作；部件制作；风管系统安装；除尘器与排污设备安装；风管与设备防腐；风机安装；系统调试	
		04	通风空调系统	风管与配件制作；部件制作；风管系统安装；空气处理设备安装；消声设备制作与安装，风管与设备防腐；风机安装；系统调试	
		05	净化空调系统	风管与配件制作；部件制作；风管系统安装；空气处理设备安装；消声设备制作与安装，风管与设备防腐；风机安装；风管与设备绝热；高效过滤器安装；系统调试	
		06	制冷设备系统	制冷机组安装；制冷剂管道及配件安装；制冷附属设备安装；管道及设备的防腐与绝热；系统调试	
		07	空调水系统	管道冷(热)媒水系统安装；冷却水系统安装；冷凝水系统安装；阀门及部件安装；冷却塔安装；水泵及附属设备安装；管道与设备的防腐与绝热；系统调试	
09	电梯	01	电力驱动的曳引式或强制式电梯安装	设备进场验收，土建交接检验，驱动主机，导轨、门系统，轿厢，对重(平衡重)，安全部件，悬挂装置，随行电缆，补偿装置，电气装置，整机安装验收	
		02	液压电梯安装	设备进场验收，土建交接检验，液压系统，导轨、门系统，轿厢，对重(平衡重)，安全部件，悬挂装置，随行电缆，电气装置，整机安装验收	
		03	自动扶梯、自动人行道安装	设备进场验收，土建交接检验，整机安装验收	

"②"为资料的类别编号(共 2 位)，应根据资料所属类别，按《施工资料分类表》规定的类别填写。

"③"为顺序号(共 3 位)，应根据相同表格、相同检查项目，按时间自然形成的先后顺序号填写。

(3) 应单独组卷的子分部(分项)工程资料编号应为 9 位编号，由分部工程代号(2 位)、子分部(分项)工程代号(2 位)、资料的类别编号(2 位)和顺序号(3 位)组成，每部分之间用横线隔开。

3. 施工资料的类别编号填写原则

施工资料的类别编号应依据表 4-10《施工资料分类表》的要求，按 C1～C7 类填写。

施工资料分类表　　　　　　　　　　　　　　　　　　　表 4-10

类别编号	工程资料名称	表格编号（或资料来源）	归档保存单位			
			施工单位	监理单位	建设单位	城建档案馆
C 类	施工资料					
C0	工程管理与验收资料	表 C0-1				
	工程概况表	表 C0-2	●			●
	建设工程质量事故调(勘)查笔录	表 C0-3	●	●	●	●
	建设工程质量事故报告书		●	●	●	●
	单位(子单位)工程质量竣工验收记录		●	●	●	●
	单位(子单位)工程质量控制资料核查记录		●	●	●	●
	单位(子单位)工程安全功能检查资料核查及主要功能抽查记录		●		●	
	单位(子单位)工程观感质量检查记录		●		●	
	室内环境检测报告	检测单位提供	●		●	
	施工总结	施工单位编制	●		●	●
	工程竣工报告	施工单位编制	●	●	●	●
C1	施工管理资料					
	施工现场质量管理检查记录	表 C1-1	●	●		
	企业资质证书及相关专业人员岗位证书	施工单位提供	●			
	见证记录	监理单位提供	●	●		
	施工日志	表 C1-2	●			
C2	施工技术资料					
	施工组织设计及施工方案	施工单位编制	●			
	技术交底记录	表 C2-1	●			
	图纸会审记录	表 C2-2	●	●	●	●
	设计变更通知单	表 C2-3	●	●	●	●
	工程洽商记录	表 C2-4	●	●	●	●
C3	施工测量记录					
	工程定位测量记录	表 C3-1	●	●	●	●
	基槽验线记录	表 C3-2	●	●	●	●
	楼层平面放线记录	表 C3-3	●			
	楼层标高抄测记录	表 C3-4	●			
	建筑物垂直度、标高测量记录	表 C3-5	●		●	
	沉降观测记录	测量单位提供	●	●	●	●
C4	施工物资资料					
	通用表格					
	材料、构配件进场检验记录	表 C4-1	●			
	材料试验报告(通用)	表 C4-2	●		●	

类别编号	工程资料名称	表格编号(或资料来源)	归档保存单位			
			施工单位	监理单位	建设单位	城建档案馆
C4	设备开箱检验记录(机电通用)	表 C4-3	●			
	设备及管道附件试验记录(机电通用)	表 C4-4	●		●	
	建筑与结构工程					
	出厂质量证明文件					
	各种物资出厂合格证、质量保证书和商检证明等	供应单位提供	●		●	
	半成品钢筋出厂合格证	表 C4-5	●		●	
	预制混凝土构件出厂合格证	表 C4-6	●		●	
	钢构件出厂合格证	表 C4-7	●		●	
	预拌混凝土出厂合格证	表 C4-8	●		●	●
	检测报告					
	钢材性能检测报告	供应单位提供	●		●	●
	水泥性能检测报告	供应单位提供	●		●	
	外加剂性能检测报告	供应单位提供	●		●	
	防水材料性能检测报告	供应单位提供	●		●	
	砖(砌块)性能检测报告	供应单位提供	●		●	
	门窗性能检测报告(建筑外窗应有三性检测报告)	供应单位提供	●		●	
	吊顶材料性能检测报告	供应单位提供	●		●	
	玻璃性能检测报告(安全玻璃应有安全检测报告)	供应单位提供	●		●	
	壁纸、墙布防火、阻燃性能检测报告	供应单位提供	●		●	
	装修用粘结剂性能检测报告	供应单位提供	●		●	
	防火涂料性能检测报告	供应单位提供	●		●	
	隔声/隔热/阻燃/防潮材料特殊性能检测报告	供应单位提供	●		●	
	钢结构用焊接材料检测报告	供应单位提供	●		●	
	高强度大六角螺栓连接副扭矩系数检测报告	供应单位提供	●		●	
	扭剪型高强螺栓连接副预拉力检测报告	供应单位提供	●		●	
	木结构材料检测报告(含水率、木构件、钢件)	供应单位提供	●		●	
	幕墙性能检测报告(三性试验)	供应单位提供	●		●	●
	幕墙用硅酮结构胶检测报告	供应单位提供	●		●	●
	幕墙用玻璃性能检测报告	供应单位提供	●		●	
	幕墙用石材性能检测报告	供应单位提供	●		●	●
	幕墙用金属板性能检测报告	供应单位提供	●		●	

续表

类别编号	工程资料名称	表格编号（或资料来源）	归档保存单位			
			施工单位	监理单位	建设单位	城建档案馆
C4	材料污染物含量检测报告	供应单位提供	●		●	
	复试报告					
	钢材试验报告	表 C4-9	●		●	●
	水泥试验报告	表 C4-10	●		●	●
	砂试验报告	表 C4-11	●		●	●
	碎（卵）石试验报告	表 C4-12	●		●	
	外加剂试验报告	表 C4-13	●		●	
	掺合料试验报告	表 C4-14	●		●	
	防水涂料试验报告	表 C4-15	●		●	
	防水卷材试验报告	表 C4-16	●		●	
	砖（砌块）试验报告	表 C4-17	●		●	●
	轻集料试验报告	表 C4-18	●		●	
	预应力筋复试报告	检测单位提供	●		●	
	预应力锚具、夹具和连接器复试报告	检测单位提供	●		●	
	装饰装修用门窗复试报告	检测单位提供	●		●	
	装饰装修用人造木板复试报告	检测单位提供	●		●	
	装饰装修用花岗石复试报告	检测单位提供	●		●	
	装饰装修用安全玻璃复试报告	检测单位提供	●		●	
	装饰装修用外墙面砖复试报告	检测单位提供	●		●	
	钢结构用钢材复试报告	检测单位提供	●		●	●
	钢结构用焊接材料复试报告	检测单位提供	●		●	●
	钢结构用高强度大六角螺栓连接副复试报告	检测单位提供	●		●	
	钢结构用扭剪型高强螺栓连接副复试报告	检测单位提供	●		●	
	木结构材料复试报告	检测单位提供	●		●	
	幕墙用铝塑板复试报告	检测单位提供	●		●	
	幕墙用石材复试报告	检测单位提供	●		●	●
	幕墙用安全玻璃复试报告	检测单位提供	●		●	●
	幕墙用结构胶复试报告	检测单位提供	●		●	●
	建筑给水、排水及采暖工程					
	管材产品质量证明文件	供应单位提供	●		●	
	主要材料、设备等产品质量合格证及检测报告	供应单位提供	●		●	
	绝热材料产品质量合格证、检测报告	供应单位提供	●		●	
	给水管道材料卫生检测报告	供应单位提供	●		●	

续表

类别编号	工程资料名称	表格编号(或资料来源)	归档保存单位			
			施工单位	监理单位	建设单位	城建档案馆
C4	成品补偿器预拉伸证明书	供应单位提供	●		●	
	卫生洁具环保检测报告	供应单位提供	●		●	
	锅炉(承压设备)焊缝无损探伤检测报告	供应单位提供	●		●	
	水表、热量表计量检定证书	供应单位提供	●		●	
	安全阀、减压阀调试报告及定压合格证书	供应单位及检测单位提供	●		●	
	主要器具和设备安装使用说明书	供应单位提供	●		●	
	建筑电气工程	供应单位提供	●		●	
	低压成套配电柜、动力、照明配电箱(盘、柜)出厂合格证、生产许可证、试验记录、CCC认证及证书复印件	供应单位提供	●		●	
	电力变压器、柴油发电机组、高压成套配电柜、蓄电池柜、不间断电源柜、控制柜(屏、台)出厂合格证、生产许可证和试验记录	供应单位提供	●		●	
	电动机、电加热器、电动执行机构和低压开关设备合格证、生产许可证、CCC认证及证书复印件	供应单位提供	●		●	
	照明灯具、开关、插座、风扇及附件出厂合格证、CCC认证及证书复印件	供应单位提供	●		●	
	电线、电缆出厂合格证、生产许可证、CCC认证及证书复印件	供应单位提供	●		●	
	导管、电缆桥架和线槽出厂合格证	供应单位提供	●		●	
	型钢和电焊条合格证和材质证明书	供应单位提供	●		●	
	镀锌制品(支架、横担、接地极、避雷用型钢等)和外线金具合格证和镀锌质量证明书	供应单位提供	●		●	
	封闭母线、插接母线合格证、安装技术文件、CCC认证及证书复印件	供应单位提供	●		●	
	裸母线、裸导线、电缆头部件及接线端子、钢制灯柱、混凝土电杆和其他混凝土制品合格证	供应单位提供	●		●	
	主要设备安装技术文件	供应单位提供	●		●	
	智能建筑系统工程(执行现行标准、规范)	供应单位提供	●		●	
	通风与空调工程					
	制冷机组等主要设备和部件产品合格证、质量证明文件	供应单位提供	●		●	
	阀门、疏水器、水箱、分集水器、减振器、储冷罐、集气罐、仪表、绝热材料等出厂合格证、质量证明及检测报告	供应单位提供	●		●	

类别编号	工程资料名称	表格编号（或资料来源）	归档保存单位			
			施工单位	监理单位	建设单位	城建档案馆
C4	板材、管材等质量证明文件	供应单位提供	●		●	
	主要设备安装说明书	供应单位提供	●		●	
	电梯工程					
	电梯设备开箱检验记录	表 C4-19	●		●	
	电梯主要设备、材料及附件出厂合格证、产品说明书、安装技术文件	供应单位提供	●		●	
C5	施工记录					
	通用表格					
	隐蔽工程检查记录	表 C5-1	●		●	●
	预检记录	表 C5-2	●			
	施工检查记录	表 C5-3	●			
	交接检查记录	表 C5-4	●	●		
	建筑与结构工程					
	基坑支护变形监测记录	专业单位提供	●			
	桩（地）基施工记录	专业单位提供	●		●	●
	地基验槽记录	表 C5-5	●		●	●
	地基处理记录	表 C5-6	●		●	●
	地基钎探记录（应附图）	表 C5-7	●		●	●
	混凝土浇灌申请书	表 C5-8	●	●		
	预拌混凝土运输单	表 C5-9	●			
	混凝土开盘鉴定	表 C5-10	●			
	混凝土拆模申请单	表 C5-11	●			
	混凝土搅拌测温记录	表 C5-12	●			
	混凝土养护测温记录（应附图）	表 C5-13	●			
	大体积混凝土养护测温记录（应附图）	表 C5-14	●			
	构件吊装记录	表 C5-15	●			
	焊接材料烘培记录	表 C5-16	●			
	地下工程防水效果检查记录	表 C5-17	●		●	
	防水工程试水检查记录	表 C5-18	●		●	
	通风（烟）道、垃圾道检查记录	表 C5-19	●			
	预应力筋张拉记录（一）	表 C5-20	●		●	●
	预应力筋张拉记录（二）	表 C5-21	●		●	●
	有粘结预应力结构灌浆记录	表 C5-22	●		●	●
	钢结构施工记录	专业单位提供	●		●	
	网架（索膜）施工记录	专业单位提供	●		●	

续表

类别编号	工程资料名称	表格编号(或资料来源)	归档保存单位			
			施工单位	监理单位	建设单位	城建档案馆
C5	木结构施工记录	专业单位提供	●		●	
	幕墙注胶检查记录	专业单位提供	●		●	
	电梯工程					
	电梯承重梁、吊环埋设隐蔽工程检查记录	表 C5-23	●		●	●
	电梯钢丝绳头灌注隐蔽工程检查记录	表 C5-24	●		●	●
	电梯导轨、层门的支架、螺栓埋设隐蔽工程检查记录	表 C5-25	●		●	●
	电梯电气装置安装检查记录(一)～(三)	表 C5-26	●		●	
	电梯机房、井道预检记录	表 C5-27	●		●	
	自动扶梯、自动人行道安装与土建交接预检记录	表 C5-28	●		●	
	自动扶梯、自动人行道的相邻区域检查记录	表 C5-29	●		●	
	自动扶梯、自动人行道电气装置检查记录(一)(二)	表 C5-30	●		●	
	自动扶梯自动人行道整机安装质量检查记录	表 C5-31	●		●	
C6	施工试验记录					
	通用表格					
	施工试验记录(通用)	表 C6-1	●		●	
	设备单机试运转记录(机电通用)	表 C6-2	●		●	●
	系统试运转调试记录(机电通用)	表 C6-3	●		●	●
	建筑与结构					
	锚杆、土钉锁定力(抗拔力)试验报告	检测单位提供	●		●	
	地基承载力检验报告	检测单位提供	●		●	●
	桩检测报告	检测单位提供	●		●	
	土工击实试验报告	表 C6-4	●		●	
	回填土试验报告(应附图)	表 C6-5	●		●	●
	钢筋机械连接型式检验报告	技术单位提供	●		●	
	钢筋连接工艺检验(评定)报告	检测单位提供	●		●	
	钢筋连接试验报告	表 C6-6	●		●	●
	砂浆配合比申请单、通知单	表 C6-7	●			
	砂浆强度试验报告	表 C6-8	●		●	●
	砌筑砂浆试块强度统计、评定记录	表 C6-9	●		●	●
	混凝土配合比申请单、通知单	表 C6-10	●			
	混凝土抗压强度试验报告	表 C6-11	●		●	

类别编号	工程资料名称	表格编号（或资料来源）	归档保存单位			
			施工单位	监理单位	建设单位	城建档案馆
C6	混凝土试块强度统计、评定记录	表 C6-12	●		●	●
	混凝土抗渗试验报告	表 C6-13	●		●	●
	混凝土碱总含量计算书	混凝土单位提供	●		●	●
	饰面砖粘结强度试验报告	表 C6-14	●		●	
	后置埋件拉拔试验报告	检测单位提供	●		●	
	超声波探伤报告	表 C6-15	●		●	●
	超声波探伤记录	表 C6-16	●		●	
	钢结构射线探伤报告	表 C6-17	●		●	
	磁粉探伤报告	检测单位提供	●		●	●
	高强螺栓抗滑移系数检测报告	检测单位提供	●		●	
	钢结构焊接工艺评定	检测单位提供	●			
	网架节点承载力试验报告	检测单位提供	●			
	钢结构涂料厚度检测报告	检测单位提供	●			
	木结构胶缝试验报告	检测单位提供	●			
	木结构构件力学性能试验报告	检测单位提供	●			
	木结构防护剂试验报告	检测单位提供	●			
	幕墙硅酮结构胶混匀性及拉断试验报告	检测单位提供	●			
	给排水及采暖工程					
	灌（满）水试验记录	表 C6-18	●			
	强度严密性试验记录	表 C6-19	●		●	●
	通水试验记录	表 C6-20	●			
	吹（冲）洗（脱脂）试验记录	表 C6-21	●			
	通球试验记录	表 C6-22	●		●	
	补偿器安装记录	表 C6-23	●			
	消火栓试射记录	表 C6-24	●		●	●
	安全附件安装检查记录	表 C6-25	●		●	
	锅炉封闭及烘炉（烘干）记录	表 C6-26	●		●	
	锅炉煮炉试验记录	表 C6-27	●		●	
	锅炉试运行记录	表 C6-28	●		●	
	安全阀调试记录	试验单位提供	●		●	
	建筑电气工程					
	电气接地电阻测试记录	表 C6-29	●		●	●
	电气防雷接地装置隐检与平面示意图	表 C6-30	●		●	
	电气绝缘电阻测试记录	表 C6-31	●		●	
	电气器具通电安全检查记录	表 C6-32	●		●	
	电气设备空载试运行记录	表 C6-33	●		●	
	建筑物照明通电试运行记录	表 C6-34	●		●	
	大型照明灯具承载试验记录	表 C6-35	●		●	
	高压部分试验记录	检测单位提供	●		●	●
	漏电开关模拟试验记录	表 C6-36	●		●	

续表

类别编号	工程资料名称	表格编号（或资料来源）	归档保存单位			
			施工单位	监理单位	建设单位	城建档案馆
C6	电度表检定记录	检定单位提供	●		●	
	大容量电气线路结点测温记录	表 C6-37	●		●	
	避雷带支架拉力测试记录	表 C6-38	●		●	
	智能建筑工程(执行现行标准、规范)	专业单位提供	●		●	
	通风与空调工程					
	风管漏光检测记录	表 C6-39	●			
	风管漏风检测记录	表 C6-40	●			
	现场组装除尘器、空调机漏风检测记录	表 C6-41	●			
	各房间室内风量温度测量记录	表 C6-42	●			
	管网风量平衡记录	表 C6-43	●			
	空调系统试运行调试记录	表 C6-44	●			
	空调水系统试运行调试记录	表 C6-45	●		●	●
	制冷系统气密性试验记录	表 C6-46	●		●	●
	净化空调系统测试记录	表 C6-47	●		●	●
	防排烟系统联合试运行记录	表 C6-48	●		●	●
	电梯工程					
	轿厢平层准确度测量记录	表 C6-49	●		●	
	电梯层门安全装置检验记录	表 C6-50	●		●	●
	电梯电气安全装置检验记录	表 C6-51	●		●	
	电梯整机功能检验记录	表 C6-52	●		●	●
	电梯主要功能检验记录	表 C6-53	●		●	
	电梯负荷运行试验记录	表 C6-54	●		●	●
	电梯负荷运行试验曲线图	表 C6-55	●			
	电梯噪声测试记录	表 C6-56	●			
	自动扶梯、自动人行道安全装置检验记录(一)(二)	表 C6-57	●			
	自动扶梯、自动人行道整机性能、运行试验记录	表 C6-58	●		●	●
C7	施工质量验收记录					
	结构实体混凝土强度验收记录	表 C7-1	●	●	●	
	结构实体钢筋保护层厚度验收记录	表 C7-2	●	●	●	
	钢筋保护层厚度试验记录	表 C7-3	●	●	●	
	检验批质量验收记录	执行 GB 50300 和专业施工质量验收规范	●	●		
	分项工程质量验收记录表		●	●		
	分部(子分部)工程验收记录表		●	●	●	●
D	竣工图		●		●	●

4. 顺序号填写原则

（1）对于施工专用表格，顺序号应按时间先后顺序，用数字从 001 开始连续标注。

（2）对于同一施工表格涉及多个分部(子分部)工程时，顺序号应根据分部(子分部)工程的不同，按分部(子分部)工程的各检查项目分别从 001 开始连续标注。

5．无统一表格或外部提供的施工资料，应在资料的右上角注明编号。

三、施工资料组卷原则

1．组卷的质量要求

（1）组卷前应详细检查施工资料是否按要求收集齐全、完整，并符合规范要求。

（2）编绘的竣工图应反差明显、图面整洁、线条清晰、字迹清楚，能满足缩微和计算机扫描的要求。

（3）文字材料和图纸不满足质量要求的一律返工重做。

2．组卷的基本原则

（1）施工资料应按照专业、系统组卷，每一专业、系统再按照资料类别从 C1～C7 顺序排列，并根据资料数量多少组成一卷或多卷。

（2）对于专业化程度高，施工工艺复杂，通常由专业分包施工的子分部（分项）工程应分别单独组卷。如有支护土方、地基（复合）、桩基、预应力、钢结构、木结构、网架（索膜）、幕墙、供热锅炉、变配电室和智能建筑工程的各系统，应单独组卷的子分部（分项）工程按照 C1～C7 顺序排列，并根据资料数量的多少组成一卷或多卷。

（3）施工资料、竣工图组卷按表 4-11《施工资料、竣工图组卷参考表》要求组卷。

施工资料、竣工图组卷参考表　　　　　　　　　表 4-11

案卷提名		表格编号 （或资料来源）	资 料 名 称	备 注
专业名称	类别名称			
建筑与 结构工程	C0 工程管理与验收资料	表 C0-1	工程概况表	
		表 C0-2	建设工程质量事故调（勘）查表	
		表 C0-3	建设工程质量事故报告书	
			单位（子单位）工程质量竣工验收记录	
			单位（子单位）工程质量控制资料核查表	
			单位（子单位）工程安全和功能检查资料核查及主要功能抽查记录	
			单位（子单位）工程观感质量检查记录	
		检测单位提供	室内环境检测报告	由建设单位移交
		施工单位编制	施工总结	
		施工单位编制	工程竣工报告	
	C1 施工管理资料	表 C1-1	施工现场质量管理检查记录	
		施工单位提供	企业资质证书及相关专业人员岗位证书	
		监理单位提供	见证记录	
		表 C1-2	施工日志	
	C2 施工技术资料	施工单位提供	施工组织设计及施工方案	
		表 C2-1	技术交底记录	
		表 C2-2	图纸会审记录	
		表 C2-3	设计变更通知单	
		表 C2-4	工程洽商记录	

续表

案卷提名		表格编号	资 料 名 称	备 注
专业名称	类别名称	(或资料来源)		
建筑与结构工程	C3 施工测量记录	表 C3-1	工程定位测量记录	
		表 C3-2	基槽验线记录	
		表 C3-3	楼层平面放线记录	
		表 C3-4	楼层标高抄测记录	
		表 C3-5	建筑物垂直度、标高测量记录	
		测量单位提供	沉降观测记录	
	C4 施工物资资料	表 C4-1	材料、构配件进场检验记录	
		供应单位提供	各种物资出厂合格证明文件	
		表 C4-5	半成品钢筋出厂合格证	
		表 C4-6	预制混凝土构件出厂合格证	
		表 C4-7	钢构件出厂合格证	
		表 C4-8	预拌混凝土出厂合格证	
		供应单位提供	钢材性能检测报告	
		供应单位提供	水泥性能检测报告	
		供应单位提供	外加剂性能检测报告	
		供应单位提供	防水材料性能检测报告	
		供应单位提供	砖(砌块)性能检测报告	
		供应单位提供	门窗性能检测报告	建筑外窗应有三性试验
		供应单位提供	吊顶材料性能检测报告	
		供应单位提供	饰面板材料性能检测报告	
		供应单位提供	饰面石材性能检测报告	
		供应单位提供	饰面砖性能检测报告	
		供应单位提供	涂料性能检测报告	
		供应单位提供	玻璃性能检测报告	安全玻璃应有安全检测报告
		供应单位提供	壁纸、墙布防火及阻燃性能检测报告	
		供应单位提供	装修用粘结剂性能检测报告	
		供应单位提供	隔声/隔热/阻燃/防潮材料特殊性能检测报告	
		供应单位提供	材料污染物含量检测报告	
		表 C4-2	材料试验报告(通用)	
		表 C4-9	钢材试验报告	
		表 C4-10	水泥试验报告	
		表 C4-11	砂试验报告	
		表 C4-12	碎(卵)石试验报告	

续表

案卷提名		表格编号 （或资料来源）	资 料 名 称	备　注
专业名称	类别名称			
建筑与 结构工程	C4 施工物 资资料	表 C4-13	外加剂试验报告	
		表 C4-14	掺合料试验报告	
		表 C4-15	防水涂料试验报告	
		表 C4-16	防水卷材试验报告	
		表 C4-17	砖(砌块)试验报告	
		表 C4-18	轻集料试验报告	
		检测单位提供	装饰装修用外门窗复试报告	
		检测单位提供	装饰装修用人造木板复试报告	
		检测单位提供	装饰装修用花岗石复试报告	
		检测单位提供	装饰装修用安全玻璃复试报告	
		检测单位提供	装饰装修用外墙面砖复试报告	
	C5 施工 记录	表 C5-1	隐蔽工程检查记录	
		表 C5-2	预检记录	
		表 C5-3	施工检查记录(通用)	
		表 C5-4	交接检查记录	
		表 C5-5	地基验槽记录	
		表 C5-6	地基处理记录	
		表 C5-7	地基钎探记录(应附图)	
		表 C5-8	混凝土浇灌申请书	
		表 C5-9	预拌混凝土运输单	
		表 C5-10	混凝土开盘鉴定	
		表 C5-11	混凝土拆模申请单	
		表 C5-12	混凝土搅拌测温记录	
		表 C5-13	混凝土养护测温记录(应附图)	
		表 C5-14	大体积混凝土养护测温记录(应附图)	
		表 C5-15	构件吊装记录	
		表 C5-16	焊接材料烘培记录	
		表 C5-17	地下工程防水效果检查记录	
		表 C5-18	防水工程试水检查记录	
		表 C5-19	通风(烟)道、垃圾道检查记录	
	C6 施工 试验记录	表 C6-1	施工试验记录(通用)	
		表 C6-4	土工击实试验报告	
		表 C6-5	回填土试验报告(应附图)	
		技术提供单位	钢筋机械连接型式检验报告	
		检测单位提供	钢筋连接工艺检验(评定)报告	

续表

案卷提名		表格编号	资 料 名 称	备 注
专业名称	类别名称	（或资料来源）		
建筑与结构工程	C6 施工试验记录	表 C6-6	钢筋连接试验报告	
		表 C6-7	砂浆配合比申请单、通知单	
		表 C6-8	砂浆抗压强度试验报告	
		表 C6-9	砌筑砂浆试块强度统计、评定记录	
		表 C6-10	混凝土合比申请单、通知单	
		表 C6-11	混凝土抗压强度试验报告	
		表 C6-12	混凝土试块强度统计、评定记录	
		表 C6-13	混凝土抗渗试验报告	
		混凝土单位	混凝土碱总含量计算书	
		表 C6-14	饰面砖粘结强度试验报告	
		检测单位提供	后置埋件拉拔试验报告	
	C7 施工质量验收记录	表 C7-1	结构实体混凝土强度验收记录	
		表 C7-2	结构实体钢筋保护层厚度验收记录	
		表 C7-3	钢筋保护层厚度试验记录	
		施工单位提供	检验批质量验收记录表	参照 GB 50300 和专业施工质量验收规范
		施工单位提供	分项工程质量验收记录表	
		施工单位提供	分部（子分部）工程验收记录表	
建筑与结构工程—有支护土方工程	C1 施工管理资料	表 C1-1	施工现场质量管理检查记录	
		专业单位提供	企业资质证书及相关专业人员岗位证书	
		监理单位提供	见证记录	
		表 C1-2	施工日志	
	C2 施工技术资料	专业单位提供	施工方案	
		表 C2-1	技术交底记录	
		表 C2-2	图纸会审记录	
		表 C2-3	设计变更通知单	
		表 C2-4	工程洽商记录	
	C3	专业单位提供	施工测量记录	
	C4 施工物资料	表 C4-1	材料、构配件进场检验记录	
		供应单位提供	出厂合格证明文件（水泥、砂石、钢筋、钢绞线等）	
		表 C4-5	半成品钢筋出厂合格证	
		表 C4-6	预制混凝土构件出厂合格证	
		检测单位提供	复试报告及检测报告（水泥、砂石、钢筋、钢绞线等）	
		专业单位提供	基坑支护变形监测记录	

案卷提名		表格编号（或资料来源）	资 料 名 称	备 注
专业名称	类别名称			
建筑与结构工程—有支护土方工程	C5 施工记录	表 C5-1	隐蔽工程检查记录	
		表 C5-2	预检记录	
		表 C5-4	交接检查记录	
		专业单位提供	桩施工记录	
	C6 施工试验记录	检测单位提供	锚杆、土钉锁定力(抗拔力)试验报告	
		检测单位提供	桩检测报告	
		检测单位提供	钢筋连接工艺检验	
		表 C6-6	钢筋连接试验报告	
		表 C6-7	砂浆配合比申请单、通知单	
		表 C6-8	砂浆抗压强度试验报告	
		表 C6-10	混凝土合比申请单、通知单	
		表 C6-11	混凝土抗压强度试验报告	
		表 C6-13	混凝土抗渗试验报告	
	C7	施工单位提供	检验批质量验收记录表	参照 GB 50300 和专业施工质量验收规范
		施工单位提供	分项工程质量验收记录表	
		施工单位提供	分部(子分部)工程验收记录表	
建筑与结构工程—桩地基工程	C1 施工管理资料	表 C1-1	施工现场质量管理检查记录	
		专业单位提供	企业资质证书及相关专业人员岗位证书	
		监理单位提供	见证记录	
		表 C1-2	施工日志	
	C2 施工技术资料	专业单位提供	施工方案	
		表 C2-1	技术交底记录	
		表 C2-2	图纸会审记录	
		表 C2-3	设计变更通知单	
		表 C2-4	工程洽商记录	
	C3	专业单位提供	施工测量记录	
	C4 施工物资资料	表 C4-1	材料、构配件进场检验记录	
		供应单位提供	出厂合格证明文件(水泥、砂、石、钢材等)	
		表 C4-6	预制混凝土构件出厂合格证	
		检测单位提供	复试报告及检测报告(水泥、砂石、钢材等)	
	C5 施工记录	表 C5-1	隐蔽工程检查记录	
		表 C5-2	预检记录	
		表 C5-4	交接检查记录	
		专业单位提供	桩(地)基施工记录	

案卷提名		表格编号（或资料来源）	资 料 名 称	备 注
专业名称	类别名称			
建筑与结构工程—桩地基工程	C6 施工试验记录	表 C6-10	混凝土合比申请单、通知单	
		表 C6-11	混凝土抗压强度试验报告	
		表 C6-13	混凝土抗渗试验报告	
		混凝土单位	混凝土碱总含量计算书	
		检测单位提供	桩检测报告	
	C7	施工单位提供	检验批质量验收记录表	参照 GB 50300 和专业施工质量验收规范
		施工单位提供	分项工程质量验收记录表	
		施工单位提供	分部(子分部)工程验收记录表	
建筑与结构工程—预应力工程	C1 施工管理资料	表 C1-1	施工现场质量管理检查记录	
		专业单位提供	企业资质证书及相关专业人员岗位证书	
		监理单位提供	见证记录	
		表 C1-2	施工日志	
	C2 施工技术资料	专业单位提供	施工方案	
		表 C2-1	技术交底记录	
		表 C2-2	图纸会审记录	
		表 C2-3	设计变更通知单	
		表 C2-4	工程洽商记录	
	C3	专业单位提供	施工测量记录	
	C4 施工物资资料	表 C4-1	材料、构配件进场检验记录	
		供应单位提供	主要物资出厂合格证明及性能检测报告(预应力筋、锚具、夹具和连接器、涂包层、套管等)	
		表 C4-6	预应力筋复试报告	
		检测单位提供	预应力锚具、夹具连接器复试报告(静载锚固性能)	
		检测单位提供	预应力工程用水泥、外加剂复试报告	
	C5 施工记录	表 C5-1	隐蔽工程检查记录	
		表 C5-2	预检记录	
		表 C5-4	交接检查记录	
		表 C5-20	预应力筋张拉记录(一)	
		表 C5-21	预应力筋张拉记录(二)	
		表 C5-22	有粘结预应力结构灌浆记录	
	C6 施工试验记录	表 C6-7	砂浆配合比通知单	
		表 C6-8	灌浆用水泥浆强度试验报告	
		表 C6-10	混凝土合比申请单、通知单	
		表 C6-11	混凝土抗压强度试验报告	

案卷提名		表格编号	资料名称	备注
专业名称	类别名称	(或资料来源)	资料名称	备注
建筑与结构工程—预应力工程	C7	施工单位提供	检验批质量验收记录表	参照 GB 50300 和专业施工质量验收规范
		施工单位提供	分项工程质量验收记录表	
		施工单位提供	分部(子分部)工程验收记录表	
建筑与结构工程—钢结构工程	C1 施工管理资料	表 C1-1	施工现场质量管理检查记录	
		专业单位提供	企业资质证书及相关专业人员岗位证书	
		监理单位提供	见证记录	
		表 C1-2	施工日志	
	C2 施工技术资料	专业单位提供	施工方案	
		表 C2-1	技术交底记录	
		表 C2-2	图纸会审记录	
		表 C2-3	设计变更通知单	
		表 C2-4	工程洽商记录	
	C3	专业单位提供	施工测量记录	
	C4 施工物资资料	表 C4-1	材料、构配件进场检验记录	
		供应单位提供	钢结构主要物资出厂合格证明文件(钢材、焊接材料、紧固件、涂料及其他)	
		检测单位提供	钢材性能检测报告	有要求的做复试
		检测单位提供	焊接材料性能检测报告	
		检测单位提供	高强度大六角检测报告	
		检测单位提供	扭剪型高强螺栓连接副检测报告	
		检测单位提供	涂料性能检测报告	防锈、防腐、防火
		检测单位提供	金相试验报告	
	C5 施工记录	表 C5-1	隐蔽工程检查记录	
		表 C5-2	预检记录	
		表 C5-4	交接检查记录	
		表 C5-15	构件吊装记录	
		表 C5-16	焊接材料烘培记录	
		专业单位提供	钢结构施工检查记录	
		专业单位提供	其他施工检查记录	
	C6 施工试验记录	表 C6-15	超声波探伤报告	
		表 C6-16	超声波探伤记录	
		表 C6-17	钢构件射线探伤报告	
		检测单位提供	磁粉探伤报告	
		检测单位提供	高强螺栓抗滑移系数检测报告	
		检测单位提供	钢结构焊接工艺评定	
		检测单位提供	网架节点承载力试验报告	
		检测单位提供	钢结构涂料厚度检测报告	

续表

案卷提名		表格编号 （或资料来源）	资 料 名 称	备 注
专业名称	类别名称			
建筑与 结构工 程—钢 结构工程	C7	施工单位提供	检验批质量验收记录表	参照 GB 50300 和专业 施工质量验收规范
		施工单位提供	分项工程质量验收记录表	
		施工单位提供	分部（子分部）工程验收记录表	
建筑与结构网架和索膜结构工程			按照设计要求和现行规范、标准归档执行	可参照钢结构工程卷 组卷要求
建筑与 结构工 程—木 结构工程	C1 施工 管理资料	表 C1-1	施工现场质量管理检查记录	
		专业单位提供	企业资质证书及相关专业人员岗位证书	
		监理单位提供	见证记录	
		表 C1-2	施工日志	
	C2 施工 技术资料	专业单位提供	施工方案	
		表 C2-1	技术交底记录	
		表 C2-2	图纸会审记录	
		表 C2-3	设计变更通知单	
		表 C2-4	工程洽商记录	
	C3	专业单位提供	施工测量记录	
	C4 施工 物资资料	表 C4-1	材料、构配件进场检验记录	
		供应单位提供	出厂合格证明（木材、木构件、钢件、胶 合剂等）	
		供应单位提供	木材性能检测报告	
		供应单位提供	含水率检测报告	
		供应单位提供	钢件检测报告	
		检测单位提供	木结构材料复试报告	
	C5 施工 记录	表 C5-1	隐蔽工程检查记录	
		表 C5-2	预检记录	
		表 C5-4	交接检查记录	
		表 C5-15	构件吊装记录	
		专业单位提供	木结构施工记录	
	C6	检测单位提供	木结构胶缝试验报告	
		检测单位提供	木结构构件力学性能试验报告	
		检测单位提供	木结构防护剂试验报告	
	C7	专业单位提供	检验批质量验收记录表	参照 GB 50300 和专业 施工质量验收规范
		专业单位提供	分项工程质量验收记录表	
		专业单位提供	分部（子分部）工程验收记录表	
建筑与结 构工程— 幕墙工程	C1 施工 管理资料	表 C1-1	施工现场质量管理检查记录	
		专业单位提供	企业资质证书及相关专业人员岗位证书	
		监理单位提供	见证记录	
		表 C1-2	施工日志	

续表

案卷提名		表格编号（或资料来源）	资料名称	备注
专业名称	类别名称			
建筑与结构工程—幕墙工程	C2 施工技术资料	专业单位提供	施工方案	
		表 C2-1	技术交底记录	
		表 C2-2	图纸会审记录	
		表 C2-3	设计变更通知单	
		表 C2-4	工程洽商记录	
	C4 施工物资资料	表 C4-1	材料、构配件进场检验记录	
		供应单位提供	出厂质量合格证及质量保证书（玻璃、石材、铝塑板、铝型材、钢材、粘结剂、密封胶等）	
		检测单位提供	硅酮胶性能检测报告	
		检测单位提供	玻璃性能检测报告	
		检测单位提供	石材性能检测报告	
		检测单位提供	金属板性能检测报告	
		检测单位提供	防火材料性能检测报告	
		检测单位提供	石材复试报告	
		检测单位提供	安全玻璃复试报告	
		检测单位提供	结构胶复试报告	
		检测单位提供	石材用密封胶耐污染性复试报告	
	C5	表 C5-1	隐蔽工程检查记录	
		表 C5-2	预检记录	
		表 C5-4	交接检查记录	
		表 C5-18	淋水检查记录	
		专业单位提供	幕墙注胶施工记录	
	C6	检测单位提供	双组份硅酮结构胶混匀性及拉断试验报告	
		检测单位提供	后置埋件拉拔检测报告	
	C7	专业单位提供	检验批质量验收记录表	参照 GB 50300 和专业施工质量验收规范
		专业单位提供	分项工程质量验收记录表	
		专业单位提供	分部（子分部）工程验收记录表	
建筑给水排水及采暖	C1 施工管理	表 C1-1	施工现场质量管理检查记录	
		专业单位提供	企业资质证书及相关专业人员岗位证书	
		表 C1-2	施工日志	
	C2 施工技术资料	专业单位提供	施工方案	
		表 C2-1	技术交底记录	
		表 C2-2	图纸会审记录	
		表 C2-3	设计变更通知单	
		表 C2-4	工程洽商记录	

案卷提名		表格编号	资料名称	备注
专业名称	类别名称	（或资料来源）		
建筑给水排水及采暖	C4 施工物资资料	表 C4-1	材料、构配件进场检验记录	
		表 C4-3	设备开箱检验记录	
		表 C4-4	设备及管道附件试验记录	
		供应单位提供	管材的产品质量证明文件	
		供应单位提供	主要材料、设备产品质量合格证、检测报告	
		供应单位提供	绝热材料的产品质量合格证、检测报告	
		供应单位提供	给水管道材料卫生检测报告	
		检测单位提供	成品补偿器预拉伸证明书	
		供应单位提供	卫生洁具环保检测报告	
		供应单位提供	承压设备焊缝无损探伤检测报告	
		检测单位提供	水表、热量表计量检定证书	
		检测单位提供	主要器具和设备安装使用说明书	
	C5 施工记录	表 C5-1	隐蔽工程检查记录	
		表 C5-2	预检记录	
		表 C5-3	施工检查记录（通用）	
		表 C5-4	交接检查记录	
	C6 施工试验记录	表 C6-2	设备单机试运转记录	
		表 C6-3	系统试运转调试记录	
		表 C6-18	灌（满）水试验记录	
		表 C6-19	强度严密性试验记录	
		表 C6-20	通水试验记录	
		表 C6-21	吹（冲）洗（脱脂）试验记录	
		表 C6-22	通球试验记录	
		表 C6-23	补偿器安装记录	
		表 C6-24	消火栓试射记录	
	C7 质量验收	施工单位提供	检验批质量验收记录表	参照 GB 50300 和专业施工质量验收规范
		施工单位提供	分项工程质量验收记录表	
		施工单位提供	分部（子分部）工程验收记录表	
建筑电气工程	C1 施工管理	表 C1-1	施工现场质量管理检查记录	
		专业单位提供	企业资质证书及相关专业人员岗位证书	
		表 C1-2	施工日志	
	C2 施工技术资料	专业单位提供	施工方案	
		表 C2-1	技术交底记录	
		表 C2-2	图纸会审记录	
		表 C2-3	设计变更通知单	
		表 C2-4	工程洽商记录	

续表

案卷提名		表格编号 （或资料来源）	资 料 名 称	备 注
专业名称	类别名称			
建筑电 气工程	C4 施工 物资资料	表 C4-1	材料、构配件进场检验记录	
		表 C4-3	设备开箱检验记录	
		表 C4-4	设备及管道附件试验记录	
		供应单位提供	管材的产品质量证明文件	
		供应单位提供	低压成套配电柜、动力、照明配电箱（盘柜）出厂合格证、生产许可证、试验记录、CCC 认证及证书复印件	
		供应单位提供	电力变压器、柴油发电机组、高压成套配电柜、蓄电池柜、不间断电源柜、控制柜（屏、台）出厂合格证、生产许可证、试验记录	
		供应单位提供	电动机、电加热器、电动执行机构和低压开关设备合格证、生产许可证、CCC 认证及证书复印件	
		检测单位提供	照明灯具、开关、插座、风扇及附件出厂合格证、CCC 认证及证书复印件	
		供应单位提供	电线、电缆出厂合格证、生产许可证、CCC 认证及证书复印件	
		供应单位提供	导管、电缆桥架和线槽出厂合格证	
		供应单位提供	镀锌制品（支架、横担、接地极、避雷用型钢等）和外线金具合格证和镀锌质量证明书	
		供应单位提供	封闭母线、插接母线合格证、安装技术文件、CCC 认证及证书复印	
		供应单位提供	裸母线、裸导线、电缆头部件及接线端子、钢制灯柱、混凝土电杆和其他混凝土制品合格证	
		供应单位提供	主要设备安装技术文件	
	C5	表 C5-1	隐蔽工程检查记录	
		表 C5-2	预检记录	
		表 C5-3	施工检查记录（通用）	
		表 C5-4	交接检查记录	
	C6 施工 试验记录	表 C6-29	电气接地电阻测试记录	
		表 C6-30	电气防雷接地装置隐检与平面示意图	
		表 C6-31	电气绝缘电阻测试记录	
		表 C6-32	电气器具通电安全检查记录	
		表 C6-33	电气设备空载试运行记录	
		表 C6-34	建筑物照明通电试运行记录	
		表 C6-35	大型照明灯具承载试验记录	

续表

案卷提名		表格编号	资 料 名 称	备 注
专业名称	类别名称	(或资料来源)		
建筑电气工程	C6 施工试验记录	检验单位提供	高压部分试验记录	
		表 C6-36	漏电开关模拟试验记录	
		检定单位提供	电度表检定记录	
		表 C6-37	大容量电气线路结点测温记录	
		表 C6-38	避雷带支架拉力测试记录	
	C7 质量验收	施工单位提供	检验批质量验收记录表	参照 GB 50300 和专业施工质量验收规范
		施工单位提供	分项工程质量验收记录表	
		施工单位提供	分部(子分部)工程验收记录表	
建筑电气工程—变配电室工程	C1 施工管理	表 C1-1	施工现场质量管理检查记录	
		专业单位提供	企业资质证书及相关专业人员岗位证书	
		表 C1-2	施工日志	
	C2 施工技术资料	专业单位提供	施工方案	
		表 C2-1	技术交底记录	
		表 C2-2	图纸会审记录	
		表 C2-3	设计变更通知单	
		表 C2-4	工程洽商记录	
	C4 施工物资资料	表 C4-1	材料、构配件进场检验记录	
		表 C4-3	设备开箱检验记录	
		表 C4-4	设备及管道附件试验记录	
		供应单位提供	电力变压器出厂合格证和试验记录	
		供应单位提供	高、低压成套配电柜出厂合格证、生产许可证及试验记录、低压成套配电柜CCC认证及证书复印件	
		供应单位提供	电缆出厂合格证及CCC认证及证书复印件	
		供应单位提供	避雷用型钢合格证	
	C5 施工记录	表 C5-1	隐蔽工程检查记录	
		表 C5-2	预检记录	
		表 C5-3	施工检查记录(通用)	
		表 C5-4	交接检查记录	
	C6 施工试验记录	表 C6-29	电气接地电阻测试记录	
		表 C6-31	电气绝缘电阻测试记录	
		表 C6-33	电气设备空载试运行记录	
		检验单位提供	高压部分试验记录	
		表 C6-37	大容量电气线路结点测温记录	
	C7 质量验收	施工单位提供	检验批质量验收记录表	参照 GB 50300 和专业施工质量验收规范
		施工单位提供	分项工程质量验收记录表	
		施工单位提供	分部(子分部)工程验收记录表	

案卷提名		表格编号	资 料 名 称	备 注
专业名称	类别名称	（或资料来源）		
智能建筑工程			安装设计要求及现行规范、标准执行	
通风与空调工程	C1 施工管理	表 C1-1	施工现场质量管理检查记录	
		专业单位提供	企业资质证书及相关专业人员岗位证书	
		表 C1-2	施工日志	
	C2 施工技术	专业单位提供	施工方案	
		表 C2-1	技术交底记录	
		表 C2-2	图纸会审记录	
		表 C2-3	设计变更通知单	
		表 C2-4	工程洽商记录	
	C4 施工物资资料	表 C4-1	材料、构配件进场检验记录	
		表 C4-3	设备开箱检验记录	
		表 C4-4	设备及管道附件试验记录	
		供应单位提供	制冷机组等设备和部件产品合格证、质量证明文件	
		供应单位提供	阀门、疏水器、水箱分（集）水器、减震器、储冷灌、集气罐、仪表、绝热材料等出厂合格证、质量证明及检测报告	
		供应单位提供	板材、管材等质量证明文件	
		供应单位提供	主要设备安装使用说明书	
	C5 施工记录	表 C5-1	隐蔽工程检查记录	
		表 C5-2	预检记录	
		表 C5-3	施工检查记录（通用）	
		表 C5-4	交接检查记录	
	C6 施工试验记录	表 C6-2	设备单机试运转记录	
		表 C6-3	系统试运转调试记录	
		表 C6-19	强度严密性试验记录	
		表 C6-21	吹（冲）洗（脱脂）试验记录	
		表 C6-23	补偿器安装记录	
		表 C6-39	风管漏光检测记录	
		表 C6-40	风管漏风检测记录	
		表 C6-41	现场组装除尘器、空调机漏风检测记录	
		表 C6-42	各房间室内风量温度测量记录	
		表 C6-43	管网风量平衡记录	
		表 C6-44	空调系统试运转调试记录	
		表 C6-45	空调水系统试运转调试记录	
		表 C6-46	制冷系统气密性试验记录	
		表 C6-47	净化空调系统测试记录	
		表 C6-48	防排烟系统联合试运行记录	

| 案卷提名 | | 表格编号 | 资 料 名 称 | 备 注 |
专业名称	类别名称	(或资料来源)		
通风与空调工程	C7 质量验收	施工单位提供	检验批质量验收记录表	参照 GB 50300 和专业施工质量验收规范
		施工单位提供	分项工程质量验收记录表	
		施工单位提供	分部(子分部)工程验收记录表	
电梯工程	C1 施工管理	表 C1-1	施工现场质量管理检查记录	
		专业单位提供	企业资质证书及相关专业人员岗位证书	
		表 C1-2	施工日志	
	C2 施工技术资料	专业单位提供	施工方案	
		表 C2-1	技术交底记录	
		表 C2-2	图纸会审记录	
		表 C2-3	设计变更通知单	
		表 C2-4	工程洽商记录	
	C4 施工物资资料	表 C4-1	材料、构配件进场检验记录	
		表 C4-19	电梯设备开箱检验记录	
		供应单位提供	电梯主要设备材料及附件出厂合格证、产品说明书、安装技术文件	
	C5 施工记录	表 C5-23	电梯承重梁、起重吊环埋设隐蔽工程检查记录	
		表 C5-24	电梯钢丝绳头灌注隐蔽工程检查记录	
		表 C5-25	电梯导轨、层门的支架、螺栓埋设隐蔽检查记录	
		表 C5-26	电梯电气安装检查记录(一)~(三)	
		表 C5-27	电梯机房、井道预检记录	
		表 C5-28	自动扶梯、自动人行道安装与土建交接预检记录	
		表 C5-29	自动扶梯、自动人行道的相邻区域检查记录	
		表 C5-28	自动扶梯、自动人行道电气装置检查记录(一)(二)	
		表 C5-29	自动扶梯、自动人行道整机安装质量检查记录	
	C6 施工试验记录	表 C6-49	轿厢平层准确度测量记录	
		表 C6-50	电梯层门安全装置检验记录	
		表 C6-51	电梯电气安全装置检验记录	
		表 C6-52	电梯整机功能检验记录	
		表 C6-53	电梯主要功能检验记录	
		表 C6-54	电梯负荷运行试验记录	
		表 C6-55	电梯负荷运行试验曲线图	
		表 C6-56	电梯噪声测试记录	
		表 C6-57	自动扶梯、自动人行道安全装置检验记录(一)(二)	
		表 C6-58	自动扶梯、自动人行道整机性能、运行试验记录	

续表

案卷提名		表格编号 （或资料来源）	资 料 名 称	备　注
专业名称	类别名称			
电梯工程	C7 质量 验收	施工单位提供	检验批质量验收记录表	参照 GB 50300 和专业 施工质量验收规范
		施工单位提供	分项工程质量验收记录表	
		施工单位提供	分部（子分部）工程验收记录表	
竣　工　图		编制单位提供	建筑竣工图、幕墙竣工图	
		编制单位提供	结构竣工图	
		编制单位提供	建筑给水、排水与采暖竣工图	
		编制单位提供	燃气竣工图	
		编制单位提供	建筑电气竣工图	
		编制单位提供	智能建筑竣工图	
		编制单位提供	通风空调竣工图	
		编制单位提供	地上部分道路、绿化、庭院照明等竣工图	
		编制单位提供	地下部分各种市政、电力、电信管线竣 工图	室外工程

竣工图应按专业进行组卷。可分为工艺平面布置竣工图卷、建筑竣工图卷、结构竣工图卷、给排水及采暖竣工图卷、建筑电气竣工图卷、智能建筑竣工图卷、通风空调竣工图卷、室外竣工图卷等，每一专业可根据图纸数量多少组成一卷或多卷。

四、归档与移交

工程资料应按定做好案卷封面和卷内目录、分项目录、混凝土（砂浆）抗压强度报告目录、钢筋连接试验报告目录、工程资料卷内备考表，并按合同或协议约定的时间、套数移交建设单位，须办理移交手续。施工单位内部移交（项目部将施工资料移交到公司档案室），也需要办理移交手续。移交书应有移交日期和移交单位、接收单位的签章。

第五章 项目进度控制

第一节 项目进度控制概述

一、建设工程项目进度控制的含义和目的

在市场经济的条件下，时间就是金钱，效率就是生命。一个项目能否在预定的时间内完成，这是项目最为重要的问题之一，也是进行项目管理所追求的目标之一。进度管理就是采用科学地方法确定进度目标，编制进度计划和资源供应计划，进行进度控制，在与质量、费用目标协调的基础上，实现工期目标。工期、费用、质量构成了项目的三大目标。其中费用发生在项目的各项作业中，质量取决于每个作业过程，工期则依赖于进度系列上时间的保证。这些目标均能通过进度控制加以掌握。所以，进度控制是项目控制工作的首要内容，是项目的灵魂。

进度计划在施工组织设计中具有决定性的意义，是决定其他内容的主导因素，施工方案、施工平面布置、各种资源的需要与供应等都应首先满足其要求并围绕其展开，因此，进度计划是控制和指导施工全过程的纽带。所以，进度计划控制是施工项目控制的重点之一，是确保施工项目按期完成，合理安排各种资源供应，节约工程成本的重要措施。

1. 进度指标

现代项目管理中的进度是一个综合的指标，它将施工项目的任务、工期、成本、资源等有机地结合起来，能全面反映项目的施工状况。进度控制不仅仅指工期控制，而必须把工期与劳动消耗、成本、工程实体、资源消耗等统一起来。

进度控制的对象是工程项目的实施过程，进度是实施结果的进展情况，在实施过程中要消耗时间、劳动力、材料、成本等才能完成项目任务。实施进度状况，往往是通过各工程实施活动进度(完成量或百分比)由下而上逐层统计、汇总、计算表现出来的。进度指标的确定对进度控制有很大的影响，目前使用的进度指标有如下三种。

(1) 持续时间

持续时间是不同工程项目进度的重要指标。现实中人们经常用实际工期与计划工期相比较说明进度完成的状况。例如：工期 10 个月，现在已进行了 6 个月，则工期已达 60%；某工作持续时间为 50 天，现已进行了 25 天，则已完成 50%，但不能理解为该工作实施进度已达 50%，因为工期与进度不能定义为同一概念，即两者是不一致的。建设过程中，往往是开始一段工作效率很低，速度当然也低；到中期前后投入量最大，工程速度也最快；后期投入减少，速度又低了下来。这个过程说明工作效率和工作速度不是一个直线关系，所以不能说工期达到了一半就表示进度也达到了一半。现实是已完成工期中经常存在着干扰事件，造成停工、窝工，因而实际工作效率低于计划的工作效率。

（2）按项目实施完成的实物数量

这个指标按项目实施完成的实物数量，例如：混凝土工程按完成体积量计算，设备按完成的吨位计算，土方工程按完成的体积量计算，管线、道路按完成的长度计算等等。这个指标反映分部工程所完成的进度和任务比较能反映实际情况。

（3）较好的可比性指标

这个指标用较好的可比性指标作为统一分析的尺度。较好的可比性指标如：劳动工时的消耗、成本等，这对任何工程项目都是适用的计量单位。但在对施工进度控制时尚须注意：

1）资源投入和进度背离时，会产生错误结论。例如：某项目工作计划需要 40 工时，现已用了 20 工时，则进度已达 50%。这就不一定正确，存在的问题是实际劳动效率和计划劳动效率不一定完全相等。

2）施工中由于变更，实际工作量与计划工作量会不同。例如：计划 60 工时，因工程变更，施工难度增加，应该需 80 工时。现在完成 20 工时，计划进度是完成 33%，实际上只完成了 25%。因此，正确结果只能是在计划正确，并按预定的效率施工时才能得到。

3）用成本反映施工进度时，对返工、窝工、停工增加的成本；材料价格及工资提高而造成的成本增加；工程变更或范围的变化而影响成本的增加等是不计算的。

2. 项目进度控制的含义

项目进度控制是一个动态、循环、复杂的过程，也是一项效益显著的工作，进度控制通过对进度计划的控制实现。

建设项目是在动态条件下实施的，因此，进度控制也就必须是一个动态的管理过程，它包括进度目标的分析论证，在收集资料和调查研究的基础上编制进度计划和进度计划的跟踪检查与调整。

为了实现进度目标，进度控制的过程也就是随着项目的进展，进度计划不断调整的过程。如只重视进度计划的编制，而不重视进度计划必要的调整，则进度无法得到控制。

进度目标分析和论证的目的是论证进度目标是否合理，进度目标有否可能实现。如果经过科学的论证，目标不可能实现，则必须调整目标。

进度计划的跟踪检查与调整包括定期跟踪检查所编制的进度计划执行情况，以及若其执行有偏差，则采取纠偏措施，并视必要调整进度计划。

进度控制的目的是通过控制以实现工程的进度目标。

进度计划控制的一个循环过程包括计划、实施、检查、调整四个过程。计划是指根据施工项目的具体情况，合理编制符合工期要求的最优进度计划；实施是指进度计划的落实与执行；检查是指在进度计划的落实与执行过程中，跟踪检查实际进度，并与计划进度对比分析，确定两者之间的关系；调整是指根据检查对比的结果，分析实际进度与计划进度之间的偏差对工期的影响，采取切合实际的调整措施，使计划进度符合新的实际情况，在新的起点上进行下一轮控制循环，如此循环进行下去，直到完成整个项目。

3. 进度控制与工期控制

工程项目的计划工期是项目的目标之一。工期控制的目的是使实际实施过程与计划工期在时间上相一致，保证各项工作按时开展，按时结束，保证项目总工期不延误。

进度控制的总目标和工期控制是相一致的，但在进度控制过程中，它不仅追求时间上相一致，而且还要追求劳动效率的一致性。

进度与工期这两个概念既相互联系，又有区别。例如：工期作为进度的一个指标，进度控制首先表现为工期控制，有效的工期控制才能达到有效的进度控制，但只用工期来表达进度是不全面的，有可能产生误导。若实施进度拖延了，最终工期目标也不能实现，在实施过程中对进度进行调整，当然也要对工期进行调整。

二、建设工程项目进度控制目标的分解与任务

项目进度控制的目标可根据工程项目实施程序、进展阶段、承建单位、专业工种及建设规模等进行分解。按项目实施可分为准备阶段进度目标、正式实施阶段进度目标和竣工收尾阶段进度目标；按建设规模可分解为项目总进度目标，单位工程进度目标，分部、分项工程进度目标和季度、月、旬作业等目标。

1. 业主方进度的任务是控制整个项目实施阶段的进度，包括控制设计准备阶段的工作进度、设计工作进度、施工进度、物资采购工作进度，以及项目使用准备阶段的工作进度。

2. 设计方进度控制的任务是依据是设计任务委托合同对设计工作进度的要求控制设计工作进度，这是设计方履行合同的义务。另外，设计方尽可能使设计工作的进度与招标、施工和物质采购等工作进度相协调。

在国际上，设计进度计划主要是各设计阶段的设计图纸（包括有关的说明）的出图计划，在出图计划中标明每张图纸的出图日期。

3. 施工方进度控制的任务是依据施工任务委托合同对施工进度的要求控制施工进度，这是施工方履行合同的义务。在进度计划编制方面，施工方应视项目的特点和施工进度控制的需要，编制深度不同的控制性、指导性和实施性的施工进度计划，以及按不同计划周期（年度、季度、月度和旬、周）的施工计划等。

4. 供货方进度控制的任务是依据供货合同对供货的要求控制供货进度，这是供货方履行合同的义务。供货进度计划包括供货的所有环节，如采购、加工制造、运输等。

三、影响项目进度控制的因素

复杂性是工程项目的综合特点。影响项目实施的因素很多，项目部必须对各种可能出现的影响因素充分认识和估计，确保进度控制目标的实现。影响项目实施进度的主要因素有以下几点。

1. 参与单位和部门的影响因素

影响项目实施进度的单位和部门众多，包括建设单位、设计单位、总承包单位，以及施工单位上级主管部门、政府有关部门、银行信贷单位、资源物资供应部门等等。项目经理要控制项目实施速度，应做好有关单位的组织协调工作，只有这样，才能有效地控制项目实施进度。

2. 施工技术因素

项目施工技术因素主要有：低估项目施工技术上的难度；没有考虑某些设计或施工问题的解决方法；对项目设计意图和技术要求没有全部领会；采取的技术措施不当；在应用新技术、新材料或新结构方面缺乏经验，没有进行相应的培训和实验，导致盲目施工，以致出现工程质量缺陷等技术事故。

3. 施工组织管理因素

施工组织管理因素主要有：施工平面布置不合理，出现相互干扰和混乱；劳动力和机械设备的选配不当；流水段划分不合理、流水施工组织不合理等。

4. 项目投资因素

因资金不能保证以至于影响项目施工进度。

5. 项目设计变更因素

建设单位改变使用功能而修改设计，项目设计图纸错误或变更，致使施工速度放慢或停工。

6. 不利条件和不可预见因素

在项目实施过程中，可能遇到洪水、地下水、地下断层、溶洞或地面深陷等不利的地质情况；也可能出现恶劣的气候条件自然灾害、工程事故、政治事件、工人罢工等不可预见事件，这些因素都将影响项目实施的进度。

四、建设工程项目进度计划系统的概念

1. 建设工程项目进度计划系统是由多个相关联的进度计划组成的系统。它是项目进度控制的依据。由于各种进度计划编制所需要的必要资料是在项目进展过程中逐步形成的，因此项目进度计划系统的建立和完善也有一个过程，是逐步形成的。图5-1是一个建设工程项目进度计划系统的示例，这个计划有4个计划层次。

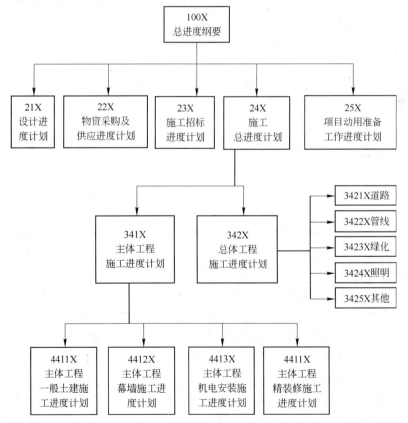

图 5-1　建设工程项目进度计划系统示例

2. 根据项目进度控制不同的需要和不同的用途，业主方和项目各参与方可以构建多个不同的建设工程项目进度计划系统，如：由多个相互关联的不同计划深度的进度计划组成的计划系统；由多个相互关联的不同计划功能的进度计划组成的计划系统；由多个相互关联的不同项目参与方的进度计划组成的计划系统；由多个相互关联的不同计划周期的进度计划组成的计划系统。

3. 由不同深度的计划构成进度计划系统，包括：总进度规划（计划）；项目子系统进度规划（计划）；项目子系统中的单项工程进度计划等。

4. 由不同功能的计划构成进度计划系统，包括：控制性进度规划（计划）；指导性进度规划（计划）；实施性（操作性）进度计划等。

5. 由不同项目参与的计划构成计划系统，包括：业主方编制的整个项目实施的进度计划；设计进度计划；施工和设备安装进度计划；采购和供货进度计划等。

6. 由不同周期的计划构成计划系统，包括：5年建设进度计划；年度、季度、月度和旬计划等。

7. 在建设工程项目进度计划系统中，各进度计划或各子系统进度计划编制和调整时必须注意其相互间的联系和协调，如：总进度规划（计划）、项目子系统进度规划（计划）与项目子系统中的单项工程进度计划之间的联系和协调；控制性进度规划（计划）、指导性进度规划（计划）、实施性进度计划之间的联系和协调；业主方编制的整个项目实施的进度计划、设计方编制的进度计划、施工和设备安装方编制的进度计划与采购和供货方编制的进度计划之间的联系和协调等。

五、项目进度控制原理

通常项目实施进度控制可采用系统控制、动态循环控制、弹性控制、信息反馈控制等基本原理。

1. 系统控制原理

项目实施进度控制本身是一个系统工程，它包括项目进度规划系统、项目进度实施和控制系统。

（1）项目进度计划系统：为做好项目进度控制工作，必须根据项目进度控制目标要求，制定出项目实施进度计划系统。根据需要，计划系统一般包括：项目总进度计划，单位工程进度计划，分部、分项工程进度计划和季度、月、旬等作业计划。这些计划的编制对象由大到小，内容由粗到细，将进度控制目标逐层分解，保证了计划控制目标的落实。在执行项目实施进度计划时，应以局部计划保证整体计划，最终达到工程项目进度控制目标。

（2）项目进度实施组织系统：为实现项目进度计划系统，不仅要求设计单位和承建单位必须按照计划要求进行工作，而且要求设计、承建和物资供应单位也必须密切协作与配合。同时，总包单位内部也应有从上到下的严密组织，从而形成内外结合的、严密的项目进度实施系统，建立包括统计方法、图表法和岗位承包方法在内的项目进度实施体系，保证其在实施组织和实施方法上的协调性。

（3）项目进度控制组织系统：项目进度控制机构设置应明确其进度控制职责，并建立纵向和横向两个控制系统。项目进度纵向控制系统由公司领导班子和项目经理部构成；横向控制系统则由项目经理部各职能部门组成。必须加强两个控制系统的协作，提高工程项目进度控制效率。

2. 动态循环控制原理

工程项目进度控制随着工程活动的进行，根据各方面的变化，进行适时的动态控制，以保证计划符合变化的情况。同时，这种动态控制又是按照计划、实施、检查、调整这四个不断循环的过程进行控制的，在项目实施过程中，可分别以整个工程项目、单位工程、分部工程或分项工程为对象，建立不同层次的循环系统，并使其循环下去。这样每循环一次，其项目管理水平就会提高一步。

3. 弹性控制原理

工程项目进度控制涉及的因素多、变化大、持续时间长，不可能十分准确地预测未来或做出绝对准确的项目进度安排，在确定项目实施进度目标时，必须留有余地，以使项目实施进度控制具有较强的应变能力。

4. 信息反馈控制原理

信息反馈是项目进度控制的主要环节，没有信息反馈，就不能对进度计划进行有效地控制，必须加强项目实施进度的信息反馈。当项目实施进度出现偏差时，相应的信息就会反馈到项目进度控制主体，由该主体做出纠正偏差的反应，使项目实施进度朝着规划目标进行，并达到预期效果。这样就使项目实施进度计划的执行、检查和调整过程，成为信息反馈控制的实施过程。

第二节 建设工程项目进度计划的编制与实施

一、项目进度计划的编制

1. 进度计划的编制依据及基本要求

（1）编制进度计划的主要依据

1）项目对工期的要求；

2）项目特点；

3）项目的技术经济条件；

4）项目的外部条件；

5）项目各项工作的估计时间；

6）项目的资源供应状况。

（2）编制进度计划的基本要求

1）运用现代科学管理方法编制进度计划，以提高计划的科学性和严密性。

2）充分落实编制进度计划的条件，避免过多的假定而使计划失去指导作用。

3）对大型、复杂、工期长的项目要实行分期分阶段编制进度计划的方法，对不同阶段、不同时期提出相应的进度计划，以保持进度计划指导项目实施的前锋作用。

4）进度计划应保证项目实现工期目标。

5）保证项目进展的均衡性和连续性。

6）进度计划应与费用、质量等目标相协调，既有利于工期目标的实现，又有利于费用、质量、安全等目标的实现。

2. 项目进度计划的编制方法

(1) 横道图进度计划的编制方法

横道图进度计划法是传统的进度计划方法(其编制方法略)。横道图计划表中的进度线(横道)与时间坐标相对应,这种表达方式较直观,易看懂计划编制的意图。

但是,横道图进度计划法也存在一些问题,如:

1) 工序(工作)之间的逻辑关系可以设法表达,但是不易表达清楚;

2) 适用于手工编制计划;

3) 没有通过严谨的进度计划时间参数计算,不能确定计划的关键工作、关键路线与时差;

4) 计划调整只能用手工方式进行,其工作量较大;

5) 难以适应的进度计划系统。

(2) 网络计划的类型和应用

我国《工程网络计划技术规程》(JGJ/T 121/—1999)推荐的常用的工程网络计划类型包括:双代号网络计划,单代号网络计划,双代号时标网络计划,单代号搭接网络计划。

网络计划的主要优点是各项目之间的关系清楚。在选择进度计划模型时,网络计划要优越一些,因为它可以提供时间控制的关键(即关键线路),可提供调整的机动时间(非关键线路上的时差),可以提供利用计算机的模型,可以提供调整信息。其中,时间直观的时标网络计划可以弥补网络计划与横道图计划相比之不足。由此可知,一个项目同时选择两种方式,用于不同的目的,是可取的方式。即:选择网络计划作为进度控制的工具;选择横道图计划作为进度情况的记录和对外报告。

用网络计划进行进度控制要经过 7 个阶段,17 个步骤,如表 5-1 所示。

网络计划的应用步骤 表 5-1

序号	阶段	步骤	序号	阶段	步骤
1	准备阶段	(1) 确定网络计划目标 (2) 调查研究 (3) 实施方案设计	5	优化并确定正式网络计划	(12) 优化 (13) 编制正式网络计划
2	绘制网络图	(4) 项目分解 (5) 逻辑关系分析 (6) 绘制网络图	6	实施、调整与控制	(14) 网络计划贯彻 (15) 检查和数据采集 (16) 调整与控制
3	时间参数计算 确定关键线路	(7) 计算工作持续时间 (8) 计算其他时间参数 (9) 确定关键线路	7	结束阶段	(17) 总结与分析
4	编制可行网络计划	(10) 检查与调整 (11) 编制可行性网络计划			

二、项目进度计划的实施

项目进度计划的实施过程就是进度计划落实与执行的过程,为保证进度计划的落实与执行,应做好以下工作。

1. 编制施工作业计划

进度计划是通过作业计划下达给施工班组的,作业计划是保证进度计划落实与执行的关键措施。由于施工活动的复杂性，在编制施工进度计划时，不可能考虑到施工过程中的一切变化情况，因而不可能一次安排好未来施工活动中的全部细节，所以施工进度计划还只能是比较概括的，很难作为直接下达施工任务的依据。因此，还必须有更为符合当时情况，更为细致、具体的短时间的计划，这就是施工作业计划。施工作业计划是根据施工组织设计和现场具体情况，灵活安排，平衡调度，以确保实现施工进度计划和上级规定的各项指标任务的执行计划。它是施工单位的计划任务、施工进度计划和现场具体情况的综合产物，它把这三者协调起来，并把任务直接下达给每一个执行者，成为群众掌握的、直接组织和指导施工的文件，因而成为保证进度计划的落实与执行的关键措施。

施工作业计划一般可分为月作业计划和旬作业计划，其内容一般包括以下三个方面：

（1）明确本月（旬）应完成的施工任务，确定其施工进度。

（2）根据本月（旬）施工任务及施工进度，编制相应的资源需要计划。

（3）结合月（旬）作业计划的具体实施情况，落实相应的劳动生产率和降低成本的措施。

编制作业计划时，计划人员应深入现场，检查项目实施的实际进度情况；并且要了解施工队组的实际施工能力；同时了解设计要求，把主观和客观因素结合起来，征询各有关队组的意见，进行综合平衡，修正不合实际的计划安排，提出作业计划指标；最后，召开计划会议，通过施工任务书将作业计划落实并下达到施工队组。

2. 下达施工任务书

施工任务书是给施工队组下达具体施工任务的计划性技术文件，为便于工人掌握和领会，其表达形式应比作业计划更简明扼要。施工任务书一般以表格的形式下达，应反映作业计划的全部指标。施工任务书应包括如下内容：

（1）施工队组应完成的工程项目、工程量、完成任务的开始时间、完成时间和施工日历进度表。

（2）完成任务的资源需要量。

（3）采用的施工方法、技术措施、工程量、质量要求、安全、节约措施等各项指标。

（4）登记卡和记录单。

3. 做好项目实施过程中的调度工作

调度工作是指在项目进展过程中，不断组织新的平衡，建立和维护正常的工作条件及建设程序所做的工作。调度工作应涉及到多方面的内容，包括：监督作业计划的实施、调整协调各方面的进度关系；监督检查施工准备工作；督促资源供应单位按计划供应劳动力、施工机具、运输车辆、材料构配件等；对临时出现的问题采取调配措施；按施工平面图管理施工现场，结合实际情况进行必要调整，保证文明施工；了解气候、水、电等情况，采取相应的防范和保证措施；及时发现和处理项目实施过程中的各种问题；调节各薄弱环节，做好材料、机具、劳动力的平衡工作；定期召开现场会议等。

第三节　建设工程项目进度计划的检查与调整

一、项目进度计划的对比检查

项目进度计划的检查是指依据计划进度跟踪、对比、检查实际进度的过程，这一过程包括收集进度资料，对资料进行统计整理，记录实际进度并与计划进度对比分析，最后提交检查结果报告。

记录实际进度并与计划进度进行对比检查的方法很多，以下叙述几种常用的对比检查方法，包括：横道图对比检查法、S曲线对比检查法、香蕉曲线对比检查法、网络对比检查法。

以横道图对比检查法举例。

当进度计划采用横道图表达时，实际进度与计划进度的对比记录方法有很多种形式，最简单的方法是：将检查日期内项目施工进度的实际完成情况用与计划横线条有区别的横线条表示实际进度，标在计划进度下方。这种方法清楚、明晰，很容易看出实际进度提前或拖后的天数。如图5-2所示的横道图对比检查法，双线条表示计划进度粗黑线表示实际进度，三角内的数字表示检查日期。这样，我们很容易看出，第14天检查时，A工序已按计划进度完成，B工序提前了两天完成，而D工序拖后两天完成。据此，可以分析原因及其对工期的影响，进而采取措施调整计划。

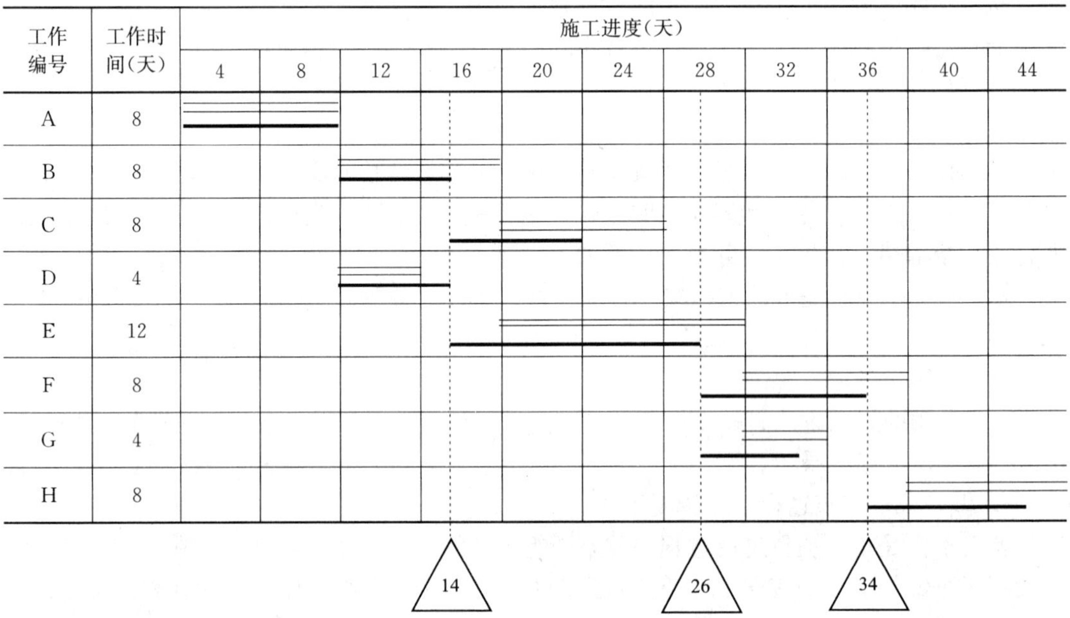

图5-2　横道图对比检查

二、项目进度计划的调整

项目进度计划的调整是根据检查结果，分析实际进度与计划进度之间产生的偏差及原因，采取积极措施予以补救，对计划进度进行适时修正，最终确保计划指标得以实现的过程。检查与调整进度计划一般采用网络计划法。

网络进度计划的调整方法，应根据调整范围的大小确定。当调整范围不大时，可在原网络进度计划基础上修订，重新计算未完工序各时间参数，并进行相应的优化；当调整范围很大时，应重新安排工作内容，调整力量，编制新的项目网络进度计划，计算各项时间参数，进行网络进度计划的优化，并确定出最优方案去付诸实施。

第四节 建设项目进度控制的方法

一、建设工程进度控制的组织措施

项目管理组织是目标能否实现的决定性因素，为实现项目的进度目标，应充分重视健全项目管理的组织体系。

在项目组织结构中应有专门的工作部门和符合进度岗位进度资格的专人负责进度控制工作。

建设工程项目进度控制的主要工作环节包括进度目标的分析和论证、编制进度计划、定期跟踪进度计划的执行情况、采取纠偏措施，以及调整进度计划。这些任务和相应的管理职能应在管理组织设计的任务分工表和管理职能分工表中标示并落实。

应编制项目进度控制的工作流程，如：确定项目进度计划系统的组成；各类进度计划的编制程序、审批程序和计划调整程序等。

进度控制工作包含了大量的组织和协调工作，而会议是组织和协调的重要手段，应进行有关进度控制会议的组织设计，以明确：会议的类型；各类会议的主持人及参加单位和人员；各类会议的召开时间；各类会议文件的整理、分发和确认等。

二、建设工程项目进度控制的管理措施

建设工程项目进度控制的管理措施涉及管理的思想、管理的方法、管理的手段、承发包模式、合同管理和风险管理等。在理顺组织的前提下，科学和严谨的管理显得十分重要。

建设工程进度控制在管理观念方面存在的主要问题：

1. 缺乏进度计划系统的观念，分别编制各种独立而互不联系的计划，形成不了计划系统；

2. 缺乏动态控制的观念，只重视计划的编制，而不重视及时进行计划的动态调整；

3. 缺乏进度计划多方案比较和优选的观念，合理的进度计划应体现资源的合理使用、工作面的合理工作安排、有利于提高建设质量、有利于文明施工和有利于合理地缩短建设周期。

用工程网络计划的方法编制进度计划必须很严谨地分析和考虑工作之间的逻辑关系，通过工程网络的计算可发现关键工作和关键路线，也可知道非关键工作可使用的时差，工程网络计划的方法有利于实现进度控制的科学化。

承发包模式的选择直接关系到工程实施的组织和协调。为了实现进度目标，应选择合理的合同结构，以避免过多的合同交界面而影响工程的进展。工程物资的采购模式对进度也有直接影响，对此应作比较分析。

为了实现进度目标，不但应进行进度控制，还应注意分析影响工程进度的风险，并在分析的基础上采取风险管理措施，以减少进度失控的风险量。常见的影响工程进度的风险，如组织风险、管理风险、合同风险、资源（人力、物力和财力）风险、技术风险等。

重视信息技术（包括相应的软件、局域网、互联网以及数据处理设备）在进度控制中的

应用。虽然信息技术对进度控制而言只是一种管理手段，但它的应用有利于提高进度信息处理的效率，有利于提高进度信息的透明度，有利于促进进度信息的交流和项目各参与方的协同工作。

三、建设项目进度控制的经济措施

1. 建设工程项目进度控制的经济措施涉及资金需求计划、资金供应的条件和经济激励措施等。

2. 为确保合进度的实现，应编制与进度计划相适应的资源需求计划（资源进度计划），包括资金需求计划和其他资源（人力和物力资源）需求计划，以反映工程实施的各时段所需要的资源。通过资源需求的分析，可发现所编制的进度计划实现的可能性，若资源条件不具备，则调整进度计划。资金需求计划也是工程融资的重要依据。

3. 资金供应条件包括可能的资金总供应量、资金来源（自有资金和外来资金）以及资金供应的时间。

4. 在工程预算中应考虑加快工程进度所需要的资金，其中包括为实现进度目标将要采取的经济激励措施所需要的费用。

四、建设工程项目进度控制的技术措施

1. 建设工程项目进度控制的技术措施涉及对实现进度目标有利的设计技术和施工技术的选用。

2. 不同的设计理念、设计技术路线、设计方案会对工程进度产生不同的影响，在设计工作的前期，特别是在设计方案评审和选用时，应对设计技术与工程进度关系作分析比较。在工程进度受阻时，应分析是否存在设计技术的影响因素，为实现进度目标有无设计变更的可能性。

3. 施工方案对工程进度有直接的影响，在决策其选用时，不仅应分析技术的先进性和经济合理性，还应考虑其对进度的影响。在工程进度受阻时，应分析是否存在施工技术的影响因素，为实现进度目标有无改变施工技术、施工方法和施工机械的可能性。

第六章 项目质量控制

第一节 建设工程项目质量控制的概念和原理

一、建设工程项目质量控制的含义

1. 质量控制是 GB/T 19000(等同采用 ISO 9000—2000)质量管理体系标准的一个质量术语。质量控制是质量管理的一部分,是致力于满足质量要求的一系列相关活动。

2. 质量控制包括采取的作业技术和管理活动。作业技术是直接产生产品或服务质量的条件;但并不是具备相关作业技术能力,都能产生合格的质量,在社会化大生产的条件下,还必须通过科学的管理,来组织和协调作业技术活动的过程,以充分发挥其质量形成能力,实现预期的质量目标。

3. 质量控制是质量管理的一部分。按照 GB/T 19000 定义质量管理是指确立质量方针及实施质量方针的全部职能及工作内容,并对其工作效果进行评价和改进的一系列工作。因此,两者的区别在于质量控制是在明确的质量目标条件下通过行动方案和资源配置的计划、实施、检查和监督来实现预期目标的过程。

4. 建设工程项目从本质上说是一项拟建的建筑产品,它和一般产品具有同样的质量内涵,即满足明确和隐含需要的特性之总和。其中明确的需要是指法律、法规、技术标准和合同等所规定的要求,隐含的需要是法律、法规或技术标准尚未作出明确规定,然而随着经济发展、科技进步及人们消费观念的变化,客观上已存在的某些需求。因此建筑产品的质量也就需要通过市场和营销活动加以识别,以不断进行质量的持续改进。其社会需求是否得到满足或满足的程度如何,必须用一系列定量或定性的特性指标来描述和评价,这就是通常意义上的产品使用性、可靠性、安全性、经济性以及环境的适宜性等。

5. 由于建设工程项目是由业主(或投资人、项目法人)提出明确的需求,然后再通过一次性承发包生产,即在特定的地点建造特定的项目。因此工程项目的质量总目标,是业主建设意图通过项目策划,包括项目的定义及建设规模、系统构成、使用功能和价值、规格档次标准等的定位策划和目标决策来提出的。工程项目质量控制,包括勘察设计、招标投标、施工安装,竣工验收各阶段,均应围绕着满足业主要求的质量总目标而展开。

二、建设工程项目质量形成的影响因素

1. 人的质量意识和质量能力:人是质量活动的主体,对建设工程项目而言,人是泛指与工程有关的单位、组织及个人,包括建设单位、勘察设计单位、施工承包单位、监理及咨询服务单位、政府主管及工程质量监督与监测单位、策划者、设计者、作业者、管理者等等。

建筑业实行企业经营资质管理、市场准入制度、执业资格注册制度、持证上岗制度以及质量责任制度等，规定按资质等级承包工程任务，不得越级，不得挂靠，不得转包，严禁无证设计、无证施工。

2. 建设项目的决策因素：没有经过资源论证、市场需求预测，盲目建设，重复建设，建成后不能投入生产或使用，所形成的合格而无用途的建筑产品，从根本上是社会资源的极大浪费，不具备质量的适用性特征。同样盲目追求高标准，缺乏质量经济考虑的决策，也将对工程质量的形成产生不利的影响。

3. 建设工程项目的勘察因素：包括建设项目技术经济条件勘察和工程岩土地质条件勘察，前者直接影响项目决策，后者直接关系工程设计的依据和基础资料。

4. 建设工程项目的总体规划和设计因素：总体规划关系到土地的合理使用、功能组织和平面布局、竖向设计、总体运输及交通组组织的合理性；工程设计具体确定建筑产品或工程目的物的质量标值，直接将建设意图变成工程蓝图，将适用、经济、美观融为一体，为建设施工提供质量标准和依据。建筑构造与结构的设计合理性、可靠性以及施工性都直接影响工程质量。

5. 建筑材料、构配件及相关工程用品的质量因素：它们是建筑生产的劳动对象。建筑质量的水平在很大程度上取决于材料工业的发展，原材料及建筑装饰装修材料及其制品的开发，导致人们对建筑消费需求日新月异的变化，因此正确合理选择材料，控制材料、构配件及工程用品的质量规格、性能特性是否符合设计规定标准，直接关系到项目的质量形成。

6. 工程项目的施工方案：包括施工技术方案和施工方案。施工技术方案是指技术、工艺、方法和机械、设备模具等施工手段的配置，显然，如果施工技术落后，方法不当，机具有缺陷，都将对工程质量的形成产生影响。施工方案是指施工程序、工艺顺序、施工流向、劳动组织方面的决定和安排。通常的施工程序是先准备后施工，先场外后场内，先地下后地上，先深后浅，先主体后装修，先土建后安装等等，都应在施工方案中明确，并编制相应的施工组织设计。这些都是对项目的质量形成产生影响的重要因素。

7. 工程项目的施工环境：包括地质、水文、气候等自然环境及施工现场的通风、照明、安全、卫生、防护设施等劳动作业环境，以及由工程承发包合同结构所派生的多单位、多专业共同施工的管理关系，组织协调方式及现场施工质量控制系统等构成的管理环境对工程质量的形成产生相当的影响。

三、建设工程项目质量控制的基本原理

1. PDCA 循环原理

PDCA 循环是人们在管理实践中形成的基本理论方法。从实践论的角度看，管理就是确定任务目标，并按照 PDCA 循环原理来实现预期目标。由此可见，PDCA 是目标控制的基本方法。

（1）计划 P（plan）

"计划"可以理解为质量计划阶段，明确目标并制订实现目标的行动方案。

在建设工程项目的实施中，"计划"是指各项主体根据其任务目标和责任范围，确定质量控制的组织制度、工作程序、技术方法、业务流程、资源配置、检验试验要求、质量

记录方式、不合格处理、管理措施等具体内容和做法的文件，"计划"还须对实现预期目标的可能性、有效性、经济合理性进行分析论证，按照规定的程序与权限审批执行。

（2）实施 D(Do)

"实施"包含两个环节，即计划行动方案的交底和按计划规定的方法与要求展开工作作业技术活动。计划交底目的在于使具体的作业者和管理者，明确计划的意图和要求，掌握标准，从而规范行为，全面地执行计划的行动方案，步调一致地去努力实现预期的目标。

（3）检查 C(Check)

"检查"指对计划实施构成进行各种检查，包括作业者的自检，互检和专职管理者专检。各类检查都包含两大方面：一是检查是否严格执行了计划的行动方案；实际条件是否发生了变化；不执行计划的原因。二是检查计划执行的结果，即产出的质量是否达到标准的要求，对此进行确认和评价。

（4）处置 A(Action)

"处置"是对于质量检查所发现的质量问题或质量不合格，及时进行原因分析，采取必要的措施，予以纠正，保持质量形成的受控状态。处理分纠偏和预防两个步骤。纠偏是采取应急措施，解决当前的质量问题；预防是信息反馈管理部门，反思问题症结或计划时的不周，为今后类似问题的质量预防提供借鉴。

2. 三阶段控制原理

三阶段控制就是通常所说的事前控制、事中控制和事后控制。这三阶段控制构成了质量的系统过程。

（1）事前控制

要求预先进行周密的质量计划。尤其是工程项目施工阶段，制定质量计划、编制施工组织设计和施工项目管理实施规划都必须建立在切实可行、有效实现预期质量目标的基础上，作为一种行动方案进行施工部署。目前有些是施工企业，尤其是一些资质较低的企业在承建中小型的一般工程项目时，往往把施工项目经理责任制曲解成"以包代管"的模式，忽略了技术质量管理的系统控制，失去企业整体技术和管理经验对项目施工计划的指导和支撑作用，将造成质量预控的先天性缺陷。

事前控制，其内涵包括两层意思，一是强调质量目标的计划预控，二是按质量计划进行质量活动前的准备工作状态的控制。

（2）事中控制

首先是对质量活动的行为约束，即对质量产生过程各项技术作业活动操作者在相关制度的管理下的自我行为约束的同时，充分发挥其技术能力，去完成预定质量目标的作业任务；其次是对质量活动过程和结果，来自他人的监督控制，这里包括来自企业内部管理者的检查检验和来自企业外部的工程监理和政府质量监督部门等的监控。

事中控制虽然包含自控和监控两大环节，但其关键还是增强质量意识，发挥操作者自我约束自我控制，即坚持质量标准是根本的，监控或他人控制是必要的补充，没有前者或后者取代前者都是不正确的。因此在企业组织的质量活动中，通过监督机制和激励机制相组合的管理方法，来发挥操作者更好的自我控制能力，以达到质量控制的效果是非常必要的。这也只是通过建立和实施质量体系来达到。

（3）事后控制

事后控制包括对质量活动结果的评价认定和对质量偏差的纠正。从理论上分析，如果计划预控过程所制定的行动方案考虑得越是周密，事中约束监控的能力越强越严格，实现质量预期目标的可能性就越大，理想的状况就是希望做到各项作业活动"一次成功、一次交验合格率100％"。但客观上相当部分的工程不可能达到，因为在过程中不可避免地存在一些计划时难以预料的影响因素，包括系统因素和偶然因素。因此当出现质量实际值与目标之间超出允许偏差时，必须分析原因，采取措施纠正偏差，保护质量受控状态。

事前控制、事中控制、事后控制这三大环节，不是孤立和截然分开的，它们之间构成有机的系统过程，实质上也就是 PDCA 循环具体化，并在每一次滚动循环中不断提高，达到质量管理或质量控制的持续改进。

3. 三全控制管理

三全管理是来自于全面质量管理 TQC 的思想，同时包容在质量体系标准（GB/T 19000—ISO 9000）中，它指生产企业的质量管理应该是全面、全过程和全员参与的。这一原理对建设工程项目的质量控制，同样有理论和实践的指导意义。

（1）全面质量控制

全面质量控制是指工程（产品）质量和工作质量的全面控制，工作质量是产品质量的保证，工作质量直接影响产品质量的形成。对于建设工程项目而言，全面质量控制还应该包括建设工程参与主体的工程质量与工作质量的全面控制。如业主、监理、勘察、设计、施工总承包、施工分包、材料设备供应商等，任何一方、任何环节的怠慢疏忽或质量责任不到位，都会造成对建设工程质量的影响。

（2）全过程质量控制

全过程质量控制是指根据工程质量的形成规律，从源头抓起，全过程推进。GB/T 19000 强调质量管理的"过程方法"管理原则。按照建设程序，建设工程从项目建议书或建设构想提出，历经项目鉴别、选择、策划、可研、决策、立项、勘察、设计、发包、施工、验收、使用等各个有机联系的环节，构成了建设项目的总过程。其中每个环节又由诸多相互关联的活动构成相应的具体过程，因此，必须掌握识别过程和应用"过程方法"进行全过程质量控制 。主要的过程有：项目策划与决策过程、勘察设计过程、施工采购过程、施工组织与准备过程、检测设备控制与计量过程、施工生产的检验试验过程、工程质量的评定过程、工程竣工验收与交付过程、工程回放维修服务过程。

（3）全员参与控制

从全面质量管理的观点看，无论组织内部的管理者还是作业者，每一个岗位都承担着相应的质量职能，一旦确定了质量方针目标，就应组织和动员全体员工参与到实施质量方针的系统活动中去，发挥自己的角色作用。全员参与质量控制作为全面质量所不可或缺的重要手段就是目标管理。目标管理理论认为，总目标必须逐级分解，直到最基层岗位，从而形成自下而上、自岗位个体到部门团队的层层控制和保证关系，使质量总目标分解到每个部门和岗位。就企业而言，如果存在哪个岗位没有自己的工作目标和质量目标，说明这个岗位就是多余的，应予调整。

第二节　建设工程项目质量控制系统的建立和运行

一、建设工程项目质量控制系统的构成

1. 建设工程项目质量控制系统是面向工程项目而建立的质量控制系统，它不同于企业按照 GB/T19000 标准建设的质量管理体系，其不同点主要在于：

（1）工程项目质量控制系统只用于特定的工程项目质量控制，而不是用于建筑企业质量管理，即目的不同；

（2）工程项目质量控制系统涉及工程项目实施中所有的质量责任主体，而不只是某一个建筑企业，即范围不同；

（3）工程项目质量控制系统的控制目标是工程项目的质量标准，并非某一建筑企业的质量管理目标，即目标不同；

（4）工程质量控制系统与工程项目管理组织相融合，是一次性的，并非永久性的，即时效不同；

（5）工程项目质量控制系统的有效性一般只做自我评价与诊断，不进行第三方认证，即评价方式不同。

2. 工程项目质量控制系统的构成，按控制内容分有：

（1）工程项目勘察设计质量控制子系统；

（2）工程项目材料设备质量控制子系统；

（3）工程项目施工安装质量控制子系统；

（4）工程项目竣工验收质量控制子系统。

3. 工程项目质量控制系统构成，按实施的主体分有：

（1）建设单位建设项目质量控制系统；

（2）工程项目总承包企业项目质量控制系统；

（3）勘察设计单位勘察设计质量控制子系统（设计—施工分离式）；

（4）施工企业（分包商）施工安装质量控制子系统；

（5）工程监理企业工程项目质量控制子系统。

4. 工程项目质量控制系统构成，按控制原理分有：

（1）质量控制计划系统，确定建设项目的建设标准、质量方针、总目标及其分解；

（2）质量控制网络系统，明确工程项目质量责任主体构成、合同关系和管理关系，控制的层次和界面；

（3）质量控制措施系统，描述主要技术措施、组织措施、经济措施和管理措施的安排；

（4）质量控制信息系统，进行质量信息的收集、整理、加工和文档资料的管理。

5. 工程质量控制系统的不同构成，只是提供全面认识其功能的一种途径，实际上它们是交互作用的，而且和工程项目外部的行业及企业的质量管理体系有着密切的联系，如政府实施的建设工程质量监督管理体系、工程勘察设计企业及施工承包企业的质量管理体系、材料设备供应的质量管理体系、工程监理咨询服务企业的质量管理体系、建设行业实施的工程质量监督与评价体系等。

二、建设工程项目质量控制系统的建立

1. 根据实践经验，可以参照以下几条原则来建立工程项目质量控制。

（1）分层次规划的原则，第一层次是建设单位和工程总承包企业，分别对整个建设项目和总承包工程项目，进行相关范围的质量控制系统设计；第二层次是设计单位、施工企业（分包）、监理企业，在建设单位和总承包工程项目质量控制系统的框架内，进行责任范围内的质量控制系统设计，使总体框架更清晰、具体、落实到实处。

（2）总目标分解的原则，按照建设标准和工程质量总体目标，分解到各个责任主体，明示于合同条件，由各责任主体制定质量计划，确定控制措施和方法。

（3）质量责任制的原则，即贯彻谁实施谁负责，质量与经济利益挂钩的原则。

（4）系统有效性的原则，即做到整体系统和局部系统的组织、人员、资源和措施落实到位。

2. 工程项目质量控制系统的建立程序

（1）确定控制系统各层组织的工程质量负责人及其管理职责，形成控制系统网络架构。

（2）确定控制系统组织的领导关系、报告审批及信息流转程序。

（3）部署各质量主体编制相关质量计划，并按规定程序完成质量计划的审批，形成质量控制依据。

（4）研究并确定控制系统内部质量职能交叉衔接的界面划分和管理方式。

三、建设工程项目质量控制系统的运行

1. 控制系统运行的动力机制

工程项目质量控制系统的活力在于它的运行机制，而运行机制的核心是动力机制，动力机制来源于利益机制。建设工程项目的实施过程是由多主体参与的价值增值链，因此，只有保持合理的供方及分供方关系，才能形成质量控制系统的动力机制，这一点对业主和总承包方都是同样重要的。

2. 控制系统运行的约束机制

没有约束机制的控制系统是无法使工程质量处于受控状态的，约束机制取决于自我约束能力和外部监控效力，自我约束能力是指质量责任主体和质量活动主体，即组织及个人的经营理念、质量意识、职业道德及技术能力的发挥；外部监控效力是指来自实施主体外部的推动和检查监督。因此，加强项目管理文化建设对于增强工程项目质量控制系统的运行机制是不可忽视的。

3. 控制系统运行的反馈机制

运行的状态和结果的信息反馈，是进行系统控制能力评价，并为及时做出处置提供决策依据，因此，必须保持质量信息的及时和准确，同时提倡质量管理者深入生产一线，掌握第一手资料。

4. 控制系统运行的基本方式

在建设工程项目实施的各个阶段、不同的层面、不同的方位和不同的主体间，应用PDCA循环原理，即计划、实施、检查和处置的方式展开控制，同时必须注重抓好控制点的设置，加强重点控制和例外控制。

第三节 建设工程项目施工质量控制和验收的方法

一、施工质量控制的目标

1. 施工质量控制的总体目标是贯彻执行建设工程法规和强制性标准，正确配置施工生产要素和采用科学管理的方法，实现工程项目预期的使用功能和质量标准。这是建设工程参与各方的共同责任。

2. 建设单位的质量控制目标是通过施工全过程的全面质量监督管理、协调和决策，保证竣工达到投资决策所确定的质量标准。

3. 设计单位在施工阶段的质量目标，是通过对施工质量的验收签证、设计变更控制及纠正施工所发现的设计问题，采纳变更设计的合理化建议等，保证竣工项目的各项施工结果与设计文件（包括变更文件）所规定的标准一致。

4. 施工单位的质量控制目标是通过施工全过程的全面质量自控，保证交付满足施工合同及设计文件所规定的质量标准（含工程质量创优要求）的建设工程产品。

5. 监理单位在施工阶段的质量控制目标，是通过审核施工质量文件、报告报表及现场旁站检查、平行检测、施工指令和结算支付控制等手段的应用，监控施工承包单位的质量活动行为，协调施工关系，正确履行工程质量的监督责任，以保证工程质量达到施工合同和设计文件所规定的质量标准。

二、施工质量控制的过程

1. 施工质量控制的过程，包括施工准备质量控制、施工过程质量控制和施工验收质量控制。

（1）施工准备质量控制是指工程项目开工前的全面施工准备和施工过程中各分部分项工程施工作业前的施工准备（或称施工作业准备），此外，还包括季节性的特殊施工准备。施工准备质量是属于工作质量范畴，然而它对建设工程产品质量的形成产生重要的影响。

（2）施工过程的质量控制是指施工作业技术活动的投入与产出过程的质量控制，其内涵包括全过程施工生产及其中各分部分项工程的施工作业过程。

（3）施工验收质量控制是指对已完工程验收时的质量控制，即工程产品质量控制，包括隐蔽工程验收、检验批验收、分项工程验收、分部工程验收、单位工程验收和整个建设工程竣工验收过程的质量控制。

2. 施工质量控制过程既有施工承包方的质量控制职能，也有业主方、设计方、监理方、供应方及政府的工程质量监督部门的控制职能，他们具有各自不同的地位、责任和作用。

（1）自控主体：施工承包方和供应方在施工阶段是质量自控主体，他们不能因为监控主体的存在和监控责任的实施而减轻或免除其质量责任。

（2）监控主体：业主、监理、设计单位及政府的工程质量监督部门，在施工阶段是依据法律和合同对自控主体的质量行为和效果实施监督控制。

（3）自控主体和监控主体在施工全过程相互依存、各司其职，共同推动着施工质量控制过程的发展和最终工程质量目标的实现。

3. 施工方作为工程施工质量的自控主体，既要遵循本企业质量管理体系的要求，也要根据其在所承建工程项目质量控制系统中的地位和责任，通过具体项目质量计划的编制与实施，有效实现自主控制的目标。一般情况下，对施工承包企业而言，无论工程项目的功能类型、结构形式及复杂程度存在着怎样的差异，其施工质量过程都可归纳为以下相互作用的八个环节：

(1) 工程调研和项目承接：全面了解工程情况和特点，掌握承包合同中工程质量控制的合同条件；

(2) 施工准备：图纸会审、施工组织设计、施工力量设备的配置等；

(3) 材料采购；

(4) 施工生产；

(5) 试验与检验；

(6) 工程功能检测；

(7) 竣工验收；

(8) 质量回访及保修。

三、施工质量计划的编制

1. 按照 GB/T 19000 质量管理体系标准，质量计划是质量管理体系文件的组成内容。在合同环境下质量计划是企业向顾客表明质量管理方针、目标及其具体实现的方法、手段和措施，体现企业对质量责任的承诺和实施的具体步骤。

2. 施工质量计划的编制主体是施工承包企业。在总承包的情况下，分包企业的施工质量计划是总包施工质量计划的组成部分。总包有责任对分包施工质量计划的编制进行指导和审核，并承担施工质量的连带责任。

3. 根据建筑工程生产施工的特点，目前我国工程项目施工的质量计划常用施工组织设计或施工项目管理实施规划的文件形式进行编制。

4. 在已经建立质量体系的情况下，质量计划的内容必须全面体现和落实企业质量管理体系文件的要求(也可引用质量体系文件中的相关条文)，同时结合本工程的特点，在质量计划中编写专项管理要求。施工质量计划的内容一般应包括：

(1) 工程特点及施工条件分析(合同条件、法规条件和现场条件)；

(2) 履行施工承包合同所必须达到的工程质量总目标及其分解目标；

(3) 质量管理组织机构、人员及资源配置计划；

(4) 为确保工程质量所采取的施工技术方案、施工程序；

(5) 材料设备质量管理及控制措施；

(6) 工程检测项目计划及方法等。

5. 施工质量控制点的设置是施工质量计划的组成内容。

(1) 质量控制点是施工质量控制的重点，凡属关键技术，重要部位，控制难度大、影响大、经验欠缺的施工内容以及新材料，新技术，新工艺，新设备等，均可列为质量控制点，实施重点控制。

(2) 施工质量控制点设置的具体方法是，根据工程项目施工管理的基本程序，结合项目特点，在制定项目总体质量计划后，列出各基本施工过程对局部和总体质量水平有影响的项目，作为具体实施的质量控制点。如：高层建筑施工质量管理中，可列出地基处理、工程测量、设备采购、大体积混凝土施工及有关分部分项工程中必须进行重点控制的专题等，作为质量控制点；在工程功能检测的控制程序中，可建立建筑物（构筑物）防雷检测、消防系统调试检测、通风设备系统调试等专项质量控制点。

（3）通过质量控制点的设定，质量控制的目标及工作重点就能更加明晰。加强事前预控的方向也就更加明确。事前预控包括明确控制目标参数、制定实施规程（包括施工操作规程及检测评定标准），确定检查项目数量及跟踪检查或批量检查方法、明确检查结果的判断标准及信息反馈要求。

（4）施工质量控制点的管理应该是动态的，一般情况下在工程开工前、设计交底和图纸会审时，可确定一批整个项目的质量控制点，随着工程的展开、施工条件的变化，随时或定期进行控制点范围的调整和更新，始终保持重点跟踪的控制状态。

6. 施工质量计划编制完毕，应经企业技术领导审核批准，并按施工承包合同的约定提交工程监理或建设单位批准确认后执行。

四、施工生产要素的质量控制

1. 影响施工质量的五大要素

（1）劳动主体——人员素质，即作业者、管理者的素质及其组织效果。

（2）劳动对象——材料、半成品、工程用品、设备等的质量。

（3）劳动方法——采取的施工工艺及技术措施的水平。

（4）劳动手段——工具、模具、施工机械、设备等条件。

（5）施工环境——现场水文、地质、气象等自然环境，通风、照明、安全等作业环境以及协调配合的管理环境。

2. 劳动主体的控制

劳动主体的质量包括参与工程各类人员的生产技能、文化素养、生理体能、心理行为等方面的个体素质及经过合理组织充分发挥其潜在能力的群体素质。因此，企业应通过择优录用、加强思想教育及技能方面的教育培训、合理组织、严格考核，并辅以必要的激励机制，使企业员工的潜在能力得到最好的组合和充分的发挥，从而保证劳动主体在质量控制系统中发挥主体自控作用。

施工企业控制必须坚持对所选派的项目领导者、组织者进行质量意识教育和组织管理能力训练，坚持对分包商的资质考核和施工人员的资格考核，坚持工种按规定持证上岗制度。

3. 劳动对象的控制

原材料、半成品、设备是构成工程实体的基础，其质量是工程项目实体质量的组成部分。故加强原材料、半成品及设备的质量控制，不仅是提高工程质量的必要条件，也是实现工程项目投资目标和进度目标的前提。

对原材料、半成品及设备进行质量控制的主要内容为：控制材料设备性能、标准与设计文件的相符性；控制材料设备各项技术性能指标、检验测试指标与标准要求的相符性；控制材料设备进场验收程序及质量文件资料的齐全程度等。

施工企业应在施工过程中贯彻执行企业质量程序文件中明确材料设备在封样、采购、进场检验、抽样检测及质量保证资料提交等一系列明确规定的控制标准。

4. 施工工艺的控制

施工工艺的先进合理是直接影响工程质量、工程进度及工程造价的关键因素，施工工艺的合理可靠还直接影响到工程施工安全。因此在工程项目质量控制系统中，制定和采用先进合理的施工工艺是工程质量控制的重要环节。对施工方案的质量控制主要包括以下内容。

（1）全面正确地分析工程特征、技术关键及环境条件等资料，明确质量目标、验收标准、控制的重点和难点。

（2）制定合理有效的施工技术方案和组织方案，施工技术方案包括施工工艺、施工方法；组织方案包括施工区段划分、施工流向及劳动力组织等。

（3）合理选用施工机械设备和施工临时设施，合理布置施工总平面图和各阶段施工平面图。

（4）选用和设计保证质量和安全的模具、脚手架等施工设备。

（5）编制工程所采用的新技术、新工艺、新材料的专项技术方案和质量管理方案。

（6）为确保工程质量，还应针对工程具体情况，编写气象、地质等环境不利因素对施工的影响及其应对措施。

5. 施工设备的控制

（1）对施工所用的机械设备，包括起重设备、各项加工机械、专项技术设备、检查测量仪表设备及人货两用电梯等，应根据工程需要从设备选型、主要性能参数及使用操作要求等方面加以控制。

（2）对施工方案中选用的模板、脚手架等施工设备，除按适用的标准定型选用外，一般需按设计及施工要求进行专项设计，对其设计方案及制作质量的控制及验收应作为重点进行控制。

（3）按现行施工管理制度要求，工程所用的施工机械、模板、脚手架，特别是危险性较大的现场安装的起重机械设备，不仅要对其设计安装方案进行审批，而且安装完毕交付使用前必须经专业管理部门的验收，合格后方可使用。同时，在使用过程中尚需落实相应的管理制度，以确保其安全正常使用。

6. 施工环境的控制

环境因素主要包括地质、水文状况、气象变化及其他不可抗力因素，以及施工现场的通风、照明、安全、卫生防护设施等劳动作业环境等内容。环境因素对工程施工的影响一般难以避免。要消除其对施工质量的不利影响，主要是采取预测预防的控制方法。

（1）对地质、水文等方面的影响因素的控制，应根据设计要求，分析基础地质资料，预测不利因素，并会同设计等方面采取相应的措施，如降水、排水、加固等技术控制方案。

（2）对天气气象方面的不利条件，应在施工方案中制定专项施工方案，明确施工措施，落实人员、器材等方面各项准备以紧急应对，从而控制其对施工质量的不利影响。

（3）对环境因素造成的施工中断，往往也会对工程质量造成不利影响，必须通过加强管理、调整计划等措施加以控制。

五、施工作业过程的质量控制

1. 建设工程施工项目是由一系列相互关联、相互制约的作业过程(工序)所构成,控制工程项目施工过程的质量,必须控制全部作业过程,即各道工序的施工质量。

2. 施工作业过程质量的基本程序

(1) 进行作业技术交底,包括作业技术要领、质量标准、施工依据、与前后工序的关系等。

(2) 检查施工工序、程序的合理性、科学性,防止工序流程错误,导致工序质量失控。检查内容包括:施工总体流程和具体施工作业的先后顺序,在正常的情况下,要坚持先准备后施工、先深后浅、先土建后安装、先验收后交工等等。

(3) 检查工序施工条件,即每道工序投入的材料,使用的机具、设备,操作工艺及环境条件等是否符合施工组织设计的要求。

(4) 检查工序施工中人员操作程序、操作质量是否符合质量规程要求。

(5) 检查工序施工中间产品的质量,即工序质量、分项工程质量。

(6) 质量合格的工序经验收后方可进行下道工序施工。未经验收合格的工序,不得进入下道工序施工。

3. 施工工序质量控制要求

工序质量是施工质量的基础,工序质量也是施工顺利进行的关键。为达到对工序质量控制的效果,在工序管理方面应做到:

(1) 贯彻预防为主的基本要求,设置工序质量检查点,对材料质量状况、工具设备状况、施工程序、关键操作、安全条件、新材料、新工艺应用、常见质量通病,甚至包括操作者的行为等影响因素列为控制点作为重点检查项目进行预控。

(2) 落实工序操作质量巡查、抽查及重要部位跟踪检查等方法,及时掌握施工质量总体状况。

(3) 对工序产品、分项工程的检查应按标准要求进行目测、实测及抽样试验的程序,做好记录,经数据分析后,及时作出合格与不合格的判断。

(4) 对合格工序产品应及时提交监理进行隐蔽工程验收。

(5) 完善管理过程的各项检查记录、检测资料及验收资料,作为工程质量验收的依据,并为工程质量分析提供可溯性的依据。

第四节　施工过程质量控制和质量通病预防措施

一、混凝土工程的质量控制

1. 混凝土材料的质量控制

(1) 水泥:可采用硅酸盐水泥、普通水泥、矿渣水泥、火山灰水泥、粉煤灰水泥等,常用水泥作为钢筋混凝土结构用的材料;其相对密度、密度、强度、细度、凝结时间、安定性(与游离 CaO、MgO、SO_3 和含碱量 Na_2O、K_2O 等有关)等品质必须符合国家标准。水泥进场时应对出厂合格证和出厂日期(离出厂日期不超过 3 个月)检查验收;水泥堆放地点、环境、储存时间必须严格控制。不得将不同品种水泥掺杂使用，采用特种水泥时必须详细了解使用范围和技术性能。

（2）水：采用符合《生活饮用水水源水质标准》（CJ 3020—1993）的饮用水。如采用其他水，如地表水、地下水、海水和经过处理的工业废水时，必须符合《混凝土用水标准》（JGJ 63—2006）的规定。不得将海水用于钢筋混凝土工程。

（3）外加剂：外加剂有改变混凝土流变性能的如减水剂，调节凝结硬化性能的如早强剂，改善耐久性能的如阻锈剂，改善混凝土特殊性能的如膨胀剂等。使用时必须根据混凝土的性能要求、施工及气候条件，结合混凝土原材料及配合比等因素经过试验确定其品种及掺量，要符合《混凝土外加剂》（GB 8076—1997）和《混凝土外加剂应用技术规范》（GB 50119—2003）的要求。

（4）混合料：为降低水泥用量、改善混凝土和易性的目的而使用的混合料，有粉煤灰、火山灰、粒化高炉矿渣等。使用时要注意其应用范围、品质指标、最优掺量等要求，其材料应符合相应的标准，如《用于水泥和混凝土中的粉煤灰》（GB/T 1596—2005）、《用于水泥中的火山灰质混合材料》（GB/T 2847—2005）等。

2. 混凝土配合比的控制

（1）配合比控制的原则

1）为取得较高强度和较好和易性的混凝土，可以提高单位体积水泥用量。但过大的水泥用量不仅会增加造价、用水量和形成混凝土后的体积变化率，还容易引起碱骨料反应，故混凝土的水泥用量应受限制。

2）力求最少但符合和易性要求的用水量，因为用水量愈小，混凝土强度愈高；水泥用量愈少，体积变化率愈小。但施工时却会遇到搅拌不匀、振捣不实等困难，故要规定混凝土的最大水灰比、最小水泥用量、适宜用水量和适宜坍落度。

3）石子的最大粒径要受构件截面尺寸和钢筋最小间距等条件限制。

4）要选用使石子用量最多、砂石级配合适，使混凝土密度最大、与混凝土水灰比和石子最大粒径相适应的砂率（砂与砂石总重量的百分数）。

（2）配合比的控制

混凝土最大水灰比和最小水泥用量见表 6-1。

混凝土最大水灰比和最小水泥用量 表 6-1

项次	混凝土所处的环境条件	最大水灰比	最小水泥用量（kg/m³）			
			普通混凝土		轻骨料混凝土	
			配筋	无筋	配筋	无筋
1	不受雨雪影响的混凝土	不作规定	250	200	250	225
2	（1）受雨雪影响的混凝土 （2）位于水中或水位升降范围内的混凝土 （3）在潮湿环境中的混凝土	0.7	250	225	275	250
3	（1）寒冷地区水位升降范围内的混凝土 （2）受水压作用的混凝土	0.65	275	250	300	275
4	严寒地区水位升降范围内的混凝土	0.6	300	275	325	300

1) 混凝土水泥用量不宜大于 500~550kg/m³，不宜小于 250~300kg/m³（视所处环境而定）。

2) 最大水灰比不小于 0.6（视所处环境而定）。

3) 混凝土浇筑时的坍落度为 30~50mm（一般构件）、50~70mm（配筋密列构件）。

4) 砂率 30%~40%，视砂石类别、石子最大粒径、水灰比等条件而异：碎石时比卵石时稍大，粗砂时比中砂时稍大，石子最大粒径较大时稍小，水灰比较大时稍大。

5) 泵送混凝土的最小水泥用量为 300kg/m³，坍落度 80~180mm，砂率为 40%~50%（且通过 0.315mm 筛孔的砂不小于 15%），石子最大粒径与输送管内径比宜小于 1：2.5（卵）或 1：3（碎），混凝土内宜掺适量外加剂。

6) 材料实用重量与配合比设计重量比的允许偏差：水泥、混合料±2%；砂、石±3%；水、外加剂溶液±2%。

（3）混凝土的拌制、运输、振捣和养护

1) 拌制：混凝土搅拌时间随搅拌机类型、容量、骨料品种粒径以及混凝土性能要求而异。

2) 运输：混凝土应随拌随用。混凝土从搅拌机中卸出到浇筑完毕的延续时间，当气温≤25℃时为 120min。在运输过程中应保持均匀性，运至浇筑地点时应符合规定的坍落度，如坍落度损失过多（允许偏差±2mm），要在浇筑前进行二次搅拌。当混凝土从高处倾落时，自由倾落高度不应超过 2m，竖向结构倾落高度不应超过 3m；否则应使混凝土沿串筒、溜槽下落，并应使混凝土出口时的下落方向垂直于楼、地面。

3) 浇筑：浇筑前，对地基土层应夯实并清除杂物；在承受模板支架的土层上，应有足够支承面积的垫板；木模板应用水湿润，钢模板应涂隔离剂，模板中的缝隙孔洞都应堵严；竖向构件底部应先填 50~100mm 厚与混凝土内砂浆成分相同的水泥砂浆。浇筑层的厚度：若用插入式振捣器，为振捣器作用部分长度的 1.25 倍；若用表面振捣器，为200mm。浇筑应连续进行，如必须间歇时，应在前层混凝土凝结前将次层混凝土浇筑完毕。一般取混凝土的初凝时间为 45min，终凝时间为 12h。

4) 振捣：混凝土浇筑后应立即振捣。按结构特征选用插入式、附着式、平板式振捣器或振动台振捣。一般说，振捣时间愈长，力量愈大，混凝土愈密实，质量愈好；但流动性大的混凝土要防止振捣时间过长产生泌水离析现象。振捣时间以水泥浆上浮使混凝土表面平整为止。混凝土初凝后不允许再振捣。

5) 施工缝留设：混凝土浇筑间歇最长时间不得超过表 6-2 规定时间，如超过应留置施工缝。

混凝土运输、浇筑和间歇允许时间（以 min 计） 表 6-2

混凝土强度等级	气温		混凝土强度等级	气温	
	不高于 25℃	高于 25℃		不高于 25℃	高于 25℃
≤C30	210	180	>C30	180	150

6) 养护：养护是混凝土浇筑振捣后对其水化硬化过程采取的保护和加速措施。一般采用草帘或麻袋等覆盖（竖向结构有时采用岩棉外包塑料布），并经常浇水保持湿润的自然养护法。养护期视水泥品种和气温而定。硅酸盐水泥拌制成的混凝土应不少于 7d。

二、钢筋工程的质量控制

1. 钢筋材料的控制

钢筋进场应有质量证明文件、出厂合格证等，进场材料必须进行复试。

2. 钢筋骨架在接头、锚固、钢筋位置和保护层方面的控制

钢筋骨架接头宜优先选用对接接头（机械连接、气压焊等）。

三、模板工程的质量控制

1. 模板包括模型板和支架两部分。其基本要求有：

（1）保证构件各部分形状、尺寸和相互位置；

（2）有足以支承新浇混凝土的重力、侧压力和施工荷载能力；

（3）装拆方便，便于混凝土和钢筋工程施工；

（4）接缝不得漏浆。

2. 基本质量控制要点为：

（1）必须有足够的强度、刚度和稳定性；其支架的支承部分应有足够的支承面积；基土必须坚实并有排水措施；对湿陷性黄土，必须有防水措施；

（2）必须保证结构和构件各部分形状、尺寸和相互位置准确；

（3）现浇钢筋混凝土梁跨度$\geq$4m 时，模板应起拱，起拱高度宜为全跨长度的 1/1000～3/1000；

（4）现浇多层房屋和构筑物，应采用分段分层支模的方法，上下层支柱要在同一竖向中心线上；

（5）拼装后模板间接缝宽度不大于 2.5mm；固定在模板上的预埋件和预留孔洞不得遗漏，位置要准确，安装要牢固；

（6）为便于拆模、防止粘浆，应对模板涂刷隔离剂。

四、建筑结构工程常见质量通病及预防措施

1. 模板工程

（1）轴线位移预防措施

1）在墙柱根部和顶部加固定措施，发现偏差后立即认真校正并调整。

2）拉水平竖向通线，浇筑混凝土时也不撤掉。

3）对称下混凝土，防止挤偏模板。

4）模板与脚手架分开。

（2）模板变形预防措施

1）按方案加好对拉螺栓，并做好模内顶撑。

2）加强承重模板垂直支撑体系，不得随意减少拉杆。

3）斜撑要对称放置，并按方案间距布置。

（3）脱模剂涂刷不符合要求预防措施

1）拆模后立即清理残灰，清理干净后再涂刷。

2）用水性脱模剂，防止油剂污染钢筋。

3）刷好脱模剂的模板在雨天加遮盖设施。

（4）口角不方、节点处模板吃进混凝土

1）墙、梁模板安装时端部不得伸入柱、墙内，考虑到胶合板吸水后的膨胀因素，在边上留3～5mm的空隙，防止"吃模"。

2）支模时角部处理好后再支其他模板。

3）角部模板连接不宜使用胶带纸或海绵条。

4）模板在拼制时，板缝必须严密。对模板边缘不顺直先弹好线，再刨平。

（5）模内清理预防措施

1）梁模中部设置清扫口。

2）合模前用空压机清扫干净。

（6）梁身不平直、侧面鼓涨预防措施

1）梁模板安装前在柱上弹好梁的轴线和标高，按模板设计方案安装梁的支撑。

2）梁底模应铺设严密，拉通线找直，按标高找平，按设计规定起拱。

3）梁侧模安装时上下口要固定牢固，拉通线找直，校正梁中线、断面、标高。

（7）其他支撑错误预防措施

1）支模顶撑不得随意在主筋上点焊。

2）合模前认真检查水暖电留洞，以防遗漏。

3）抗渗混凝土止水螺栓不得与普通螺栓混用。

2．钢筋工程

（1）材质检验与保管不善预防措施

1）技术负责人、材料员对进场钢筋材质严格把关。

2）认真检查进场钢筋是否能执行混合批标准。

3）对外观不合格有脱皮现象的坚决退场。

4）对钢筋场地做好防雨和排水措施。

（2）钢筋下料后尺寸不准、不顺直、有弯曲、端头不直预防措施

1）熟悉图纸和规范要求，根据设备情况和传统操作经验，预先确定各种形状钢筋下料长度的调整值。

2）配料时考虑周到，确定钢筋的实际下料长度。

3）在大批成型弯曲前先进行试成型，作出样板，再调整好下料长度，正式加工。

4）钢筋下料前对钢筋弯曲的应先予以调直，下料时控制好尺寸，对切断机的刀片间隙等调整好，一次切断根数适当，防止端头歪斜不平。对需要冷挤压的钢筋端头更应确保端头平整。

（3）钢筋加工偏大、弯钩、锚固等预防措施

1）做加工样板，保证弯钩角度、锚固长度。

2）认真考虑综合空间相交叉的关系，做好放大样。

（4）保护层控制

1）检查砂浆垫块厚度是否准确，并根据平板面积大小适当垫够。

2）钢筋网片有可能随混凝土浇捣而沉落，应采取措施防止保护层偏差。

（5）钢筋偏位

1）在外伸部分加一道临时箍筋，按图纸位置安好，然后用样板、铁卡或木方卡好固定；浇捣混凝土前再复查一遍，如发生位移，则应调整后再浇捣混凝土。

2）注意浇捣操作，尽量不碰撞钢筋，浇捣过程中由专人随时检查，及时校正。

（6）板钢筋被破坏

绑扎钢筋前应先搭设人行通道，工人在通道上行走，不得随意踩踏钢筋。

（7）冷挤压后套筒的长度和直径的外形尺寸不达标预防措施

1）清除钢筋挤压部位的锈污、砂浆等杂物，钢筋如有马蹄、飞边、弯折或纵筋尺寸超大者，应先矫正或用手砂轮修磨，禁止用电气焊切割超大部分。

2）钢筋端头应有定位标志和检查标志，定位标志距钢筋端部的距离为钢套管长度的二分之一，同时钢筋端头到套管中心的距离不得大于 1cm，以确保钢筋伸入套管的长度，被连接钢筋的轴心与钢套管轴心应保持一条轴线，避免发生偏心或弯折，接头弯折不得大于 4°。

3）挤压时，压钳的压接应对准套筒压痕标志，并垂直于被压钢筋的横肋。挤压应从套筒中央遂道向两端压接。压完后的最小直径和压痕总宽度应符合规定要求。

（8）钢筋绑扎预防措施

1）设定位箍，防止主筋跑位。

2）绑扎钢筋前先弹好线，检查偏位现象。

3）采用塑料卡子，根据实际要求向厂家定货。

4）加定距架以保证墙筋位置。

5）弹好钢筋位置线，确保横平竖直，间距符合规定。

3. 地下防水工程

（1）角部密封

1）对聚氨酯防水施工区域在阴阳角、排水口、管道周围、预埋件及设备根部、施工缝或开裂处等需要增强防水层抗渗性的部位，应做增强或增补涂布。

2）聚氨酯防水施工区域在基层涂布底层涂料之后，应先进行增强涂布，同时将玻璃纤维布铺贴好，然后再涂布第一道涂膜、第二道涂膜、第三道涂膜。涂布操作时要认真仔细，保证质量，不得有气孔、鼓泡、折皱、翘边，玻璃布应按设计规定搭接，且不得露出面层表面。

3）阴阳角、立面内角和外角必须做成≥50mm 的圆弧角或≥70mm 的八字角。

（2）基层处理不好

1）基层应当平整光滑，均匀一致，坚硬无空鼓，无起砂、裂缝、松动、掉灰，无凹凸不平，无积水等。如有上述现象存在时，应抹水泥砂浆找平层或采用掺入水泥聚醋酸乙烯乳液调制的水泥腻子填充刮平。

2）防水基层表面必须平整，其平整度要求：用 2m 长直尺检查，直尺与基层间隙不应超过 5mm 空隙，如有凹凸不平、脚印等缺陷，必须立即进行处理，直至合格后方可施工。

3）平面基层可用 1:3 水泥砂浆抹成 1%～2% 的坡度；阴阳角处基层应抹成圆弧形；管道、地漏等细部基层也应抹平压光，但注意管道应高出基层至少 20mm，而排水口或地漏应低于防水基层。

4）聚氨酯基层应干燥，含水率以小于 9% 为宜，可用高频水分测定计测定，也可用厚为 1.5～2.0mm 的 1m² 橡胶板材覆盖基层表面，放置 2～3h，若覆盖的基层表面无水印，且紧贴基层的橡胶板一侧也无凝结水痕，则基层的含水率即不大于9%。

4. 混凝土工程

（1）混凝土出现不应有的施工缝预防措施

浇筑混凝土前认真做好初凝时间、浇筑路线、供应速度及分层厚度的计算，确保混凝土连续浇筑。

（2）施工缝处理不当预防措施

1）对松散混凝土及浮浆必须彻底清理，直到露出石子。

2）浇筑混凝土前先下5～10cm同配合比无石子砂浆。

3）竖直缝不能只设钢丝网，造成振捣不密实。

（3）烂根预防措施

1）模板根部做找平层，并用海棉条堵缝。

2）浇筑混凝土前下同配合比砂浆5～10cm。

3）用橡胶管控制下灰高度，防止离析或石子赶堆。

4）增加混凝土和易性，控制水灰比。

5）认真做好模板清理及湿润工作。

（4）出现干缩裂缝的预防措施

1）混凝土水泥用量，水灰比和砂率不能过大；严格控制砂石含泥量，避免使用过量粉砂；混凝土应振捣密实，并注意对板面进行抹压，可在混凝土初凝后，终凝前，进行二次抹压，以提高混凝土抗拉强度；减少收缩量。

2）加强混凝土早期养护，并适当延长养护时间。

（5）蜂窝、麻面、气泡、孔洞预防措施

1）严格控制下灰厚度，做好分层振捣。

2）均匀涂刷脱模剂，涂刷前把模板清理干净。

3）振捣充分，不漏振。

4）合理布筋，防止钢筋过密，不易下灰，不易振捣。

（6）预埋件位移

预埋件在在模板内未固定牢固，浇灌混凝土时，受振动造成偏移；预埋件与钢筋骨架相碰，勉强装入模板内使位置偏移，表面不平；振捣混凝土时，振动棒与预埋件直接碰撞，造成预埋件位移。

预埋铁件应用铁钉或螺栓固定在模板上；认真审查图纸，发现预埋件的锚固筋与骨架钢筋相碰，可适当改变锚固筋位置、方向或取消弯钩，使能顺利安装入模；振捣混凝土时，避免振捣棒碰动预埋件，并设专人检查，发现位移及时纠正。

（7）规格尺寸超差

加强模板维护检修，确保模板无损伤变形；认真清除模板上灰渣杂物，保证组合严密；模板应有足够刚度，浇筑和振捣混凝土过程当中，不损坏模板，发现问题，及时检修加固；采取快速脱模工艺，拆模时间应保证混凝土不自行坍塌；地面底模应保持平整，以确保几何尺寸正确。

（8）露筋

1）浇筑混凝土，应保证钢筋位置和保护层厚度正确；钢筋密集时，应选用适当粒径的石子，保证混凝土配合比准确和良好的和易性。

2）模板应充分湿润并认真堵好缝隙，混凝土振捣严禁撞击钢筋；操作时，避免踩踏钢筋，如有踩弯或脱扣等及时调直修正；保护层混凝土要振捣密实；正确掌握脱模时间，防止过早拆模，碰坏棱角。

3）露筋表面洗刷干净后，在表面抹 1∶2 水泥砂浆，将充满露筋部位抹平；露筋较深，凿去薄弱混凝土和突出颗粒，浇刷干净后，用比原来高一级的细石混凝土填塞压实。

五、建筑装饰装修工程常见质量通病及预防措施

1. 内墙和顶棚抹灰

（1）砖墙、混凝土基层抹灰空鼓、裂缝

1）原因分析

① 基层清理不干净或处理不当；墙面浇水不透，抹灰后砂浆中的水分很快被基层（或底灰）吸收，影响粘结力。

② 配制砂浆和原材料质量不好，使用不当。

③ 基层偏差较大，一次抹灰层过厚，干缩率较大。

④ 门框两边塞灰不严，墙体预埋木砖距离过大或木砖松动，在门框处产生空鼓、裂缝。

2）预防措施

① 混凝土、砖石基层表面凹凸明显部位，应事先剔平或用 1∶3 水泥砂浆抹平；表面太光滑的基层要凿毛，或掺涂刷基层处理剂的水泥浆拉毛。基层表面砂浆残渣污垢、隔离剂、油漆等，均应事先清除干净。

② 墙面脚手孔洞应堵塞严密；水电、通风管道通过的墙洞和剔墙管槽，必须用 1∶3 水泥砂浆堵塞严密抹平。

③ 不同基层材料应铺钉金属网，搭接宽度应从相接处起，两边不小于 10mm。

④ 抹灰前墙面应浇水。砖墙基层一般浇水两遍，砖面渗水深度 8～10mm；加气混凝土表面空隙率大，但该材料毛细管为封闭性和半封闭性，阻碍了水分渗透速度，因此，应提前两天浇水，每天两遍以上，混凝土墙吸水率低，可少浇一些水。

⑤ 抹灰砂浆必须具有良好的和易性，并具有一定的粘结强度。

⑥ 抹灰用的原材料应符合质量要求。

⑦ 门窗框塞缝应作为一道工序，由专人负责，先将水泥砂浆用小溜子将缝隙塞严，待达到一定强度后，再用水泥砂浆抹平。

⑧ 门窗框安装应采取有效措施，以保证与墙体连接牢固，抹灰后不致在门窗框边产生裂缝、空鼓等。

（2）抹灰面不平、阴阳角不垂直、不方正

1）原因分析

抹灰前挂线、做灰饼和冲筋不认真，阴阳角两边没有冲筋，影响阴阳角的垂直。

2）预防措施

① 按规定将房间找方，挂线找垂直和贴灰饼（灰饼距离 1.5～2m 一个）。

② 冲筋宽度为 10cm 左右，其厚度应与灰饼相平。为了便于做角和保证阴阳角垂直方正，必须在阴阳角两边都冲一道灰筋，抹出的灰筋应用刮杠依照灰饼标志上下刮平。

③ 抹灰时如果冲筋较软，容易碰坏灰筋，造成抹灰后墙面不平；但也不宜在灰筋过硬后进行抹灰，以免出现灰筋高出抹灰面。

④ 抹阴阳角时，应随时用方尺检查阴阳角的方正，不方正时及时修正。抹阴角砂浆稠度应稍小，要用阴角抹子上下审平审直，尽量多压几遍，避免裂缝和不垂直方正。

（3）混凝土顶板抹灰空鼓、裂缝

1）原因分析

① 基层清理不干净，抹灰前浇水不透。

② 预制混凝土楼板板底安装不平，相邻板底高差偏差大，造成抹灰厚薄不均，产生空鼓、裂缝。

③ 砂浆配合比不当，底层砂浆与楼板粘结不牢，产生空鼓、裂缝。

2）预防措施

① 预制板安装要平整，板底高低差不应超过 5mm，板缝、对头缝灌缝时必须清扫干净，用细石混凝土灌实。

② 现浇混凝土表面有木丝、胶带条等杂物时必须清理干净；使用钢模、组合小钢模现浇混凝土楼板或预制楼板时，应用清水加 10% 的火碱，将隔离剂、油污等清刷干净；现浇混凝土楼板如有蜂窝、麻面等情况，应事先用 1：2 水泥砂浆修补抹平，凸出部分需剔凿平整；预制楼板板缝处应先用 1：2 水泥砂浆勾缝找平。

③ 抹灰前一天顶板应喷水湿润，抹灰时再洒一遍水。

④ 顶板抹灰不宜过厚，应分层抹灰，一般底层 2～3mm，中层约 6mm，各层抹灰总厚度应控制在 10～12mm。

2. 外墙抹灰

（1）接槎有明显抹纹、色泽不均匀

1）原因分析

墙面没有分格或分格太大，抹灰留槎位置不正确；罩面压光操作方法不当；砂浆原材料不一致，没有统一配料，基层或底层浇水不匀。

2）预防措施

① 抹面层时要注意接槎部位操作，避免发生高低不平、色泽不一致等现象；接槎位置应留在分格条处或阴阳角、水落管等处；阳角抹灰应用反贴八字尺的方法操作。

② 室外抹灰面积较大，罩面抹纹不易压光，尤其在阳光下观看，稍有些抹纹就很明显，影响墙面外观效果，因此室外抹水泥砂浆墙面应做成毛面，不宜抹成光面。用木抹子搓抹毛面时，要做到轻重一致，先以圆圈形搓抹，然后上下抽拉，方向要一致，不然，表面会出现色泽深浅不一、起毛纹等问题。

（2）阳台、雨罩、窗台等抹灰饰面在水平和垂直方向不一致

1）原因分析

在结构施工中，现浇混凝土和构件安装偏差过大，抹灰不易纠正；或抹灰前未拉水平和垂直通线，施工误差较大所致。

2）预防措施

① 在结构施工中，现浇混凝土或构件安装都应在水平和垂直两个方向拉通线或吊垂直，找平找直，减少结构偏差。

② 安装窗框前应根据窗口间距找出各窗口的中心线和窗台水平线，按中心线安装窗框。

③ 抹灰前应在阳台、阳台隔板、柱垛、窗台、阴阳角等垂直和水平方向拉通线贴灰饼找平找正，每步架贴灰饼，再进行抹灰。

3. 地面工程

(1) 水泥地面（细石混凝土地面）

1) 地面起砂

① 原因分析：

a. 水泥砂浆拌合物的水灰比过大，即砂浆稠度过大。

b. 工序安排不当，以及底层过干或过湿等，地面压光时间过早或过迟：压光过早，水泥的水化作用刚刚开始，凝胶尚未全部形成，游离水分还比较多，虽经压光，表面还会出现水光（即压光后表面游浮一层水），对面层砂浆的强度和耐磨能力很不利；压光过迟，水泥已终凝硬化，不但操作困难，无法消除毛细孔及抹痕，而且会扰动已经硬结的表面，也将大大降低面层砂浆的强度和耐磨能力。

c. 养护不当。水泥地面完成后，如果不养护或养护天数不够，在干燥环境中面层水分迅速蒸发，水泥的水化作用就会受到影响，减缓硬化速度，严重时甚至停止硬化，致使水泥砂浆脱水而影响强度和抗磨能力。如果地面抹好后不到 24h 就浇水养护，也会导致脱皮，砂粒外露，使用后起砂。

d. 水泥地面砂浆未达到足够的强度就上人走动或进行下道工序施工，使地面遭受破坏，容易导致地面起砂。

e. 水泥地面在冬期低温施工时，门窗未封闭或无取暖设备而受冻。

f. 原材料不符合要求：水泥强度低、砂子过细或含泥量大。

② 预防措施：

a. 严格控制水灰比。水泥砂浆的稠度不应大于 3.5cm，混凝土地面混凝土的坍落度不应大于 3cm。抹地面前，地面应充分浇水湿润，刷浆要均匀。

b. 掌握好面层压光时间。水泥地面压光一般不应少于三遍。第一遍应在面层铺设后随即进行。先用抹子均匀搓压一遍，使面层材料均匀、紧密，抹压平整，以表面不出现水层为宜。第二遍压光应在水泥初凝后、终凝前完成（一般以上人时有轻微脚印但不明显下陷为宜），将表面压实、压平整。第三遍压光主要是消除抹痕和闭塞细毛孔，进一步将表面压实、压光滑（时间应掌握在上人不出现脚印或不明显脚印为宜），但切忌在水泥终凝后压光。

c. 水泥地面压光后，视气温情况，一般在 24h 后进行洒水养护，使用普通硅酸盐水泥的水泥地面，连续养护的时间不应少于 7 天。

d. 合理安排施工，避免上人过早。如必须安排，应采取有效的保护措施。

e. 低温条件下，应将门窗封闭，或增加供暖设备，保证施工环境温度在 +5℃ 以上。采用炉火取暖时，应设有烟筒，有组织地向室外排烟。

f. 水泥宜采用不低于 42.5 的普通水泥。砂子宜采用粗中砂，含泥量不应大于 3%，石子含泥量不应大于 2%。

2) 地面空鼓

① 原因分析：

a. 垫层(或基层)表面清理不干净,有浮灰、浆膜或其他污物。

b. 面层施工时,垫层(或基层)表面不浇水湿润或浇水不足,过于干燥。铺设砂浆后,由于垫层吸收水分,致使砂浆强度不高,面层与垫层(基层)粘结不牢;另外,干燥的垫层(基层)未经冲洗,表面的粉尘难于扫除,对面层砂浆起一定的隔离作用。

c. 垫层(或基层)表面有积水,在铺设面层后,积水部分水灰比突然增大,影响面层与垫层之间的粘结,易使面层空鼓。

d. 为了增强面层与垫层之间的粘结力,需刷水泥浆结合层。如刷浆过早,铺设面层时,所刷水泥浆已风干硬结,不但没有粘结力,反而起了隔离作用。或采用撒干水泥粉后浇水(或先浇水后撒干水泥粉)的扫浆法。由于干水泥粉不易撒匀,浇水也有多有少,容易造成干灰层、积水坑,成为面层空鼓的潜在隐患。

e. 设置于垫层内的管道没有固定牢固,产生松动致使面层开裂、空鼓。

f. 门口处没有清理干净,或湿润不够,造成局部空裂。

② 预防措施:

a. 认真清理基层表面浮灰、浆膜以及其他污物,并冲洗干净。如基层表面过于光滑,则应凿毛。

b. 控制基层平整度,其平整度不应大于 10mm,以保证面层厚度均匀一致。

c. 面层施工前 1~2 天,应对基层认真浇水湿润,使基层清洁、湿润、表面粗糙。

d. 素水泥浆结合层在调浆后应涂刷均匀,水灰比以 0.4~0.5 为宜。素水泥浆应与铺设面层紧密配合,严格做到随刷随铺。

(2) 带地漏的地面倒泛水

① 原因分析:

a. 施工前,地面标高抄平弹线不准确,施工中未按规定的泛水坡度冲筋、刮平。

b. 厕浴间地漏过高,以致形成地漏四周积水。

c. 土建施工与管道安装施工不协调,或中途变更管线走向,使土建施工时预留地漏的位置不符合安装要求,造成泛水方向不对。

② 预防措施:

a. 施工中首先应保证楼地面基层标高准确,抹地面前,以地漏为中心向四周辐射冲筋,找好坡度,用刮尺刮平。抹面时,不留洼坑。

b. 水暖工安装地漏时,应注意标高准确,宁可稍低,也不要超高。

(3) 块料面层地面(大理石地面、地砖地面)

1) 地面空鼓

① 原因分析:

a. 基层清理不干净或浇水湿润不够,水泥素浆结合层涂刷不均匀或涂刷时间过长,致使风干硬结,造成面层和垫层一起空鼓。

b. 垫层砂浆应为干硬性砂浆,如果加水过多或一次铺得太厚,砸不密实,容易造成面层空鼓。

c. 面层块料浮灰没有刷净和用水湿润,影响粘结效果,操作质量差,锤击不当。

d. 上人过早。

② 预防措施:

a. 地面基层清理必须认真，并充分湿润，以保证垫层与基层结合良好，垫层与基层的素水泥浆结合层应涂刷均匀，不能用撒干水泥粉后、再洒水扫浆的做法，用这种做法由于水泥浆拌合不均匀，水灰比不准确，会影响粘结效果而造成局部空鼓。

b. 大理石板背面的浮土杂物必须清扫干净，并刷水事先湿润，地砖应提前泡水湿润，铺贴前拿出，等表面稍晾干后进行铺贴。

c. 垫层砂浆应用 1:3～1:4 干硬性水泥砂浆，铺设厚度以 2.5～3cm 为宜，如果遇有基层较低或有凹坑，应事先抹砂浆或细石混凝土找平，铺放石板面层材料比地面线高出 3～4mm 为宜。

d. 面层材料石板（地砖）做初步试铺时，用橡皮锤敲击，既要达到铺设高度，也要使垫层砂浆平整密实，根据锤击的空实声音，搬起石板（地砖），增减砂浆，浇一层水灰比为 0.5 左右的素水泥浆，再安铺石板（地砖），四角平稳落地，锤击不要砸边角，垫木方锤击时木方长度不得超过单块石板（地砖）的长度，也不要搭在另一块已铺设好的石板（地砖）上敲击，以免引起空鼓。

e. 板块铺设 24h 后应洒水养护 1～2 次，以补充水泥砂浆在硬化过程中的所需水分，保证板块与砂浆粘结牢固。

f. 灌缝前应将地面清扫干净，把板块上缝隙内的杂物用开刀清除干净，灌缝分几次进行，用刮板往缝内刮浆，务必使水泥浆填满缝子和边角不实的空隙内，灌缝后 24h 再浇水养护。养护期内禁止上人走动。

2）接缝不平、缝子不匀

① 原因分析：

a. 板块本身有厚薄、宽窄、窜角、翘曲等缺陷，事先挑选不严，铺设后在接缝处产生接缝不平、缝子不匀现象。

b. 各房间标高线不统一，使与楼道相接的门口处出现地面高低偏差。

c. 地面铺设后，成品保护不到，在养护期内上人过早，板缝也易出现高低差。

② 预防措施：

a. 必须由专人负责，从楼道统一往各房间内引进标高线，房间内应四边取中，在地面上弹出十字线（或在地面标高处拉好十字线）。铺设时，应先安好十字线交叉处最中间的一块，作为标准块；如以十字线为中缝时可在十字线交叉点对角安设两块标准块。标准块为整个房间的水平标高标准及经纬标准，应用 90°角尺及水平尺细致校正。

b. 安设标准块后应向两侧和后退方向顺序铺设，随时用水平尺和直尺找准，缝子必须拉通线，不能有偏差，铺设时分段分块尺寸要事先排好定死，以免产生游缝、缝子不匀和最后一块铺不上或缝子过大等现象。

c. 石板有翘曲、拱背、宽窄、不方正等缺陷时，应事先套尺检查，挑出不用，或用在适当部位。

4. 内墙饰面工程——瓷砖墙面

（1）空鼓、脱落

1）原因分析

① 基层清理不干净或处理不当；墙面浇水不透，抹灰后砂浆中的水分很快被基层吸收，影响粘结力。

② 瓷砖粘贴浸泡时间不够，造成砂浆早期脱水或浸泡后未晾干，粘贴后产生浮动自坠。

③ 粘贴砂浆厚薄不匀，砂浆不饱满，操作过程中用力不均，砂浆收水后，对粘贴好的瓷砖进行纠偏移动造成饰面空鼓。

④ 嵌缝不密实或漏嵌，瓷砖本身有隐伤，事先挑选不严。

2) 预防措施

① 基层应提前浇水湿润，按操作规程进行抹灰，基层检查不空裂再进行瓷砖粘贴。

② 瓷砖使用前，必须清洗干净，用水浸泡到瓷砖不冒泡为止，且不少于 2h，待表面晾干后方可镶贴。没有浸泡或浸泡时间不够的瓷砖，与砂浆粘结性能差，而且吸水性强，粘结砂浆中的水分会很快被瓷砖吸收掉，造成砂浆早期失水；表面湿的瓷砖，粘贴时容易产生浮动自坠，都会导致饰面空鼓。

③ 瓷砖粘结砂浆厚度一般应控制在 7～10mm，过厚或过薄均易产生空鼓。游泳池、水池等经常被水浸泡的部位应使用 1：1.5～2 水泥砂浆，一般部位最好使用水泥：白灰膏：砂＝1：0.3：3 混合砂浆，以改善砂浆的和易性，利于提高操作质量。掺用水泥重量 3％的 108 胶水泥砂浆，和易性和保水性较好，并有一定的缓凝作用，用作粘结砂浆，不但可增强瓷砖与底层的粘结力，而且可以减薄粘结层的厚度。校正表面平整和对缝时间可稍长些，便于操作，易于保证镶贴质量。

④ 当采用混合砂浆粘结层时，镶贴后的瓷砖可用小铲木把轻轻敲击；当采用 108 胶水泥砂浆粘结层时，可用手轻压，并用橡皮锤轻轻敲击，使其与底层粘结密实牢固。凡遇粘结不密实缺灰时，应取下瓷砖重新粘贴，不得在砖口处塞灰，防止空鼓。

（2）接缝不平直，缝子不均，墙裙凸出，抹灰墙面厚度不一致或过厚

1) 原因分析

① 施工前对瓷砖规格挑选不严格，挂线贴灰饼、排砖不规矩。

② 粘贴瓷砖操作不当。

2) 预防措施

① 对瓷砖的材质挑选应作为一道主要工序，将色泽不同的瓷砖应分别堆放，挑出翘曲、变形、裂纹、面层有杂质等缺陷的瓷砖。在挑选瓷砖时，还应做一个按瓷砖标准尺寸的"п"形木框，钉在木板上，进行大、中、小分类，先将瓷砖从一"п"形的木框开口处塞入检查，取出后转向 90°再塞入开口处检查，两次检查后即可分出合乎标准尺寸、大于标准尺寸和小于标准尺寸三类，分类堆放。同一类尺寸者应用同一房间或一面墙上，以做到接缝均匀一致。

② 镶贴前要找好规矩，用水平尺找平，校核墙面方正，算好纵横皮数和镶贴块数，划出皮数杆，定出水平标准，进行预排。一般排砖方法要求，在有洗脸盆、镜箱的墙面，应以洗脸盆为中心，往两边排砖，阳角处要排成整块砖，排不成整块砖的留在阴角，最好不要贴窄条砖，应计算好平均割 2～3 块砖来消除贴窄条子的现象，以达到墙面整齐美观。以废瓷砖按粘结层厚度用混合砂浆贴灰饼，找出标准，灰饼间距一般为 1.6m，阳角处要两面挂直，瓷砖墙裙上口比抹灰面凸出 5mm 为宜。

③ 根据已弹好的水平线，稳好平板尺，作为镶贴第一行瓷砖的依据，由下往上逐行粘贴，每贴好一行砖后，应及时用靠尺板横向靠平竖向靠直，偏差处用小铲木把轻轻敲平，并及时校正横竖缝子平直，避免在粘结砂浆收水后再进行纠偏移动，造成空鼓和墙面

不平整。

（3）裂缝、变色或表面沾污

1）现象

瓷砖墙面使用几年后，普遍发现瓷砖裂缝、变色。裂缝按材性分有釉面层裂、砖坯裂；裂缝形状有单块线条裂、几块通缝裂、冰炸纹裂等多种。

2）原因分析

① 使用瓷砖质量不好，材质松脆，吸水率大，抗拉、抗压、抗折性能均相应下降，由于瓷砖吸水率和湿膨胀大，因此产生内应力而开裂。

② 瓷砖在运输，操作中造成隐伤，有隐伤的瓷砖加上湿膨胀应力作用，出现裂缝。

③ 瓷砖材料质地疏松，施工前瓷砖浸泡不透，粘贴时，粘结砂浆中的浆水或不洁净水从瓷砖背面渗进砖坯内，并从透明釉面上反映出来，造成瓷砖变色。

3）预防措施

① 使用的瓷砖特别是用于高级装修工程上的瓷砖，选用材质密实、吸水率不大于18%的质量较好的瓷砖，以减少裂缝的产生。

② 贴瓷砖前一定要浸泡透，将有隐伤的仔细挑出，尽量使用和易性、保水性较好的砂浆粘贴，操作时不要用力敲击砖面，防止产生隐伤，并随时将砖面上砂浆擦洗干净。

5. 外墙饰面工程——外墙贴面砖

（1）空鼓、脱落

1）原因分析

① 由于贴面砖的墙饰面层自重大，使底子灰与基层之间产生较大的剪应力，粘贴层与底子灰之间也有较小的剪应力。如果基层表面偏差较大，基层处理或施工操作不当，各层之间的粘结强度很差，面层就产生空鼓，甚至从建筑物上脱落。

② 砂浆配合比不准，稠度控制不好，砂子中含泥量过大，在同一施工面上，采用几种不同的配合比砂浆，引起不同的干缩率而开裂、空鼓。

③ 饰面层各层长期受大气温度的影响，由表面到基层的温度梯度和热胀冷缩，在各层中也会产生应力，如果面砖粘贴砂浆不饱满，面砖勾缝不严，雨水渗透后受冻膨胀和上述应力共同作用，使面层受到破坏。

2）预防措施

① 在结构施工时，外墙应尽可能按清水混凝土墙标准，做到平整垂直，为饰面工程创造良好条件。基层应提前浇水湿润，按操作规程进行抹灰，基层检查不空裂再进行外墙面砖粘贴。

② 面砖在使用前，必须清洗干净，并隔夜用水浸泡，晾干后（外干内湿）才能使用。使用未浸泡的干面砖，表面有积灰，砂浆不易粘结，而且由于面砖吸水性强，把砂浆中的水分很快吸收掉，容易减弱粘结力；面砖浸泡后没有晾干，湿面砖表面附水，使粘贴面砖时产生浮动，都能导致面砖空鼓。

③ 粘贴面砖砂浆要饱满，但使用砂浆过多，面砖也不易贴平，如果多敲，会造成浆水集中到面砖底部或溢出，收水后形成空鼓，特别在垛子、阳角处贴面砖时更应注意，否则容易产生阳角处不平直和空鼓，导致面砖脱落。

④ 在面砖粘贴过程中，要做到一次成活，不宜多动，尤其是砂浆收水后纠偏挪动，

容易引起空鼓，粘贴砂浆一般可采用混合砂浆，要做到配合比准确，砂浆使用过程中，不要随便掺水和加灰。

⑤ 认真做好勾缝。勾缝用1：1水泥砂浆，砂子过窗纱筛。分二次进行，头一遍水泥砂浆勾缝，第二遍按设计要求的色彩配制带色水泥砂浆，勾成凹缝，凹进面砖深度一般为3mm，相邻面砖不留分格缝的拼缝处，应用同面砖相同颜色的水泥浆擦缝，擦缝时对面砖上的残浆必须及时清除，不留痕迹。

（2）分格缝不匀，墙面不平整

1）原因分析

施工前没有按照图纸尺寸，核对结构施工实际情况，进行排砖分格和绘制大样图，各部位放线贴灰饼不够，控制点少；面砖质量不好，规格尺寸偏差较大，施工中没有选砖，加上操作不当，造成分格缝不均匀，墙面不平整。

2）预防措施

① 施工前应根据设计图纸尺寸，核实结构实际偏差情况，决定面砖铺贴厚度和模数，画出施工大样图，一般要求横缝应与窗台相平，如分格者按整块分均，确定缝子大小做分格条和画出皮数杆。根据大样图尺寸，窗心墙、砖垛等处事先测好中心线、水平分格线、阴阳角垂直线，对不符合要求较大的部位要事先剔凿修补，以作为安装窗框（或钢窗）、做窗台和腰线等的依据，防止贴面砖时在这些部位产生分格缝不均、排砖不整齐等问题。

② 基层打完底后用混合砂浆粘在面砖背后作灰饼，挂线方法与外墙抹水泥砂浆一样，阴阳角处要双面挂直，灰饼的粘结层不小于10mm，间距不大于1.5m。并要根据皮数杆在底子灰上从上到下弹上若干水平线，在阴阳角、窗口处弹上垂直线，做为贴面时控制标志。

③ 铺贴面砖操作时应保持面砖上口平直，贴完一皮砖后，需将上口灰刮平，上用小木片或竹签等垫平，放上分格条再贴第二皮砖，垂直缝应以底子灰弹线为准，检查核对，铺贴后将立缝处灰浆随时清理干净。

④ 面砖使用前，应先进行剔选，凡外形歪料、缺角掉棱、翘裂和颜色不匀应挑出；用套板把同号规格分大、中、小分类堆放，分别使用在不同部位，以避免由于面砖尺寸上的偏差造成排砖缝子不直和分格不匀情况。

（3）墙面污染

1）原因分析

对面砖保管和墙面完活后成品保护不好，施工操作中没有及时清除砂浆，造成污染。

2）预防措施

① 贴面砖开始后，不得在脚手架上和室内向外倒脏水、垃圾，操作人员应严格做到活完顺手清。面砖勾缝时应自上而下进行，拆脚手架应注意不要碰坏墙面。

② 用草绳或有色纸张包装的面砖，运输和保管期间要防止雨淋或受潮。

3）治理方法

面砖墙面完活后，如受砂浆、水泥浆等沾污，用清水不容易洗刷干净时，可用10％稀盐酸溶液洗刷，使盐酸与水泥浆中氢氧化钙发生化学反应，成为极易溶于水、强度甚低的氯化钙，被沾污的墙面就比较容易清洗干净。洗刷后，应再由上而下用清水洗净，否则饰面容易变黄。

第七章　建设工程职业健康安全与环境管理

第一节　建设工程健康安全与环境管理的目的、任务和特点

一、职业健康安全与环境管理的目的和任务

建设工程项目的职业健康安全管理的目的是保护产品生产者和使用者的健康与安全。控制影响工作场所内员工、临时工作人员、合同方人员、访问者和其他有关部门人员健康和安全的条件和因素。考虑和避免因使用不当对使用者造成的健康和安全的危害。

建设工程项目环境管理的目的是保护生态环境，使社会的经济发展与人类的生存环境相协调。控制作业现场的各种粉尘、废水、废气、固体废弃物以及噪声、振动对环境的污染和危害，考虑能源节约和避免资源的浪费。

职业健康安全与环境管理的任务是建筑生产组织（企业）为达到建筑工程的职业健康安全与环境管理的目的指挥和控制组织的协调活动，包括制定、实施、实现、评审和保持职业健康安全与环境方针所需的组织机构、计划活动、职责、惯例（法律法规）、程序文件、过程和资源，如表7-1所示。表中有2行7列，构成了实现职业健康安全和环境方针的14个方面的管理任务。不同的组织（企业）根据自身的实际情况制定方针，并为实施、实现、评审和保持（持续改进）来建立组织机构，策划活动，明确职责，遵守有关法律法规和惯例，编制程序控制文件，实行过程控制并提供人员、设备、资金和信息资源。保证职业健康安全与环境管理任务的完成以及和职业健康安全与环境密切相关的任务，可一同完成。

职业健康安全与环境管理的任务　　　　　　　　　　　表 7-1

	组织机构	计划活动	职责	惯例（法律法规）	程序文件	过程	资源
职业健康安全方针							
环境管理							

二、建设工程职业健康安全与环境管理的特点

1. 建筑产品的固定性和生产的流动性及受外部环境影响因素多，决定了职业健康安全与环境管理的复杂性。

（1）建筑产品生产过程中生产人员、工具与设备的流动性，主要表现为：

1）同一工地不同建筑之间流动；

2）同一建筑不同建筑部位上流动；

3）一个建筑工程项目完成后，又要向另一个新项目动迁的流动。

（2）建筑产品受不同外部环境影响的因素多主要表现为：

1）露天作业多；

2）气候条件变化的影响；

3）工程地质和水文条件的变化；

4）地理条件和地域资源的影响。

由于生产人员、工具和设备的交叉和流动作业，受不同外部环境的影响因素多，使职业健康安全与环境管理很复杂，稍有考虑不周就会出现问题。

2. 建筑产品的多样性和生产的单件性决定了职业健康安全与环境管理的多样性

建筑产品的多样性决定了生产的单件性。每一个建筑产品都要根据其特定要求进行施工，主要表现是：

（1）不能按同一图纸、同一施工工艺、同一生产设备进行批量重复生产；

（2）施工生产组织及机构变动频繁，生产经营的"一次性"特征特别突出；

（3）生产过程中试验性研究课题多，所碰到的新技术、新工艺、新设备、新材料给职业健康安全与环境管理带来了不少难题。

因此，对于每个建设工程项目都要根据其实际情况，制定健康安全与环境管理计划，不可相互套用。

3. 产品生产过程的连续性和分工性决定了职业健康安全与环境管理的协调性

建筑产品不能象其他许多工业产品一样可以分解为若干部分同时生产，而必须在同一固定场所按严格程序连续生产，上一道工序不完成，下一道工序不能进行，上一道工序生产的结果往往被下一道工序所掩盖，而且每一道程序由不同的人员和单位来完成。因此在职业健康安全与环境管理中要求各单位和各专业人员横向配合和协调，共同注意产品生产过程接口部分的职业健康安全与环境管理的协调性。

4. 产品的委托性决定了职业健康安全与环境管理的不符合性

建筑产品在建造前就确定了买主，按建设单位特定的要求委托进行生产建造。而建设工程市场在供大于求的情况下业主经常会压低标价，造成产品的生产单位对职业健康安全与环境管理的费用投入的减少，不符合职业健康安全与环境管理有关规定的现象时有发生。这就要建设单位和生产组织都必须重视对职业健康安全和环保费用的投入，不可不符合职业健康安全与环境管理的要求。

5. 产品的阶段性决定职业健康安全与环境管理的持续性

一个建设工程项目从立项到投入使用要经历五个阶段，即设计前的准备阶段（包括项目可行性研究和立项）、设计阶段、施工阶段、使用前的准备阶段（包括竣工验收和试运行）、保修阶段。这五个阶段都要十分重视项目的安全和环境问题，持续不断地对项目各个阶段可能出现的安全和环境问题实施管理。否则，一旦在某个阶段出现安全问题和环境问题就会造成投资的巨大浪费，甚至造成工程项目建设的夭折。

6. 产品的时代性和社会性决定环境管理的多样性和经济性

（1）时代性：建设工程产品是时代政治、经济、文化、风俗的历史记录。表现了不同时代的艺术风格和科学文化水平，反映一定社会的、道德的、文化的、美学的艺术效果，成为可供人们观赏和旅游的景观。

（2）社会性：建设工程产品是否适应可持续发展的要求，工程的规划、设计、施工质量的好坏，受益和受害不仅仅是使用者，而是整个社会，影响社会持续发展的环境。

（3）多样性：除了考虑各类建设工程（住宅、工业厂房、道路、桥梁、水库、管线、航道、码头、港口、医院、剧院、博物馆、园林、绿化等）使用功能与环境相协调外还应考虑各类工程产品的时代性和社会性要求，其涉及的环境因素多种多样，应逐一加以评价和分析。

（4）经济性：建设工程不仅应考虑建造成本的消耗，还应考虑其寿命期内的使用成本消耗。环境管理注重包括工程使用期内的成本，如能耗、水耗、维护、保养、改建更新的费用，并通过比较分析，判定工程是否符合经济要求，一般采用生命周期法可作为对其进行管理的参考。另外环境管理要求节约资源，以减少资源消耗来降低环境污染，二者是完全一致的。

第二节　建设工程施工安全控制

一、建设工程施工安全控制的特点、程序和基本要求

1. 安全控制的概念

安全生产是指使生产过程处于避免人身伤害、设备损坏及其他不可接受的损害风险（危险）的状态。

不可接受的损害风险（危险）通常是指：超出了法律、法规和规章制度的要求；超出了方针、目标和企业规定的其他要求；超出了人们普遍接受（通常是隐含的）要求。

因此安全与否要对照风险接受程度来判定，是一个相对性的概念。

2. 安全控制的概念

安全控制是通过对生产过程中涉及的计划、组织、监控、调节和改进等一系列致力于满足生产安全所进行的管理活动。

3. 安全控制的方针

安全控制的目的是为了安全生产，因此，安全控制的方针也应符合安全生产的方针，即："安全第一，预防为主"。

"安全第一"是把人身的安全放在首位，安全为了生产，生产必须保证人身安全，充分体现了"以人为本"的理念。

"预防为主"是实现安全第一的重要手段，采取正确的措施和方法进行安全控制，从而减少甚至消除事故隐患，尽量把事故消除在萌芽状态，这是安全控制最重要的思想。

4. 安全控制的目标

安全控制的目标是减少和消除生产过程中的事故，保证人员健康安全和财产免受损失，具体可包括：

（1）减少或消除人的不安全行为的目标；

（2）减少或消除设备、材料的不安全状态的目标；

（3）改善生产环境和保护自然环境的目标；

（4）安全管理的目标。

5. 施工安全控制的特点

（1）控制面广

由于建设工程规模较大，生产工艺复杂、工序多，在建造过程中流动作业多，高处作业多，作业位置多变，遇到的不确定因素多，安全控制工作涉及范围大，控制面广。

（2）控制的动态性

1）由于建设工程项目的单件性，使得每项工程所处的条件不同，所面临的危险因素和防范措施也会有所改变，员工在转移工地后，熟悉一个新的工作环境需要一定的时间，有些工作制度和安全技术措施也会有所调整，员工同样有个熟悉的过程。

2）建设工程项目施工的分散性。因为现场施工是分散于施工现场的各个部位，尽管有各种规章制度和安全技术交底的环节，但是，面对具体的生产环境时，仍然需要自己的判断和处理，有经验的人员还必须适应不断变化的情况。

（3）控制系统交叉性

建设工程项目是开放系统，受自然环境和社会环境影响很大，安全控制需要把工程系统和环境系统及社会系统相结合。

（4）控制的严谨性

安全状态具有触发性，其控制措施必须严谨，一旦失控，就会造成损失和伤害。

6. 施工安全控制的程序

（1）施工安全控制的程序如图 7-1 所示。

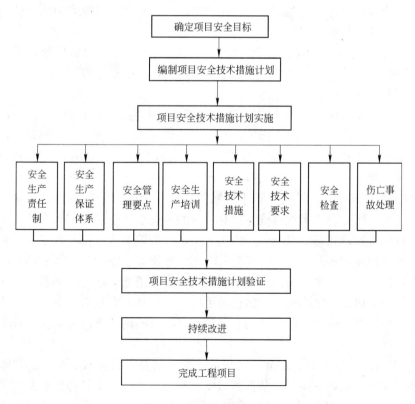

图 7-1 施工安全控制程序

1）确定项目的安全目标

按"目标管理"方法，以项目经理为首的项目管理系统进行分解，从而确定每个岗位的安全目标，实现全员安全控制。

2）编制项目安全技术措施计划

对生产过程中的不安全因素，用技术手段加以消除和控制，并用文件的方式表示，这是落实"预防为主"方针的具体体现，是进行项目安全控制的指导性文件。

3）安全技术措施的落实和实施

包括建立健全安全生产责任制、设置安全生产设施、进行安全教育和培训、沟通和交流信息、通过安全控制使生产作业的安全状态处于受控状态。

4）安全技术措施计划的验证

包括安全检查、纠正不符合情况，并做好检查记录工作。根据实际情况补充和修改安全技术措施。

5）持续改进，直至完成建设项目的所有工作。

（2）安全控制工作的内容：

项目实施过程中存在着许多不安全因素，控制人的不安全行为和物的不安全状态是安全控制的重点，其主要内容包括：

1）进行安全立法、执行和守法。项目实施人员首先应熟悉相关的法律法规，并在项目实施过程中严格执行。同时，应针对项目特点，制定自己的安全管理制度，并以此为依据，对项目实施过程进行经常性的、制度化和规范化的管理。按照安全法规的规定进行工作，使安全法规变为行动，产生效果。

2）建立健全控制体系。建立安全控制组织机构，形成安全组织系统；明确各部门人员的职责，形成安全控制责任系统。配备必要的资源，形成安全控制要素系统。最终形成具有安全控制和安全管理的有机整体。

3）进行安全教育和培训。进行安全教育与培训能增强人的安全生产意识，提高安全生产要素，有效地防止人的不安全行为，减少人的失误。安全教育、培训是进行人的行为控制的重要方法和手段。因此，进行安全教育、培训要适时、宜人，内容合理，方式多样，形成制度。组织安全教育、培训应做到严肃、严格、严谨、系统，讲求实效。

4）采取安全技术措施。针对实施中已知的和已出现的危险因素，采取的一切消除或控制的技术措施，统称为技术性措施。针对项目的不安全状态的形成和发展，采取安全技术措施，将物的不安全状态消除在生产活动之前，或引发事故之前，这是安全管理的重要任务之一。安全技术措施是改善生产工艺，改进生产设备，控制生产因素不安全状态，预防与消除危险因素对人产生伤害的有效手段。安全技术措施包括为使项目安全实现的一切技术方法与措施，以及避免损失扩大的技术手段。安全技术措施应针对具体的危险因素或不安全状态，以控制危险因素的生成与发展为重点，以控制效果的好坏作为评价安全技术措施的唯一标准。

5）进行安全检查与考核。安全检查与考核的目的是及时发现、处理、消除不安全因素，检查执行安全法规的状况等，从而进行安全改进，消除隐患，提高控制水平。

6）作业标准化。在操作者产生的不安全行为中，由于不熟悉正确的操作方法，坚持自己的操作习惯等原因所占比例较大。按科学的作业标准规范人的行为，有利于控制人的不安全行为，减少人的失误。

实施作业标准化的首要条件是制定作业标准。作业标准的制定应采取技术人员、管理人员、操作者三结合的方式根据操作的具体条件制定。并坚持反复实践，反复修订后加以确定的原则。作业标准应明确规定操作程序、步骤，并尽量使操作简单化、专业化。

7. 施工安全控制的基本要求

（1）必须取得安全行政主管部门颁发的《安全施工许可证》后方可开工。

（2）总承包单位和每个分包单位都应持有《施工企业安全资格审查认可证》。

（3）各类人员必须具备相应的执业资格才能上岗。

（4）所有新员工必须经过三级安全教育，即进厂、进车间和进班组的安全教育。

（5）特殊工种作业人员必须持有特殊作业操作证，并严格按规定定期进行复查。

（6）对查出的安全隐患要做到"五定"，即定整改责任人、定整改措施、定整改完成时间、定整改完成人、定整改验收人。

（7）必须把好安全生产"六关"，即措施关、交底关、教育关、防护关、检查关、改进关。

（8）施工现场安全设施齐全，并符合国家及地方有关规定。

（9）施工机械（特别是现场安设的起重设备等）必须经安全检查合格后方可使用。

二、建设工程施工安全控制的方法

1. 危险源的概念

（1）危险源的定义

危险源是可能导致人身伤害或疾病、财产损失、工作环境破坏或这些情况组合的危险因素和有害因素。

危险因素，强调突发性和瞬间作用的因素；有害因素，强调在一定时期内的慢性损害和累积作用。

危险源是安全控制的主要对象，所以，有人把安全控制也称为危险控制或安全风险控制。

（2）两类危险源

在实际生活和生产过程中的危险源是以多种多样的形式存在，危险源导致事故可归结为能量的意外释放或有害物资的泄漏。根据危险源导致在事故发生发展中的作用把危险源分为两大类，即第一类危险源和第二类危险源。

1）第一类危险源

可能发生意外释放的能量的载体或危险物资称作第一类危险源。能量或危险物资的意外释放是事故发生的物理本质。通常把产生能量的能量源或拥有能量的能量载体作为第一类危险源来处理。

2）第二类危险源

造成约束、限制能量措施失效或破坏的各种不安全因素称作第二类危险源。在生产、生活中，为了利用能量，人们制造了各种机械设备，让能量按照人们的意图在系统中流动、转换和做功为人类服务，而这些设备又可以看成是限制约束能量的工具。在正常情况下，生产过程中的能量或危险物质受到约束或限制，不会发生意外释放，即不会发生事故。但是，一旦这些约束或限制能量或危险物资的措施受到破坏或失效(故障)，则将发生事故。第二类危险源包括人的不安全行为、物资的不安全状态和不良环境条件三个方面。

（3）危险源和事故

事故的发生是两类危险源共同作用的结果，第一类危险源是事故发生的前提，第二类危险源的出现是第一类危险源导致事故的必要条件。在事故的发生和发展过程中，两类危险源相互依存，相辅相成。第一类危险源是事故的主体，决定事故的严重程度，第二类危险源出现的难易，决定事故发生的可能性大小。

2．危险源控制的方法

（1）危险源辨识与风险评价

1）危险源的辨识方法

① 专家调查法

专家调查法是通过向有经验的专家咨询、调查、辨识、分析和评价危险源的一类方法，其优点是简便、易行，其缺点是受专家的知识、经验和占有资料的限制，可能出现遗漏。常用的有头脑风暴法(Brainstorming)和德尔菲(Delphi)法。

头脑风暴法是通过专家创造性的思考，从而产生大量的观点、问题和议题的方法。其特点是多人讨论，集思广益，可以弥补个人判断的不足，常采取专家会议的方式来相互启发、交换意见，使危险、危害因素的辨识更加细致、具体。常用于目标比较单纯的议题，如果涉及面较广，包含因素多，可以分解目标，再对单一目标或简单目标使用本方法。

德尔菲法是采用背对背的方式对专家进行调查，其特点是避免了集体讨论中的从众性倾向，更代表专家的真实意见。要求对各种意见进行汇总统计处理，再反馈给专家反复征求意见。

② 安全检查表法(SCL)

安全检查表实际上就是实施安全检查和诊断项目的明细表。运用已编制好的安全检查表，进行系统的安全检查，辨识工程项目存在的危险源。检查表的内容一般包括分类项目、检查内容及要求、检查后处理意见等。可以用"是"、"否"作回答或"√"、"×"符号作标记，同时注明检查日期，并由检查人员和被检单位同时签字。

安全检查法的优点是：简单易懂、容易掌握，可以事先组织专家编制检查项目，使安全检查做到系统化、完整化，缺点是一般只能做出定性评价。

2）风险评价的方法

风险评价是评估危险源所带来的风险大小及确定风险是否可容许的全过程。根据评价结果对风险进行分级，按不同级别的风险有针对性地采取风险控制措施。以下介绍两种常用的风险评价方法。

① 方法1

将安全风险的大小用事故发生的可能性(p)与发生事故后果的严重程度(f)的乘积来衡量。

$$R = p \cdot f$$

式中　R——风险大小；

　　　p——事故发生的概率(频率)；

　　　f——事故后果的严重程度。

根据上述的估算结果，可按表 7-2 对风险的大小进行分级。

风 险 分 级 表 表 7-2

风险级别(大小)　可能性(p) ＼ 后果(f)	轻度损失(轻微伤害)	中度损失(伤害)	重大损失(严重伤害)
很　　大	Ⅲ	Ⅳ	Ⅴ
中　　等	Ⅱ	Ⅲ	Ⅳ
极　　小	Ⅰ	Ⅱ	Ⅲ

注：Ⅰ—可忽略风险；Ⅱ—可容许风险；Ⅲ—中度风险；Ⅳ—重大风险；Ⅴ—不容许风险。

② 方法 2

将可能造成安全风险的大小用事故发生的可能性(L)、人员暴露于危险环境中的频繁程度(E)和事故后果(C)三个自变量的乘积衡量，即：

$$S = L \cdot E \cdot C$$

式中　S——风险大小；

　　　　L——事故发生的可能性，按表 7-3 所给的定义取值；

　　　　E——人员暴露于危险环境中的频繁程度，按表 7-4 所给的定义取值；

　　　　C——事故后果的严重程度，按表 7-5 所给的定义取值。

此方法因为引用了 L、E、C 三个自变量，故也称为 LEC 法。

事故发生的可能性(L) 表 7-3

分数值	事故发生的可能性	分数值	事故发生的可能性
10	必然发生的	0.5	很不可能，可以设想
6	相当可能	0.2	极不可能
3	可能，但不经常	0.1	实际不可能
1	可能性极小，完全意外		

暴露于危险环境的频繁程度(E) 表 7-4

分数值	人员暴露于危险环境的频繁程度	分数值	人员暴露于危险环境的频繁程度
10	连续暴露	2	每月一次暴露
6	每天工作时间内暴露	1	每年几次暴露
3	每周一次暴露	0.5	非常罕见的暴露

发生事故产生的后果(C) 表 7-5

分数值	事故发生造成的后果	分数值	事故发生造成的后果
100	大灾难，许多人死亡	7	严重，重伤
40	灾难，多人死亡	3	较严重，受伤较重
15	非常严重，一人死亡	1	引人关注，轻伤

根据经验，危险性(S)的值在 20 分以下为可忽略风险；危险性分值 20～70 之间为可容许风险；危险性分值在 70～160 之间为中度风险；危险性在 160～320 之间为重大风险。当危险性值大于 320 的为不容许风险。

(2) 危险源的控制方法

1) 第一类危险源的控制方法

① 防止事故发生的方法：消除危险源、限制能量或危险物资、隔离。

② 避免或减少事故损失的方法：隔离、个体防护、设置薄弱环节、使能量或危险物资按人们的意图释放、避难与援救措施。

2) 第二类危险源的控制方法

① 减少故障：增加安全系数、提高可靠性、设置安全监控系统。

② 故障—安全设计：包括故障—消极方案（即故障发生后，系统处于最低能量状态，直到采取校正措施之前不能运转）；故障—积极方案（即故障发生后，在没有采取校正措施之前使系统、设备处于安全的能量状态下）；故障—正常方案（即保证在采取校正行动之前，设备系统正常发挥功能）。

3. 危险源控制的策划原则

(1) 尽可能完全消除有不可接受风险的危险源，如用安全品取代危险品。

(2) 如果是不可能消除有重大风险的危险源，应努力采取降低风险的措施，如使用低压电器等。

(3) 在条件允许时，应使工作适合于人，如考虑降低人的精神压力和体能消耗。

(4) 应尽可能利用技术进步来改善安全控制措施。

(5) 将技术管理与程序控制结合起来。应考虑引入诸如机械安全防护装置的维护计划的要求。

(6) 在各种措施还不能绝对保证安全的情况下，作为最终手段，还应考虑使用个人防护用品。

(7) 应有可行、有效的应急方案。

(8) 预防性测定指标是否符合监视控制措施计划的要求。

不同的组织可根据不同的风险量选择适合的控制策略。表 7-6 为简单的风险控制策划表。

风险控制策划表 表 7-6

风　　险	措　　施
可忽略的	不采取措施且不必保留文件记录
可容许的	不需要另外的控制措施，应考虑投资效果更佳的解决方案或不增加额外成本的改进措施，需要监视来确保控制措施得以维持
中 度 的	应努力降低风险，但应仔细测定并限定预防成本，并在规定的时间期限内实施降低风险的措施。在中度风险与严重伤害后果相关的场合，必须进一步评价，以更准确地确定伤害的可能性，以确定改进控制措施
重 大 的	直至风险降低后才能开始工作。为降低风险有时必须配给大量的资源。当风险涉及正在进行中的工作时，就应采取应急措施
不容许的	只有当风险已经降低时，才能开始或继续工作。如果无限的资源投入也不能降低风险，就必须禁止工作

三、施工安全技术措施及实施

1. 建设工程施工安全技术措施计划

（1）建设工程施工安全技术措施计划的主要内容包括：工程概况，控制目标，控制程序，组织机构，职责权限，规章制度，资源配置，安全措施，检查评价，奖惩制度等。

1）项目概况，包括项目的基本情况，可能存在的不安全因素等。

2）安全控制目标和管理目标：应明确安全控制和安全管理的总目标和子目标，且目标要具体化。

3）安全控制和管理程序，主要应明确安全控制和管理的过程和安全事故的处理过程。

4）安全组织机构：包括安全机构形式、安全组织机构的组成。

5）职责权限：根据组织机构状况，明确不同层次、各相关人员的职责和权限，进行责任分配。

6）规章制度：包括安全管理制度、操作规程、岗位职责等规章制度的建立，应遵循的法律、法规和标准。

7）资源配置：针对项目特点，提出安全管理和控制所必须的材料、设施等资源要求和具体配置方案。

8）安全措施：针对不安全因素，确定相应措施。

9）检查评价：明确检查评价的方法和评价标准。

10）奖惩制度：明确奖惩标准和方法。

安全计划是进行安全控制和管理的指南，是考核安全控制和管理工作的依据。

安全计划应在项目开始实施前制定，在项目实施过程中不断加以调整和完善。

项目施工安全技术方案的编制：

① 编制依据：

依据国家和政府颁发的有关安全生产的法规、法律，行业有关安全生产的规范、规程和制度。

② 编制原则：

a. 安全技术方案的编制，必须考虑现场的实际情况、施工特点及周围作业环境，措施要有针对性；

b. 在施工过程中可能发生的危险因素及建筑物周围的外部环境等不利因素，都必须从技术上采取具体有效的预防措施；

c. 安全技术方案必须有设计、计算、详图、文字说明。

③ 施工中要编制安全施工方案内容：

a. 深基坑基础施工与土方开挖方案；

b. ±0.000 以下结构施工防护方案；

c. 工程临电技术方案；

d. 结构施工临边、洞口、施工作业防护安全技术措施；

e. 垂直交叉作业防护方案；

f. 高处作业安全技术方案；

g. 塔吊、施工外用电梯、电动吊篮、垂直提升架等安装与拆除安全技术方案；

h. 大模板施工安全技术方案；

i. 高大、大型脚手架、整体式爬升(或提升)脚手架安全技术方案；

j. 特殊脚手架——吊篮架、插口架、悬挑架、挂架等安全技术方案；

k. 钢结构吊装安全技术方案；

l. 防水施工安全技术方案；

m. 大型设备安装安全技术方案；

n. 新工艺、新技术、新材料施工安全技术措施；

o. 冬、雨期施工安全技术措施；

p. 临街防护、临近外架供电线路、地下供电、供气、通风、管线，毗邻建筑物防护等安全技术措施；

q. 主体结构、装修工程安全技术方案。

(2) 编制施工安全技术措施计划时，对于某些特殊情况应考虑：

1) 对结构复杂、施工难度大、专业性较强的工程项目，除制定项目总体安全保障计划外，还必须制定单位工程或分部分项工程的安全技术措施；

2) 对高处作业、井下作业等专业性强的作业，电器、压力容器等特殊工种作业，应制定单项安全技术规程，并对管理人员和操作人员的安全作业资格和身体状况进行合格检查。

(3) 制定和完善施工安全操作规程，编制各施工工种，特别是危险性较大工种的安全施工操作要求，作为规范和考核员工安全行为的依据。

(4) 施工安全技术措施：施工安全技术措施包括安全防护设施的设置和安全预防措施，主要有 17 方面的内容，如防火、防毒、防爆、防洪、防尘、防雷击、防触电、防坍塌、防物体打击、防机械伤害、防起重设备滑落、防高空坠落、防交通事故、防寒、防暑、防疫、防环境污染等方面措施。

2. 施工安全技术措施的实施

(1) 安全生产责任制：建立安全生产责任制是施工安全技术措施计划实施的重要保证。安全生产责任制是指企业对项目经理部各级领导、各个部门、各类人员所规定的在他们各自职责范围内对安全生产应负责任的制度。

(2) 安全教育

1) 广泛开展安全生产的宣传教育，使全体员工真正认识到安全生产的重要性和必要性，懂得安全生产和文明施工的科学知识，牢固树立安全第一的思想，自觉地遵守各项安全生产法规和规章制度。

2) 把安全知识、安全技能、设备性能、操作规程、安全法规等作为安全教育的主要内容。

3) 建立经常性的安全教育考核制度，考核成绩要记入员工档案。

4) 电工、电焊工、架子工、司炉工、爆破工、机操工、起重工、机械司机、机动车辆司机等特殊工种工人，除一般安全教育外，还要经过专业安全技能培训，经过考试合格持证后，方可独立操作。

5) 采用新技术、新工艺、新设备施工和调换工作岗位时，也要进行安全教育，未经安全教育培训的人员不得上岗操作。

（3）安全技术交底

1）安全技术交底的基本要求：

① 项目经理部必须实行逐级安全技术交底制度，纵向延伸到班组全体作业人员。

② 技术交底必须具体、明确，针对性强。

③ 技术交底的内容应针对分部分项工程施工中给作业人员带来的潜在危害和存在的问题。

④ 应优先采用新的安全技术措施。

⑤ 应将工程概况、施工方法、施工程序、安全技术措施等向工长、班组长进行详细交底。

⑥ 定期向由两个以上作业队和多工种进行交叉施工的作业队伍进行书面交底。

⑦ 保存书面安全技术交底签字记录。

2）安全技术交底的内容：

① 本工程项目的施工作业特点和危险点。

② 针对危险点的具体预防措施。

③ 应注意的安全事项。

④ 相应的安全操作规程和标准。

⑤ 发生事故后应及时采取的避难和急救措施。

四、安全检查

工程项目安全检查的目的是为了消除隐患、防止发生事故、改善劳动条件及提高员工安全生产意识的重要手段，是安全控制的一项重要内容。通过安全检查可以发现工程中的危险因素，以便有计划地采取措施，保证安全生产。施工项目的安全检查应由项目经理组织，定期进行。

1. 安全检查的类型

安全检查可分为日常性检查、专业性检查、季节性检查、节假日前后检查和不定期检查。

（1）日常性检查：日常性检查即经常的、普遍的检查。企业一般每年进行 1～4 次；工程项目组、车间、科室每月至少进行一次；班组每周、每班次都应进行检查。专职安全人员的日常检查应该有计划，针对重点部位周期性地进行。

（2）专业性检查：专业性检查是针对特种作业、特种设备、特殊场所进行的检查，如电焊、气焊、起重设备、运输车辆、锅炉压力容器、易燃易爆场所等。

（3）节假日前后检查：节假日前后检查是针对节假日期间容易产生麻痹思想的特点而进行的安全检查，包括节假日前进行的安全生产综合检查，节假日后要进行遵章守纪的检查。

（4）不定期检查：不定期检查是指在工程或设备开工和停工前，检修中，工程或设备竣工及试运转时进行的安全检查。

2. 安全检查的注意事项

（1）安全检查要深入基层、紧紧依靠职工，坚持领导与群众相结合的原则，组织好检查工作。

（2）建立检查的组织领导机构，配备适当的检查力量，挑选具有较高技术业务水平的专业人员参加。

（3）做好检查的各项准备工作，包括思想、业务知识、法规政策和检查设备、奖金的准备。

（4）明确检查的目的和要求。既要严格要求，又要防止一刀切，要从实际出发，分清主、次矛盾，力求实效。

（5）把自查与互查有机地结合起来。基层以自检为主，企业内部相应部门间互相检查，取长补短，相互学习和借鉴。

（6）坚持查改相结合。检查不是目的，只是一种手段，整改才是最终目的。发现问题要及时采取切实有效的防范措施。

（7）建立检查档案。结合安全检查表的实施，逐步建立健全检查档案，收集基本的数据，掌握基本安全状况，为及时消除隐患提供数据，同时也为以后的职业健康、安全检查奠定基础。

（8）在制定安全检查表时，应根据用途和目的具体情况确定安全检查表的种类。

3. 安全检查的主要内容

（1）查思想：主要检查企业的领导和职工对安全生产工作的认识。

（2）查管理：主要检查工程的安全生产管理是否有效。主要内容包括：安全生产责任制，安全技术措施计划，安全组织机构，安全保证措施，安全技术交底，安全教育，持证上岗，安全设施，安全标志，操作规程，违规行为，安全记录等。

（3）查整改：主要检查对过去提出的问题的整改情况。

（4）查事故处理：对安全事故的处理应达到查明事故原因、明确责任并对责任者作出处理、明确和落实整改措施等要求。同时，还应对事故是否及时报告、认真调查、严肃处理。

安全检查的重点是违章指挥和违章作业。安全检查后应编制安全检查报告，说明已达标项目，未达标项目，存在问题，原因分析，纠正和预防措施。

4. 项目经理部安全检查的主要规定

（1）定期对安全控制计划的执行情况进行检查、记录、评价和考核。对作业中存在的不安全行为和隐患，签发安全整改通知，由相关部门制定整改方案，落实整改措施，实施整改后应予复查。

（2）根据施工过程的特点和安全目标的要求确定安全检查的内容。安全检查应配备必要的设备和器具，确定检查负责人和检查人员，并明确检查的方法和要求。

（3）检查应采取随机抽样，现场观察和实地检测的方法，并记录检查结果，纠正违章指挥和违章作业。

（4）对检查结果进行分析，找出安全隐患，确定危险程度。

（5）编写安全检查报告并上报。

第三节 文明施工和环境保护

一、现场文明施工

1. 文明施工的概念

文明施工是保持施工现场良好的作业环境、卫生环境和工作秩序。文明施工是施工组织科学、施工程序合理的一种施工现象。文明施工的现场有整套的施工组织设计（或施工方案），有健全的施工指挥系统和岗位责任制，工序交叉衔接合理，交接责任明确，各种临时设施和材料、构件、半成品按平面位置堆放整齐，施工现场场地平整，道路通畅，排水设施得当，水电线路整齐，机具设备良好，使用合理，施工作业标准规范，符合消防和安全要求，对外界的干扰和影响较小等。一个工地的文明施工水平是该工地乃至企业各项管理水平的综合体现。也可以从一个侧面反映建设者的文化素质和精神风貌。文明施工主要包括以下几个方面的工作：

（1）规范施工现场的场容，保持作业环境的整洁卫生。

（2）科学组织施工，使生产有序进行。

（3）减少施工对周围居民和环境的影响。

（4）保证职工的安全和身体健康。

2. 文明施工的组织与管理

（1）组织和制度管理

1）施工现场应成立以项目经理为第一责任人的文明施工管理组织。分包单位应服从总包单位的文明施工管理组织的统一管理，并接受监督检查。

2）各项施工现场管理制度应有文明施工的规定，包括岗位责任制、经济责任制、安全检查制度、持证上岗制度、奖惩制度、竞赛制度和各项专业管理制度等。

3）加强和落实现场文明检查、考核及奖惩管理，以促进施工文明管理工作提高。检查范围内容全面周到，包括生产区、生活区、场容场貌、环境文明及制度落实等内容。检查发现的问题应采取整改措施。

（2）建立收集文明施工的资料及其保存的措施

1）上级关于文明施工的标准、规定、法律法规等资料。

2）施工组织设计(方案)中对文明施工的管理规定，各阶段施工现场文明施工的措施。

3）文明施工自检资料。

4）文明施工教育、培训、考核计划的资料。

5）文明施工活动各项记录资料。

（3）加强文明施工的宣传和教育

1）在坚持岗位练兵基础上，要采取派出去、请进来、短期培训、上技术课、登黑板报、听广播、看录像、看电视等方法狠抓教育工作。

2）要特别注意对临时工的岗前教育。

3）专业管理人员应熟悉掌握文明施工的规定。

3. 现场文明施工的基本要求

（1）施工现场必须设置明显的标牌，标明工程的项目名称、建设单位、设计单位、施工单位、项目经理和施工现场总代表人的姓名、开工、竣工日期、施工许可证批准文号等。施工单位负责施工现场标牌的保护工作。

（2）施工现场的管理人员在施工现场应佩戴证明其身份的证卡。

（3）应当按照施工总平面布置图设置各项临时设施。现场堆放的大宗材料、成品、半成品和机具设备不得侵占场内道路及安全防护等设施。

（4）施工现场的用电线路、用电设施的安装和使用必须符合安装规范和安全操作规程，并按照施工组织设计进行架设，严禁任意拉线接电。施工现场必须设有保证施工安全要求的夜间照明；危险潮湿场所的照明以及手持照明灯具，必须采用符合安全要求的电压。

（5）施工机械应当按照施工总平面布置图规定的位置和线路设置，不得任意侵占场内道路。施工机械进场须经过安全检查，经检查合格的方能使用。施工机械操作人员必须建立机组责任制，并依照有关规定持证上岗，禁止无证人员操作。

（6）应保证施工现场道路畅通，排水系统处于良好的使用状态；保持场容场貌的整洁，随时清理垃圾。在车辆、行人通行的地方施工，应当设置施工标志，并对沟井坎穴进行覆盖。

（7）施工现场的各种安全设施和劳动保护器具，必须定期进行检查和维护，及时消除隐患，保证其安全有效。

（8）施工现场应当设置各类必要的职工生活设施，并符合卫生、通风、照明等要求。职工的膳食、饮水供应等应当符合卫生要求。

（9）应当做好施工现场安全保卫工作，采取必要的防盗措施，在现场周边设立维护设施。

（10）应当严格依照《中华人民共和国消防条例》的规定，在施工现场建立和执行防火管理制度，设置符合消防要求的消防设施，并保持完好的备用状态。在容易发生火灾的地区施工，或者储存、使用易燃易爆器材时，应当采取特殊的消防安全措施。

（11）施工现场发生工程建设重大事故的处理，依照《工程建设重大事故报告和调查程序规定》执行。

二、现场环境保护

1. 大气污染的防治

大气污染物的种类有数千种，已发现有危害作用的有 100 多种，其中大部分是有机物。大气污染通常以气体状态和粒子状态存在于空气中。

（1）大气污染物的分类

1）气体状态污染物

气体状态污染物具有运动速度较大，扩散较快，在周围大气中分布比较均匀的特点。气体状态污染物包括分子状态污染物和蒸汽状态污染物。

① 分子状态污染物：指常温常压下以气体分子形式分散于大气中的物资，如燃料燃烧过程中产生的二氧化硫（SO_2）、氮氧化物（NO）、一氧化碳（CO）等。

② 蒸汽状态污染物：指在常温常压下易挥发的物质，以蒸汽状态进入大气，如机动车尾气、沥青烟中含有的碳氢化合物、苯并 [a] 芘等。

2）粒子状态污染物

粒子状态污染物又称固体颗粒污染物，是分散于大气中的微小液滴和固体颗粒，粒径在 $0.01 \sim 100 \mu m$ 之间，是一个复杂的非均匀体。通常根据粒子状态污染物在重力作用下的沉降特性又可分为降尘和飘尘。

① 降尘：指在重力作用下能很快下降的固体颗粒，其粒径大于 $10 \mu m$。

② 飘尘：指可长期漂浮于大气中的固体颗粒，其粒径小于 $10 \mu m$。飘尘具有胶体的性质，故又称为气溶胶，它易随呼吸进入人体肺脏，危害人体健康，故又称为可吸入颗粒。

施工工地的粒子状态污染物主要有锅炉、熔化炉、厨房烧煤产生的烟尘。还有建材破碎、筛分、碾磨、加料过程、装卸运输过程产生的粉尘等。

（2）大气污染的防治措施

空气污染的防治措施主要针对上述粒子状态污染物和气体状态污染物进行治理。主要方法如下。

1）除尘技术

在气体中除去或收集固态或液态粒子的设备称为除尘装置。主要种类有机械除尘装置、洗涤式除尘装置、过滤除尘装置和电除尘装置等。工地的烧煤茶炉、锅炉炉灶等应选用装有上述除尘装置的设备。

工地其他粉尘可用遮盖、淋水等措施防治。

2）气态污染物的治理技术主要有以下几种方法。

① 吸收法：选用合适的吸收剂，可吸收空气中的 SO_2、H_2S、HF、NO_x 等。

② 吸附法：让气体混合物与多孔性固体接触，把混合物中的某个组分吸留在固体表面。

③ 催化法：利用催化剂把气体中的有害物质转化为无害物资。

④ 燃烧法：是通过热氧化作用，将废气中的可燃有害部分，化为无害物资的方法。

⑤ 冷凝法：是使处于气态的污染物冷凝，从气体分离出来的方法。该法特别适合处理有较高浓度的有机废气。如对沥青气体的冷凝，回收油品。

⑥ 生物法：利用微生物的代谢活动过程把废气中的气态污染物转化为少害甚至无害的物质。该法应用广泛，成本低廉，但只适用于低浓度污染物。

（3）施工现场空气污染的防治措施

1）施工现场垃圾渣土要及时清理出现场。

2）高层或多层建筑清理施工垃圾时，要使用封闭式的专用垃圾道或采用容器吊运，或者其他措施处理高空废弃物，严禁随意凌空抛撒。

3）施工现场道路应指定专人定期洒水清扫，形成制度，防止道路扬尘。

4）对于细颗粒散体材料（如水泥、粉煤灰、白灰等）的运输、储存要注意遮盖、密封，防止和减少扬尘。

5）车辆开出工地要做到不带泥沙，基本做到不洒土、不扬尘，减少对周围环境污染。

6）除设有符合规定的装置外，禁止在施工现场焚烧油毡、橡胶、塑料、皮革、树叶、枯草、各种包装物等废弃物品以及其他会产生有毒、有害烟尘和恶臭气体的物资。

7）机动车要安装减少尾气排放的装置，确保符合国家标准。

8）工地茶炉应尽量采用电热水器。若只能使用烧煤茶炉和锅炉时，应选用消烟除尘型茶炉和锅炉，大灶应选用消烟节能回风炉灶，使烟尘降至允许排放范围为止。

9）大城市市区的建设工程已不允许现场搅拌混凝土。在容许设置搅拌站的工地，应将搅拌站封闭严密，并在进料仓上方安装除尘装置，采用可靠措施控制工地粉尘污染。

10）拆除旧建筑物时，应配合适当洒水，防止扬尘。

2. 水污染的防治

（1）水源污染的主要来源

1）工业污染源：指各种工业废水向自然水体的排放。

2）生活污染源：主要有食物废渣、食油、粪便、合成洗涤剂、杀虫剂、病原微生物等。

3）农业污染源：主要有化肥、农药等。

施工现场废水和固体废物随水流流入水体部分，包括泥浆、水泥、油漆、各类油类、混凝土外加剂、重金属、酸碱盐、非金属无机毒物等。

（2）废水处理技术

废水处理的目的是把废水中所含的有害物质清理分离出来。废水处理可分为化学法、物理方法、物理化学方法和生物法。

1）物理法：利用筛滤、沉淀、气浮等方法。

2）化学法：利用化学反应来分离、分解污染物，或使其转化为无害物资的处理方法。

3）物理化学方法：主要有吸附法、反渗透法、电渗析法。

4）生物法：生物处理法是利用微生物新陈代谢功能，将废水中成溶解和胶体状态的有机污染物降解，并转化为无害物资，使水得到净化。

（3）施工过程水污染的防治

1）禁止将有害有毒废弃物作土方回填。

2）施工现场进行搅拌作业的，必须在搅拌前台及运输车清洗处设置沉淀池。现制水磨石的污水，电石(碳化钙)的污水，排放的废水要排入沉淀池内经二次沉淀合格后，方可进入市政污水管线或回收用于洒水降尘，未经处理的泥浆水，严禁直接排入城市排水设施和河流。

3）施工现场存放的油料，必须对库房地面进行防渗漏处理。如采用防渗混凝土地面，铺油毡等措施。使用时，要采取防止油料跑、冒、滴、漏的措施，以免污染水体。

4）施工现场100人以上的临时食堂，污水排放时可设置简易有效的隔油池，定期清理防止污染。

5）工地临时厕所，化粪池应采取防渗漏措施。中心城市施工现场的临时厕所可采用水冲式厕所，并有防蝇、灭蛆措施，防止污染水体和环境。

6）化学用品，外加剂等要妥善保管，库内存放，防止污染环境。

3．施工现场的噪声控制

（1）噪声的概念

1）声音与噪声

声音是由物体振动产生的，当频率在20～20000Hz时，作用于人的耳鼓膜而产生的感觉称之为声音。由声构成的环境称为"声环境"。当环境中的声音对人类、动物及自然物没有产生不良影响时，就是一种正常的物理现象。相反，对人的生活和工作造成不良影响的声音就称之为噪声。

2）噪声的分类

① 噪声按振动性质可分为气体动力噪声、机械噪声、电磁性噪声。

② 噪声按噪声来源可分为交通噪声(如汽车、火车、飞机等)、工业噪声(如鼓风机、汽轮机、冲压设备等)、建筑施工噪声(如打桩机、推土机、混凝土搅拌机等发出的声音)、社会生活噪声(如高音喇叭、收音机等)。

3）噪声的危害

噪声是影响与危害非常广泛的环境污染问题。噪声环境可以干扰人的睡眠与工作、影响人的心理状态与情绪，造成人的听力损失，甚至引起许多疾病。此外噪声对人们的对话干扰也是相当大的。

（2）施工现场噪声的控制措施：

噪声控制技术可从声源、传播途径、接收者防护等方面来考虑。

1）声源控制

从声源上降低噪声，这是防止噪声污染的最根本的措施。

① 尽量采用低噪声设备和工艺代替高噪声设备与加工工艺，如低噪声振捣器、风机、电动空压机、电锯等。

② 在声源处安装消声器消声，即在通风机、鼓风机、压缩机、燃气机、内燃机及各类排气放空装置等进出风管的适当位置设置消声器。

2）传播途径的控制

在传播途径上控制噪声的方法主要有以下几种。

① 吸声：利用吸声材料（大多由多孔材料制成）或由吸声结构形成的共振结构（金属或木质薄板钻孔制成的空腔体）吸收声能，降低噪声。

② 隔声：应用隔声结构，阻碍噪声向空气间传播，将接收者与噪声声源分隔。隔声结构包括隔声室、隔声罩、隔声屏障、隔声墙等。

③ 消声：利用消声器阻止传播。允许气流通过的消声降噪是防治空气动力性噪声的主要装置。如对对空气压缩机、内燃机产生的噪声等。

④ 减振降噪：对来自振动引起的噪声，通过降低机械振动减小噪声，如将阻尼材料涂在振动源上，或改变振动源与其他刚性结构的连接方式等。

3）接收者防护

让处于噪声环境的人员使用耳塞、耳罩等防护用品，减少相关人员在噪声环境中的暴露时间，以减轻噪声对人体的危害。

4）严格控制人为噪声

进入施工现场不得高声喊叫、无故甩打模板、乱吹哨，限制高音喇叭的使用，最大限度地减少噪声扰民。

5）控制强噪声作业的时间

凡在人口稠密区进行强噪声作业时，须严格控制作业时间，一般晚 22：00 点到次日早 6：00 点之间停止强噪声作业。确系特殊情况必须昼夜施工时，尽量采取降低噪声措施，并会同建设单位找当地居委会、村委会或当地居民协调，出安民告示，求得群众谅解。

（3）施工现场噪声的限值

根据国家标准《建筑施工场界噪声限值》（GB 12523—1990）的要求，对不同施工作业的噪声限值见表 7-7 所示。在施工中，要特别注意不得超过国家标准的限值，尤其是夜间禁止打桩作业。

建筑施工场界噪声限值 表 7-7

施工阶段	主要噪声源	噪声限值［dB(A)］	
		昼 间	夜 间
土石方	推土机、挖掘机、装载机等	75	55
打 桩	各种打桩机械等	85	禁止施工
结 构	混凝土搅拌机、振捣棒、电锯等	70	55
装 修	吊车、升降机等	65	55

4. 固体废弃物的处理

（1）建筑工地上常见的固体废弃物

1）固体废弃物的概念

固体废弃物是生产、建设、日常生活和其他活动中产生的固态、半固态废弃物质。固体废弃物是一个极其复杂的废物体系。按照其化学组成可分为有机废物和无机废物；按照其对环境和人类健康的危害可以分为一般废物和危险废物。

2）施工工地上常见的固体废物

① 建筑渣土：包括砖瓦、碎石、渣土、混凝土碎块、废钢铁、碎玻璃、废屑、废弃装饰材料等。

② 废弃的散装建筑材料：包括散装水泥、石灰等。

③ 生活垃圾：包括炊厨废物、丢弃食品、废纸、生活用具、玻璃、陶瓷碎片、废电池、废旧日用品、废塑料制品、煤灰渣、废交通工具等。

④ 设备、材料等的废弃包装材料等。

⑤ 粪便。

（2）固体废弃物对环境的危害

固体废弃物对环境的危害是全方位的。主要表现在以下几个方面：

1）侵占土地：由于固体废弃物的堆放，可直接破坏土地和植被。

2）污染土壤：固体废物的堆放中，有害成分易污染土壤，并在土壤中发生积累，给作物生长带来危害。部分有害物质还能杀死土壤中的微生物，使土壤丧失腐解能力。

3）污染水体：固体废物遇水浸泡、溶解后，其有害成分随地表径流或土壤渗流污染地下水和地表水；此外，固体废物还会随风飘迁进入水体造成污染。

4）污染大气：以细颗粒状存在的废渣垃圾和建筑材料在堆放和运输过程中，会随风扩散，使大气中悬浮的灰尘废弃物提高；此外，固体废物在焚烧等处理过程中，可能产生有害气体造成大气污染。

5）影响环境卫生：固体废物的大量堆放，会招致蚊蝇滋生，臭味四溢，严重影响工地以及周围环境卫生，对员工和工地附近居民的健康造成危害。

（3）固体废物的处理和处置

1）固体废物处理的基本思想是采取资源化、减量化和无害化的处理，对固体废物产生的全过程进行控制。

2）固体废物的处理方法

① 回收利用：回收利用是对固体废物进行资源化、减量化的重要手段之一。对建筑渣土可视其情况加以利用。废钢可按需要用作金属原材料。对废电池等废弃物应分散回收，集中处理。

② 减量化处理：减量化是对已经产生的固体废物进行分选、破碎、压实浓缩、脱水等减少其最终处置量，减少处理成本，减少对环境的污染。在减量化处理的过程中，也包括和其他处理技术相关的工艺方法，如焚烧、热解、堆肥等。

③ 焚烧技术：焚烧用于不适合再利用且不宜直接予以填埋处置的废物，尤其是对于受到病菌、病毒污染的物品，可以采用焚烧进行无害化处理。焚烧处理应使用符合环境要求的处理装置，注意避免对大气的二次污染。

④ 稳定和固化技术：利用水泥、沥青等胶结材料，将松散的废物包裹起来，减小废物的毒性和可迁移性，使得污染减少。

⑤ 填埋：填埋是固体废物处理的最终技术，经过无害化、减量化处理的废物残渣集中到填埋场进行处置。填埋场应利用天然或人工屏障。尽量使需处置废物与周围的生态环境隔离，并注意废物的稳定性和长期安全性。

三、施工现场环境卫生管理措施

施工现场的环境卫生管理工作，要逐步做到科学化、规范化的管理。

（1）施工现场要清洁整齐，无积水，车辆出入现场不得遗撒或者带泥沙。

（2）工地发生法定传染病和食物中毒时，要及时向卫生防疫部门和行政主管部门报告，并采取措施防止传染病传播。

（3）施工现场应设置饮水茶炉或电热水器，保证开水供应，并由专人管理和定期清洗、保持卫生。

（4）办公室、宿舍、食堂、吸烟室、饮水站、专用封闭垃圾间、厕所等必须有统一制作的标志牌。

（5）工地办公室要整洁、整齐、美观。

（6）宿舍要有开启式窗户，保证室内空气流通，夏季有防蚊蝇设施及电风扇，冬季有取暖设施，采用取暖炉的房间必须安装防煤气中毒的风斗。

（7）宿舍床铺要整洁，不得私拉乱接电线，宿舍张贴卫生管理制度，每天有人打扫卫生。

（8）生活区垃圾必须按指定地点集中堆放，及时清理。垃圾堆放在封闭垃圾间。

（9）食堂必须有卫生许可证，炊事人员每年要进行一次健康体检，持有健康合格证及卫生知识培训证后，方可上岗。凡有其他有碍食品卫生的疾病，不得接触直接入口食品的制售和食品洗涤工作。

（10）炊事人员操作时必须穿戴好工作服、发帽，并保持清洁整齐，并搞好个人卫生，不打赤膊、不光脚、不随地吐痰。

（11）食堂操作间、仓库生熟食品必须分开存放，制作食品生熟分开。食品案板须有遮盖，不得食用腐烂变质食品。操作间刀、盆、案板等炊具生熟必须分开，存放炊具要有封闭式柜橱，各种炊具要干净无锈。

（12）食堂操作间、库房要清洁卫生，做到无蝇、无鼠、无蛛网，并有防火措施，食堂内外要保持清洁、卫生，泔水桶要加盖。

（13）施工现场的厕所设置，要远离食堂 30m 以外，应做到墙壁、屋顶严密，门窗齐全有纱窗，纱门。做到天天打扫，每周撒白灰或打药一二次。厕所应采用冲水或加盖措施，保持通风、无异味，高层建筑楼内应设流动厕所，每天清理干净。

参 考 文 献

1. 蔡高金. 建筑安装工程施工技术资料管理实例应用手册. 北京：中国建筑工业出版社，2003
2. 北京市建设委员会. 建筑工程资料管理规程(DBJ 01—51—2003)
3. 中华人民共和国国家标准. 建筑工程施工质量验收统一标准(GB 50300—2001)
4. 林寿. 建筑工程材料试验培训教材. 第一版. 北京：中国建筑工业出版社，1999
5. 龚崇实、王福祥. 通风空调工程安装手册. 第一版. 北京：中国建筑工业出版社，1999
6. 中华人民共和国国家标准. 建筑工程施工质量验收统一标准(GB 50300—2001)
7. 中华人民共和国国家标准. 电气装置安装工程电缆线路施工及验收标准(GB 50168—2006)
8. 中华人民共和国国家标准. 电气装置安装工程接地装置施工及验收标准(GB 50169—2006)
9. 中华人民共和国国家标准. 电气装置安装工程旋转电机施工及验收标准(GB 50170—2006)
10. 中华人民共和国国家标准. 电气装置安装工程母线装置施工及验收标准(GBJ 149—1990)
11. 中华人民共和国国家标准. 电气装置安装工程盘、柜及二次回路接线施工及验收标准(GB 50171—1992)
12. 中华人民共和国国家标准. 建筑给水、排水及采暖工程质量验收标准(GB 50242—2002)
13. 中华人民共和国国家标准. 工业锅炉安装工程施工及验收规范(GB 50273—1998)
14. 中华人民共和国国家标准. 自动扶梯和自动人行道的制造与安装安全规范(GB 16899—1997)
15. 中华人民共和国国家标准. 电梯工程施工质量验收规范(GB 50310—2002)
16. 中华人民共和国国家标准. 电梯制造与安装安全规范(GB 7588—2003)